THÉORIE DES NOMBRES.

DE L'IMPRIMERIE DE A. FIRMIN DIDOT,
IMPRIMEUR DU ROI ET DE L'INSTITUT, RUE JACOB, N° 24.

THÉORIE
DES NOMBRES.

TROISIÈME ÉDITION.

Par ADRIEN-MARIE LEGENDRE.

TOME I.

PARIS,
CHEZ FIRMIN DIDOT FRÈRES, LIBRAIRES,
RUE JACOB, N° 24.

1830.

AVERTISSEMENT.

Cette édition se distinguera de la précédente tant par des additions propres à améliorer l'ouvrage que par une nouvelle distribution des matières; mais on a eu soin de rejeter vers la fin de l'ouvrage la plupart des changements qui y ont été faits, afin de ne pas en altérer la contexture.

Ainsi les trois premières parties, composant le tome I de cette édition, n'ont éprouvé que de légers changements; la quatrième partie, qui commence le tome II, présentera vers la fin un assez grand nombre d'additions. Quant à la cinquième partie, elle a été refaite presqu'en entier, et on y trouvera de nouveaux développements très-étendus sur les méthodes proposées par M. Gauss pour la résolution des équations à deux termes.

La sixième partie et l'appendice qui la suit tiendront lieu des deux suppléments qui avaient été ajoutés successivement à la seconde édition, et offriront d'ailleurs aux géomètres plusieurs démonstrations ou solutions qui n'ont point encore été publiées.

L'ouvrage ayant ainsi reçu tous les perfectionnements que l'auteur a pu lui procurer, tant par ses propres travaux que par ceux des autres géomètres dont il a pu profiter, on a cru devoir lui donner définitivement le titre de *Théorie des nombres*, au lieu de celui d'*Essai* sur cette Théorie qu'il avait porté jusqu'à présent.

On ne dissimulera pas que quelques-unes des matières traitées dans cet ouvrage ont besoin d'être perfectionnées ou même rectifiées par de nouvelles recherches. Cependant l'auteur a pensé qu'il valait mieux les laisser dans cet état d'imperfection, que de les supprimer tout-à-fait; elles offriront un but de travail à ceux qui, dans la suite, voudront s'occuper du perfectionnement de la science.

Paris le 1er avril 1830.

PRÉFACE

DE LA PREMIÈRE ÉDITION.

A EN juger par différents fragments qui nous restent, et dont quelques-uns sont consignés dans Euclide, il paraît que les anciens philosophes avaient fait des recherches assez étendues sur les propriétés des nombres. Mais il leur manquait deux instruments pour approfondir cette science : l'art de la numération, qui sert à exprimer les nombres avec beaucoup de facilité, et l'Algèbre, qui généralise les résultats et qui peut opérer également sur les connues et les inconnues. L'invention de l'un et l'autre de ces arts dut donc influer beaucoup sur les progrès de la science des nombres. Aussi voit-on que l'ouvrage de Diophante d'Alexandrie, le plus ancien auteur d'Algèbre qu'on connaisse, est entièrement consacré aux nombres, et renferme des questions difficiles résolues avec beaucoup d'adresse et de sagacité.

Depuis Diophante jusqu'au temps de Viète et Bachet, les mathématiciens continuèrent de s'occuper des nombres, mais sans beaucoup de succès, et sans faire avancer sensiblement la science.

Viète, en ajoutant de nouveaux degrés de perfection à l'Algèbre, résolut plusieurs problèmes difficiles sur les nombres. Bachet, dans son ouvrage intitulé *Problèmes plaisans et délectables*, résolut l'équation indéterminée du premier degré par une méthode générale et fort ingénieuse. On doit à ce même savant un excellent commentaire sur Diophante, qui fut depuis enrichi des notes marginales de Fermat.

Fermat, l'un des géomètres dont les travaux contribuèrent le plus à accélérer la découverte des nouveaux calculs, cultiva avec un grand succès la science des nombres, et s'y fraya des routes nouvelles. On a de lui un grand nombre de théorèmes intéressants, mais il les a laissés presque tous sans démonstration. C'était l'esprit du temps de se proposer des problèmes les uns aux autres. On cachait le plus souvent sa méthode, afin de se réserver des triomphes nouveaux tant pour soi que pour sa nation; car il y avait surtout rivalité entre les géomètres français et les anglais. De là il est arrivé que la plupart des démonstrations de Fermat ont été perdues, et le peu qui nous en reste nous fait regretter d'autant plus celles qui nous manquent.

Depuis Fermat jusqu'à Euler, les géomètres, livrés entièrement à la découverte ou à l'application des nouveaux calculs, ne s'occupèrent point de la Théorie des nombres. Euler, le premier, s'attacha à cette partie; les nombreux Mémoires qu'il a publiés sur cette matière dans les Commentaires de Pétersbourg, et dans d'autres ouvrages, prouvent combien il avait à cœur de faire faire à la science des nombres les mêmes progrès dont la plupart des autres parties des mathématiques lui étaient redevables. Il est à croire aussi qu'Euler avait un goût particulier pour ce genre de recherches, et qu'il s'y livrait avec une sorte de passion, comme il arrive à presque tous ceux qui s'en occupent. Quoi qu'il en soit, ses savantes recherches le conduisirent à démontrer deux des principaux théorèmes de Fermat, savoir, 1° que si a est un nombre premier, et x un nombre quelconque non divisible par a, la formule $x^{a-1}-1$ est toujours divisible par a; 2° que tout nombre premier de forme $4n+1$, est la somme de deux carrés.

Une multitude d'autres découvertes importantes se font remarquer dans les Mémoires d'Euler. On y trouve la théorie des diviseurs de la quantité $a^n \pm b^n$, le traité *de Partitione numerorum*, qui est inséré aussi dans son *Introd. in Anal. infinit.*; l'usage des facteurs imaginaires ou irrationnels dans la résolution des équations indéterminées; la résolution générale des équations indéterminées du second degré, en supposant qu'on en connaisse une solution particulière; la démonstration de beaucoup de théorèmes sur les puissances des nombres, et particulièrement de ces propositions négatives avancées par Fermat, que la somme ou la différence de deux cubes ne peut être un cube, et que la somme ou la différence de deux bi-carrés ne peut être un carré. Enfin on trouve dans ces mêmes écrits un grand nombre de questions indéterminées résolues par des artifices analytiques très-ingénieux.

Euler a été pendant long-temps presque le seul géomètre

qui se soit occupé de la Théorie des nombres. Enfin Lagrange est entré aussi dans la même carrière, et ses premiers pas ont été signalés par des succès égaux à ceux qu'il avait déja obtenus dans des recherches d'un genre plus sublime. Une méthode générale pour résoudre les équations indéterminées du second degré, et, ce qui était plus difficile, une méthode pour les résoudre en nombres entiers, fut le coup d'essai de ce savant illustre; bientôt après il appliqua les fractions continues à cette branche d'analyse; il démontra le premier que la fraction continue égale à la racine d'une équation rationnelle du second degré, devait être périodique, et il en conclut que le problème de Fermat, concernant l'équation $x^2 - Ay^2 = 1$, est toujours résoluble; proposition qui n'avait pas encore été établie d'une manière rigoureuse, quoique plusieurs géomètres eussent donné des méthodes pour la résolution de cette équation.

Le même savant, par des recherches ultérieures qui sont consignées dans les Mémoires de Berlin, a démontré le premier que tout nombre entier est la somme de quatre carrés; on lui doit également plusieurs autres démonstrations importantes; mais la plus remarquable de ses découvertes est une méthode générale de laquelle découlent comme corollaires une infinité de théorèmes sur les nombres premiers.

Cette méthode, singulièrement féconde, est fondée sur la considération des formes tant quadratiques que linéaires qui conviennent aux diviseurs de la formule $t^2 + au^2$, où t et u sont deux indéterminées, et a un nombre donné. Il restait cependant à établir, d'une manière générale, la relation qui doit exister entre les formes linéaires et les formes quadratiques appliquées aux nombres premiers; car au défaut du principe qui contient cette relation (1), la Théorie de Lagrange, qui donne une infinité de théorèmes pour les nombres premiers $4n+3$, n'en fournit qu'un très-petit nombre relatifs aux nombres premiers $4n+1$.

Un Mémoire que j'ai publié dans le volume de l'Académie des Sciences pour l'année 1785, offre les moyens de démontrer le principe dont il s'agit, et renferme d'ailleurs des propositions qui paraissent avancer la science des nombres. J'y ai donné 1° la démonstration d'un théorème pour juger de la possibilité ou de l'impossibilité de toute équation indéterminée du second degré, ramenée à la forme $ax^2+by^2=cz^2$; 2° la démonstration d'une loi générale qui existe entre deux nombres premiers quelconques, et qu'on peut appeler *loi de réciprocité*; 3° l'application de cette loi à diverses propositions, et son usage, tant pour perfectionner la Théorie de Lagrange, que pour vaincre d'autres difficultés du même genre.

Le même Mémoire contient en outre l'ébauche d'une théorie entièrement nouvelle sur les nombres considérés en tant qu'ils sont décomposables en trois carrés; théorie à laquelle appartient le fameux théorème de Fermat, qu'un

---

(1) Voyez sur cet objet les Mémoires de l'Académie des sciences de Berlin, année 1775, pag. 350 et 352.

nombre quelconque est la somme de trois triangulaires, et cet autre théorème du même auteur, que tout nombre premier $8n+7$ est de la forme $p^2+q^2+2r^2$.

Depuis l'époque de la publication de ce Mémoire, je me suis occupé à diverses reprises de développer les vues qu'il contient, et d'apporter quelques perfectionnements à différents points de la Théorie des nombres ou de l'Analyse indéterminée (1). Mes recherches à cet égard ayant été suivies de quelques succès, je me proposais d'abord d'en publier le résultat dans un Mémoire particulier; j'ai cru ensuite devoir profiter de cette occasion pour traiter la Théorie des nombres avec plus d'étendue qu'on ne l'a fait jusqu'à présent, et en y comprenant le résultat des principales recherches d'Euler et de Lagrange sur la même matière.

C'est ainsi que je me suis déterminé à composer l'ouvrage

---

(1) Je ne sépare point la Théorie des nombres de l'Analyse indéterminée, et je regarde ces deux parties comme ne faisant qu'une seule et même branche de l'Analyse algébrique. En effet, il n'est pas de théorème sur les nombres qui ne soit relatif à la résolution d'une ou de plusieurs équations indéterminées. Ainsi quand on assure, d'après Fermat, que tout nombre premier $4n+1$ est la somme de deux carrés, c'est comme si on disait que l'équation $A=y^2+z^2$ est toujours résoluble tant que A est un nombre premier de la forme $4n+1$. On peut ajouter que dans ce même cas l'équation $A=y^2+z^2$ n'aura jamais qu'une solution, ce qui est un second théorème contenant une propriété caractéristique des nombres premiers $4n+1$.

que j'offre en ce moment au public; je le donne non comme un traité complet, mais simplement comme un essai qui fera connaître à peu près l'état actuel de la science, et qui contribuera peut-être à en accélérer les progrès........

TABLE DES MATIÈRES

DU TOME I.

INTRODUCTION,

Contenant des notions générales sur les nombres.

PREMIÈRE PARTIE.

EXPOSITION DE DIVERSES MÉTHODES ET PROPOSITIONS RELATIVES A L'ANALYSE INDÉTERMINÉE.

SECONDE PARTIE.

PROPRIÉTÉS GÉNÉRALES DES NOMBRES.

TROISIÈME PARTIE.

THÉORIE DES NOMBRES CONSIDÉRÉS COMME DÉCOMPOSABLES EN TROIS CARRÉS.

TABLES.

TABLE I.

Expressions les plus simples des formules $Ly^2 + 2\,Myz + Nz^2$, pour toutes les valeurs du nombre non quarré $A = M^2 - LN$, depuis $A = 2$ jusqu'à $A = 136$.

NOMBRE A.	FORMULE RÉDUITE.
2	$y^2 - 2z^2$
3	$\pm(y^2 - 3z^2)$
5	$y^2 - 5z^2$
6	$\pm(y^2 - 6z^2)$
7	$\pm(y^2 - 7z^2)$
8	$\pm(y^2 - 8z^2)$
10	$y^2 - 10z^2$ $2y^2 - 5z^2$
11	$\pm(y^2 - 11z^2)$
12	$\pm(y^2 - 12z^2)$
13	$y^2 - 13z^2$
14	$\pm(y^2 - 14z^2)$
15	$\pm(y^2 - 15z^2)$ $\pm(3y^2 - 5z^2)$
17	$y^2 - 17z^2$
18	$\pm(y^2 - 18z^2)$
19	$\pm(y^2 - 19z^2)$
20	$\pm(y^2 - 20z^2)$
21	$\pm(y^2 - 21z^2)$
22	$\pm(y^2 - 22z^2)$
23	$\pm(y^2 - 23z^2)$
24	$\pm(y^2 - 24z^2)$ $\pm(3y^2 - 8z^2)$
26	$y^2 - 26z^2$ $2y^2 - 13z^2$
27	$\pm(y^2 - 27z^2)$
28	$\pm(y^2 - 28z^2)$
29	$y^2 - 29z^2$
30	$\pm(y^2 - 30z^2)$ $\pm(2y^2 - 15z^2)$
31	$\pm(y^2 - 31z^2)$
32	$\pm(y^2 - 32z^2)$
33	$\pm(y^2 - 33z^2)$
34	$\pm(y^2 - 34z^2)$ $\pm(3y^2 + 2yz - 11z^2)$
35	$\pm(y^2 - 35z^2)$ $\pm(5y^2 - 7z^2)$
37	$y^2 - 37z^2$ $3y^2 + 2yz - 12z^2$
38	$\pm(y^2 - 38z^2)$
39	$\pm(y^2 - 39z^2)$ $\pm(2y^2 + 2yz - 19z^2)$
40	$\pm(y^2 - 40z^2)$ $\pm(5y^2 - 8z^2)$
41	$y^2 - 41z^2$
42	$\pm(y^2 - 42z^2)$ $\pm(2y^2 - 21z^2)$
43	$\pm(y^2 - 43z^2)$
44	$\pm(y^2 - 44z^2)$
45	$\pm(y^2 - 45z^2)$
46	$\pm(y^2 - 46z^2)$
47	$\pm(y^2 - 47z^2)$
48	$\pm(y^2 - 48z^2)$ $\pm(3y^2 - 16z^2)$
50	$y^2 - 50z^2$ $2y^2 - 25z^2$
51	$\pm(y^2 - 51z^2)$ $\pm(3y^2 - 17z^2)$

TABLE I.

NOMBRE *A*.	FORMULE RÉDUITE.
52 53 54	$\pm (y^2 - 52z^2)$ $y^2 - 53z^2$ $\pm (y^2 - 54z^2)$
55	$\pm (y^2 - 55z^2)$ $\pm (2y^2 + 2yz - 27z^2)$
56	$\pm (y^2 - 56z^2)$ $\pm (5y^2 + 2yz - 11z^2)$
57	$\pm (y^2 - 57z^2)$
58	$y^2 - 58z^2$ $2y^2 - 29z^2$
59	$\pm (y^2 - 59z^2)$
60	$\pm (y^2 - 60z^2)$ $\pm (3y^2 - 20z^2)$
61 62	$y^2 - 61z^2)$ $\pm (y^2 - 62z^2)$
63	$\pm (y^2 - 63z^2)$ $\pm (7y^2 - 9z^2)$
65	$y^2 - 65z^2$ $5y^2 - 13z^2$
66	$\pm (y^2 - 66z^2)$ $\pm (3y^2 - 22z^2)$
67 68 69	$\pm (y^2 - 67z^2)$ $\pm (y^2 - 68z^2)$ $\pm (y^2 - 69z^2)$
70	$\pm (y^2 - 70z^2)$ $\pm (2y^2 - 35z^2)$
71	$\pm (y^2 - 71z^2)$
72	$\pm (y^2 - 72z^2)$ $\pm (4y^2 + 4yz - 17z^2)$
73	$y^2 - 73z^2$
74	$y^2 - 74z^2$ $2y^2 - 37z^2$
75	$\pm (y^2 - 75z^2)$ $\pm (3y^2 - 25z^2)$
76 77	$\pm (y^2 - 76z^2)$ $\pm (y^2 - 77z^2)$
78	$\pm (y^2 - 78z^2)$ $\pm (2y^2 - 39z^2)$
79	$\pm (y^2 - 79z^2)$ $\pm (3y^2 + 2yz - 26z^2)$
80	$\pm (y^2 - 80z^2)$ $\pm (5y^2 - 16z^2)$
82	$y^2 - 82z^2$ $2y^2 - 41z^2$ $3y^2 + 2yz - 27z^2$
83	$\pm (y^2 - 83z^2)$
84	$\pm (y^2 - 84z^2)$ $\pm (7y^2 - 12z^2)$
85	$y^2 - 85z^2$ $3y^2 + 2yz - 28z^2$
86	$\pm (y^2 - 86z^2)$
87	$\pm (y^2 - 87z^2)$ $\pm (3y^2 - 29z^2)$
88	$\pm\ y^2 - 88z^2)$ $\pm (8y^2 - 11z^2)$
89	$y^2 - 89z^2$
90	$\pm (y^2 - 90z^2)$ $\pm (2y^2 - 45z^2)$
91	$\pm (y^2 - 91z^2)$ $\pm (7y^2 - 13z^2)$
92 93 94	$\pm (y^2 - 92z^2)$ $\pm (y^2 - 93z))$ $\pm (y^2 - 94z^2)$

TABLE I.

NOMBRE *A*.	FORMULE RÉDUITE.
95	$\pm(y^2 - 95z^2)$ $\pm(2y^2 + 2yz - 47z^2)$
96	$\pm(y^2 - 96z^2)$ $\pm(3y^2 - 32z^2)$
97 98	$(y^2 - 97z^2)$ $\pm(y^2 - 98z^2)$
99	$\pm(y^2 - 9)$ $\pm(9y^2 - 11z^2)$ $\pm(7y^2 + 2yz - 14z^2)$
101	$y^2 - 101z^2$ $4y^2 + 2yz - 25z^2$
102	$\pm(y^2 - 102z^2)$ $\pm(3y^2 - 34z^2)$
103	$\pm(y^2 - 103z^2)$
104	$\pm(y^2 - 104z^2)$ $\pm(8y^2 - 13z^2)$
105	$\pm(y^2 - 105z^2)$ $\pm(3y^2 - 35z^2)$
106	$y^2 - 106z^2$ $2y^2 - 53z^2$
107 108 109	$\pm(y^2 - 107z^2)$ $\pm(y^2 - 108z^2)$ $y^2 - 109z^2$
110	$\pm(y^2 - 110z^2)$ $\pm(2y^2 - 55z^2)$
111	$\pm(y^2 - 111z^2)$ $\pm(2y^2 + 2yz - 55z^2)$
112	$\pm(y^2 - 112z^2)$ $\pm(3y^2 + 2yz - 37z^2)$
113	$y^2 - 113z^2$
114	$\pm(y^2 - 114z^2)$ $\pm(3y^2 - 38z^2)$
115	$\pm(y^2 - 115z^2)$ $\pm(5y^2 - 23z^2)$
116 117 118	$\pm(y^2 - 116z^2)$ $\pm(y^2 - 117z^2)$ $\pm(y^2 - 118z^2)$
119	$\pm(y^2 - 119z^2)$ $\pm(7y^2 - 17z^2)$
120	$\pm(y^2 - 120z^2)$ $\pm(3y^2 - 40z^2)$ $\pm(5y^2 - 24z^2)$ $\pm(15y^2 - 8z^2)$
122	$y^2 - 122z^2$ $2y^2 - 61z^2$
123	$\pm(y^2 - 123z^2)$ $\pm(3y^2 - 41z^2)$
124 125	$\pm(y^2 - 124z^2)$ $y^2 - 125z^2$
126	$\pm(y^2 - 126z^2)$ $\pm(2y^2 - 63z^2)$
127 128 129	$\pm(y^2 - 127z^2)$ $\pm(y^2 - 128z^2)$ $\pm(y^2 - 129z^2)$
130	$y^2 - 130z^2$ $2y^2 - 65z^2$ $5y^2 - 26z^2$ $10y^2 - 13z^2$
131 132 133 134	$\pm(y^2 - 131z^2)$ $\pm(y^2 - 132z^2)$ $\pm(y^2 - 133z^2)$ $\pm(y^2 - 134z^2)$
135	$\pm(y^2 - 135z^2)$ $\pm(5y^2 - 27z^2)$
136	$\pm(y^2 - 136z^2)$ $\pm(8y^2 - 17z^2)$ $\pm(3y^2 + 2yz - 45z^2)$

TABLE II.

Expressions les plus simples des formules $Ly^2 + Myz + Nz^2$, où M est impair, pour toutes les valeurs de $B = M^2 - 4LN$, depuis $B = 5$ jusqu'à $B = 305$.

NOMBRE B.	FORMULE RÉDUITE.
5	$y^2 + yz - z^2$
13	$y^2 + yz - 3z^2$
17	$y^2 + yz - 4z^2$
21	$\pm(y^2 + yz - 5z^2)$
29	$y^2 + yz - 7z^2$
33	$\pm(y^2 + yz - 8z^2)$
37	$y^2 + yz - 9z^2$
41	$y^2 + yz - 10z^2$
45	$\pm(y^2 + yz - 11z^2)$
53	$y^2 + yz - 13z^2$
57	$\pm(y^2 + yz - 14z^2)$
61	$y^2 + yz - 15z^2$
65	$y^2 + yz - 16z^2$
	$2y^2 + yz - 8z^2$
79	$\pm(y^2 + yz - 17z^2)$
73	$y^2 + yz - 18z^2$
77	$\pm(y^2 + yz - 19z^2)$
85	$y^2 + yz - 21z^2$
	$3y^2 + yz - 7z^2$
89	$y^2 + yz - 22z^2$
93	$\pm(y^2 + yz - 23z^2)$
97	$y^2 + yz - 24z^2$
101	$y^2 + yz - 25z^2$
105	$\pm(y^2 + yz - 26z^2)$
	$\pm(2y^2 + yz - 13z^2)$
109	$y^2 + yz - 27z^2$
113	$y^2 + yz - 28z^2$
117	$\pm(y^2 + yz - 29z^2)$
125	$y^2 + yz - 31z^2$
129	$\pm(y^2 + yz - 32z^2)$
133	$\pm(y^2 + yz - 33z^2)$
137	$y^2 + yz - 34z^2$
141	$\pm(y^2 + yz - 35z^2)$
145	$y^2 + yz - 36z^2$
	$2y^2 + yz - 18z^2)$
	$4y^2 + yz - 9z^2$
149	$y^2 + yz - 37z^2$
153	$\pm(y^2 + yz - 38z^2)$
157	$\pm(y^2 + yz - 39z^2)$
161	$\pm(y^2 + yz - 40z^2)$
165	$\pm(y^2 + yz - 41z^2)$
	$\pm(3y^2 + 3yz - 13z^2)$
174	$y^2 + yz - 43z^2$
177	$\pm(y^2 + yz - 44z^2)$
181	$y^2 + yz - 45z^2$
185	$y^2 + yz - 46z^2$
	$2y^2 + yz - 23z^2$
189	$\pm(y^2 + yz - 47z^2)$
193	$y^2 + yz - 48z^2$
197	$y^2 + yz - 49z^2$
201	$\pm(y^2 + yz - 50z^2)$
205	$\pm(y^2 + yz - 51z^2)$
	$\pm(3y^2 + yz - 17z^2)$
209	$\pm(y^2 + yz - 52z^2)$
213	$\pm(y^2 + yz - 53z^2)$
217	$\pm(y^2 + yz - 54z^2)$
221	$\pm(y^2 + yz - 55z^2)$
	$\pm(5y^2 + yz - 11z^2)$
229	$y^2 + yz - 57z^2$
	$3y^2 + yz - 19z^2$
233	$y^2 + yz - 58z^2$
237	$\pm(y^2 + yz - 59z^2)$
241	$y^2 + yz - 60z^2$
245	$\pm(y^2 + yz - 61z^2)$
249	$\pm(y^2 + yz - 62z^2)$
253	$\pm(y^2 + yz - 63z^2)$
257	$y^2 + yz - 64z^2$
	$2y^2 + yz - 32z^2$
261	$\pm(y^2 + yz - 65z^2)$
265	$y^2 + yz - 66z^2)$
	$2y^2 + yz - 33z^2$
269	$y^2 + yz - 67z^2$
273	$\pm(y^2 + yz - 68z^2)$
	$\pm(2y^2 + yz - 34z^2)$
277	$y^2 + yz - 69z^2$
281	$y^2 + yz - 70z^2$
285	$\pm(y^2 + yz - 71z^2)$
	$\pm(3y^2 + 3yz - 23z^2)$
293	$y^2 + yz - 73z^2)$
297	$\pm(y^2 + yz - 74z^2)$
301	$\pm(y^2 + yz - 75z^2)$
305	$\pm(y^2 + yz - 76z^2)$
	$\pm(2y^2 + yz - 38z^2)$

TABLE III.

Diviseurs de la formule $t^2 - au^2$.

FORMULE.	DIVISEURS QUADRATIQUES.	DIVISEURS LINÉAIRES IMPAIRS.
$t^2 - 2u^2$	$y^2 - 2z^2$	$8x + 1, 7$
$t^2 - 3u^2$	$y^2 - 3z^2$ $3z^2 - y^2$	$12x + 1$ $12x + 11$
$t^2 - 5u^2$	$y^2 - 5z^2$	$20x + 1, 9, 11, 19$
$t^2 - 6u^2$	$y^2 - 6z^2$ $6z^2 - y^2$	$24x + 1, 19$ $24x + 5, 23$
$t^2 - 7u^2$	$y^2 - 7z^2$ $7z^2 - y^2$	$28x + 1, 9, 25$ $28x + 3, 19, 27$
$t^2 - 10u^2$	$y^2 - 10z^2$ $2y^2 - 5z^2$	$40x + 1, 9, 31, 39$ $40x + 3, 13, 27, 37$
$t^2 - 11u^2$	$y^2 - 11z^2$ $11z^2 - y^2$	$44x + 1, 5, 9, 25, 37$ $44x + 7, 19, 35, 39, 43$
$t^2 - 13u^2$	$y^2 - 13z^2$	$52x + 1, 3, 9, 17, 23 : 25, 27, 29, 35,$ $43, 49, 51$
$t^2 - 14u^2$	$y^2 - 14z^2$ $14z^2 - y^2$	$56x + 1, 9, 11, 25, 43, 51$ $56x + 5, 13, 31, 45, 47, 55$
$t^2 - 15u^2$	$y^2 - 15z^2$ $15z^2 - y^2$ $3y^2 - 5z^2$ $5z^2 - 3y^2$	$60x + 1, 49$ $60x + 11, 59$ $60x + 7, 43$ $60x + 17, 53$
$t^2 - 17u^2$	$y^2 - 17z^2$	$68x + 1, 9, 13, 15, 19 : 21, 25, 33, 35,$ $43 : 47, 49, 53, 55, 59 : 67$
$t^2 - 19u^2$	$y^2 - 19z^2$ $19z^2 - y^2$	$76x + 1, 5, 9, 17, 25 : 45, 49, 61, 73$ $76x + 3, 15, 27, 31, 51 : 59, 67, 71, 75$
$t^2 - 21u^2$	$y^2 - 21z^2$ $21z^2 - y^2$	$84x + 1, 25, 37, 43, 67, 79$ $84x + 5, 17, 41, 47, 59, 83$
$t^2 - 22u^2$	$y^2 - 22z^2$ $22z^2 - y^2$	$88x + 1, 3, 9, 25, 27 : 49, 59, 67, 75, 81$ $88x + 7, 13, 21, 29, 39 : 61, 63, 79, 85, 87$
$t^2 - 23u^2$	$y^2 - 23z^2$ $23z^2 - y^2$	$92x + 1, 9, 13, 25, 29 : 41, 49, 73, 77,$ $81 : 85$ $92x + 7, 11, 15, 19, 43 : 51, 63, 67, 79,$ $83 : 91$

TABLE III.

FORMULE.	DIVISEURS QUADRATIQUES.	DIVISEURS LINÉAIRES IMPAIRS.
$t^2 - 26u^2$	$y^2 - 26z^2$	$104x + 1, 9, 17, 23, 25 : 49, 55, 79, 81, 87 : 95, 103$
	$2y^2 - 13z^2$	$104x + 5, 11, 19, 21, 37 : 45, 59, 67, 83, 85 : 93, 99$
$t^2 - 29u^2$	$y^2 - 29z^2$	$116x + 1, 5, 7, 9, 13 : 23, 25, 33, 35, 45 : 49, 51, 53, 57, 59 : 63, 65, 67, 71, 81 : 83, 91, 93, 103, 107 : 109, 111, 115$
$t^2 - 30u^2$	$y^2 - 30z^2$	$120x + 1, 19, 49, 91$
	$30z^2 - y^2$	$120x + 29, 71, 101, 119$
	$2y^2 - 15z^2$	$120x + 17, 83, 107, 113$
	$15z^2 - 2y^2$	$120x + 7, 13, 37, 103$
$t^2 - 31u^2$	$y^2 - 31z^2$	$124x + 1, 5, 9, 25, 33 : 41, 45, 49, 69, 81 : 97, 101, 109, 113, 121$
	$31z^2 - y^2$	$124x + 3, 11, 15, 23, 27 : 43, 55, 75, 79, 83 : 91, 99, 115, 119, 123$
$t^2 - 33u^2$	$y^2 - 33z^2$	$132x + 1, 25, 31, 37, 49 : 67, 91, 97, 103, 115$
	$33z^2 - y^2$	$132x + 17, 29, 35, 41, 65 : 83, 95, 101, 107, 131$
$t^2 - 34u^2$	$y^2 - 34z^2$ } $34z^2 - y^2$ }	$136x + 1, 9, 15, 25, 33 : 47, 49, 55, 81, 87 : 89, 103, 111, 121, 123 : 135$
	$3y^2 + 2yz - 11z^2$ } $11z^2 - 2yz - 3y^2$ }	$136x + 3, 5, 11, 27, 29 : 37, 45, 61, 75, 91 : 99, 107, 109, 125, 131 : 133$
$t^2 - 35u^2$	$y^2 - 35z^2$	$140x + 1, 9, 29, 81, 109, 121$
	$35z^2 - y^2$	$140x + 19, 31, 59, 111, 131, 139$
	$5y^2 - 7z^2$	$140x + 13, 17, 33, 73, 97, 117$
	$7z^2 - 5y^2$	$140x + 23, 43, 67, 107, 123, 127$
$t^2 - 37u^2$	$y^2 - 37z^2$ $3y^2 + 2yz - 12z^2$	$148x + 1, 3, 7, 9, 11 : 21, 25, 27, 33, 41 : 47, 49, 53, 63, 65 : 67, 71, 73, 75, 77 : 81, 83, 85, 95, 99, 101, 107, 115, 121, 123 : 127, 137, 139, 141, 145 : 147$
$t^2 - 38u^2$	$y^2 - 38z^2$	$152x + 1, 9, 11, 17, 25 : 35, 43, 49, 73, 81 : 83, 99, 115, 121, 123 : 129, 137, 139$
	$38z^2 - y^2$	$152x + 13, 15, 23, 29, 31 : 37, 53, 69, 71, 79 : 103, 109, 117, 127, 135 : 141, 143, 151$

TABLE III.

FORMULE.	DIVISEURS QUADRATIQUES.	DIVISEURS LINÉAIRES IMPAIRS.
$t^2 - 39u^2$	$y^2 - 39z^2$ $39z^2 - y^2$ $2y^2 + 2yz - 19z^2$ $19z^2 - 2yz - 2y^2$	$156x +$ 1, 25, 49, 61, 121, 133 $156x +$ 23, 35, 95, 107, 131, 155 $156x +$ 5, 41, 89, 125, 137, 149 $156x +$ 7, 19, 31, 67, 115, 151
$t^2 - 41u^2$	$y^2 - 41z^2$	$164x +$ 1, 5, 9, 21, 23 : 25, 31, 33, 37, 39 : 43, 45, 49, 51, 57 : 59, 61, 73, 77, 81 : 83, 87, 91, 103, 105 : 107, 113, 115, 119, 121 : 125, 127, 131, 133, 139 : 141, 143, 155, 159, 163
$t^2 - 42u^2$	$y^2 - 42z^2$ $42z^2 - y^2$ $2y^2 - 21z^2$ $21z^2 - 2y^2$	$168x +$ 1, 25, 79, 121, 127, 151 $168x +$ 17, 41, 47, 89, 143, 167 $168x +$ 11, 29, 53, 107, 149, 155 $168x +$ 13, 19, 61, 115, 139, 157
$t^2 - 43u^2$	$y^2 - 43z^2$ $43z^2 - y^2$	$172x +$ 1, 9, 13, 17, 21 : 25, 41, 49, 53, 57 : 81, 97, 101, 109, 117 : 121, 133, 145, 153, 165 : 169 $172x +$ 3, 7, 19, 27, 39 : 51, 55, 63, 71, 75 : 91, 115, 119, 123, 131 : 147, 151, 155, 159, 163 : 171
$t^2 - 46u^2$	$y^2 - 46z^2$ $46z^2 - y^2$	$184x +$ 1, 3, 9, 25, 27 : 35, 41, 49, 59, 73 : 75, 81, 105, 121, 123 : 131, 139, 147, 163, 169 : 177, 179 $184x +$ 5, 7, 15, 21, 37 : 45, 53, 61, 63, 79 : 103, 109, 111, 125, 135 : 143, 149, 157, 159, 175 : 181, 183
$t^2 - 47u^2$	$y^2 - 47z^2$ $47z^2 - y^2$	$188x +$ 1, 9, 17, 21, 25 : 37, 49, 53, 61, 65 : 81, 89, 97, 101, 121 : 145, 149, 153, 157, 165 : 169, 173, 177 $188x +$ 11, 15, 19, 23, 31 : 35, 39, 43, 67, 87 : 91, 99, 107, 123, 127 : 135, 139, 151, 163, 167 : 171, 179, 187
$t^2 - 51u^2$	$y^2 - 51z^2$ $51z^2 - y^2$ $3y^2 - 17z^2$ $17z^2 - 3y^2$	$204x +$ 1, 13, 25, 49, 121, 145, 157, 169 $204x +$ 35, 47, 59, 83, 155, 179, 191, 203 $204x +$ 7, 13, 79, 91, 139, 163, 175, 199 $204x +$ 5, 29, 41, 65, 113, 125, 173, 197

TABLE III.

FORMULE.	DIVISEURS QUADRATIQUES.	DIVISEURS LINÉAIRES IMPAIRS.
$t^2 - 53u^2$	$y^2 - 53z^2$	$212x +$ 1, 7, 9, 11, 13 : 15, 17, 25, 29, 37 : 43, 47, 49, 57, 59 : 63, 69, 77, 81, 89 : 91, 93, 95, 97, 99 : 105, 107, 113, 115, 117 : 119, 121, 123, 131, 135 : 143, 149, 153, 155, 163 : 165, 169, 175, 183, 187 : 195, 197, 199, 201, 203 : 205, 211
$t^2 - 55u^2$	$y^2 - 55z^2$	$220x +$ 1, 9, 49, 69, 81 : 89, 141, 169, 181, 201
	$55z^2 - y^2$	$220x +$ 19, 39, 51, 79, 131 : 139, 151, 171, 211, 219
	$2y^2 + 2yz - 27z^2$	$220x +$ 13, 17, 57, 73, 117 : 153, 173, 193, 197, 217
	$27z^2 - 2yz - 2y^2$	$220x +$ 3, 23, 27, 47, 67 : 103, 147, 163, 203, 207
$t^2 - 57u^2$	$y^2 - 57z^2$	$228x +$ 1, 7, 25, 43, 49 : 55, 61, 73, 85, 115 : 121, 139, 157, 163, 169 : 175, 187, 199
	$57z^2 - y^2$	$228x +$ 29, 41, 53, 59, 65 : 71, 89, 107, 113, 143 : 155, 167, 173, 179, 185 : 203, 221, 227
$t^2 - 58u^2$	$y^2 - 58z^2$	$232x +$ 1, 7, 9, 23, 25 : 33, 49, 57, 63, 65 : 71, 81, 103, 111, 121 : 129, 151, 161, 167, 169 : 175, 183, 199, 207, 209 : 223, 225, 231
	$2y^2 - 29z^2$	$232x +$ 3, 11, 19, 21, 27 : 37, 43, 61, 69, 75 : 77, 85, 99, 101, 131 : 133, 147, 155, 157, 163 : 171, 189, 195, 205, 211 : 213, 221, 229
$t^2 - 59u^2$	$y^2 - 59z^2$	$236x +$ 1, 5, 9, 17, 21 : 25, 29, 41, 45, 49 : 53, 57, 81, 85, 105 : 121, 125, 133, 137, 145 : 153, 169, 181, 189, 193 : 197, 205, 213, 225
	$59z^2 - y^2$	$236x +$ 11, 23, 31, 39, 43 : 47, 55, 67, 83, 91 : 99, 103, 111, 115, 131 : 151, 155, 179, 183, 187 : 191, 195, 207, 211, 215 : 219, 227, 231, 235

TABLE III.

FORMULE.	DIVISEURS QUADRATIQUES.	DIVISEURS LINÉAIRES IMPAIRS.
$t^2 - 61u^2$	$y^2 - 61z^2$	$244x$ + 1, 5, 7, 9, 11 : 13, 23, 25, 31, 35 : 41, 43, 45, 49, 51 : 55, 57, 59, 63, 65 : 67, 71, 73, 77, 79 : 81, 87, 91, 97, 99 : 109, 111, 113, 115, 117 : 121, 125, 137, 139, 141 : 143, 149, 151, 155, 159 : 161, 169, 175, 191, 197 : 205, 207, 211, 215, 217 : 223, 225, 227, 229, 241
$t^2 - 62u^2$	$y^2 - 62z^2$	$248x$ + 1, 9, 19, 25, 33 : 35, 41, 49, 51, 59 : 67, 81, 97, 103, 113 : 121, 129, 131, 163, 169 : 171, 187, 193, 195, 211 : 219, 225, 227, 233, 235
	$62z^2 - y^2$	$248x$ + 13, 15, 21, 23, 29 : 37, 53, 55, 61, 77 : 79, 85, 117, 119, 127 : 135, 141, 151, 167, 181 : 189, 197, 199, 207, 213 : 215, 223, 229, 239, 247
$t^2 - 65u^2$	$y^2 - 65z^2$	$260x$ + 1, 9, 29, 49, 51 : 61, 69, 79, 81, 101 : 121, 129, 131, 139, 159 : 179, 181, 191, 199, 209 : 211, 231, 251, 259
	$5y^2 - 13z^2$	$260x$ + 7, 33, 37, 47, 57 : 63, 67, 73, 83, 93 : 97, 123, 137, 163, 167 : 177, 187, 193, 197, 203 : 213, 223, 227, 253
$t^2 - 66u^2$	$y^2 - 66z^2$	$264x$ + 1, 25, 31, 49, 97 : 103, 169, 199, 223, 247
	$66z^2 - y^2$	$264x$ + 17, 41, 65, 95, 161 : 167, 215, 233, 239, 263
	$3y^2 - 22z^2$	$264x$ + 5, 53, 59, 125, 155 : 179, 203, 221, 245, 251
	$22z^2 - 3y^2$	$264x$ + 13, 19, 43, 61, 85 : 109, 139, 205, 211, 259
$t^2 - 67u^2$	$y^2 - 67z^2$	$268x$ + 1, 9, 17, 21, 25 : 29, 33, 37, 49, 65 : 73, 77, 81, 89, 93 : 121, 129, 149, 153, 157 : 169, 173, 181, 189, 193 : 205, 217, 225, 237, 241 : 257, 261, 265
	$67z^2 - y^2$	$268x$ + 3, 7, 11, 27, 31 : 43, 51, 63, 75, 79 : 87, 95, 99, 111, 115 : 119, 139, 147, 175, 179 : 187, 191, 195, 203, 219 : 231, 235, 239, 243, 247 : 251, 259, 267

TABLE III.

FORMULE.	DIVISEURS QUADRATIQUES.	DIVISEURS LINÉAIRES IMPAIRS.
$t^2 - 69u^2$	$y^2 - 69z^2$	$276x +$ 1, 13, 25, 31, 49 : 55, 73, 85 : 121, 127 : 133, 139, 151, 163, 169 : 187, 193, 211, 223, 259 : 265, 271
	$69z^2 - y^2$	$276x +$ 5, 11, 17, 53, 65 : 83, 89, 107, 113, 125 : 137, 143, 149, 155, 191 : 203, 221, 227, 245, 251 : 263, 275
$t^2 - 70u^2$	$y^2 - 70z^2$	$280x +$ 1, 9, 11, 51, 81 : 99, 121, 169, 179, 211 : 219, 249
	$70z^2 - y^2$	$280x +$ 31, 61, 69, 101, 111 : 159, 181, 199, 229, 269 : 271, 279
	$2y^2 - 35z^2$	$280x +$ 23, 37, 53, 93, 127 : 183, 197, 207, 247, 253 : 263, 277
	$35z^2 - 2y^2$	$280x +$ 3, 17, 27, 33, 73 : 83, 97, 153, 187, 227 : 243, 257
$t^2 - 71u^2$	$y^2 - 71z^2$	$284x +$ 1, 5, 9, 25, 29 : 37, 45, 49, 57, 73 : 77, 81, 89, 101, 109 : 121, 125, 129, 145, 157 : 161, 169, 185, 217, 221 : 225, 229, 233, 237, 245 : 249, 253, 261, 273, 277
	$71z^2 - y^2$	$284x +$ 7, 11, 23, 31, 35 : 39, 47, 51, 55, 59 : 63, 67, 99, 115, 123 : 127, 139, 155, 159, 163 : 175, 183, 195, 203, 207 : 211, 227, 235, 239, 347 : 255, 259, 275, 279, 283
$t^2 - 73u^2$	$y^2 - 73z^2$	$292x +$ 1, 3, 9, 19, 23 : 25, 27, 35, 37, 41 : 49, 55, 57, 61, 65 : 67, 99, 71, 75, 77 : 79, 81, 85, 89, 91 : 97, 105, 109, 111, 119 : 121, 123, 127, 137, 143 : 145, 147, 149, 155, 165 : 169, 171, 173, 181, 183 : 187, 195, 201, 203, 207 : 211, 213, 215, 217, 221 : 223, 225, 227, 231, 235 : 237, 243, 251, 255, 257 : 265, 267, 269, 273, 283 : 289, 291

TABLE III.

FORMULE.	DIVISEURS QUADRATIQUES.	DIVISEURS LINÉAIRES IMPAIRS.
$t^2 - 74u^2$	$y^2 - 74z^2$	$296x +$ 1, 7, 9, 25, 33 : 41, 47, 49, 63, 65 : 71, 73, 81, 95, 121 : 127, 137, 145, 151, 159 : 169, 175, 201, 215, 223 : 225, 231, 233, 247, 249 : 255, 263, 271, 287, 289 : 295
	$2y^2 - 37z^2$	$296x +$ 5, 13, 19, 29, 35 : 43, 45, 51, 59, 61 : 69, 91, 93, 109, 117 : 125, 131, 133, 163, 165 : 171, 179, 187, 203, 205 : 227, 235, 237, 245, 251 : 253, 261, 267, 277, 283 : 291
$t^2 - 77u^2$	$y^2 - 77z^2$	$308x +$ 1, 9, 15, 23, 25 : 37, 53, 67, 71, 81 : 93, 113, 135, 141, 155 : 163, 169, 177, 179, 191 : 207, 221, 225, 235, 247 : 255, 267, 289, 291, 295
	$77z^2 - y^2$	$308x +$ 13, 17, 19, 41, 53 : 61, 73, 83, 87, 101 : 117, 129, 131, 139, 145 : 153, 167, 173, 195, 215 : 227, 237, 241, 255, 271 : 283, 285, 293, 299, 307
$t^2 - 78u^2$	$y^2 - 78z^2$	$312x +$ 1, 25, 43, 49, 121 : 139, 211, 217, 235, 259 : 283, 289
	$78z^2 - y^2$	$312x +$ 23, 29, 53, 77, 95 : 101, 173, 191, 263, 269 : 287, 311
	$2y^2 - 39z^2$	$312x +$ 11, 41, 59, 83, 89 : 137, 161, 203, 227, 275 : 281, 305
	$39z^2 - 2y^2$	$312x +$ 7, 31, 37, 85, 109 : 151, 175, 223, 229, 253 : 271, 301
$t^2 - 79u^2$	$y^2 - 79z^2$ $26y^2 + 2yz - 3z^2$	$316x +$ 1, 5, 9, 13, 21 : 25, 45, 49, 65, 73 : 81, 89, 97, 101, 105 : 117, 121, 125, 129, 141 : 169, 177, 181, 189, 209 : 213, 225, 241, 245, 253 : 257, 269, 273, 277, 281 : 289, 301, 309, 313
	$79z^2 - y^2$ $3z^2 - 2yz - 26y^2$	$316x +$ 3, 7, 15, 27, 35 : 39, 43, 47, 59, 63 : 71, 75, 91, 103, 107 : 127, 135, 139, 147, 175 : 187, 191, 195, 199, 211, 215, 219, 227, 235, 243 : 251, 267, 271, 291, 295 : 303, 307, 311, 315

TABLE IV.

Diviseurs de la formule $t^2 + au^2$, *a* étant un nombre de la forme $4n + 1$.

FORMULE.	DIVISEURS QUADRATIQUES.	DIVISEURS LINÉAIRES IMPAIRS.
$t^2 + u^2$	$y^2 + z^2$	$4x + 1$
$t^2 + 5u^2$	$y^2 + 2yz + 6z^2$ $2y^2 + 2yz + 3z^2$	$20x + 1, 9$ $20x + 3, 7$
$t^2 + 13u^2$	$y^2 + 2yz + 14z^2$ $2y^2 + 2yz + 7z^2$	$52x + 1, 9, 17, 25, 29 : 49$ $52x + 7, 11, 15, 19, 31 : 47$
$t^2 + 17u^2$	$y^2 + 2yz + 18z^2$ $2y^2 + 2yz + 9z^2$ $3y^2 + 2yz + 6z^2$	$68x + 1, 9, 13, 21, 25 : 33, 49, 53$ $68x + 3, 7, 11, 23, 27 : 31, 39, 63$
$t^2 + 21u^2$	$y^2 + 2yz + 22z^2$ $2y^2 + 2yz + 11z^2$ $5y^2 + 6yz + 6z^2$ $10y^2 + 6yz + 3z^2$	$84x + 1, 25, 37$ $84x + 11, 23, 71$ $84x + 5, 17, 41$ $84x + 19, 31, 55$
$t^2 + 29u^2$	$y^2 + 2yz + 30z^2$ $5y^2 + 2yz + 6z^2$ $2y^2 + 2yz + 15z^2$ $10y^2 + 2yz + 3z^2$	$116x + 1, 5, 9, 13, 25 : 33, 45, 49, 53, 57 : 65, 81, 93, 109$ $116x + 3, 11, 15, 19, 27 : 31, 39, 43, 47, 55 : 75, 79, 95, 99$
$t^2 + 33u^2$	$y^2 + 2yz + 34z^2$ $2y^2 + 2yz + 17z^2$ $3y^2 + 6yz + 14z^2$ $6y^2 + 6yz + 7z^2$	$132x + 1, 25, 37, 49, 97$ $132x + 17, 29, 41, 65, 101$ $132x + 23, 47, 59, 71, 119$ $132x + 7, 19, 43, 79, 127$
$t^2 + 37u^2$	$y^2 + 2yz + 38z^2$ $2y^2 + 2yz + 19z^2$	$148x + 1, 9, 21, 25, 33 : 41, 49, 53, 65, 73 : 77, 81, 85, 101, 121 : 137, 141, 145$ $148x + 15, 19, 23, 31, 35 : 39, 43, 51, 55, 59 : 79, 87, 91, 103, 119 : 131, 135, 143$
$t^2 + 41u^2$	$y^2 + 2yz + 42z^2$ $2y^2 + 2yz + 21z^2$ $5y^2 + 6yz + 10z^2$ $3y^2 + 2yz + 14z^2$ $6y^2 + 2yz + 7z^2$	$164x + 1, 5, 9, 21, 25 : 33, 37, 45, 49, 57 : 61, 73, 77, 81, 105 : 113, 121, 125, 133, 141$ $164x + 3, 7, 11, 15, 19 : 27, 35, 47, 55, 63 : 67, 71, 75, 79, 95 : 99, 111, 135, 147, 151$

TABLE IV.

FORMULE.	DIVISEURS QUADRATIQUES.	DIVISEURS LINÉAIRES IMPAIRS.
$t^2 + 53u^2$	$y^2 + 2yz + 54z^2$ $9y^2 + 2yz + 6z^2$	$212x +$ 1, 9, 13, 17, 25 : 29, 37, 49, 57, 69 : 77, 81, 89, 93, 97 : 105, 113, 117, 121, 149 : 153, 165, 169, 197, 201 : 205
	$2y^2 + 2yz + 27z^2$ $18y^2 + 2yz + 3z^2$	$212x +$ 3, 19, 23, 27, 31 : 35, 39, 51, 55, 67 : 71, 75, 79, 83, 87 : 103, 111, 127, 139, 147 : 151, 167, 171, 179, 191 : 207
$t^2 + 57u^2$	$y^2 + 2yz + 58z^2$	$228x +$ 1, 25, 49, 61, 73 : 85, 121, 157, 169
	$2y^2 + 2yz + 29z^2$	$228x +$ 29, 41, 53, 65, 89 : 113, 173, 185, 221
	$3y^2 + 6yz + 22z^2$	$228x +$ 31, 67, 79, 91, 103 : 127, 151, 211, 223
	$6y^2 + 6yz + 11z^2$	$228x +$ 11, 23, 35, 47, 83 : 119, 131, 191, 215
$t^2 + 61u^2$	$y^2 + 2yz + 62z^2$ $5y^2 + 6yz + 14z^2$	$244x +$ 1, 5, 9, 13, 25 : 41, 45, 49, 57, 65, 73, 77, 81, 97, 109 : 113, 117, 121, 125, 137 : 141, 149, 161, 169, 197 : 205, 217, 225, 229, 241
	$2y^2 + 2yz + 31z^2$ $10y^2 + 6yz + 7z^2$	$244x +$ 7, 11, 23, 31, 35 : 43, 51, 55, 59, 63 : 67, 71, 79, 87, 91 : 99, 111, 115, 139, 143 : 151, 155, 159, 175, 191, 207, 211, 223, 227
$t^2 + 65u^2$	$y^2 + 2yz + 66z^2$ $9y^2 + 10yz + 10z^2$	$260x +$ 1, 9, 29, 49, 61 : 69, 81, 101, 121, 129 : 181, 209
	$2y^2 + 2yz + 33z^2$ $18y^2 + 10yz + 5z^2$	$260x +$ 33, 37, 57, 73, 93 : 97, 137, 177, 193, 197 : 213, 253
	$3y^2 + 2yz + 22z^2$	$260x +$ 3, 23, 27, 43, 87 : 103, 107, 127, 147, 183 : 207, 243
	$6y^2 + 2yz + 11z^2$	$260x +$ 11, 19, 31, 59, 71 : 99, 111, 119, 151, 171 : 219, 239
$t^2 + 69u^2$	$y^2 + 2yz + 70z^2$ $13y^2 + 6yz + 6z^2$	$276x +$ 1, 13, 25, 49, 73 : 85, 121, 133, 169, 193 : 265
	$14y^2 + 2yz + 5z^2$	$276x +$ 5, 17, 53, 65, 89 : 113, 125, 137, 149, 221 : 245
	$2y^2 + 2yz + 35z^2$ $26y^2 + 6yz + 3z^2$	$276x +$ 35, 47, 59, 71, 95 : 119, 131, 167, 179, 215 : 239
	$7y^2 + 2yz + 10z^2$	$276x +$ 7, 19, 43, 67, 79 : 91, 103, 175, 199, 235 : 247

TABLE IV.

Diviseurs de la formule $t^2 + au^2$, a étant un nombre de la forme $4n + 1$.

FORMULE.	DIVISEURS QUADRATIQUES.	DIVISEURS LINÉAIRES IMPAIRS.
$t^2 + u^2$	$y^2 + z^2$	$4x + 1$
$t^2 + 5u^2$	$y^2 + 2yz + 6z^2$ $2y^2 + 2yz + 3z^2$	$20x + 1, 9$ $20x + 3, 7$
$t^2 + 13u^2$	$y^2 + 2yz + 14z^2$ $2y^2 + 2yz + 7z^2$	$52x + 1, 9, 17, 25, 29 : 49$ $52x + 7, 11, 15, 19, 31 : 47$
$t^2 + 17u^2$	$y^2 + 2yz + 18z^2$ $2y^2 + 2yz + 9z^2$ $3y^2 + 2yz + 6z^2$	$68x + 1, 9, 13, 21, 25 : 33, 49, 53$ $68x + 3, 7, 11, 23, 27 : 31, 39, 63$
$t^2 + 21u^2$	$y^2 + 2yz + 22z^2$ $2y^2 + 2yz + 11z^2$ $5y^2 + 6yz + 6z^2$ $10y^2 + 6yz + 3z^2$	$84x + 1, 25, 37$ $84x + 11, 23, 71$ $84x + 5, 17, 41$ $84x + 19, 31, 55$
$t^2 + 29u^2$	$y^2 + 2yz + 30z^2$ $5y^2 + 2yz + 6z^2$ $2y^2 + 2yz + 15z^2$ $10y^2 + 2yz + 3z^2$	$116x + 1, 5, 9, 13, 25 : 33, 45, 49, 53, 57 : 65, 81, 93, 109$ $116x + 3, 11, 15, 19, 27 : 31, 39, 43, 47, 55 : 75, 79, 95, 99$
$t^2 + 33u^2$	$y^2 + 2yz + 34z^2$ $2y^2 + 2yz + 17z^2$ $3y^2 + 6yz + 14z^2$ $6y^2 + 6yz + 7z^2$	$132x + 1, 25, 37, 49, 97$ $132x + 17, 29, 41, 65, 101$ $132x + 23, 47, 59, 71, 119$ $132x + 7, 19, 43, 79, 127$
$t^2 + 37u^2$	$y^2 + 2yz + 38z^2$ $2y^2 + 2yz + 19z^2$	$148x + 1, 9, 21, 25, 33 : 41, 49, 53, 65, 73 : 77, 81, 85, 101, 121 : 137, 141, 145$ $148x + 15, 19, 23, 31, 35 : 39, 43, 51, 55, 59 : 79, 87, 91, 103, 119 : 131, 135, 143$
$t^2 + 41u^2$	$y^2 + 2yz + 42z^2$ $2y^2 + 2yz + 21z^2$ $5y^2 + 6yz + 10z^2$ $3y^2 + 2yz + 14z^2$ $6y^2 + 2yz + 7z^2$	$164x + 1, 5, 9, 21, 25 : 33, 37, 45, 49, 57 : 61, 73, 77, 81, 105 : 113, 121, 125, 133, 141$ $164x + 3, 7, 11, 15, 19 : 27, 35, 47, 55, 63 : 67, 71, 75, 79, 95 : 99, 111, 135, 147, 151$

TABLE IV.

FORMULE.	DIVISEURS QUADRATIQUES.	DIVISEURS LINÉAIRES IMPAIRS.
$t^2 + 53u^2$	$y^2 + 2yz + 54z^2$ $9y^2 + 2yz + 6z^2$	$212x +$ 1, 9, 13, 17, 25 : 29, 37, [illegible], 57, 69 : 77, 81, 89, 93, 97 : 105, 113, 117, 121, 149 : 153, 165, 169, 197, [illegible] : 205
	$2y^2 + 2yz + 27z^2$ $18y^2 + 2yz + 3z^2$	$212x +$ 3, 19, 23, 27, 31 : 35, 39, 51, 55, 67 : 71, 75, 79, 83, 87 : 103, 111, 127, 139, 147 : 151, 167, 171, 179, 191 : 207
$t^2 + 57u^2$	$y^2 + 2yz + 58z^2$	$228x +$ 1, 25, 49, 61, 73 : 85, 121, 157, 169
	$2y^2 + 2yz + 29z^2$	$228x +$ 29, 41, 53, 65, 89 : 113, 173, 185, 221
	$3y^2 + 6yz + 22z^2$	$228x +$ 31, 67, 79, 91, 103 : 127, 151, 211, 223
	$6y^2 + 6yz + 11z^2$	$228x +$ 11, 23, 35, 47, 83 : 119, 131, 191, 215
$t^2 + 61u^2$	$y^2 + 2yz + 62z^2$ $5y^2 + 6yz + 14z^2$	$244x +$ 1, 5, 9, 13, 25 : 41, 45, 49, 57, 65, 73, 77, 81, 97, 109 : 113, 117, 121, 125, 137 : 141, 149, 161, 169, 197 : 205, 217, 225, 229, 241
	$2y^2 + 2yz + 31z^2$ $10y^2 + 6yz + 7z^2$	$244x +$ 7, 11, 23, 31, 35 : 43, 51, 55, 59, 63 : 67, 71, 79, 87, 91 : 99, 111, 115, 139, 143 : 151, 155, 159, 175, 191, 207, 211, 223, 227
$t^2 + 65u^2$	$y^2 + 2yz + 66z^2$ $9y^2 + 10yz + 10z^2$	$260x +$ 1, 9, 29, 49, 61 : 69, 81, 101, 121, 129 : 181, 209
	$2y^2 + 2yz + 33z^2$ $18y^2 + 10yz + 5z^2$	$260x +$ 33, 37, 57, 73, 93 : 97, 137, 177, 193, 197 : 213, 253
	$3y^2 + 2yz + 22z^2$	$260x +$ 3, 23, 27, 43, 87 : 103, 107, 127, 147, 183 : 207, 243
	$6y^2 + 2yz + 11z^2$	$260x +$ 11, 19, 31, 59, 71 : 99, 111, 119, 151, 171 : 219, 239
$t^2 + 69u^2$	$y^2 + 2yz + 70z^2$ $13y^2 + 6yz + 6z^2$	$276x +$ 1, 13, 25, 49, 73 : 85, 121, 133, 169, 193 : 265
	$14y^2 + 2yz + 5z^2$	$276x +$ 5, 17, 53, 65, 89 : 113, 125, 137, 149, 221 : 245
	$2y^2 + 2yz + 35z^2$ $26y^2 + 6yz + 3z^2$	$276x +$ 35, 47, 59, 71, 95 : 119, 131, 167, 179, 215 : 239
	$7y^2 + 2yz + 10z^2$	$276x +$ 7, 19, 43, 67, 79 : 91, 103, 175, 199, 235 : 247

TABLE IV.

FORMULE.	DIVISEURS QUADRATIQUES.	DIVISEURS LINÉAIRES IMPAIRS.
$t^2 + 73u^2$	$y^2 + 2yz + 74z^2$ $2y^2 + 2yz + 37z^2$	$292x +$ 1, 9, 25, 37, 41 : 49, 57, 61, 65, 69 : 77, 81, 85, 89, 97 : 105, 109, 121, 137, 145 : 149, 165, 169, 173, 181 : 201, 213, 217, 221, 225 : 237, 257, 265, 269, 273 : 289
	$7y^2 + 10yz + 14z^2$	$292x +$ 7, 11, 15, 31, 39 : 43, 47, 51, 59, 63 : 83, 87, 95, 99, 103 : 107, 115, 131, 135, 139 : 151, 159, 163, 167, 175 : 179, 191, 199, 239, 247 : 259, 263, 271, 275, 279 : 287
$t^2 + 77u^2$	$y^2 + 2yz + 78z^2$ $9y^2 + 14yz + 14z^2$	$308x +$ 1, 9, 25, 37, 53 : 81, 93, 113, 137, 141 : 169, 177, 221, 225, 289
	$13y^2 + 2yz + 6z^2$	$308x +$ 13, 17, 41, 61, 73 : 101, 117, 129, 145, 153 : 173, 241, 285, 293, 297
	$2y^2 + 2yz + 39z^2$ $18y^2 + 14yz + 7z^2$	$308x +$ 39, 43, 51, 79, 95 : 107, 123, 127, 151, 183 : 211, 219, 239, 263, 303
	$26y^2 + 2yz + 3z^2$	$308x +$ 3, 27, 31, 47, 59 : 75, 103, 111, 115, 119 : 199, 223, 243, 251, 279
$t^2 + 85u^2$	$y^2 + 2yz + 86z^2$	$340x +$ 1, 9, 21, 49, 69 : 81, 89, 101, 121, 149 : 161, 169, 189, 229, 281 : 321
	$5y^2 + 10yz + 22z^2$	$340x +$ 37, 57, 73, 97, 113 : 133, 173, 177, 193, 197 : 233, 277, 313, 317, 333, 337
	$2y^2 + 2yz + 43z^2$	$340x +$ 43, 47, 67, 83, 87 : 103, 123, 127, 183, 203 : 223, 247, 263, 287, 307 : 327
	$10y^2 + 10yz + 11z^2$	$340x +$ 11, 31, 39, 71, 79 : 91, 99, 131, 139, 159 : 199, 211, 231, 279, 299 : 311
$t^2 + 89u^2$	$y^2 + 2yz + 90z^2$ $2y^2 + 2yz + 45z^2$ $5y^2 + 2yz + 18z^2$ $10y^2 + 2yz + 9z^2$	$356x +$ 1, 5, 9, 17, 21 : 25, 45, 49, 53, 57 : 69, 73, 81, 85, 93 : 97, 105, 109, 121, 125 : 129, 133, 153, 157, 161 : 169, 173, 177, 189, 217 : 225, 233, 245, 249, 257 : 265, 269, 277, 285, 289 : 301, 309, 317, 345
	$3y^2 + 2yz + 30z^2$ $6y^2 + 2yz + 15z^2$ $7y^2 + 6yz + 14z^2$	$356x +$ 3, 7, 15, 19, 23 : 27, 31, 35, 43, 51 : 59, 63, 75, 83, 95 : 103, 115, 119, 127, 135 : 143, 147, 151, 155, 159 : 163, 171, 175, 191, 207 : 211, 215, 219, 239, 243 : 255, 279, 291, 295, 315 : 319, 323, 327, 343

TABLE IV.

FORMULE.	DIVISEURS QUADRATIQUES.	DIVISEURS LINÉAIRES IMPAIRS.
$t^2 + 93u^2$	$y^2 + 2yz + 94z^2$	$372x +$ 1, 25, 49, 97, 109 : 121, 133, 157, 169, 193 : 205, 253, 289, 349, 361
	$17y^2 + 6yz + 6z^2$	$372x +$ 17, 29, 53, 65, 77 : 89, 137, 161, 185, 197 : 209, 269, 305, 353, 365
	$2y^2 + 2yz + 47z^2$	$372x +$ 35, 47, 59, 71, 95 : 107, 131, 143, 191, 227 : 287, 299, 311, 335, 359
	$34y^2 + 6yz + 3z^2$	$372x +$ 43, 55, 79, 91, 115 : 127, 139, 151, 199, 223 : 247, 259, 271, 331, 367
$t^2 + 97u^2$	$y^2 + 2yz + 98z^2$ $2y^2 + 2yz + 49z^2$	$388x +$ 1, 9, 25, 33, 49 : 53, 61, 65, 73, 81 : 85, 89, 93, 101, 105 : 109, 113, 121, 129, 133 : 141, 145, 161, 169, 185 : 193, 197, 205, 221, 225 : 229, 237, 241, 269, 273 : 285, 289, 293, 297, 309 : 313, 341, 345, 353, 357 : 361, 377, 385
	$7y^2 + 2yz + 14z^2$	$388x +$ 7, 15, 19, 23, 39 : 51, 55, 59, 63, 67 : 71, 83, 87, 107, 111 : 123, 127, 131, 135, 139 : 143, 155, 171, 175, 179 : 187, 199, 207, 211, 215 : 223, 231, 235, 239, 251 : 263, 271, 311, 319, 331 : 343, 347, 351, 359, 367 : 371, 375, 383
$t^2 + 101u^2$	$y^2 + 2yz + 102z^2$ $5y^2 + 6yz + 22z^2$ $17y^2 + 2yz + 6z^2$ $9y^2 + 10yz + 14z^2$	$404x +$ 1, 5, 9, 13, 17 : 21, 25, 33, 37, 45 : 49, 65, 77, 81, 85 : 97, 105, 117, 121, 125 : 137, 153, 157, 165, 169 : 177, 181, 185, 189, 193 : 197, 201, 221, 225, 233 : 245, 249, 273, 281, 289 : 297, 305, 313, 321, 329 : 357, 361, 373, 381, 385
	$2y^2 + 2yz + 51z^2$ $10y^2 + 6yz + 11z^2$ $34y^2 + 2yz + 3z^2$ $18y^2 + 10yz + 7z^2$	$404x +$ 3, 7, 11, 15, 27 : 35, 39, 51, 55, 59 : 63, 67, 75, 83, 91 : 99, 103, 111, 119, 127 : 135, 139, 143, 147, 151 : 163, 167, 175, 187, 191 : 195, 199, 231, 243, 255 : 259, 263, 271, 275, 291 : 295, 311, 315, 331, 335 : 345, 347, 351, 363, 375
$t^2 + 105u^2$	$y^2 + 2yz + 106z^2$	$420x +$ 1, 109, 121, 169, 289, 361
	$2y^2 + 2yz + 53z^2$	$420x +$ 53, 113, 137, 197, 233, 317
	$10y^2 + 10yz + 13z^2$	$420x +$ 13, 73, 97, 157, 313, 397
	$5y^2 + 10yz + 26z^2$	$420x +$ 41, 89, 101, 209, 269, 341
	$3y^2 + 6yz + 38z^2$	$420x +$ 47, 83, 143, 167, 227, 383
	$6y^2 + 6yz + 19z^2$	$420x +$ 19, 31, 139, 199, 271, 391
	$7y^2 + 14yz + 22z^2$	$420x +$ 43, 67, 127, 163, 247, 403
	$14y^2 + 14yz + 11z^2$	$420x +$ 11, 71, 179, 191, 239, 359

TABLE V.

Diviseurs de la formule $t^2 + au^2$, *a* étant un nombre de la forme $4n + 3$.

FORMULE.	DIVISEURS QUADRATIQUES.	DIVISEURS LINÉAIRES IMPAIRS.
$t^2 + 3u^2$	$y^2 + yz + z^2$	$6x + 1$
$t^2 + 7u^2$	$y^2 + 7z^2$	$14x + 1, 9, 11$
$t^2 + 11u^2$	$y^2 + yz + 3z^2$	$22x + 1, 3, 5, 9, 15$
$t^2 + 15u^2$	$y^2 + 15z^2$ $3y^2 + 5z^2$	$30x + 1, 19$ $30x + 17, 23$
$t^2 + 19u^2$	$y^2 + yz + 5z^2$	$38x + 1, 5, 7, 9, 11 : 17, 23, 25, 35$
$t^2 + 23u^2$	$y^2 + 23z^2$ $3y^2 + 2yz + 8z^2$	$46x + 1, 3, 9, 13, 25 : 27, 29, 31, 35,$ $39 : 41$
$t^2 + 31u^2$	$y^2 + 31z^2$ $5y^2 + 4yz + 7z^2$	$62x + 1, 5, 7, 9, 19 : 25, 33, 35, 39,$ $41 : 45, 47, 49, 51, 59$
$t^2 + 35u^2$	$y^2 + yz + 9z^2$ $3y^2 + yz + 3z^2$	$70x + 1, 9, 11, 29, 39, 51$ $70x + 3, 13, 17, 27, 33, 47$
$t^2 + 39u^2$	$y^2 + 39z^2$ $3y^2 + 13z^2$ $5y^2 + 2yz + 8z^2$	$78x + 1, 25, 43, 49, 55, 61$ $78x + 5, 11, 41, 47, 59, 71$
$t^2 + 43u^2$	$y^2 + yz + 11z^2$	$86x + 1, 9, 11, 13, 15 : 17, 21, 23, 25, 31 : 35$ $41, 47, 49, 53 : 57, 59, 67, 79, 81 : 83$
$t^2 + 47u^2$	$y^2 + 47z^2$ $3y^2 + 2yz + 16z^2$ $7y^2 + 6yz + 8z^2$	$94x + 1, 3, 7, 9, 17 : 21, 25, 27, 37, 49 :$ $51, 53, 55, 59, 61 : 63, 65, 71, 75,$ $79 : 81, 83, 89$
$t^2 + 51u^2$	$y^2 + yz + 13z^2$ $3y^2 + 3yz + 5z^2$	$102x + 1, 13, 19, 25, 43 : 49, 55, 67$ $102x + 5, 11, 23, 29, 41 : 65, 71, 95$
$t^2 + 55u^2$	$y^2 + 55z^2$ $5y^2 + 11z^2$ $7y^2 + 2yz + 8z^2$	$110x + 1, 9, 31, 49, 59 : 69, 71, 81,$ $89, 91$ $110x + 7, 13, 17, 43, 57 : 63, 73, 83,$ $87, 107$
$t^2 + 59u^2$	$y^2 + yz + 15z^2$ $3y^2 + yz + 5z^2$	$118x + 1, 3, 5, 7, 9 : 15, 17, 19, 21, 25 : 27,$ $29, 35, 41, 45 : 49, 51, 53, 57, 63 :$ $71, 75, 79, 81, 85 : 87, 95, 105, 107$

TABLE V.

FORMULE.	DIVISEURS QUADRATIQUES.	DIVISEURS LINÉAIRES IMPAIRS.
$t^2 + 67u^2$	$y^2 + yz + 17z^2$	$134x +$ 1, 9, 15, 17, 19 : 21, 23, 25, 29, 33, 35, 37, 39, 47, 49 : 55, 59, 65, 71, 73 : 77, 81, 83, 89, 91 : 93, 103, 107, 121, 123 : 127, 129, 131
$t^2 + 71u^2$	$y^2 + 17z^2$ $3y^2 + 2yz + 24z^2$ $9y^2 + 2yz + 8z^2$ $5y^2 + 4yz + 15z^2$	$142x +$ 1, 3, 5, 9, 15 : 19, 25, 27, 29, 37 : 43, 45, 49, 57, 73 : 75, 77, 79, 81, 83 : 87, 89, 91, 95, 101 : 103, 107, 109, 111, 119 : 121, 125, 129, 131, 135
$t^2 + 79u^2$	$y^2 + 79z^2$ $5y^2 + 2yz + 16z^2$ $11y^2 + 6yz + 8z^2$	$158x +$ 1, 5, 9, 11, 13 : 19, 21, 23, 25, 31 : 45, 49, 51, 55, 65 : 67, 73, 81, 83, 87 : 89, 95, 97, 99, 101 : 105, 111, 115, 117, 119 : 121, 123, 125, 129, 131 : 141, 143, 151, 155
$t^2 + 83u^2$	$y^2 + yz + 21z^2$ $3y^2 + yz + 7z^2$	$166x +$ 1, 3, 7, 9, 11 : 17, 21, 23, 25, 27 : 29, 31, 33, 37, 41 : 49, 51, 59, 61, 63 : 65, 69, 75, 77, 81 : 87, 93, 95, 99, 109 : 111, 115, 119, 121, 123 : 127, 131, 147, 151, 153 : 161
$t^2 + 87u^2$	$y^2 + 87z^2$ $7y^2 + 4yz + 13z^2$ $3y^2 + 29z^2$ $11y^2 + 2yz + 8z^2$	$174x +$ 1, 7, 13, 25, 49 : 67, 91, 103, 109, 115 : 121, 139, 151, 169 $174x +$ 11, 17, 41, 47, 77 : 89, 95, 101, 113, 119 : 131, 137, 143, 155
$t^2 + 91u^2$	$y^2 + yz + 23z^2$ $5y^2 + 3yz + 5z^2$	$182x +$ 1, 9, 23, 25, 29 : 43, 51, 53, 79, 81 : 95, 107, 113, 121, 127 : 155, 165, 179 $182x +$ 5, 7, 19, 31, 33 : 41, 45, 47, 59, 73 : 83, 89, 97, 111, 125 : 145, 167, 171
$t^2 + 95u^2$	$y^2 + 95z^2$ $5y^2 + 19z^2$ $9y^2 + 4yz + 11z^2$ $3y^2 + 2yz + 32z^2$ $13y^2 + 6yz + 8z^2$	$190x +$ 1, 9, 11, 39, 49 : 61, 81, 99, 101 111 : 119, 121, 131, 139, 149 : 159, 161, 169 $190x +$ 3, 13, 27, 33, 37 : 53, 67, 97, 103, 107 : 113, 117, 127, 143, 147 : 167, 173, 183
$t^2 + 103u^2$	$y^2 + 103z^2$ $13y^2 + 2yz + 8z^2$ $7y^2 + 6yz + 16z^2$	$206x +$ 1, 7, 9, 13, 15 : 17, 19, 23, 25, 29 : 33, 41, 49, 55, 59 : 61, 63, 79, 81, 83 : 91, 93, 97, 105, 107 : 111, 117, 119, 121, 129 : 131, 133, 135, 137, 139 : 141, 149, 153, 155, 159 : 161, 163, 167, 169, 171 : 175, 179, 185, 195, 201 : 203

TABLE VI.

Diviseurs de la formule $t^2 + 2au^2$, a étant un nombre de la forme $4n + 1$.

FORMULE.	DIVISEURS QUADRATIQUES.	DIVISEURS LINÉAIRES IMPAIRS.
$t^2 + 2u^2$	$y^2 + 2z^2$	$8x$ + 1, 3
$t^2 + 10u^2$	$y^2 + 10z^2$ $2y^2 + 5z^2$	$40x$ + 1, 9, 11, 19, $40x$ + 7, 13, 23, 37,
$t^2 + 26u^2$	$y^2 + 26z^2$ $3y^2 + 4yz + 10z^2$	$104x$ + 1, 3, 9, 17, 25 : 27, 35, 43, 49, 51 : 75, 81
	$2y^2 + 13z^2$ $6y^2 + 4yz + 5z^2$	$104x$ + 5, 7, 15, 21, 31 : 37, 45, 47, 63, 71 : 85, 93
$t^2 + 34u^2$	$y^2 + 34z^2$ $2y^2 + 17z^2$	$136x$ + 1, 9, 19, 25, 33 : 35, 43, 49, 59, 67 : 81, 83, 89, 115, 121 : 123
	$5y^2 + 8yz + 10z^2$	$136x$ + 5, 7, 23, 29, 31 : 37, 39, 45, 61, 63 : 71, 79, 95, 109, 125 : 133
$t^2 + 42u^2$	$y^2 + 42z^2$ $3y^2 + 14z^2$ $6y^2 + 7z^2$ $2y^2 + 21z^2$	$168x$ + 1, 25, 43, 67, 121, 163 $168x$ + 17, 41, 59, 83, 89, 131 $168x$ + 13, 31, 55, 61, 103, 157 $168x$ + 23, 29, 53, 71, 95, 149
$t^2 + 58u^2$	$y^2 + 58z^2$	$232x$ + 1, 9, 25, 33, 35 : 49, 51, 57, 59, 65 : 67, 81, 83, 91, 107 : 115, 121, 123, 129, 139 : 161, 169, 179, 187, 209 : 219, 225, 227
	$2y^2 + 29z^2$	$232x$ + 15, 21, 31, 37, 39 : 47, 55, 61, 69, 77 : 79, 85, 95, 101, 119 : 127, 133, 135, 143, 157 : 159, 189, 191, 205, 213 : 215, 221, 229
$t^2 + 66u^2$	$y^2 + 66z^2$ $3y^2 + 22z^2$	$264x$ + 1, 25, 49, 67, 91 : 97, 115, 163, 169, 235
	$2y^2 + 33z^2$ $6y^2 + 11z^2$	$264x$ + 17, 35, 41, 65, 83 : 107, 131, 161, 227, 233
	$5y^2 + 4yz + 14z^2$	$264x$ + 5, 23, 47, 53, 71 : 119, 125, 191, 221, 245
	$10y^2 + 4yz + 7z^2$	$264x$ + 7, 13, 61, 79, 85 : 109, 127, 151, 175, 205

TABLE VI.

FORMULE.	DIVISEURS QUADRATIQUES.	DIVISEURS LINÉAIRES IMPAIRS.
$t^2 + 74u^2$	$y^2 + 74z^2$ $3y^2 + 4yz + 26z^2$ $9y^2 + 8yz + 10z^2$	$296x +$ 1, 3, 9, 11, 25, 27 : 33, 41, 49, 65, 67 : 73, 75, 81, 83, 99 : 107, 115, 121, 123, 137 : 139, 145, 147, 155, 169 : 195, 201, 211, 219, 225 : 233, 243, 249, 275, 289
	$2y^2 + 37z^2$ $6y^2 + 4yz + 13z^2$ $18y^2 + 8yz + 5z^2$	$296x +$ 5, 13, 15, 23, 29 : 31, 39, 45, 55, 61 : 69, 79, 87, 93, 103 : 109, 117, 119, 125, 133 : 135, 143, 165, 167, 183 : 191, 199, 205, 207, 237 : 239, 245, 253, 261, 277 : 279
$t^2 + 82u^2$	$y^2 + 82z^2$ $2y^2 + 41z^2$	$328x +$ 1, 9, 25, 33, 43 : 49, 51, 57, 59, 73 : 81, 83, 91, 105, 107 : 113, 115, 121, 131, 139 : 155, 163, 169, 185, 187 : 195, 201, 203, 209, 225 : 241, 251, 267, 283, 289 : 291, 297, 305, 307, 323
	$7y^2 + 8yz + 14z^2$	$328x +$ 7, 13, 15, 29, 47 : 53, 55, 63, 69, 71 : 79, 85, 93, 95, 101 : 109, 111, 117, 135, 149 : 151, 157, 167, 175, 181 : 183, 191, 199, 229, 231 : 239, 253, 261, 263, 293 : 301, 309, 311, 317, 325
$t^2 + 106u^2$	$y^2 + 106z^2$ $11y^2 + 4yz + 10z^2$	$424x +$ 1, 9, 11, 17, 25 : 43, 49, 57, 59, 81 : 89, 91, 97, 99, 105 : 107, 113, 115, 121, 123 : 131, 133, 155, 163, 169 : 187, 195, 201, 203, 211 : 219, 225, 227, 241, 249 : 259, 273, 281, 289, 305 : 307, 329, 331, 347, 353 : 361, 377, 387, 395, 409 : 411, 417
	$2y^2 + 53z^2$ $22y^2 + 4yz + 5z^2$	$424x +$ 5, 21, 23, 31, 39 : 45, 55, 61, 71, 79 : 85, 87, 101, 103, 109 : 111, 125, 127, 133, 141 : 151, 157, 167, 173, 181 : 189, 191, 207, 215, 231 : 239, 245, 247, 253, 263 : 277, 279, 285, 287, 295 : 341, 349, 351, 357, 359 : 373, 383, 389, 391, 397 : 405, 421

TABLE VII.

Diviseurs de la formule $t^2 + 2au^2$, a étant un nombre de la forme $4n + 3$.

FORMULE.	DIVISEURS QUADRATIQUES.	DIVISEURS LINÉAIRES IMPAIRS.
$t^2 + 6u^2$	$y^2 + 6z^2$ $2y^2 + 3z^2$	$24x +$ 1, 7 $24x +$ 5, 11
$t^2 + 14u^2$	$y^2 + 14z^2$ $2y^2 + 7z^2$ $3y^2 + 4yz + 6z^2$	$56x +$ 1, 9, 15, 23, 25, 39 $56x +$ 3, 5, 13, 19, 27, 45
$t^2 + 22u^2$	$y^2 + 22z^2$ $2y^2 + 11z^2$	$88x +$ 1, 9, 15, 23, 25 : 31, 47, 49, 71, 81 $88x +$ 13, 19, 21, 29, 35 : 43, 51, 61, 83, 85
$t^2 + 30u^2$	$y^2 + 30z^2$ $2y^2 + 15z^2$ $5y^2 + 6z^2$ $10y^2 + 3z^2$	$120x +$ 1, 31, 49, 79 $120x +$ 17, 23, 47, 113 $120x +$ 11, 29, 59, 101 $120x +$ 13, 37, 43, 67
$t^2 + 38u^2$	$y^2 + 38z^2$ $6y^2 + 4yz + 7z^2$ $2y^2 + 19z^2$ $3y^2 + 4yz + 14z^2$	$152x +$ 1, 7, 9, 17, 23 : 25, 39, 47, 49, 55 : 63, 73, 81, 87, 111, 119, 121, 137 $152x +$ 3, 13, 21, 27, 29 : 37, 51, 53, 59, 67 : 69, 75, 91, 107, 109 : 117, 141, 147
$t^2 + 46u^2$	$y^2 + 46z^2$ $2y^2 + 23z^2$ $5y^2 + 4yz + 10z^2$	$184x +$ 1, 9, 25, 31, 39 : 41, 47, 49, 55, 71 : 73, 81, 87, 95, 105 : 119, 121, 127, 151, 167 : 169, 177 $184x +$ 5, 11, 19, 21, 37 : 43, 45, 51, 53, 61 : 67, 83, 91, 99, 107 : 109, 125, 149, 155, 157 : 171, 181
$t^2 + 62u^2$	$y^2 + 62z^2$ $2y^2 + 31z^2$ $7y^2 + 12yz + 14z^2$ $6y^2 + 4yz + 11z^2$ $3y^2 + 4yz + 22z^2$	$248x +$ 1, 7, 9, 25, 33 : 39, 41, 47, 49, 63 : 71, 81, 87, 95, 97 : 103, 111, 113, 121, 129 : 143, 159, 169, 175, 183 : 191, 193, 225, 231, 233 $248x +$ 3, 11, 13, 21, 27 : 29, 37, 43, 53, 61 : 75, 77, 83, 85, 91 : 99, 115, 117, 123, 139 : 141, 147, 179, 181, 189 : 197, 203, 213, 229, 243
$t^2 + 70u^2$	$y^2 + 70z^2$ $10y^2 + 7z^2$ $5y^2 + 14z^2$ $2y^2 + 35z^2$	$280x +$ 1, 9, 39, 71, 79 : 81, 121, 151, 169, 191 : 239, 249 $280x +$ 17, 33, 47, 73, 87 : 97, 103, 143, 153, 167 : 223, 257 $280x +$ 19, 59, 61, 69, 101 : 131, 139, 171, 181, 229 : 251, 269 $280x +$ 37, 43, 53, 67, 93 : 107, 123, 163, 197, 253 : 267, 277

TABLE VII.

FORMULE.	DIVISEURS QUADRATIQUES.	DIVISEURS LINÉAIRES IMPAIRS.
$t^2 + 78u^2$	$y^2 + 78z^2$	$312x$ + 1, 25, 49, 55, 79 : 103, 121, 127, 199, 217 : 289, 295
	$2y^2 + 39z^2$	$312x$ + 41, 47, 71, 89, 119 : 137, 161, 167, 215, 239 : 281, 305
	$3y^2 + 26z^2$	$312x$ + 29, 35, 53, 77, 101 : 107, 131, 155, 173, 179 : 251, 269
	$6y^2 + 13z^2$	$312x$ + 19, 37, 67, 85, 109 : 115, 163, 187, 229, 253 : 301, 307
$t^2 + 86u^2$	$y^2 + 86z^2$ $10y^2 + 4yz + 9z^2$ $6y^2 + 4yz + 15z^2$	$344x$ + 1, 9, 15, 17, 23 : 25, 31, 41, 47, 49, 57, 79, 81, 87, 95 : 97, 103, 111, 121, 127 : 135, 143, 145, 153, 167, 169, 183, 185, 193, 207 : 225, 231, 239, 255, 271 : 273, 279, 281, 289, 305 : 311, 337
	$2y^2 + 43z^2$ $5y^2 + 4yz + 18z^2$ $3y^2 + 4yz + 30z^2$	$344x$ + 3, 5, 19, 27, 29 : 37, 45, 51, 61, 69, 75, 77, 85, 91, 93 : 115, 123, 125, 131, 141 : 147, 149, 155, 157, 163 : 171, 179, 205, 211, 227 : 235, 237, 243, 245, 261 : 277, 285, 291, 309, 323 : 331, 333
$t^2 + 94u^2$	$y^2 + 94z^2$ $2y^2 + 47z^2$ $7y^2 + 4yz + 14z^2$	$376x$ + 1, 7, 9, 17, 25 : 49, 55, 63, 65, 71 : 79, 81, 89, 95, 97 : 103, 111, 119, 121, 143 : 145, 153, 159, 169, 175, 177, 183, 191, 209, 215 : 225, 239, 241, 247, 249 : 263, 271, 289, 303, 319 : 335, 337, 343, 345, 353 : 361
	$5y^2 + 8yz + 22z^2$ $10y^2 + 8yz + 11z^2$	$376x$ + 5, 11, 13, 19, 29 : 35, 43, 45, 67, 69 : 77, 85, 91, 93, 99 : 107, 109, 117, 123, 125 : 133, 139, 163, 171, 179 : 181, 187, 203, 211, 219 : 221, 227, 229, 245, 261 : 275, 293, 301, 315, 317 : 323, 325, 339, 349, 355 : 375
$t^2 + 102u^2$	$y^2 + 102z^2$	$408x$ + 1, 25, 49, 55, 103 : 121, 127, 145, 151, 169 : 217, 223, 247, 271, 319 : 361
	$6y^2 + 17z^2$	$408x$ + 23, 41, 65, 71, 95 : 113, 143, 167, 209, 215 : 233, 311, 329, 335, 377 : 401
	$2y^2 + 51z^2$	$408x$ + 35, 53, 59, 77, 83 : 101, 149, 155, 179, 203 : 251, 293, 341, 365, 389 : 395
	$3y^2 + 34z^2$	$408x$ + 37, 61, 91, 109, 133 : 139, 163, 181, 211, 235 : 277, 283, 301, 379, 397 : 403

TABLE VIII.

Contenant les diviseurs quadratiques trinaires de la formule $t^2 + cu^2$, avec les valeurs trinaires correspondantes de c.

FORMULE.	DIVISEURS QUADRATIQUES TRINAIRES.	VALEURS TRINAIRES DE c.
$t^2 + u^2$	$y^2 + z^2 = y^2 + z^2$	1
$t^2 + 2u^2$	$y^2 + 2z^2 = y^2 + z^2 + z^2$	1+1
$t^2 + 3u^2$	$2y^2 + 2yz + 2z^2 = (y + z)^2 + y^2 + z^2$	1+1+1
$t^2 + 5u^2$	$y^2 + 5z^2 = y^2 + z^2 + 4z^2$	4+1
$t^2 + 6u^2$	$2y^2 + 3z^2 = (y + z)^2 + (y - z)^2 + z^2$	4+1+1
$t^2 + 9u^2$	$2y^2 + 2yz + 5z^2 = (y + z)^2 + y^2 + 4z^2$	4+4+1
$t^2 + 10u^2$	$y^2 + 10z^2 = y^2 + z^2 + 9z^2$	9+1
$t^2 + 11u^2$	$2y^2 + 2yz + 6z^2 = (y + 2z)^2 + (y - z)^2 + z^2$	9+1+1
$t^2 + 13u^2$	$y^2 + 13z^2 = y^2 + 4z^2 + 9z^2$	9+4
$t^2 + 14u^2$	$3y^2 + 2yz + 5z^2 = y^2 + (y + 2z)^2 + (y - z)^2$	9+4+1
$t^2 + 17u^2$	$y^2 + 17z^2 = y^2 + 16z^2 + z^2$ $2y^2 + 2yz + 9z^2 = (y + 2z)^2 + (y - 2z)^2 + z^2$	16+1 9+4+4
$t^2 + 18u^2$	$2y^2 + 9z^2 = (y + 2z)^2 + (y - 2z)^2 + z^2$	16+1+1
$t^2 + 19u^2$	$2y^2 + 2yz + 10z^2 = (y + z)^2 + y^2 + 9z^2$	9+9+1
$t^2 + 21u^2$	$5y^2 + 4yz + 5z^2 = \begin{cases} (2y + z)^2 + y^2 + 4z^2 \\ (y + 2z)^2 + 4y^2 + z^2 \end{cases}$	16+4+1 16+4+1
$t^2 + 22u^2$	$2y^2 + 11z^2 = (y + z)^2 + (y - z)^2 + 9z^2$	9+9+4
$t^2 + 25u^2$	$y^2 + 25z^2 = y^2 + 16z^2 + 9z^2$	16+9
$t^2 + 26u^2$	$y^2 + 26z^2 = y^2 + z^2 + 25z^2$ $3y^2 + 2yz + 9z^2 = (y + z)^2 + (y - 2z)^2 + (y + 2z)^2$	25+1 16+9+1
$t^2 + 27u^2$	$2y^2 + 2yz + 14z^2 = (y + 3z)^2 + (y - 2z) + z^2$	25+1+1
$t^2 + 29u^2$	$y^2 + 29z^2 = y^2 + 25z^2 + 4z^2$ $5y^2 + 2yz + 6z^2 = (y - z)^2 + (2y + z)^2 + 4z^2$	25+4 16+9+4

TABLE VIII.

FORMULE.	DIVISEURS QUADRATIQUES TRINAIRES.	VALEURS TRINAIRES DE c.
t^2+30u^2	$5y^2+6z^2=\begin{cases}(y+2z)^2+(2y-z)^2+z^2\\(y-2z)^2+(2y+z)^2+z^2\end{cases}$	25+4+1 25+4+1
t^2+33u^2	$2y^2+2yz+17z^2=\begin{cases}y^2+(y+z)^2+16z^2\\(y+3z)^2+(y-2z)^2+4z^2\end{cases}$	16+16+1 25+4+4
t^2+34u^2	$y^2+34z^2=y^2+25z^2+9z^2$ $2y^2+17z^2=(y+2z)^2+(y-2z)^2+9z^2$	25+9 16+9+9
t^2+35u^2	$6y^2+2yz+6z^2=\begin{cases}(2y+z)^2+(y+z)^2+(y-2z)^2\\(y+2z)^2+(y+z)^2+(2y-z)^2\end{cases}$	25+9+1 25+9+1
t^2+37u^2	$y^2+37z^2=y^2+36z^2+z^2$	36+1
t^2+38u^2	$2y^2+19z^2=(y+3z)^2+(y-3z)^2+z^2$ $3y^2+2yz+13z^2=(y-2z)^2+y^2+(y+3z)^2$	36+1+1 25+9+4
t^2+41u^2	$y^2+41z^2=y^2+25z^2+16z^2$ $2y^2+2yz+21z^2=(y+2z)^2+(y-z)^2+16z^2$ $5y^2+4yz+9z^2=(2y+2z)^2+(y-2z)^2+z^2$	25+16 16+16+9 36+4+1
t^2+42u^2	$3y^2+14z^2=\begin{cases}(y-2z)^2+(y+3z)^2+(y-z)^2\\(y+2z)^2+(y-3z)^2+(y+z)^2\end{cases}$	25+16+1 25+16+1
t^2+43u^2	$2y^2+2yz+22z^2=(y+3z)^2+(y-2z)^2+9z^2$	25+9+9
t^2+45u^2	$5y^2+9z^2=\begin{cases}(2y+z)^2+(y-2z)^2+4z^2\\(2y-z)^2+(y+2z)^2+4z^2\end{cases}$	25+16+4 25+16+4
t^2+46u^2	$5y^2+4yz+10z^2=(2y+z)^2+y^2+9z^2$	36+9+1
t^2+49u^2	$5y^2+2yz+10z^2=4y^2+(y+z)^2+9z^2$	36+9+4
t^2+50u^2	$y^2+50z^2=y^2+49z^2+z^2$ $6y^2+4yz+9z^2=(y+2z)^2+(y-2z)^2+(2y+z)^2$	49+1 25+16+9
t^2+51u^2	$2y^2+2yz+26z^2=\begin{cases}y^2+(y+z)^2+25z^2\\(y+4z)^2+(y-3z)^2+z^2\end{cases}$	25+25+1 49+1+1
t^2+53u^2	$y^2+53z^2=y^2+49z^2+4z^2$ $6y^2+2yz+9z^2=(y-2z)^2+(y-z)^2+(2y+2z)^2$	49+4 36+16+1
t^2+54u^2	$2y^2+27z^2=(y+z)^2+(y-z)^2+25z^2$ $5y^2+2yz+11z^2=(2y-z)^2+(y+3z)^2+z^2$	25+25+4 49+4+1

TABLE VIII.

FORMULE.	DIVISEURS QUADRATIQUES TRINAIRES.	VALEURS TRINAIRES DE c.
t^2+57u^2	$2y^2+2yz+29z^2=\begin{cases}(y+4z)^2+(y-3z)^2+4z^2\\(y+3z)^2+(y-2z)^2+16z^2\end{cases}$	49+ 4+ 4 25+16+16
t^2+58u^2	$y^2+58z^2= y^2+49z^2+9z^2$	49+ 9
t^2+59u^2	$2y^2+2yz+30z^2=(y+2z)^2+(y-z)^2+25z^2$ $6y^2+2yz+10z^2=(y+3z)^2+(2y-z)^2+y^2$	25+25+ 9 49+ 9+ 1
t^2+61u^2	$y^2+61z^2= y^2+36z^2+25z^2$ $5y^2+4yz+13z^2= 4y^2+(y+2z)^2+9z^2$	36+25 36+16+ 9
t^2+62u^2	$3y^2+2yz+21z^2=(y-2z)^2+(y+4z)^2+(y-z)^2$ $6y^2+4yz+11z^2=(y+z)^2+(y+3z)^2+(2y-z)^2$	36+25+ 1 49+ 9+ 4
t^2+65u^2	$y^2+65z^2=\begin{cases}y^2+64z^2+z^2\\y^2+49z^2+16z^2\end{cases}$ $9y^2+8yz+9z^2=\begin{cases}(2y-z)^2+(2y+2z)^2+(y+2z)^2\\(y-2z)^2+(2y+2z)^2+(2y+z)^2\end{cases}$	64+ 1 49+16 36+25+ 4 36+25+ 4
t^2+66u^2	$2y^2+33z^2=\begin{cases}(y+4z)^2+(y-4z)^2+z^2\\(y+2z)^2+(y-2z)^2+25z^2\end{cases}$ $6y^2+11z^2=\begin{cases}(2y+z)^2+(y-3z)^2+(y+z)^2\\(2y-z)^2+(y+3z)^2+(y-z)^2\end{cases}$	64+ 1+ 1 25+25+16 49+16+ 1 49+16+ 1
t^2+67u^2	$2y^2+2yz+34z^2=(y+4z)^2+(y-3z)^2+9z^2$	49+ 9+ 9
t^2+69u^2	$5y^2+2yz+14z^2=\begin{cases}(2y+2z)^2+(y-3z)^2+z^2\\(2y-z)^2+(y+3z)^2+4z^2\end{cases}$	64+ 4+ 1 49+16+ 4
t^2+70u^2	$5y^2+14z^2=\begin{cases}(2y+z)^2+(y-2z)^2+9z^2\\(2y-z)^2+(y+2z)^2+9z^2\end{cases}$	36+25+ 9 36+25+ 9
t^2+73u^2	$y^2+73z^2= y^2+64z+9z^2$ $2y^2+2yz+37z^2=(y+z)^2+y^2+36z^2$	64+ 9 36+36+ 1
t^2+74u^2	$y^2+74z^2= y^2+49z^2+25z^2$ $3y^2+2yz+25z^2=(y-3z)^2+y^2+(y+4z)^2$ $9y^2+8yz+10z^2=(2y+3z)^2+(2y-z)^2+y^2$	49+25 49+16+ 9 64+ 9+ 1
t^2+75u^2	$6y^2+6yz+14z^2=\begin{cases}(2y+3z)^2+(y-2z)^2+(y-z)^2\\(2y-z)^2+(y+3z)^2+(y+2z)^2\end{cases}$	49+25+ 1 49+25+ 1

TABLE VIII.

FORMULE.	DIVISEURS QUADRATIQUES TRINAIRES.	VALEURS TRINAIRES DE C.
t^2+77u^2	$6y^2+2yz+13z^2=\begin{cases}(y+3z)^2+(y-2z)^2+4y^2\\(y-3z)^2+(2y+2z)^2+y^2\end{cases}$	36+25+16 64+ 9+ 4
t^2+78u^2	$3y^2+26z^2=\begin{cases}(y+4z)^2+(y-3z)^2+(y-z)^2\\(y-4z)^2+(y+3z)^2+(y+z)^2\end{cases}$	49+25+ 4 49+25+ 4
t^2+81u^2	$2y^2+2yz+41z^2=(y+4z)^2+(y-3z)^2+16z^2$ $5y^2+4yz+17z^2=(2y+z)^2+y^2+16z^2$	49+16+16 64+16+ 1
t^2+82u^2	$y^2+82z^2=y^2+81z^2+z^2$ $2y^2+41z^2=(y+4z)^2+(y-4z)^2+9z^2$	81+ 1 64+ 9+ 9
t^2+83u^2	$2y^2+2yz+42z^2=(y+5z)^2+(y-4z)^2+z^2$ $6y^2+2yz+14z^2=(2y+z)^2+(y+2z)^2+(y-3z)^2$	81+ 1+ 1 49+25+ 9
t^2+85u^2	$y^2+85z^2=\begin{cases}y^2+81z^2+4z^2\\y^2+49z^2+36z^2\end{cases}$	81+ 4 49+36
t^2+86u^2	$2y^2+43z^2=(y+3z)^2+(y-3z)^2+25z^2$ $3y^2+2yz+29z^2=(y+3z)^2+(y+2z)^2+(y-4z)^2$ $5y^2+4yz+18z^2=(2y-z)^2+(y+4z)^2+z^2$	36+25+25 49+36+ 1 81+ 4+ 1
t^2+89u^2	$y^2+89z^2=y^2+64z^2+25z^2$ $2y^2+2yz+45z^2=(y+5z)^2+(y-4z)^2+4z^2$ $5y^2+2yz+18z^2=(2y+z)^2+(y-z)^2+16z^2$ $9y^2+2yz+10z^2=(2y-z)^2+(y+3z)^2+4y^2$	64+25 81+ 4+ 4 64+16+ 9 49+36+ 4
t^2+90u^2	$9y^2+6yz+11z^2=\begin{cases}(2y+3z)^2+(2y-z)^2+(y-z)^2\\(y+3z)^2+(2y+z)^2+(2y-z)^2\end{cases}$	64+25+ 1 49+25+16
t^2+91u^2	$10y^2+6yz+10z^2=\begin{cases}y^2+(3y+z)^2+9z^2\\9y^2+(y+3z)^2+z^2\end{cases}$	81+ 9+ 1 81+ 9+ 1
t^2+93u^2	$6y^2+6yz+17z^2=\begin{cases}(y+4z)^2+(y-z)^2+4y^2\\(y-3z)^2+(y+2z)^2+(2y+2z)^2\end{cases}$	64+25+ 4 64+25+ 4
t^2+94u^2	$5y^2+2yz+19z^2=(2y-z)^2+(y+3z)^2+9z^2$ $10y^2+8yz+11z^2=(3y+z)^2+(y+z)^2+9z^2$	49+36+ 9 81+ 9+ 4
t^2+97u^2	$y^2+97z^2=y^2+81z^2+16z^2$ $2y^2+2yz+49z^2=(y+3z)^2+(y-2z)^2+36z^2$	81+16 36+36+25

TABLE VIII.

FORMULE.	DIVISEURS QUADRATIQUES TRINAIRES.	VALEURS TRINAIRES DE c.
t^2+98u^2	$3y^2+2yz+33z^2=(y+4z)^2+(y-4z)^2+(y+z)^2$ $6y^2+4yz+17z^2=y^2+(2y-z)^2+(y+4z)^2$	64+25+9 81+16+1
t^2+99u^2	$2y^2+2yz+50z^2=\begin{cases}y^2+(y+z)^2+49z^2\\(y+4z)^2+(y-3z)^2+25z^2\end{cases}$	49+49+1 49+25+25
t^2+101u^2	$y^2+101z^2=y^2+100z^2+z^2$ $5y^2+4yz+21z^2=(2y-z)^2+(y+4z)^2+4z^2$ $6y^2+2yz+17z^2=(y+2z)^2+(y+3z)^2+(2y-2z)^2$ $9y^2+8yz+13z^2=(y-2z)^2+(2y+3z)^2+4y^2$	100+1 81+16+4 64+36+1 49+36+16
t^2+102u^2	$2y^2+51z^2=\begin{cases}(y+5z)^2+(y-5z)^2+z^2\\(y+z)^2+(y-z)^2+49z^2\end{cases}$	100+1+1 49+49+4
t^2+105u^2	$5y^2+21z^2=\begin{cases}(2y-z)^2+(y+2z)^2+16z^2\\(2y+z)^2+(y-2z)^2+16z^2\\(2y+2z)^2+(y-4z)^2+z^2\\(2y-2z)^2+(y+4z)^2+z^2\end{cases}$	64+25+16 64+25+16 100+4+1 100+4+1
t^2+106u^2	$y^2+106z^2=y^2+81z^2+25z^2$ $10y^2+4yz+11z^2=(y-z)^2+(3y+z)^2+9z^2$	81+25 81+16+9
t^2+107u^2	$2y^2+2yz+54z^2=(y+2z)^2+(y-z)^2+49z^2$ $18y^2+2yz+6z^2=(4y+z)^2+(y-2z)^2+(y-z)^2$	49+49+9 81+25+1
t^2+109u^2	$y^2+109z^2=y^2+100z^2+9z^2$ $5y^2+2yz+22z^2=(y-3z)^2+(2y+2z)^2+9z^2$	100+9 64+36+9
t^2+110u^2	$10y^2+11z^2=\begin{cases}(3y+z)^2+(y-3z)^2+z^2\\(3y-z)^2+(y+3z)^2+z^2\end{cases}$ $6y^2+4yz+19z^2=\begin{cases}(2y+3z)^2+(y-3z)^2+(y-z)^2\\(2y+z)^2+(y+3z)^2+(y-3z)^2\end{cases}$	100+9+1 100+9+1 81+25+4 49+36+25
t^2+113u^2	$y^2+113z^2=y^2+64z^2+49z^2$ $2y^2+2yz+57z^2=(y+5z)^2+(y-4z)^2+16z^2$ $9y^2+4yz+13z^2=(2y-2z)^2+(2y+3z)^2+y^2$	64+49 81+16+16 100+9+4
t^2+114u^2	$2y^2+57z^2=\begin{cases}(y+2z)^2+(y-2z)^2+49z^2\\(y+4z)^2+(y-4z)^2+25z^2\end{cases}$ $3y^2+38z^2=\begin{cases}(y+5z)^2+(y-3z)^2+(y-2z)^2\\(y-5z)^2+(y+3z)^2+(y+2z)^2\end{cases}$	49+49+16 64+25+25 64+49+1 64+49+1
t^2+115u^2	$10y^2+10yz+14z^2=\begin{cases}(3y+z)^2+(y+2z)^2+9z^2\\(3y+2z)^2+(y-z)^2+9z^2\end{cases}$	81+25+9 81+25+9

TABLE VIII.

FORMULE.	DIVISEURS QUADRATIQUES TRINAIRES.	VALEURS TRINAIRES DE c.
t^2+117u^2	$9y^2+6yz+14z^2=\begin{cases}(2y+3z)^2+(2y-2z)^2+(y+z)^2\\(2y+2z)^2+(2y+z)^2+(y-3z)^2\end{cases}$	100+16+1 64+49+4
t^2+118u^2	$2y^2+59z^2=(y+5z)^2+(y-5z)^2+9y^2$ $11y^2+10yz+13z^2=(y+2z)^2+(y+3z)^2+9y^2$	100+9+9 81+36+1
t^2+121u^2	$2y^2+2yz+61z^2=(y+4z)^2+(y-3z)^2+36z^2$ $10y^2+6yz+13z^2=(y+3z)^2+9y^2+4z^2$	49+36+36 81+36+4
t^2+122u^2	$y^2+122z^2=y^2+121z^2+z^2$ $3y^2+2yz+41z^2=(y-4z)^2+(y+5z)^2+y^2$ $9y^2+4yz+14z^2=(2y+3z)^2+(2y-z)^2+(y-2z)^2$	121+1 81+25+16 64+49+9
t^2+123u^2	$2y^2+2yz+62z^2=\begin{cases}(y+3z)^2+(y-2z)^2+49z^2\\(y+6z)^2+(y-5z)^2+z^2\end{cases}$	49+49+25 121+1+1
t^2+125u^2	$y^2+125z^2=y^2+121z^2+4z^2$ $6y^2+2yz+21z^2=(y+4z)^2+(y+z)^2+(2y-2z)^2$ $9y^2+2yz+14z^2=(2y+z)^2+(2y-2z)^2+(y+3z)^2$	121+4 100+16+9 64+36+25
t^2+126u^2	$5y^2+4yz+26z^2=\begin{cases}(y+4z)^2+(2y+3z)^2+z^2\\y^2+(2y+z)^2+25z^2\end{cases}$	121+4+1 100+25+1
t^2+129u^2	$2y^2+2yz+65z^2=\begin{cases}y^2+(y+z)^2+64z^2\\(y+6z)^2+(y-5z)^2+4z^2\end{cases}$ $5y^2+2yz+26z^2=\begin{cases}4y^2+(y+z)^2+25z^2\\(2y-z)^2+(y+3z)^2+16z^2\end{cases}$	64+64+1 121+4+4 100+25+4 64+49+16
t^2+130u^2	$y^2+130z^2=\begin{cases}y^2+121z^2+9z^2\\y^2+81z^2+49z^2\end{cases}$	121+9 81+49
t^2+131u^2	$2y^2+2yz+66z^2=(y+5z)^2+(y-4z)^2+25z^2$ $6y^2+2yz+22z^2=(2y+3z)^2+(y-3z)^2+(y-2z)^2$ $10y^2+6yz+14z^2=(3y+2z)^2+(y-3z)^2+z^2$	81+25+25 81+49+1 121+9+1
t^2+133u^2	$13y^2+12yz+13z^2=\begin{cases}(2y+3z)^2+9y^2+4z^2\\(3y+2z)^2+4y^2+9z^2\end{cases}$	81+36+16 81+36+16
t^2+134u^2	$2y^2+67z^2=(y+3z)^2+(y-3z)^2+49z^2$ $3y^2+2yz+45z^2=(y+2z)^2+(y-5z)^2+(y+4z)^2$ $5y^2+2yz+27z^2=(y-z)^2+(2y+z)^2+25z^2$ $11y^2+6yz+13z^2=(3y+2z)^2+(y-3z)^2+y^2$	49+49+36 81+49+4 100+25+9 121+9+4

TABLE VIII.

FORMULE.	DIVISEURS QUADRATIQUES TRINAIRES.	VALEURS TRINAIRES DE *c*.
t^2+137u^2	$y^2+137z^2= y^2+121z^2+16z^2$ $2y^2+2yz+69z^2=(y+2z)^2+(y-z)^2+64z^2$ $9y^2+8yz+17z^2=(2y-2z)^2+(2y+3z)^2+(y+2z)^2$	121+16 64+64+9 100+36+1
t^2+138u^2	$11y^2+8yz+14z^2=\begin{cases}(3y+z)^2+(y-2z)^2+(y+3z)^2\\(3y+2z)^2+(y-3z)^2+(y+z)^2\end{cases}$	64+49+25 121+16+1
t^2+139u^2	$2y^2+2yz+70z^2=(y+6z)^2+(y-5z)^2+9z^2$ $10y^2+2yz+14z^2=(3y+z)^2+(y-2z)^2+9z^2$	121+9+9 81+49+9
t^2+141u^2	$5y^2+4yz+29z^2=\begin{cases}(2y+3z)^2+(y-4z)^2+4z^2\\4y+(y+2z)^2+25z^2\end{cases}$	121+16+4 100+25+16
t^2+142u^2	$11y^2+2yz+13z^2=9y^2+(y-2z)^2+(y+3z)^2$	81+36+25
t^2+145u^2	$y^2+145z^2=\begin{cases}y^2+144z^2+z^2\\y^2+81z^2+64z^2\end{cases}$ $5y^2+29z^2=\begin{cases}(y+4z)^2+(2y-2z)^2+9z^2\\(y-4z)^2+(2y+2z)^2+9z^2\end{cases}$	144+1 81+64 100+36+9 100+36+9
t^2+146u^2	$y^2+146z^2= y^2+121z^2+25z^2$ $2y^2+73z^2=(y+6z)^2+(y-6z)^2+z^2$ $3y^2+2yz+49z^2=(y-3z)^2+(y-2z)^2+(y+6z)^2$ $6y^2+4yz+25z^2= y^2+(2y+3z)^2+(y-4z)^2$ $9y^2+8yz+18z^2=(2y+z)^2+(2y-z)^2+(y+4z)^2$	121+25 144+1+1 81+64+1 121+16+9 81+49+16
t^2+147u^2	$6y^2+6yz+26z^2=\begin{cases}(y+z)^2+(y-4z)^2+(2y+3z)^2\\(2y-z)^2+(y+5z)^2+y^2\end{cases}$	121+25+1 121+25+1
t^2+149u^2	$y^2+149z^2= y^2+100z^2+49z^2$ $5y^2+2yz+30z^2=(y+5z)^2+(2y-2z)^2+z^2$ $6y^2+2yz+25z^2=(y+4z)^2+(y-3z)^2+4y^2$ $9y^2+4yz+17z^2=4y^2+(2y-z)^2+(y+4z)^2$	100+49 144+4+1 64+49+36 81+64+4
t^2+150u^2	$11y^2+4yz+14z^2=\begin{cases}(3y+2z)^2+(y-z)^2+(y-3z)^2\\(3y-z)^2+(y+3z)^2+(y+2z)^2\end{cases}$	121+25+4 100+49+1
t^2+153u^2	$2y^2+2yz+77z^2=\begin{cases}(y+3z)^2+(y-2z)^2+64z^2\\(y+6z)^2+(y-5z)^2+16z^2\end{cases}$ $9y^2+17z^2=\begin{cases}(2y+3z)^2+(2y-2z)^2+(y-2z)^2\\(2y+2z)^2+(2y-3z)^2+(y+2z)^2\end{cases}$	64+64+25 121+16+16 100+49+4 100+49+4

TABLE VIII.

FORMULE.	DIVISEURS QUADRATIQUES TRINAIRES.	VALEURS TRINAIRES DE *C*.
t^2+154u^2	$10y^2+8yz+17z^2=\begin{cases}(y+4z)^2+9y^2+z^2\\(y-2z)^2+(3y+2z)^2+9z^2\end{cases}$	144+9+1 81+64+9
t^2+155u^2	$6y^2+2yz+26z^2=\begin{cases}(2y+3z)^2+(y-4z)^2+(y-z)^2\\(2y+z)^2+(y+3z)^2+(y-4z)^2\end{cases}$	121+25+9 81+49+25
t^2+157u^2	$y^2+157z^2=y^2+121z^2+36z^2$ $13y^2+10yz+14z^2=(3y+3z)^2+(2y-2z)^2+z^2$	121+36 144+9+4
t^2+158u^2	$3y^2+2yz+53z^2=(y-4z)^2+(y+6z)^2+(y-z)^2$ $6y^2+4yz+27z^2=(2y-z)^2+(y+5z)^2+(y-z)^2$	100+49+9 121+36+1
t^2+161u^2	$5y^2+4yz+33z^2=\begin{cases}(2y+2z)^2+(y-2z)^2+25z^2\\(2y-z)^2+(y+4z)^2+16y^2\end{cases}$ $10y^2+6yz+17z^2=\begin{cases}y^2+(3y+z)^2+16z^2\\(3y+2z)^2+(y-3z)^2+4z^2\end{cases}$	100+36+25 81+64+16 144+16+1 121+36+4
t^2+162u^2	$2y^2+81z^2=(y+4z)^2+(y-4z)^2+49z^2$ $11y^2+10yz+17z^2=(y+2z)^2+(3y+2z)^2+(y-3z)^2$	64+49+49 121+25+16
t^2+163u^2	$2y^2+2yz+82z^2=y^2+(y+z)^2+81z^2$	81+81+1
t^2+165u^2	$6y^2+6yz+29z^2=\begin{cases}(y+5z)^2+(y-2z)^2+4y^2\\(y+3z)^2+(y-4z)^2+(2y+2z)^2\\(2y+4z)^2+(y-3z)^2+(y-2z)^2\\(y+4z)^2+(y+3z)^2+(2y-2z)^2\end{cases}$	100+49+16 100+49+16 100+64+1 100+64+1
t^2+166u^2	$2y^2+83z^2=(y+z)^2+(y-z)^2+81z^2$ $5y^2+4yz+34z^2=(2y+3z)^2+(y-4z)^2+9z^2$ $13y^2+8yz+14z^2=(3y+2z)^2+(2y-z)^2+9z^2$	81+81+4 121+36+9 81+49+36
t^2+169u^2	$y^2+169z^2=y^2+144z^2+25z^2$ $10y^2+2yz+17z^2=(y+z)^2+9y^2+16z^2$	144+25 144+16+9
t^2+170u^2	$y^2+170z^2=\begin{cases}y^2+169z^2+z^2\\y^2+121z^2+49z^2\end{cases}$ $9y^2+2yz+19z^2=\begin{cases}(2y+3z)^2+(2y-3z)^2+(y+z)^2\\(2y-z)^2+(2y+3z)^2+(y-3z)^2\end{cases}$	169+1 121+49 144+25+1 81+64+25
t^2+171u^2	$2y^2+2yz+86z^2=\begin{cases}(y+6z)^2+(y-5z)^2+25z^2\\(y+7z)^2+(y-6z)^2+z^2\end{cases}$ $14y^2+10yz+14z^2=\begin{cases}(3y+2z)^2+(2y+z)^2+(y-3z)^2\\(3y-z)^2+(y+2z)^2+(2y+3z)^2\end{cases}$	121+25+25 169+1+1 121+49+1 121+49+1

TABLE VIII.

FORMULE.	DIVISEURS QUADRATIQUES TRINAIRES.	VALEURS TRINAIRES DE *C*.
t^2+173u^2	$y^2+173z^2 = y^2+169z^2+4z^2$ $6y^2+2yz+29z^2 = y^2+(y+5z)^2+(2y-2z)^2$ $9y^2+8yz+21z^2 = (2y-z)^2+(y-2z)^2+(2y+4z)^2$ $13y^2+6yz+14z^2 = (3y-z)^2+(2y+3z)^2+4z^2$	$169+4$ $144+25+4$ $100+64+9$ $121+36+16$
t^2+174u^2	$6y^2+29z^2 = \begin{cases}(y-4z)^2+(2y+3z)^2+(y-2z)^2\\(y+4z)^2+(2y-3z)^2+(y+2z)^2\end{cases}$ $5y^2+2yz+35z^2 = \begin{cases}(y+3z)^2+(2y-z)^2+25z^2\\(2y+3z)^2+(y-5z)^2+z^2\end{cases}$	$121+49+4$ $121+49+4$ $100+49+25$ $169+4+1$
t^2+177u^2	$2y^2+2yz+89z^2 = \begin{cases}(y+4z)^2+(y-3z)^2+64z^2\\(y+7z)^2+(y-6z)^2+4z^2\end{cases}$	$64+64+49$ $169+4+4$
t^2+178u^2	$y^2+178z^2 = y^2+169z^2+9z^2$ $2y^2+89z^2 = (y+2z)^2+(y-2z)^2+81z^2$ $11y^2+6yz+17z^2 = 9y^2+(y+4z)^2+(y-z)^2$	$169+9$ $81+81+16$ $144+25+9$
t^2+179u^2	$2y^2+2yz+90z^2 = (y+5z)^2+(y-4z)^2+49z^2$ $6y^2+2yz+30z^2 = (2y-z)^2+(y-2z)^2+(y+5z)^2$ $10y^2+2yz+18z^2 = (3y-z)^2+(y+4z)^2+z^2$	$81+49+49$ $121+49+9$ $169+9+1$
t^2+181u^2	$y^2+181z^2 = y^2+100z^2+81z^2$ $5y^2+4yz+37z^2 = (2y+z)^2+y^2+36z^2$ $13y^2+2yz+14z^2 = (3y-z)^2+(2y+2z)^2+9z^2$	$100+81$ $144+36+1$ $81+64+36$
t^2+182u^2	$13y^2+14z^2 = \begin{cases}(3y+2z)^2+(2y-3z)^2+z^2\\(3y-2z)^2+(2y+3z)^2+z^2\end{cases}$ $3y^2+2yz+61z^2 = \begin{cases}(y-6z)^2+(y+4z)^2+(y+3z)^2\\(y-5z)^2+(y+6z)^2+y^2\end{cases}$	$169+9+4$ $169+9+4$ $100+81+1$ $121+36+25$
t^2+185u^2	$y^2+185z^2 = \begin{cases}y^2+169z^2+16z^2\\y^2+121z^2+64z^2\end{cases}$ $9y^2+4yz+21z^2 = \begin{cases}(2y+z)^2+(2y+2z)^2+(y-4z)^2\\(2y-2z)^2+(2y+z)^2+(y+4z)^2\end{cases}$	$169+16$ $121+64$ $100+81+4$ $100+49+36$
t^2+186u^2	$3y^2+62z^2 = \begin{cases}(y-z)^2+(y+6z)^2+(y-5z)^2\\(y+z)^2+(y-6z)^2+(y+5z)^2\end{cases}$ $11y^2+2yz+17z^2 = \begin{cases}y^2+(y+4z)^2+(3y-z)^2\\(3y+2z)^2+(y-3z)^2+(y-2z)^2\end{cases}$	$121+49+16$ $121+49+16$ $169+16+1$ $121+64+1$

TABLE VIII.

FORMULE.	DIVISEURS QUADRATIQUES TRINAIRES.	VALEURS TRINAIRES DE C.
t^2+187u^2	$2y^2+2yz+94z^2=\begin{cases}(y+3z)^2+(y-2z)^2+81z^2\\(y+7z)^2+(y-6z)^2+9z^2\end{cases}$	$81+81+25$ $169+9+9$
t^2+189u^2	$5y^2+2yz+38z^2=\begin{cases}(2y+3z)^2+(y-5z)^2+4z^2\\(2y+2z)^2+(y-3z)^2+25z^2\end{cases}$ $14y^2+14yz+17z^2=\begin{cases}(y+4z)^2+(3y+z)^2+4y^2\\(y-3z)^2+(3y+2z)^2+(2y+2z)^2\end{cases}$	$169+16+4$ $100+64+25$ $121+64+4$ $121+64+4$
t^2+190u^2	$10y^2+19z^2=\begin{cases}(3y+z)^2+(y-3z)^2+9z^2\\(3y-z)^2+(y+3z)^2+9z^2\end{cases}$	$100+81+9$ $100+81+9$
t^2+193u^2	$y^2+193z^2=y^2+144z^2+49z^2$ $2y^2+2yz+97z^2=(y+6z)^2+(y-5z)^2+36z^2$	$144+49$ $121+36+36$
t^2+194u^2	$y^2+194z^2=y^2+169z^2+25z^2$ $2y^2+97z^2=(y+6z)^2+(y-6z)^2+25z^2$ $3y^2+2yz+65z^2=(y-6z)^2+(y+5z)^2+(y+2z)^2$ $6y^2+4yz+33z^2=(2y+z)^2+(y+4z)^2+(y-4z)^2$ $9y^2+4yz+22z^2=(2y+2z)^2+(2y-3z)^2+(y+2z)^2$ $11y^2+4yz+18z^2=(y+4z)^2+(3y-z)^2+(y+z)^2$	$169+25$ $144+25+25$ $121+64+9$ $81+64+49$ $144+49+1$ $169+16+9$
t^2+195u^2	$14y^2+2yz+14z^2=\begin{cases}(3y+2z)^2+(2y-3z)^2+(y+z)^2\\(3y-2z)^2+(2y+3z)^2+(y+z)^2\\(3y+2z)^2+(2y-z)^2+(y-3z)^2\\(3y-z)^2+(2y+3z)^2+(y-2z)^2\end{cases}$	$169+25+1$ $169+25+1$ $121+49+25$ $121+49+25$
t^2+197u^2	$y^2+197z^2=y^2+196z^2+z^2$ $6y^2+2yz+33z^2=(y-5z)^2+(y+2z)^2+(2y+2z)^2$ $9y^2+2yz+22z^2=(2y+2z)^2+(2y-3z)^2+(y+3z)^2$	$196+1$ $144+49+4$ $100+81+16$
t^2+198u^2	$2y^2+99z^2=\begin{cases}(y+7z)^2+(y-7z)^2+z^2\\(y+5z)^2+(y-5z)^2+49z^2\end{cases}$	$196+1+1$ $100+49+49$
t^2+201u^2	$2y^2+2yz+101z^2=\begin{cases}y^2+(y+z)^2+100z^2\\(y+7z)^2+(y-6z)^2+16z^2\end{cases}$ $5y^2+4yz+41z^2=\begin{cases}(2y-2z)^2+(y+6z)^2+z^2\\(2y+3z)^2+(y-4z)^2+16z^2\end{cases}$	$100+100+1$ $169+16+16$ $196+4+1$ $121+64+16$

TABLE VIII.

FORMULE.	DIVISEURS QUADRATIQUES TRINAIRES.	VALEURS TRINAIRES DE c.
t^2+202u^2	$y^2+202z^2 = y^2+121z^2+81z^2$ $14y^2+12yz+17z^2 = (y+4z)^2+(2y+z)^2+9y^2$	$121+81$ $144+49+9$
t^2+203u^2	$6y^2+2yz+34z^2 = \begin{cases}(2y+3z)^2+(y-5z)^2+y^2\\(2y-3z)^2+(y+4z)^2+(y+3z)^2\end{cases}$	$169+25+9$ $121+81+1$
t^2+205u^2	$y^2+205z^2 = \begin{cases}y^2+196z^2+9z^2\\y^2+169z^2+36z^2\end{cases}$ $5y^2+41z^2 = \begin{cases}(2y+z)^2+(y-2z)^2+36z^2\\(2y-z)^2+(y+2z)^2+36z^2\end{cases}$	$196+9$ $169+36$ $144+36+25$ $144+36+25$
t^2+206u^2	$3y^2+2yz+69z^2 = (y-4z)^2+(y-2z)^2+(y+7z)^2$ $5y^2+4yz+42z^2 = (2y-z)^2+(y+4z)^2+25z^2$ $6y^2+4yz+35z^2 = (2y+3z)^2+(y+z)^2+(y-5z)^2$ $10y^2+4yz+21z^2 = (3y+2z)^2+(y-4z)^2+z^2$ $11y^2+10yz+21z^2 = (3y+z)^2+(y+4z)^2+(y-2z)^2$	$121+81+4$ $100+81+25$ $169+36+1$ $196+9+1$ $121+49+36$
t^2+209u^2	$2y^2+2yz+105z^2 = \begin{cases}(y+2z)^2+(y-z)^2+100z^2\\(y+5z)^2+(y-4z)^2+64z^2\end{cases}$ $10y^2+2yz+21z^2 = \begin{cases}(3y-z)^2+(y+4z)^2+4z^2\\(3y+z)^2+(y-2z)^2+16z^2\end{cases}$ $13y^2+10yz+18z^2 = \begin{cases}(3y+z)^2+(2y+z)^2+16z^2\\(3y-z)^2+(2y+4z)^2+z^2\end{cases}$	$100+100+9$ $81+64+64$ $169+36+4$ $144+49+16$ $144+64+1$ $196+9+4$
t^2+210u^2	$6y^2+35z^2 = \begin{cases}(y+5z)^2+(2y-3z)^2+(y+z)^2\\(y-5z)^2+(2y+3z)^2+(y-z)^2\\(y+5z)^2+(y-3z)^2+(2y-z)^2\\(y-5z)^2+(y+3z)^2+(2y+z)^2\end{cases}$	$169+25+16$ $169+25+16$ $121+64+25$ $121+64+25$
t^2+211u^2	$2y^2+2yz+106z^2 = (y+4z)^2+(y-3z)^2+81z^2$ $10y^2+6yz+22z^2 = (3y+2z)^2+(y-3z)^2+9z^2$	$81+81+49$ $121+81+9$
t^2+213u^2	$14y^2+10yz+17z^2 = \begin{cases}(2y+4z)^2+(3y-z)^2+y^2\\(3y+2z)^2+(2y-2z)^2+(y+3z)^2\end{cases}$	$196+16+1$ $100+64+49$
t^2+214u^2	$2y^2+107z^2 = (y+7z)^2+(y-7z)^2+9z^2$ $5y^2+2yz+43z^2 = (2y+3z)^2+(y-5z)^2+9z^2$	$196+9+9$ $169+36+9$

TABLE VIII.

FORMULE.	DIVISEURS QUADRATIQUES TRINAIRES.	VALEURS TRINAIRES DE c.
t^2+217u^2	$13y^2+4yz+17z^2=\begin{cases}(3y+2z)^2+(2y-2z)^2+9z^2\\ 9y^2+(2y+z)^2+16z^2\end{cases}$	100+81+36 144+64+9
t^2+218u^2	$y^2+218z^2=y^2+169z^2+49z^2$ $3y^2+2yz+73z^2=(y+6z)^2+(y-6z)^2+(y+z)^2$ $26y^2+8yz+9z^2=(2y+3z)^2+(2y+z)^2+(y-4z)^2$	169+49 144+49+25 121+81+16
t^2+219u^2	$2y^2+2yz+110z^2=\begin{cases}(y+6z)^2+(y-5z)^2+49z^2\\ (y+7z)^2+(y-6z)^2+25z^2\end{cases}$ $38y^2+6yz+6z^2=\begin{cases}(6y+z)^2+(y-z)^2+(y-2z)^2\\ (5y-z)^2+(2y+z)^2+(3y+2z)^2\end{cases}$	121+49+49 169+25+25 169+49+1 169+49+1
t^2+221u^2	$y^2+221z^2=\begin{cases}y^2+196z^2+25z^2\\ y^2+121z^2+100z^2\end{cases}$ $9y^2+4yz+25z^2=\begin{cases}(2y+4z)^2+(2y-3z)^2+y^2\\ (2y+3z)^2+(y-4z)^2+4y^2\end{cases}$ $13y^2+17z^2=\begin{cases}(3y+2z)^2+(2y-3z)^2+4z^2\\ (3y-2z)^2+(2y+3z)^2+4z^2\end{cases}$	196+25 121+100 196+16+9 121+64+36 169+36+16 169+36+16
t^2+222u^2	$11y^2+6yz+21z^2=\begin{cases}(3y+2z)^2+(y-4z)^2+(y+z)^2\\ (3y-z)^2+(y+4z)^2+(y+2z)^2\end{cases}$ $3y^2+74z^2=\begin{cases}(y+7z)^2+(y-4z)^2+(y-3z)^2\\ (y-7z)^2+(y+4z)^2+(y+3z)^2\end{cases}$	196+25+1 169+49+4 121+100+1 121+100+1
t^2+225u^2	$26y^2+6yz+9z^2=\begin{cases}(4y+2z)^2+(3y-2z)^2+(y+z)^2\\ (5y+z)^2+(y-2z)^2+4z^2\end{cases}$	196+25+4 121+100+4
t^2+226u^2	$y^2+226z^2=y^2+225z^2+z^2$ $2y^2+113z^2=(y+4z)^2+(y-4z)^2+81z^2$ $11y^2+8yz+22z^2=(y-2z)^2+(y-3z)^2+9(y+z)^2$	225+1 81+81+64 144+81+1
t^2+227u^2	$2y^2+2yz+114z^2=(y+8z)^2+(y-7z)^2+z^2$ $6y^2+2yz+38z^2=(y+5z)^2+(y+2z)^2+(2y-3z)^2$ $18y^2+10yz+14z^2=(y+3z)^2+(y-2z)^2+(4y+z)^2$	225+1+1 169+49+9 121+81+25

TABLE VIII.

FORMULE.	DIVISEURS QUADRATIQUES TRINAIRES.	VALEURS TRINAIRES DE c.
t^2+229u^2	$y^2+229z^2=y^2+225z^2+4z^2$ $5y^2+2yz+46z^2=(y+3z)^2+(2y-z)^2+36z^2$ $17y^2+6yz+14z^2=(2y-z)^2+(2y-2z)^2+(3y+3z)^2$	$225+4$ $144+49+36$ $144+81+4$
t^2+230u^2	$5y^2+46z^2=\begin{cases}(y+6z)^2+(2y-3z)^2+z^2\\(y-6z)^2+(2y+3z)^2+z^2\end{cases}$ $14y^2+12yz+19z^2=\begin{cases}(y+3z)^2+(2y+3z)^2+(3y-z)^2\\(y-3z)^2+(2y+3z)^2+(3y+z)^2\end{cases}$ $21y^2+2yz+11z^2=\begin{cases}(y-z)^2+(4y-z)^2+(2y+3z)^2\\(2y+z)^2+(y+3z)^2+(4y-z)^2\end{cases}$	$225+4+1$ $225+4+1$ $121+100+9$ $100+81+49$ $196+25+9$ $169+36+25$
t^2+233u^2	$y^2+233z^2=y^2+169z^2+64z^2$ $2y^2+2yz+117z^2=(y+8z)^2+(y-7z)^2+4z^2$ $26y^2+2yz+9z^2=(y-z)^2+(3y-2z)^2+(4y+2z)^2$ $18y^2+2yz+13z^2=(y-2z)^2+(y+3z)^2+16y^2$	$169+64$ $225+4+4$ $196+36+1$ $144+64+25$
t^2+234u^2	$26y^2+9z^2=\begin{cases}(3y-2z)^2+(4y+z)^2+(y+2z)^2\\(3y+2z)^2+(4y-z)^2+(y-2z)^2\end{cases}$ $17y^2+4yz+14z^2=\begin{cases}(2y+z)^2+(3y+2z)^2+(2y-3z)^2\\(2y+z)^2+(3y-2z)^2+(2y+3z)^2\end{cases}$	$121+64+49$ $121+64+49$ $169+64+1$ $169+49+16$
t^2+235u^2	$10y^2+10yz+26z^2=\begin{cases}(y-4z)^2+(3y+3z)^2+z^2\\(y+5z)^2+9y^2+z^2\end{cases}$	$225+9+1$ $225+9+1$
t^2+237u^2	$6y^2+6yz+41z^2=\begin{cases}y^2+(2y+4z)^2+(y-5z)^2\\(y+z)^2+(2y-2z)^2+(y+6z)^2\end{cases}$ $14y^2+2yz+17z^2=\begin{cases}4y^2+(3y-z)^2+(y+4z)^2\\(2y+2z)^2+(3y-2z)^2+(y+3z)^2\end{cases}$	$196+25+16$ $196+25+16$ $169+64+4$ $121+100+16$
t^2+238u^2	$13y^2+6yz+19z^2=\begin{cases}(3y+3z)^2+(2y-3z)^2+z^2\\(3y-z)^2+(2y+3z)^2+9z^2\end{cases}$	$225+9+4$ $121+81+36$
t^2+241u^2	$y^2+241z^2=y^2+225z^2+16z^2$ $2y^2+2yz+121z^2=(y+7z)^2+(y-6z)^2+36z^2$ $5y^2+4yz+49z^2=(y+6z)^2+(2y-2z)^2+9z^2$ $10y^2+6yz+25z^2=9y^2+(y+3z)^2+16z^2$	$225+16$ $169+36+36$ $196+36+9$ $144+81+16$

TABLE VIII.

FORMULE.	DIVISEURS QUADRATIQUES TRINAIRES.	VALEURS TRINAIRES DE c.
t^2+242u^2	$2y^2+121z^2=(y+6z)^2+(y-6z)^2+49z^2$ $6y^2+4yz+41z^2=(y+6z)^2+(y-2z)^2+(2y-z)^2$ $17y^2+16yz+18z^2=(4y+z)^2+(y+4z)^2+z^2$	$144+49+49$ $169+64+9$ $225+16+1$
t^2+243u^2	$2y^2+2yz+122z^2=y^2+(y+z)^2+121z^2$ $14y^2+6yz+18z^2=(y+4z)^2+(3y-z)^2+(2y+z)^2$	$121+121+1$ $169+49+25$
t^2+245u^2	$5y^2+49z^2=\left\{\begin{array}{l}(2y+3z)^2+(y-6z)^2+4z^2\\(2y-3z)^2+(y+6z)^2+4z^2\end{array}\right.$ $6y^2+2yz+41z^2=\left\{\begin{array}{l}(y-3z)^2+(y-4z)^2+(2y+4z)^2\\(y+5z)^2+(y-4z)^2+4y^2\end{array}\right.$	$225+16+4$ $225+16+4$ $144+100+1$ $100+81+64$
t^2+246u^2	$2y^2+123z^2=\left\{\begin{array}{l}(y+z)^2+(y-z)^2+121z^2\\(y+7z)^2+(y-7z)^2+25z^2\end{array}\right.$ $5y^2+4yz+50z^2=\left\{\begin{array}{l}(2y+3z)^2+(y-4z)^2+25z^2\\(2y+z)^2+y^2+49z^2\end{array}\right.$	$121+121+4$ $196+25+25$ $121+100+25$ $196+49+1$
t^2+249u^2	$2y^2+2yz+125z^2=\left\{\begin{array}{l}(y+4z)^2+(y-3z)^2+100z^2\\(y+6z)^2+(y-5z)^2+64z^2\end{array}\right.$ $5y^2+2yz+50z^2=\left\{\begin{array}{l}(2y+3z)^2+(y-5z)^2+16z^2\\4y^2+(y+z)^2+49z^2\end{array}\right.$	$100+100+49$ $121+64+64$ $169+64+16$ $196+49+4$
t^2+250u^2	$y^2+250z^2=y^2+169z^2+81z^2$ $11y^2+10yz+25z^2=(y-4z)^2+y^2+(3y+3z)^2$	$169+81$ $225+16+9$
t^2+251u^2	$2y^2+2yz+126z^2=(y-z)^2+(y+2z)^2+121z^2$ $6y^2+2yz+42z^2=(2y+z)^2+(y-5z)^2+(y+4z)^2$ $14y^2+2yz+18z^2=(3y+z)^2+(2y+z)^2+(y-4z)^2$ $10y^2+6yz+26z^2=(3y+z)^2+y^2+25z^2$	$121+121+9$ $121+81+49$ $169+81+1$ $225+25+1$
etc.	etc.	etc.
t^2+403u^2	$22y^2+18yz+22z^2=\left\{\begin{array}{l}(2y+3z)^2+(3y+3z)^2+(3y-2z)^2\\(3y+2z)^2+(3y+3z)^2+(2y-3z)^2\end{array}\right.$	$225+169+9$ $225+169+9$
etc.	etc.	etc.

TABLE IX.

Valeurs du produit $\frac{2}{3} \cdot \frac{4}{5} \cdot \frac{6}{7} \cdot \frac{10}{11} \cdots\cdots \frac{\omega - 1}{\omega}$.

ω	PRODUIT.	ω	PRODUIT.	ω	PRODUIT.	ω	PRODUIT.	ω	PRODUIT.
3	0.666667	181	0.212108	421	0.184357	673	0.171189	953	0.162925
5	0.533333	191	0.210998	431	0.183929	677	0.170936	967	0.162757
7	0.457143	193	0.209904	433	0.183505	683	0.170686	971	0.162589
11	0.415584	197	0.208839	439	0.183087	691	0.170439	977	0.162423
13	0.383616	199	0.207789	443	0.182673	701	0.170196	983	0.162257
17	0.361051	211	0.206804	449	0.182266	709	0.169956	991	0.162093
19	0.342048	223	0.205877	457	0.181868	719	0.169720	997	0.161930
23	0.327176	227	0.204970	461	0.181473	727	0.169486	1009	0.161770
29	0.315894	229	0.204075	463	0.181081	733	0.169255	1013	0.161610
31	0.305704	233	0.203199	467	0.180693	739	0.169026	1019	0.161451
37	0.297442	239	0.202349	479	0.180316	743	0.168799	1021	0.161293
41	0.290187	241	0.201509	487	0.179946	751	0.168574	1031	0.161137
43	0.283439	251	0.200707	491	0.179579	757	0.168351	1033	0.160981
47	0.277408	257	0.199926	499	0.179220	761	0.168130	1039	0.160826
53	0.272174	263	0.199165	503	0.178863	769	0.167911	1049	0.160673
59	0 267561	269	0.198425	509	0.178512	773	0.167694	1051	0.160520
61	0.263175	271	0.197693	521	0.178169	787	0.167481	1061	0.160359
67	0.259247	277	0.196979	523	0.177829	797	0.167271	1063	0.160218
71	0.255595	281	0.196278	541	0.177500	809	0.167064	1069	0.160068
73	0.252094	283	0.195585	547	0.177175	811	0.166858	1087	0.159921
79	0.248903	293	0.194917	557	0.176857	821	0.166655	1091	0.159774
83	0.245904	307	0.194282	563	0.176543	823	0.166453	1093	0.159628
89	0.243141	311	0.193657	569	0.176233	827	0.166252	1097	0.159482
97	0.240635	313	0.193039	571	0.175924	829	0.166051	1103	0.159337
101	0.238252	317	0.192430	577	0.175619	839	0.165852	1109	0.159193
103	0.235939	331	0.191848	587	0.175320	853	0.165658	1117	0.159051
107	0.233734	337	0.191279	593	0.175025	857	0.165465	1123	0.158909
109	0.231590	347	0.190728	599	0.174732	859	0.165272	1129	0.158768
113	0.229540	349	0.190181	601	0.174442	863	0.165081	1151	0.158630
127	0.227733	353	0.189645	607	0.174154	877	0.164892	1153	0.158492
131	0.225994	359	0.189114	613	0.173870	881	0.164705	1163	0.158356
137	0.224343	367	0.188599	617	0.173588	883	0.164518	1171	0.158221
139	0.222731	373	0.188093	619	0.173308	887	0.164332	1181	0.158087
149	0.221236	379	0.187597	631	0.173033	907	0.164151	1187	0.157954
151	0.219771	383	0.187107	641	0.172763	911	0.163972	1193	0.157822
157	0.218371	389	0.186626	643	0.172495	919	0.163794	1201	0.157691
163	0.217031	397	0.186156	647	0.172228	929	0.163618	1213	0.157561
167	0.215732	401	0.185692	653	0.171964	937	0.163443	1217	0.157432
173	0.214485	409	0.185238	659	0.171703	941	0.163269	1223	0.157303
179	0.213286	419	0.184796	661	0.171444	947	0.163096	1229	0.157175

TABLE X.

Contenant les plus petites valeurs de x et y qui satisfont à l'équation $x^2 - Ny^2 = \pm 1$, pour tout nombre non carré N, depuis 2 jusqu'à 1003.

N	x : y	N	x : y	N	x : y
2	1 : 1	53	182 : 25	101	10 : 1
3	2 : 1	54	485 : 66	102	101 : 10
5	2 : 1	55	89 : 12	103	227528 : 22419
6	5 : 2	56	15 : 2	104	51 : 5
7	8 : 3	57	151 : 20	105	41 : 4
8	3 : 1	58	99 : 13	106	4005 : 389
10	3 : 1	59	530 : 69	107	962 : 93
11	10 : 3	60	31 : 4	108	1351 : 130
12	7 : 2	61	29718 : 3805	109	8890182 : 851525
13	18 : 5	62	63 : 8	110	21 : 2
14	15 : 4	63	8 : 1	111	295 : 28
15	4 : 1	65	8 : 1	112	127 : 12
17	4 : 1	66	65 : 8	113	776 : 73
18	17 : 4	67	48842 : 5967	114	1025 : 96
19	170 : 39	68	33 : 4	115	1126 : 105
20	9 : 2	69	7775 : 936	116	9301 : 910
21	55 : 12	70	251 : 30	117	649 : 60
22	197 : 42	71	3480 : 413	118	306917 : 28254
23	24 : 5	72	17 : 2	119	120 : 11
24	5 : 1	73	1068 : 125	120	11 : 1
26	5 : 1	74	43 : 5	122	11 : 1
27	26 : 5	75	26 : 3	123	122 : 11
28	127 : 24	76	57799 : 6630	124	4620799 : 414960
29	70 : 13	77	351 : 40	125	682 : 61
30	11 : 2	78	53 : 6	126	449 : 40
31	1520 : 273	79	80 : 9	127	4730624 : 419775
32	17 : 3	80	9 : 1	128	577 : 51
33	23 : 4	82	9 : 1	129	16855 : 1484
34	35 : 6	83	82 : 9	130	57 : 5
35	6 : 1	84	55 : 6	131	10610 : 927
37	6 : 1	85	378 : 41	132	23 : 2
38	37 : 6	86	10405 : 1122	133	2588599 : 224460
39	25 : 4	87	28 : 3	134	145925 : 12606
40	19 : 3	88	197 : 21	135	244 : 21
41	32 : 5	89	500 : 53	136	35 : 3
42	13 : 2	90	19 : 2	137	1744 : 149
43	3482 : 531	91	1574 : 165	138	47 : 4
44	199 : 30	92	1151 : 120	139	77563250 : 6578829
45	161 : 24	93	12151 : 1260	140	71 : 6
46	24335 : 3588	94	2543295 : 221064	141	95 : 8
47	48 : 7	95	39 : 4	142	143 : 12
48	7 : 1	96	49 : 5	143	12 : 1
50	7 : 1	97	5604 : 569	145	12 : 1
51	50 : 7	98	99 : 10	146	145 : 12
52	649 : 90	99	10 : 1	147	97 : 8

TABLE X.

N	x : y	N	x : y	N	x : y
148	73 : 6	201	515095 : 36332	254	255 : 16
149	113582 : 9303	202	3141 : 221	255	16 : 1
150	49 : 4	203	57 : 4	257	16 : 1
151	1728148040 : 140634693	204	4999 : 350	258	257 : 16
152	37 : 3	205	39689 : 2772	259	847225 : 52644
153	2177 : 176	206	59535 : 4148	260	129 : 8
154	21295 : 1716	207	1151 : 80	261	192119201 : 11891880
155	249 : 20	208	649 : 45	262	104980517 : 6485718
156	25 : 2	209	46551 : 3220	263	139128 : 8579
157	4832118 : 385645	210	29 : 2	264	65 : 4
158	7743 : 616	212	66249 : 4550	265	6072 : 373
159	1324 : 105	213	194399 : 13320	266	685 : 42
160	721 : 57	215	44 : 3	267	2402 : 147
161	11775 : 928	216	485 : 33	268	4771081927 : 291440214
162	19601 : 1540	217	3844063 : 260952	269	82 : 5
163	64080026 : 5019135	218	251 : 17	270	5291 : 322
164	2049 : 160	219	74 : 5	272	33 : 2
165	1079 : 84	220	89 : 6	273	727 : 44
166	1700902565 : 132015642	221	1665 : 112	274	1407 : 85
167	168 : 13	222	149 : 10	275	199 : 12
168	13 : 1	223	224 : 15	276	7775 : 468
170	13 : 1	224	15 : 1	277	8920484118 : 535979945
171	70 : 13	226	15 : 1	278	2501 : 150
172	24248647 : 1848942	227	226 : 15	279	1520 : 91
173	1118 : 85	228	151 : 10	280	251 : 15
174	1451 : 110	229	1710 : 113	281	1063532 : 63445
175	2024 : 153	230	91 : 6	282	2351 : 140
176	199 : 15	231	76 : 5	283	138274082 : 8219541
177	62423 : 4692	232	19603 : 1287	284	24220799 : 1437240
178	1601 : 120	233	23156 : 1517	285	2431 : 144
179	4190210 : 313191	234	5201 : 340	286	561835 : 33222
180	161 : 12	235	46 : 3	287	288 : 17
181	1111225770 : 82596761	236	561799 : 36570	288	17 : 1
182	27 : 2	237	228151 : 14820	290	17 : 1
183	487 : 36	238	11663 : 756	291	290 : 17
184	24335 : 1794	239	6195120 : 400729	292	2281249 : 133500
185	68 : 5	240	31 : 2	293	2482 : 145
186	7501 : 550	241	71011068 : 4574225	294	4801 : 280
187	1682 : 123	242	19601 : 1260	295	2024999 : 117900
188	4607 : 336	243	70226 : 4505	296	3699 : 215
189	55 : 4	244	17663190049 : 1130769990	297	48599 : 2820
190	52021 : 3774	245	51841 : 3312	298	409557 : 23725
191	8994000 : 650783	246	88805 : 5662	299	415 : 24
192	97 : 7	247	85292 : 5427	300	1351 : 78
193	1764132 : 126985	248	63 : 4	302	4276623 : 246092
194	195 : 14	249	8553815 : 542076	303	2524 : 145
195	14 : 1	250	4443 : 281	304	57799 : 3315
197	14 : 1	251	3674890 : 231957	305	489 : 28
198	197 : 14	252	127 : 8	306	35 : 2
200	99 : 7	253	3222617399 : 202604220	307	88529282 : 5052633

TABLE X.

N	x : y	N	x : y	N	x : y
308	251 : 20	364	4954951 : 259710	422	7022501 : 341850
310	848719 : 48204	365	3458 : 181	423	4607 : 224
311	16883880 : 957397	366	907925 : 47458	424	32080051 : 1557945
312	53 : 3	368	1151 : 60	425	268 : 13
313	126862368 : 7170685	369	8396801 : 437120	426	88751 : 4300
314	443 : 25	370	327 : 17	427	62 : 3
315	71 : 4	371	1695 : 88	428	1850887 : 89466
316	12799 : 720	372	12151 : 630	429	1524095 : 73584
317	352618 : 19805	373	5118 : 265	430	2862251 : 138030
318	107 : 6	374	3365 : 174	431	151560720 : 7300423
319	12901780 : 722361	375	15124 : 781	432	1351 : 65
320	161 : 9	376	2143295 : 110532	433	7230660684 : 347483377
321	215 : 12	377	233 : 12	434	125 : 6
322	323 : 18	378	8749 : 450	435	146 : 7
323	18 : 1	380	39 : 2	437	4599 : 220
325	18 : 1	381	1015 : 52	438	293 : 14
326	325 : 18	383	18768 : 959	439	440 : 21
327	217 : 12	384	4801 : 245	440	21 : 1
328	163 : 9	385	95831 : 4884	442	21 : 1
329	2376415 : 131016	386	111555 : 5678	443	442 : 21
330	109 : 6	387	3482 : 177	444	295 : 14
332	13447 : 738	388	62809633 : 3188676	445	4662 : 221
333	73 : 4	389	1282 : 65	446	110166015 : 5216512
335	604 : 33	390	79 : 4	447	148 : 7
336	55 : 3	391	7338680 : 371133	448	127 : 6
337	1015827336 : 55335641	392	99 : 5	449	189471332 : 8941705
338	239 : 13	393	46437143 : 2342444	450	19601 : 924
339	97970 : 5321	394	395023035 : 19900973	451	46471490 : 2188257
340	285769 : 15498	395	159 : 8	452	1204353 : 56648
341	10626551 : 575460	396	199 : 10	453	1653751 : 77700
342	37 : 2	398	399 : 20	455	64 : 3
343	130576328 : 7050459	399	20 : 1	456	1025 : 48
344	10405 : 561	401	20 : 1	458	107 : 5
345	6761 : 364	402	401 : 20	459	499850 : 23331
346	93 : 5	403	669878 : 33369	460	2535751 : 118230
347	641602 : 34443	404	201 : 10	461	24314110 : 1132421
348	1567 : 84	405	161 : 8	462	43 : 2
349	9210 : 493	406	59468095 : 2951352	464	9801 : 455
350	449 : 24	407	2663 : 132	465	15871 : 736
351	62425 : 3332	408	101 : 5	466	938319425 : 43466808
352	77617 : 4137	410	81 : 4	467	1625626 : 75225
353	71264 : 3793	411	49730 : 2453	468	649 : 30
354	258065 : 13716	413	113399 : 5580	469	137215 : 6336
355	954809 : 50676	414	24335 : 1196	470	1691 : 78
356	500001 : 26500	415	18412804 : 903849	471	7838695 : 361188
357	3401 : 180	416	5201 : 255	472	306917 : 14127
359	360 : 19	417	85322647 : 4178268	473	87 : 4
360	19 : 1	418	33857 : 1656	474	193549 : 8890
362	19 : 1	419	270174970 : 13198911	475	57799 : 2652
363	362 : 19	420	41 : 2	476	28799 : 1320

TABLE X.

N	x : y	N	x : y	N	x : y
477	8777860001 : 401910600	537	192349463 : 8300492	595	18514 : 759
479	2989440 : 139591	538	69051 : 2977	598	1574351 : 64380
480	241 : 11	539	3970 : 171	600	49 : 2
481	964140 : 43961	540	119071 : 5124	602	687 : 28
482	483 : 22	542	4293183 : 184408	603	48842 : 1989
483	22 : 1	543	669337 : 28724	605	930249 : 37820
485	22 : 1	544	2449 : 105	606	42187499 : 1713750
486	485 : 22	545	1961 : 84	608	2737 : 111
488	243 : 11	546	701 : 30	609	605695 : 24544
489	7592629975 : 343350596	548	6083073 : 259856	610	71847 : 2909
490	1039681 : 46968	549	17663190049 : 753846660	611	236926 : 9585
492	29767 : 1342	550	30580901 : 1303974	612	2177 : 88
493	683982 : 30805	551	8380 : 357	615	124 : 5
494	73035 : 3286	552	47 : 2	616	21295 : 858
495	89 : 4	554	174293 : 7405	617	41009716 : 1650989
496	4620799 : 207480	555	1814 : 77	618	10093 : 406
497	1201887 : 53912	557	118 : 5	620	249 : 10
498	179777 : 8056	558	7937 : 336	621	7775 : 312
499	4490 : 201	559	506568295 : 21425556	623	624 : 25
500	930249 : 41602	560	71 : 3	624	25 : 1
502	3832352837 : 171046278	561	522785 : 22072	626	25 : 1
503	24648 : 1099	562	220938497 : 9319728	627	626 : 25
504	449 : 20	563	68122 : 2871	629	1850 : 313
505	809 : 36	564	95 : 4	630	251 : 10
506	45 : 2	565	14752278 : 620633	632	7743 : 308
507	1351 : 60	566	95609285 : 4018758	633	440772247 : 17519124
509	395727950 : 17540333	567	2024 : 85	635	126 : 5
510	271 : 12	568	143 : 6	636	3505951 : 139020
511	4188548960 : 185290497	569	2894863832 : 121359005	638	42283 : 1674
512	665857 : 29427	570	191 : 8	639	24220799 : 958160
513	13771351 : 608020	572	287 : 12	640	1039681 : 41097
514	4625 : 204	573	383 : 16	642	5777 : 228
515	17406 : 767	574	575 : 24	644	11775 : 464
516	16855 : 742	575	24 : 1	645	1024001 : 40320
518	2367 : 104	577	24 : 1	646	305 : 12
519	14851876 : 651925	578	577 : 24	647	120187368 : 4725053
520	6499 : 285	579	385 : 16	648	19601 : 770
521	128377240 : 5624309	580	289 : 12	650	51 : 2
522	19603 : 858	582	193 : 8	651	1735 : 68
524	225144199 : 9835470	583	8429543 : 349116	653	2291286382 : 89664965
525	6049 : 264	584	145 : 6	654	8915765 : 348634
527	528 : 23	585	33281 : 1376	655	737709209 : 28824684
528	23 : 1	586	4115086707 : 169992665	656	2049 : 80
530	23 : 1	587	1907162 : 78717	657	2281249 : 89000
531	530 : 23	588	97 : 4	658	1693 : 66
532	2588599 : 112230	590	5781 : 238	659	5930 : 231
533	6118 : 265	591	165676 : 6815	660	1079 : 42
534	3678725 : 159194	592	73 : 3	662	1718102501 : 66775950
535	1618804 : 69987	593	600632 : 24665	663	103 : 4
536	145925 : 6303	594	1098305 : 45064	664	1700902565 : 66007821

TABLE X.

N	x : y	N	x : y	N	x : y
665	13719 : 532	728	27 : 1	790	6616066879 : 235389096
666	27365201 : 1060380	730	27 : 1	791	225 : 8
667	107119097 : 414768	731	730 : 27	792	197 : 7
668	56447 : 2184	732	487 : 18	793	4393 : 156
670	5791211 : 223734	733	9882 : 365	794	30235 : 1073
671	58620 : 2263	734	10394175 : 383656	795	6626 : 235
672	337 : 13	735	244 : 9	797	24715982 : 875485
674	675 : 26	736	24335 : 897	798	113 : 4
675	26 : 1	737	252975383 : 9318468	799	424 : 15
677	26 : 1	738	163 : 6	800	19601 : 693
678	677 : 26	740	9249 : 340	802	295496099 : 10434330
680	339 : 13	741	7352695 : 270108	803	7226 : 255
682	1197901 : 45870	742	263091151 : 9658380	804	515095 : 18166
683	170067682 : 6507459	743	714024 : 26195	805	1514868641 : 53392104
684	57799 : 2210	744	7501 : 275	806	6166395 : 217202
685	218623878 : 8353189	745	12769001 : 467820	807	51841948 : 1824923
687	165337 : 6308	746	5534843 : 202645	808	19731763 : 694161
688	24248647 : 924471	747	82 : 3	810	27379 : 962
689	105 : 4	748	5658247 : 206886	812	57 : 2
690	1471 : 56	750	2550251 : 93122	813	2167 : 76
692	2499849 : 95030	752	4607 : 168	815	156644 : 5487
693	246401 : 9360	754	20457 : 745	816	4999 : 175
695	33639 : 1276	755	1209 : 44	817	343 : 12
696	1451 : 55	756	55 : 2	818	143 : 5
697	132 : 5	757	1369326 : 49769	819	1574 : 55
698	5099 : 193	758	413959717 : 15035694	820	39689 : 1386
699	2271050 : 85899	759	551 : 20	822	7397 : 258
700	8193151 : 309672	760	52021 : 1887	824	59535 : 2074
701	11782 : 445	761	800 : 29	825	48599 : 1692
702	53 : 2	762	6349 : 230	827	900602 : 31317
703	1159172 : 43719	763	719724601 : 26055780	828	1151 : 40
704	79201 : 2985	765	285769 : 10332	829	15489282 : 537965
705	237161 : 8932	767	31212 : 1127	830	146411 : 5082
706	34595 : 1302	768	18817 : 679	831	9799705 : 339948
707	2526 : 95	770	111 : 4	832	842401 : 29205
708	62423 : 2346	771	2989136930 : 107651137	833	9478657 : 328416
709	18245310 : 685217	773	1343018 : 48305	834	65525578705 : 226897244
710	1279 : 48	774	10405 : 374	836	46551 : 1610
711	80 : 3	775	4620799 : 165984	837	12151 : 420
712	1601 : 60	776	195 : 7	839	840 : 29
713	5286367 : 197976	777	223 : 8	840	29 : 1
714	4115 : 154	778	54610269 : 1957873	842	29 : 1
715	75646 : 2829	779	11785490 : 422259	843	842 : 29
717	6998399 : 261360	780	391 : 14	845	12238 : 421
720	161 : 6	781	67606199 : 2419140	846	2143295 : 73688
722	22619537 : 841812	782	783 : 28	847	8193151 : 281520
723	242 : 9	783	28 : 1	848	66249 : 2275
725	9801 : 364	785	28 : 1	850	2449 : 84
726	485 : 18	786	785 : 28	851	8418574 : 288585
727	728 : 27	788	393 : 14	852	194399 : 6660

TABLE X.

N	x : y	N	x : y	N	x : y
854	1294299 : 44290	904	451 : 15	954	32080051 : 1038630
855	3041 : 104	905	361 : 12	955	2095256249 : 67800900
857	8118568 : 277325	906	301 : 10	957	14849 : 480
858	703 : 24	908	102151 : 3390	959	960 : 31
860	3871 : 132	909	80801 : 2680	960	31 : 1
861	541601801 : 18457740	910	181 : 6	962	31 : 1
864	470449 : 16005	912	151 : 5	963	962 : 31
865	348345108 : 11844089	914	5593 : 185	965	14942 : 481
866	42435 : 1442	915	121 : 4	966	57499 : 1850
867	70226 : 2385	916	5848201 : 193230	968	19601 : 630
868	3844063 : 130476	917	823604599 : 27197820	969	13588951 : 436540
870	59 : 2	918	4120901 : 136010	970	328173 : 10537
872	126003 : 4267	920	91 : 3	972	9863382151 : 316368130
873	62809633 : 2125784	922	419288307 : 13808525	973	903223 : 28956
874	3725 : 126	923	638 : 21	975	1249 : 40
875	120126 : 4061	924	11551 : 380	976	1766319049 : 56538495
876	10951 : 370	925	882 : 29	977	7376748868 : 236003105
877	241326 : 8149	927	227528 : 7473	978	118337 : 3784
878	9314703 : 314356	928	768555217 : 25229061	979	360449 : 11520
879	107245324 : 3617295	930	61 : 2	980	51841 : 1656
880	89 : 3	931	6681448801 : 218975640	982	8837 : 282
882	19601 : 660	932	1072400673 : 35127652	983	284088 : 9061
884	1665 : 56	933	75263 : 2464	984	88805 : 2831
885	119 : 4	934	3034565 : 99294	985	408 : 13
887	469224 : 15755	935	1376 : 45	986	157 : 5
888	149 : 5	936	5201 : 170	987	377 : 12
890	179 : 6	938	17151 : 560	990	881 : 28
891	3970 : 133	939	122695 : 4004	992	63 : 2
892	100351 : 3360	940	4231 : 138	993	2647 : 84
893	6091434999 : 203842100	941	731069390 : 23832181	994	1135 : 36
894	299 : 10	942	106133 : 3458	995	8835999 : 280120
895	359 : 12	943	737 : 24	996	8553815 : 271038
896	449 : 15	944	561799 : 18285	997	84906 : 2689
897	599 : 20	945	275561 : 8964	998	984076901 : 31150410
898	899 : 30	948	228151 : 7410	999	102688615 : 3248924
899	30 : 1	950	202501 : 6570	1000	39480499 : 1248483
901	30 : 1	951	22420876 : 7270445	1001	1050905 : 33532
902	901 : 30	952	11663 : 378	1002	206869247 : 6535248
903	601 : 20	953	2746864744 : 88979677	1003	9026 : 285

Nota. Dans ces six premières pages, la disposition du tableau a obligé d'omettre les nombres N, pour lesquels la valeur de x est composée de plus de dix chiffres. Ces nombres se trouveront dans les deux pages suivantes; ils ont été distribués en deux séries, l'une où la valeur de x n'a pas plus de quinze chiffres, l'autre où elle en a davantage.

TABLE X.

N	x : y
199	16266196520 : 1153080099
211	278354373650 : 19162705353
214	695359189925 : 47533775646
271	115974988600 : 7044978537
301	5883392537695 : 339113108232
309	64202725495 : 3652365444
334	63804373719695 : 3491219999244
358	176579805797 : 9332532726
367	19019995568 : 992835687
382	164998439999 : 8442054600
397	20478302982 : 1027776565
409	111921796968 : 5534176685
412	103537981567 : 5100950232
436	158070671986249 : 7570212227550
457	59089951584 : 2764111349
463	247512720456368 : 11502891625161
487	51906073840568 : 2352088722477
491	93628044170 : 4225374483
501	11242731902975 : 502288218432
508	44757606858751 : 1985797689600
517	590968985399 : 25990786260
523	81810300626 : 3577314675
547	160177601264642 : 6848699678673
553	624635837407 : 26562217704
581	152071153975 : 6308974548
596	25801741449 : 1056880510
597	463287093751 : 18961078500
599	24686379794520 : 1008658133851
601	139468303679532 : 5689030769845
607	164076033968 : 6659640783
613	481673579088618 : 19454612624065
614	348291186245 : 14055888354
622	13804370063 : 553504812
628	46698728731849 : 1863482146110
634	65999458125 : 2621173333
637	1419278889601 : 56233877040
641	36120833468 : 1426687145
643	1988960193026 : 78436933185
673	48813455293932 : 1881620424025
679	17792625320 : 682818291
681	10743166003415 : 411679015748
686	10850138895 : 414260228
716	35115719688199 : 1312336060110
719	403480310400 : 15047276489
749	108461638495 : 39631020176
753	308526027863 : 11243313484
764	161784071999999 : 5853142302000
772	6224323426849 : 224018302020
787	34625394242 : 1234262007
789	161116667272575 : 573768548496
801	500002000001 : 17666702000
809	483852026040 : 15253424933
814	4206992174549 : 147454999410
821	2121436703918 : 74038651465
826	222239304685 : 7732694382
835	34336355806 : 1188258591
838	42112785797 : 1454762046
853	10379165085018 : 355375843945
856	695359189925 : 23766887823
863	18524026608 : 630565199
869	60192738698751 : 2041898807200
871	19442812076 : 658794555
881	106316171432 : 3581882825
911	371832584927520 : 12319363142953
913	515734243080407 : 17068312251564
926	304560297142335 : 10008472361032
929	81317086468 : 2667927065
937	490226695010796 : 16015008052621
946	45225786400145 : 1470417148788
947	13509645362 : 439004487
949	17458843558590 : 566738044393
956	76759023628799 : 2482564242480
971	12479806786330 : 400496058813
974	488825745235215 : 15662987185124
981	158070671986249 : 5046808151700
988	14549450527 : 462879684
989	550271588560695 : 17497618534396
331	2785589801443970 : 153109862634573
379	12941197220540690 : 664744650125541
421	44042445696821418 : 2146497463530785
454	16916040084175685 : 793909098494766
478	1617319577991743 : 73974475657896
526	84056091546952933775 : 3665019757324295532
541	1361516316469227450 : 58536158470221581
556	12032115501124999 : 510275358434250

TABLE X.

N	$x : y$
571	181124355061630786130 : 7579818350628982587
589	4142316606703621875 1 : 1706811823063746000
604	597299129631168 3199 : 2430375690639517 20
619	517213510553282930 : 20788566180548739
631	4896157531299865003556 0 : 1949129537575151036427
649	11235932261621 99 : 441048920953 80
652	821249946432135 1 : 32162630129751 0
661	2865454435422583218 : 111453260296346905
669	14226117859054135 : 550013492618436
691	3113810061750057869 0 : 1184549173291009383
694	3878210544501464238288 5 : 147214859090399767211 4
718	89333991830360795 03 : 3333914964741407 16
721	1863217694329241 5 : 693898530122112
724	2469645423824185801 : 917836493417309 70
739	98015661073616742153890 : 3605564376516452758671
751	7293318466794882425318960 : 266136970677206024456793
766	1459336119457446380 15 : 52727957288656252 08
769	16367374077549540 : 590222604844777
796	529178298454520220799 : 18756227493635055480
811	138207216357861641 0 : 4853111762292119 7
823	23517049036440061 68 : 8197527430497636651
844	154962314660167628644999 : 5334022845973817148450
849	150165471294869 5 : 515366563304 76
859	2058844771979643060124010 : 702468771038949372912 69
862	358022566147312125503 : 12194296994921665128
883	34878475759617272473442 : 1173754162936357802169
886	774352459305765585163776 5 : 26014879646402419485037 8
889	1323197471780365721 5 : 443786188413453504
907	123823410343073497682 : 4111488857741309517
919	448160301093711945155126372 0 : 1478344423965367597814995 89
921	252205771283573 5 : 8310462713941 2
958	1676252233042559 9 : 5415725140485 60
964	1008514355700124 9 : 324820602522300
967	4649532557817485528 : 149518887194649693
991	379516400906811930638014896080 : 12055735790331359447442538767

Le tableau ici terminé, avait paru en 1798 dans la 1re édition de cet ouvrage; il avait été ensuite réduit à une seule page dans la 2e édition. On le rétablit maintenant dans son entier, après y avoir fait plusieurs corrections importantes qu'on doit à un semblable tableau publié en 1817 par le savant professeur M. Degen, de l'université de Copenhague.

L'équation $x^2 - Ny^2 = -1$ est toujours résoluble lorsque N est un nombre premier $4n+1$; elle l'est encore pour une infinité d'autres valeurs paires ou impaires de N. Lorsque cela arrive, les nombres x et y que donne la table, se rapportent toujours à l'équation $x^2 - Ny^2 = -1$. Si on les appelle a et b, les plus petits nombres qui satisfont à l'équation $x^2 - Ny^2 = +1$ seront $2a^2 + 1$ et $2ab$. Il est facile d'ailleurs de reconnaître au premier coup d'œil, si les nombres donnés par la table satisfont à l'une ou à l'autre de ces équations: on le voit immédiatement en réduisant les valeurs de x et y à leur dernier chiffre.

FIN DES TABLES

THÉORIE DES NOMBRES.

INTRODUCTION

CONTENANT DES NOTIONS GÉNÉRALES SUR LES NOMBRES.

NOTRE objet, dans cette Introduction, est de présenter quelques considérations générales sur la nature des nombres, et particulièrement sur celle des nombres premiers. Mais, avant tout, nous croyons devoir nous occuper de quelques propositions fondamentales, dont la démonstration ne se trouve pas dans les Traités ordinaires d'Arithmétique, ou du moins n'y est présentée que d'une manière peu rigoureuse.

I. Nous examinerons d'abord pourquoi le produit de deux nombres demeure le même, en changeant l'ordre des facteurs, c'est-à-dire, pourquoi $A \times B = B \times A$.

Soit A le plus grand des deux nombres A et B, soit C leur différence, et en conséquence $A = B + C$. On accordera aisément que le produit de A par B, c'est-à-dire A pris B fois, est composé du produit de B par B et du produit de C par B, de sorte qu'en écrivant le multiplicateur le dernier, on a $A \times B = B \times B + C \times B$. Mais le produit de B par A ou par $B + C$, est composé aussi de B pris B fois et de B pris C fois, de sorte qu'on a $B \times A = B \times B + B \times C$. De là on voit que le produit $A \times B$ sera le même que le produit $B \times A$, si le produit partiel $C \times B$ est égal à $B \times C$. Mais par la même raison l'égalité entre CB et BC se prouvera par l'égalité entre deux produits plus petits CD et DC; et en continuant ainsi on parviendra nécessairement, soit au cas où les deux facteurs sont égaux, soit au cas où l'un des deux est égal à l'unité. Dans le premier cas, l'égalité est manifeste; dans le second, elle se conclut de ce que $H \times 1$ est H, ainsi que $1 \times H$. Donc le produit $A \times B$ est toujours égal au produit $B \times A$.

II. On suppose ordinairement qu'en multipliant un nombre donné C par un autre nombre N qui est lui-même le produit de deux facteurs A et B, il revient au même de multiplier C par N tout d'un coup, ou bien de multiplier C par A, ensuite le produit par B.

Pour démontrer cette proposition, j'observe d'abord que le produit AB n'est autre chose que $A + A + A +$ etc., le nombre de ces termes étant B. Lors donc qu'on multiplie un troisième nombre C par le produit AB, on est censé répéter B fois l'opération de multiplier C par A, c'est-à-dire qu'on a $CA + CA + CA +$ etc., le terme CA étant écrit B fois. Le résultat est donc $\overline{CA} \times B$, de sorte qu'on a $C \times \overline{AB} = \overline{CA} \times B$.

III. D'après ces deux propositions, on démontrera facilement que *le produit de tant de facteurs qu'on voudra, demeure toujours le même, en quelque ordre que les facteurs soient multipliés.*

Pour prouver, par exemple, que le produit $A \times B \times C \times D$ est égal au produit $C \times A \times D \times B$, je commence par faire en sorte que la même lettre occupe la dernière place dans les deux. Or on a, en vertu des propositions précédentes, $A \times \overline{BC} = A \times \overline{CB} = \overline{AC} \times B$; donc $A \times B \times C \times D = \overline{AC} \times B \times D = \overline{AC} \times \overline{BD} = \overline{AC} \times D \times B$; la lettre B est à la dernière place dans ce produit, comme elle l'est dans l'autre produit donné CADB. Otant la dernière lettre, il suffira de prouver l'égalité $\overline{AC} \times D = C \times A \times D$; or celle-ci résulte de ce que $AC = C \times A$.

IV. « Le produit de deux nombres A et B est divisible par tout « nombre qui divise exactement l'un des deux facteurs A et B. »

Car soit θ un nombre qui divise B, et soit en conséquence $B = C \times \theta$, on aura $AB = \overline{AC} \times \theta$; donc AB divisé par θ donne le quotient exact AC.

V. « Si le nombre θ divise à-la-fois les deux nombres A et B, « il divisera la somme et la différence de deux multiples quelcon- « ques de ces nombres. »

Car si l'on a $A = A'\theta$, $B = B'\theta$, il en résulte $mA \pm nB = mA'\theta \pm nB'\theta$, quantité qui, divisée par θ, donne le quotient exact $mA' \pm nB'$.

VI. « Tout nombre premier qui ne divise ni l'un ni l'autre des « facteurs A et B, ne peut diviser leur produit AB. »

Cette proposition étant l'une des plus importantes de la théorie des nombres, nous donnerons à sa démonstration tout le développement nécessaire.

Soit, s'il est possible, θ un nombre premier qui ne divise ni A ni B, mais qui divise le produit AB, on pourra supposer qu'en divisant A par θ on a le quotient m (qui pourrait être zéro) et le reste A'; on aura donc $A = m\theta + A'$, et semblablement $B = n\theta + B'$. Donc $AB = mn\theta^2 + nA'\theta + mB'\theta + A'B'$. Cette quantité, d'après l'hypothèse, doit être divisible par θ, et comme les trois premiers termes sont divisibles par θ, il faudra que le quatrième $A'B'$ soit également divisible par θ; ainsi nous pourrons faire $A'B' = C'\theta$.

Dans ce premier résultat, nous remarquerons 1° que A' et B' ne sont zéro ni l'un ni l'autre, parce que A et B sont supposés non divisibles par θ; 2° que A' et B', comme restes de la division par θ, sont moindres que θ; 3° qu'aucun des nombres A' et B' ne peut être égal à l'unité; car si on avait $A' = 1$, le produit $A'B'$ se réduirait à B'; or B' étant $< \theta$, il est impossible qu'on ait $B' = C'\theta$.

Nous avons donc deux nombres entiers, A', B', tous deux plus grands que l'unité, et tous deux moindres que θ, dont le produit est divisible par θ, de sorte qu'on a $A'B' = C'\theta$. Voyons les conséquences qui en résultent.

Puisque A' est moindre que θ, on peut diviser θ par A'; soit p le quotient et A'' le reste, on aura $\theta = pA' + A''$; donc $\theta \times B' = pA'B' + A''B'$.

Le premier membre est divisible par θ, il faut donc que le second le soit aussi. Mais la partie $A'B'$ est divisible d'elle-même par θ, puisque $A'B' = C'\theta$; donc l'autre partie $A''B'$ doit être encore divisible par θ.

Le nombre A'', comme reste de la division par A', est moindre que A', il ne peut d'ailleurs être zéro; car si cela était, θ serait divisible par A' et ne serait plus un nombre premier. Donc du produit $A'B'$, supposé divisible par θ, on tire un autre produit $A''B'$ divisible encore par θ, et qui est plus petit que $A'B'$ sans être zéro.

En suivant le même raisonnement, on déduira du produit $A''B'$ un autre produit $A'''B'$ ou $A''B''$, encore plus petit, et qui sera toujours divisible par θ sans être zéro.

Et en continuant la suite de ces produits décroissants, on parviendra nécessairement à un nombre moindre que θ. Or il est impossible qu'un nombre moindre que θ, et qui n'est pas zéro, soit divisible par θ; donc l'hypothèse d'où l'on est parti ne saurait avoir lieu.

Donc si les nombres A et B ne sont divisibles, ni l'un ni l'autre, par θ, leur produit AB ne pourra non plus être divisible par θ.

VII. La doctrine des incommensurables repose entièrement sur le principe qu'on vient de démontrer. En effet, s'il existait, par exemple, une fraction rationnelle $\frac{m}{n}$ égale à $\sqrt{2}$, il faudrait que $\frac{m^2}{n^2}$ fût égale à 2. Donc m^2 devrait être divisible par chacun des nombres premiers qui divisent n. Mais la fraction $\frac{m}{n}$ étant censée irréductible, m n'a aucun diviseur commun avec n; donc, en vertu du théorème précédent, m^2 ne peut avoir non plus aucun diviseur commun avec n; donc il est impossible qu'on ait $\frac{m^2}{n^2} = 2$.

En général une puissance quelconque du nombre a ne peut avoir pour diviseurs d'autres nombres premiers que ceux qui divisent a; ainsi s'il n'y a point de nombre entier x tel que $x^n = b$, b étant un nombre donné, il n'y a point non plus de fraction $\frac{x}{y}$ telle que $\frac{x^n}{y^n}=b$.

VIII. « Un nombre quelconque N, s'il n'est pas premier, peut « être représenté par le produit de plusieurs nombres premiers « α, β, γ, etc., élevés chacun à une puissance quelconque, de sorte « qu'on peut toujours supposer $N=\alpha^m\beta^n\gamma^p$, etc. »

La méthode à suivre pour opérer cette décomposition, consiste à essayer la division du nombre N par chacun des nombres premiers 2, 3, 5, 7, 11, etc, en commençant par les plus petits. Lorsque la division réussit par l'un de ces nombres α, on la répète autant de fois qu'elle est possible, par exemple, m fois, et en appelant le dernier quotient P, on a $N=\alpha^m P$.

Le nombre P ne pouvant plus être divisé par α, il est inutile d'essayer la division de P par un nombre premier moindre que α: car si P était divisible par θ moindre que α, il est clair que N serait aussi divisible par θ, ce qui est contraire à la supposition. On ne devra donc essayer de diviser P que par des nombres premiers plus grands que α; on trouvera ainsi successivement $P=\beta^n Q$, $Q=\gamma^p R$, etc., ce qui donnera $N=\alpha^m\beta^n\gamma^p$, etc.

IX. « Si, après avoir essayé la division d'un nombre donné N « par les nombres premiers plus petits que $\sqrt{N}$, on n'en trouve « aucun qui divise N, on en conclura avec certitude que N est un « nombre premier. »

Car supposons que N soit divisible par un nombre premier $\theta>\sqrt{N}$, on aurait donc, en appelant P le quotient, $N=\theta P$. Mais puisque θ est $>\sqrt{N}$, on aura $P=\frac{N}{\theta}<\frac{N}{\sqrt{N}}<\sqrt{N}$; donc N serait divisible par un nombre P moindre que $\sqrt{N}$; donc, à plus forte raison, il serait divisible par un nombre premier $<\sqrt{N}$, ce qui est contre la supposition.

On peut donc trouver, de cette manière, si un nombre donné N est premier, ou s'il ne l'est pas; mais quoique cette méthode soit susceptible de quelques abrégés dont nous ferons mention ci-après, elle est en général longue et fastidieuse. Aussi plusieurs mathématiciens ont-ils jugé convenable de construire des tables de nombres premiers plus ou moins étendues.

La manière la plus simple de construire ces tables, est de commencer par écrire de suite les nombres impairs 1, 3, 5, 7, etc. jusqu'à 100000, ou telle autre limite qu'on peut se proposer. Cette suite étant formée, on en efface successivement tous les multiples de 3, tous ceux de 5, tous ceux de 7, etc., en conservant seulement les premiers termes 3, 5, 7, etc., non effacés par les opérations antérieures. De cette manière, il est visible que tous les nombres restants n'ont d'autres diviseurs qu'eux-mêmes, et qu'ainsi ils sont des nombres premiers. On trouvera à la fin de cet Ouvrage une Table n° IX, qui contient les nombres premiers jusqu'à 1229. Dans un livre intitulé, *Georgii Vega Tabulæ logarithmico-trigonometricæ, Lipsiæ*, 1797., on en trouve une qui s'étend jusqu'à 400000, et qui a de plus l'avantage d'indiquer pour chaque nombre composé, pris dans cette limite, le plus petit nombre premier qui en est diviseur. Mais les géomètres désiraient depuis long-temps que la table des nombres premiers fût prolongée au moins jusqu'à un million. M. Chernac, professeur à Deventer, a le premier rempli leur vœu en donnant au public son *Cribrum arithmeticum*, où l'on trouve tous les nombres premiers et les diviseurs des autres nombres jusqu'à un million. Peu de temps après, M. Burckhardt ayant trouvé les moyens de simplifier beaucoup la construction de ces sortes de tables, en a publié une qui, sous un assez petit volume, contient les nombres premiers de 1 à 3036000, et les plus petits diviseurs des autres nombres. Les amateurs de l'analyse indéterminée ont donc le choix entre deux recueils qui peuvent leur être également utiles, l'un par un maniement plus facile, l'autre par une plus grande étendue.

X. Un nombre N étant réduit à la forme $\alpha^m 6^n \gamma^p$, etc., tout diviseur de ce nombre sera aussi de la forme $\alpha^\mu 6^\nu \gamma^\pi$, etc., où les exposants μ, ν, π, etc., ne pourront surpasser m, n, p, etc. Il suit de là que tous les diviseurs du nombre N seront les différents termes du produit développé

$$P = (1 + \alpha + \alpha^2 \ldots + \alpha^m)(1 + \beta + \beta^2 \ldots \beta^n)(\text{etc.})$$

Donc le nombre de tous ces diviseurs est

$$(m+1)(n+1)(p+1) \text{ etc.}$$

Et en même temps la somme de ces mêmes diviseurs est égale à P et peut se mettre sous la forme

$$P = \frac{\alpha^{m+1} - 1}{\alpha - 1} \cdot \frac{\beta^{n+1} - 1}{\beta - 1} \cdot \frac{\gamma^{p+1} - 1}{\gamma - 1}, \text{ etc.}$$

Par exemple, puisqu'on a $360 = 2^3 . 3^2 . 5^1$, le nombre des diviseurs de 360 est $4 . 3 . 2 = 24$, et leur somme

$$= \frac{2^4 - 1}{2 - 1} \cdot \frac{3^3 - 1}{3 - 1} \cdot \frac{5^2 - 1}{5 - 1} = 15 . 13 . 6 = 1170.$$

XI. Il est facile de trouver un nombre qui ait tant de diviseurs qu'on voudra. Cherchons, par exemple, un nombre qui ait 36 diviseurs; on décomposera 36 en facteurs premiers ou non, tels que $4 . 3 . 3$; on diminuera chaque facteur d'une unité, ce qui donnera $3 . 2 . 2$; d'où l'on conclura que $\alpha^3 \beta^2 \gamma^2$ est l'une des formes du nombre cherché, α, β, γ étant des nombres premiers inégaux. Les facteurs 6, 3, 2 donneraient une autre forme $\alpha^5 \beta^2 \gamma^1$, dans laquelle le plus simple des nombres compris est $2^5 . 3^2 . 5 = 1440$.

XII. Si on cherche en combien de manières le nombre $N = \alpha^m \beta^n \gamma^p$, etc. peut être le produit de deux facteurs A et B, on trouvera que ce nombre $= \frac{1}{2}(m+1)(n+1)(p+1)$ etc. Car chaque diviseur A est accompagné de son inverse $\frac{N}{A}$ ou B; ainsi le nombre des quantités AB ou BA est la moitié de celui des diviseurs de N.

Si le nombre N était un carré, tous les exposants m, n, p, etc. seraient pairs, et alors la moitié du produit $(m+1)(n+1)(p+1)$ etc. contiendrait la fraction $\frac{1}{2}$, pour laquelle il faudrait prendre l'unité.

XIII. Si l'on veut que les deux facteurs dans lesquels on décompose le nombre N soient premiers entre eux, alors le nombre des combinaisons ne dépend plus des exposants m, n, p, etc., et il est le même que si le nombre N était simplement $\alpha\beta\gamma\delta$, etc., de sorte qu'en appelant k le nombre des facteurs premiers inégaux α, β, γ, etc., on aura 2^{k-1} pour le nombre de manières de partager N en deux facteurs premiers entre eux.

Par exemple, le nombre 1800 peut se partager de 18 manières en deux facteurs; mais il ne peut se partager que de quatre manières en deux facteurs premiers entre eux; car on a $1800 = 2^3 . 3^2 . 5^2$, et $2^{3-1} = 4$.

XIV. Un nombre N étant donné, soit proposé de trouver combien il y a de nombres premiers à N et plus petits que N. Pour cela, nous allons examiner successivement l'influence des différents facteurs premiers sur le résultat.

Soit d'abord $N = \alpha M$, α étant un nombre premier et M un facteur quelconque qui pourrait être divisible par α ou par une puissance de α. Si l'on considère la suite des nombres naturels $1, 2, 3 \ldots N$, les termes de cette suite qui sont divibles par α forment eux-mêmes la suite $\alpha, 2\alpha, 3\alpha \ldots M\alpha$; leur nombre $= M$; donc en appelant x le nombre des termes de la première suite qui ne sont pas divisibles par α, on aura

$$x = M\alpha - M = M(\alpha - 1) = N\left(1 - \frac{1}{\alpha}\right).$$

Soit en second lieu $N = \alpha\beta M$, α et β étant deux nombres premiers différents et M un facteur quelconque. Dans la suite $1, 2, 3 \ldots N$, on peut distinguer trois sortes de termes, 1° les x termes qui ne sont divisibles ni par α ni par β; 2° les termes qui sont divisibles par l'un de ces nombres premiers, sans l'être par l'autre; 3° les termes divisibles par $\alpha\beta$.

Les termes divisibles par α sont au nombre de $\frac{N}{\alpha}$ ou $M\beta$; mais si on en exclut les termes divisibles par β, leur nombre se réduira, suivant ce qu'on a déja trouvé, à $M(\beta - 1)$. De même les termes divisibles par β, sans l'être par α, sont au nombre de $M(\alpha - 1)$. Enfin les termes divisibles par $\alpha\beta$ sont au nombre de M. Donc on aura

$$\alpha\beta M = x + M(\beta - 1) + M + M(\alpha - 1);$$

d'où l'on tire

$$x = M(\alpha - 1)(\beta - 1) = N\left(1 - \frac{1}{\alpha}\right)\left(1 - \frac{1}{\beta}\right).$$

Soit en troisième lieu $N = \alpha\beta\gamma M$; nous distinguerons semblablement dans la suite $1, 2, 3 \ldots N$, quatre sortes de termes, 1° les x termes qui ne sont divisibles par aucun des facteurs α, β, γ; 2° les termes qui sont divisibles par un de ces facteurs seulement; 3° ceux qui le sont par deux seulement; 4° enfin ceux qui le sont par trois.

Les termes divisibles par α sont en général au nombre de $\frac{N}{\alpha}$ ou $M\beta\gamma$; mais si parmi eux on ne considère que ceux qui sont premiers à β et γ, leur nombre se réduit à $M(\beta - 1)(\gamma - 1)$, ainsi qu'on l'a trouvé dans le second cas.

Les termes divisibles par $\alpha\beta$ sont en général au nombre de $\frac{N}{\alpha\beta}$ ou $M\gamma$; mais en ne considérant parmi ceux-ci que les termes premiers à γ, leur nombre se réduit à $M(\gamma - 1)$.

Enfin les termes divisibles par $\alpha\beta\gamma$ sont au nombre de $\frac{N}{\alpha\beta\gamma}$ ou M. Donc on aura N ou

$$\begin{aligned}\alpha\beta\gamma M = x &+ M(\beta - 1)(\gamma - 1) + M(\gamma - 1) + M \\ &+ M(\gamma - 1)(\alpha - 1) + M(\alpha - 1) \\ &+ M(\alpha - 1)(\beta - 1) + M(\beta - 1).\end{aligned}$$

Soit, pour un moment, $\alpha - 1 = \alpha'$, $\beta - 1 = \beta'$, $\gamma - 1 = \gamma'$, le premier membre deviendra $M(\alpha' + 1)(\beta' + 1)(\gamma' + 1)$, ou

$$\begin{aligned}M\alpha'\beta'\gamma' &+ M\beta'\gamma' + M\gamma' + M \\ &+ M\gamma'\alpha' + M\alpha' \\ &+ M\alpha'\beta' + M\beta'.\end{aligned}$$

Et le second membre ne diffère de cette quantité que par le premier terme, qui est x au lieu de $M\alpha'\beta'\gamma'$. Donc on a $x=M\alpha'\beta'\gamma'$, ou

$$x=N\left(1-\frac{1}{\alpha}\right)\left(1-\frac{1}{\beta}\right)\left(1-\frac{1}{\gamma}\right).$$

Le même raisonnement s'étend aisément à un plus grand nombre de facteurs, et on voit que le résultat sera toujours de la même forme.

XV. Cela posé, tout nombre N pouvant être mis sous la forme $\alpha^m\beta^n\gamma^p$, etc., laquelle est comprise dans l'expression générale $M\alpha\beta\gamma$, etc., il est clair que par la formule

$$x=N\left(1-\frac{1}{\alpha}\right)\left(1-\frac{1}{\beta}\right)\left(1-\frac{1}{\gamma}\right),\text{ etc.,}$$

on connaîtra combien il y a de nombres premiers à N et plus petits que N.

Par exemple, on a $60=2^2.3.5$, et $60\left(1-\frac{1}{2}\right)\left(1-\frac{1}{3}\right)\left(1-\frac{1}{5}\right)=16$; donc il y a 16 nombres plus petits que 60 et premiers à 60. Ces nombres sont 1, 7, 11, 13, 17, 19, 23, 29, 31, 37, 41, 43, 47, 49, 53, 59.

XVI. Cherchons maintenant combien de fois un nombre premier donné θ est facteur dans la suite des nombres naturels depuis 1 jusqu'à N, ou, ce qui revient au même, quelle est la plus grande puissance de θ qui divise le produit 1.2.3...N.

Pour cela, désignons par $E\left(\frac{n}{a}\right)$ l'entier le plus grand contenu dans la fraction $\frac{n}{a}$, et le nombre cherché ou l'exposant de θ étant nommé x, nous aurons

$$x=E\left(\frac{N}{\theta}\right)+E\left(\frac{N}{\theta^2}\right)+E\left(\frac{N}{\theta^3}\right)+\text{etc.},$$

cette suite étant prolongée tant que le numérateur est plus grand que le dénominateur.

En effet, il est évident que $E\left(\frac{N}{\theta}\right)$ représente le nombre des termes de la suite 1, 2, 3...N, qui sont divisibles par θ; pareillement, $E\left(\frac{N}{\theta^2}\right)$ représente le nombre des termes de la même suite qui sont divisibles par θ^2, ainsi des autres. Or si dans le produit 1.2.3...N, il n'y avait point de termes divisibles par θ^2, le nombre des facteurs θ qui divisent ce produit serait simplement $E\left(\frac{N}{\theta}\right)$; s'il y a ensuite des termes divisibles par θ^2, chacun de ces termes ajoute un nouveau facteur θ à celui qui était déja compris dans $E\left(\frac{N}{\theta}\right)$; de sorte qu'à raison des termes divisibles par θ, et des termes divisibles par θ^2, le nombre des facteurs θ devient $E\left(\frac{N}{\theta}\right)+E\left(\frac{N}{\theta^2}\right)$. Pareillement, chaque terme divisible par θ^3 ajoute un facteur θ de plus à ceux qui étaient déja dénombrés; de sorte que le nombre total des facteurs θ devient $E\left(\frac{N}{\theta}\right)+E\left(\frac{N}{\theta^2}\right)+E\left(\frac{N}{\theta^3}\right)$; ainsi de suite jusqu'à ce qu'on parvienne à une puissance $\theta^i > N$; alors la série des E est terminée, puisque $\frac{N}{\theta^i}$ étant plus petit que l'unité, l'entier compris $E\left(\frac{N}{\theta^i}\right)=0$.

XVII. Cherchons par exemple, combien, dans le produit des nombres naturels de 1 à 10000, il y a de fois le facteur 7. Nous ferons l'opération suivante, qui se termine bientôt,

$$E\left(\frac{10000}{7}\right)=1428$$
$$E\left(\frac{10000}{7^2}\right)=E\left(\frac{1428}{7}\right)=204$$
$$E\left(\frac{10000}{7^3}\right)=E\left(\frac{204}{7}\right)=\ 29$$
$$E\left(\frac{10000}{7^4}\right)=E\left(\frac{29}{7}\right)=\ 4$$
$$E\left(\frac{10000}{7^5}\right)=E\left(\frac{4}{7}\right)=\ 0.$$

La somme de tous ces nombres $=1665$; donc le produit dont il s'agit est divisible par 7^{1665}.

Si le nombre proposé N eût été une puissance entière de 7, on aurait eu exactement $x = N\left(\frac{1}{7} + \frac{1}{7^2} + \text{etc.}\right) = \frac{N-1}{6}$. En général, si on a $N = \theta^m$, le nombre des facteurs θ compris dans le produit $1.2.3\ldots N$ sera

$$x = \frac{N-1}{\theta - 1}.$$

Et si on fait, comme on peut toujours le supposer,

$$N = A\theta^m + B\theta^n + C\theta^p + \text{etc.},$$

les coefficients A, B, C, etc. étant plus petits que θ, il en résultera

$$x = \frac{N - A - B - C \text{ etc.}}{\theta - 1}.$$

XVIII. Dans le cas particulier où $\theta = 2$, si l'on a $N = 2^m$, il en résultera $x = N - 1$, et si l'on fait généralement

$$N = 2^m + 2^n + 2^p + \text{etc.},$$

on aura

$$x = N - k,$$

k étant le nombre des termes 2^m, 2^n, 2^p, etc. dont se compose la valeur de N.

Veut-on, par exemple, savoir combien de fois 2 est facteur dans la suite des nombres naturels de 1 à 1000? on décomposera 1000 en puissances de 2, savoir $2^9 + 2^8 + 2^7 + 2^6 + 2^5 + 2^3$; et comme le nombre de ces termes est 6, le nombre cherché sera 1000 — 6 ou 994.

Le même résultat s'obtient non moins facilement par la formule générale, car on a $E\left(\frac{1000}{2}\right) = 500$, $E\left(\frac{500}{2}\right) = 250$, $E\left(\frac{250}{2}\right) = 125$, $E\left(\frac{125}{2}\right) = 62$, $E\left(\frac{62}{2}\right) = 31$, $E\left(\frac{31}{2}\right) = 15$, $E\left(\frac{15}{2}\right) = 7$, $E\left(\frac{7}{2}\right) = 3$, $E\left(\frac{3}{2}\right) = 1$, et la somme de tous ces nombres $= 994$.

XIX. « Tout nombre premier, excepté 2 et 3, est compris dans « la formule $6x \pm 1$. »

En effet, si l'on divise un nombre impair par 6, le reste ne peut être que l'un des nombres 1, 3, 5. Donc tout nombre impair peut être représenté par l'une des formules $6x+1$, $6x+3$, $6x+5$. La seconde ne peut convenir aux nombres premiers, puisqu'elle est divisible par 3, et que 3 est excepté; d'ailleurs la formule $6x+5$ contient les mêmes nombres que $6x-1$; donc tout nombre premier, hors 2 et 3, est compris dans la formule $6x\pm 1$.

Il ne s'ensuit pas réciproquement que tout nombre compris dans la formule $6x\pm 1$ soit un nombre premier; on trouverait que cela n'a pas lieu lorsque $x=4$, 6, etc.

XX. En général il n'existe aucune formule algébrique propre à n'exprimer que des nombres premiers. Car soit, par exemple, la formule $P=ax^3+bx^2+cx+d$, et supposons qu'en faisant $x=k$, la valeur de P soit égale au nombre premier p: si on fait $x=k+py$, y étant un entier quelconque, on aura

$$P=p+(3ak^2+2bk+c)py+(3ak+b)p^2y^2+ap^3y^3,$$

d'où l'on voit que P n'est pas un nombre premier, puisqu'il est divisible par p et différent de p.

Il est néanmoins quelques formules remarquables par la multitude des nombres premiers qu'elles contiennent: telle est la formule x^2+x+41, dont Euler fait mention dans les Mémoires de [illegible] 1772, pag. 36, et dans laquelle, si l'on fait successivement $x=0$, 1, 2, 3, etc., on a la suite 41, 43, 47, 53, 61, 71, etc., dont les quarante premiers termes sont des nombres premiers.

On peut citer dans le même genre la formule x^2+x+17, dont les dix-sept premiers termes sont des nombres premiers; la formule $2x^2+29$, dont les vingt-neuf premiers termes le sont, et une foule d'autres.

XXI. Si on ne peut pas trouver de formule algébrique qui renferme uniquement des nombres premiers, à plus forte raison n'en peut-on pas trouver une qui renferme absolument tous ces nombres et qui soit l'expression de leur loi générale. Cette loi paraît très-difficile à trouver, et il n'y a guère d'espérance qu'on y parvienne jamais. Cela n'empêche pas qu'on ne puisse découvrir et démontrer un grand nombre de propriétés générales des nombres premiers, lesquelles répandent un grand jour sur leur nature.

Et d'abord nous pouvons démontrer rigoureusement que la multitude des nombres premiers est infinie.

Car si la suite des nombres premiers 1.2.3.5.7.11, etc. était finie, et que p fût le dernier ou le plus grand de tous, il faudrait qu'un nombre quelconque N fût toujours divisible par quelqu'un des nombres premiers 1.2.3.5...p. Mais si on représente par P le produit de tous ces nombres (1), il est clair qu'en divisant P + 1 par l'un quelconque des nombres premiers jusqu'à P, le reste sera 1. Donc l'hypothèse que p est le plus grand des nombres premiers ne saurait avoir lieu; donc la multitude des nombres premiers est infinie.

Cette proposition se prouve encore d'une manière directe et fort élégante, en faisant voir que la suite réciproque des nombres premiers $\frac{1}{1} + \frac{1}{2} + \frac{1}{3} + \frac{1}{5} + \frac{1}{7} +$ etc. a une somme infinie (*Introd. in Anal. infin.*, pag. 235.)

XXII. Tous les nombres impairs se représentent par la formule $2x + 1$, laquelle, selon que x est pair ou impair, contient les deux

---

(1) Si l'on admet successivement 2, 3, 4, etc. facteurs dans le produit P, on trouvera que le nombre P + 1 prend les valeurs 3, 7, 31, 211, 2311, 30031, etc. Les cinq premiers termes de cette suite sont des nombres premiers, ce qui pourrait faire présumer que les suivants le sont : mais cette conjecture est bientôt anéantie, en examinant le sixième terme 30031, qu'on trouve être le produit de 59 par 509. En général, c'est un problème difficile et non encore résolu, de trouver un nombre premier plus grand qu'un nombre donné. Fermat avait annoncé (mais sans dire qu'il en eût la démonstration) que la formule $2^x + 1$ donnait toujours des nombres premiers, pourvu qu'on prît pour x un terme de la progression double 1, 2, 4, 8, 16, etc. Cette formule, qui aurait fourni une solution très-simple du problème mentionné, s'est trouvée en défaut; car suivant la remarque d'Euler, si l'on fait $x = 32$, on a $2^x + 1 = 641.6700417$.

formes $4x+1$ et $4x-1$ ou $4x+3$. De là deux grandes divisions des nombres premiers, l'une comprenant les nombres premiers $4x+1$, savoir, 1, 5, 13, 17, 29, 37, 41, 53, 61, 73, etc.; l'autre comprenant les nombres premiers $4x-1$ ou $4x+3$, savoir, 3, 7, 11, 19, 23, 31, 43, 47, 59, etc.

La forme générale $4x+1$ se subdivise en deux autres formes $8x+1$ et $8x-3$ ou $8x+5$; de même la forme $4x+3$ se subdivise en deux autres $8x+3$ et $8x+7$ ou $8x-1$; de sorte que, relativement aux multiples de 8, les nombres premiers se partagent en ces quatre formes principales :

$8x+1$ . . . 1, 17, 41, 73, 89, 97, 113, 137, etc.
$8x+3$ . . . 3, 11, 19, 43, 59, 67, 83, 107, etc.
$8x+5$ . . . 5, 13, 29, 37, 53, 61, 101, 109, etc.
$8x+7$ . . . 7, 23, 31, 47, 71, 79, 103, 127, etc.,

lesquelles donnent lieu à différents théorèmes qui caractérisent ces formes et que nous exposerons dans la suite.

XXIII. Nous avons déja vu que les nombres premiers, considérés par rapport aux multiples de 6, sont de l'une des formes $6x+1$ et $6x-1$ ou $6x+5$; dans celles-ci x peut être pair ou impair, et de là résultent, par rapport aux multiples de 12, les quatre formes $12x+1$, $12x+5$, $12x+7$, $12x+11$, chacune renfermant une infinité de nombres premiers.

En général, a étant un nombre donné à volonté, tout nombre impair peut être représenté par la formule $4ax \pm b$, dans laquelle b est impair et moindre que $2a$, ou, ce qui revient au même, par la formule $4ax+b$, dans laquelle b est impair, positif et moindre que $4a$. Si, parmi toutes les valeurs possibles de b, on retranche celles qui ont un diviseur commun avec a, les formes restantes $4ax+b$ comprendront tous les nombres premiers (à l'exception de ceux qui divisent $4a$) partagés, relativement aux multiples de $4a$, en autant d'espèces ou formes que b aura de valeurs différentes. Le nombre de ces formes est évidemment le même que celui des nombres plus petits que $4a$ et premiers à $4a$; donc si on a $4a = 2^m \alpha^n \beta^p$, etc., α, β, etc. étant des nombres premiers, le nombre de ces formes sera donné par la formule

$$\mathrm{a} = 4a\left(1 - \frac{1}{2}\right)\left(1 - \frac{1}{\alpha}\right)\left(1 - \frac{1}{\beta}\right), \text{ etc.}$$

XXIV. Par exemple, si l'on a $a = 60$, il en résulte $\mathrm{a} = 16$. Ainsi, relativement aux multiples de 60, tous les nombres premiers (excepté 2, 3, 5, diviseurs de 60), se partagent en seize formes, savoir :

$$\begin{array}{llll} 60x + 1, & 60x + 7, & 60x + 11, & 60x + 13, \\ 60x + 17, & 60x + 19, & 60x + 23, & 60x + 29, \\ 60x + 31, & 60x + 37, & 60x + 41, & 60x + 43, \\ 60x + 47, & 60x + 49, & 60x + 53, & 60x + 59; \end{array}$$

on prouvera, de plus, par la suite, que la distribution des nombres premiers entre ces seize formes se fait également, ou suivant des rapports qui tendent de plus en plus vers l'égalité.

PREMIÈRE PARTIE.

EXPOSITION DE DIVERSES MÉTHODES ET PROPOSITIONS RELATIVES A L'ANALYSE INDÉTERMINÉE.

§ I. *Des Fractions continues.*

(1) Pour changer une quantité quelconque x rationnelle ou irrationnelle en fraction continue, le principe est de faire successivement

$$x=\alpha+\frac{1}{x'},\quad x'=\alpha'+\frac{1}{x''},\quad x''=\alpha''+\frac{1}{x'''},\quad \text{etc.},$$

α étant le plus grand entier contenu dans x, α' le plus grand entier contenu dans x', et ainsi de suite. De cette manière, il est visible que la quantité x sera transformée en cette fraction continue

$$\alpha+\cfrac{1}{\alpha'+\cfrac{1}{\alpha''+\cfrac{1}{\alpha'''+\text{etc.}}}}$$

laquelle aura un nombre fini ou infini de termes, selon que la quantité x est rationnelle ou irrationnelle.

Ces termes ou *quotients* α, α', α'', etc. sont supposés, ainsi que la quantité x, toujours positifs (le premier α serait zéro, si x était au-dessous de l'unité). Quelquefois cependant il convient, pour rendre la suite plus convergente, d'admettre des quotients négatifs; mais c'est une exception dont il faut avertir expressément, et qui n'aura pas lieu dans ce qui suit.

(2) Lorsque la quantité x est une fraction rationnelle $\frac{M}{N}$, pour

transformer cette quantité en fraction continue, il ne s'agit que de faire, sur les deux nombres M et N, la même opération que si on en cherchait le plus grand commun diviseur. Voici le type de cette opération, en supposant $M > N$.

$$\text{reste } \frac{M}{P}\Big|\frac{N}{\alpha},\quad \text{reste } \frac{N}{Q}\Big|\frac{P}{\alpha'},\quad \text{reste } \frac{P}{R}\Big|\frac{Q}{\alpha''},\ \text{etc.}$$

Par ce moyen, on a successivement

$$\frac{M}{N}=\alpha+\frac{P}{N},\quad \frac{N}{P}=\alpha'+\frac{Q}{P},\quad \frac{P}{Q}=\alpha''+\frac{R}{Q},\quad \text{etc.}$$

Donc

$$\frac{M}{N}=\alpha+\cfrac{1}{\alpha'+\cfrac{1}{\alpha''+\text{etc.}}}\quad \text{et}\quad \frac{N}{M}=\cfrac{1}{\alpha+\cfrac{1}{\alpha'+\cfrac{1}{\alpha''+\text{etc.}}}}$$

Dans ce cas, les termes de la fraction continue ne sont autre chose que les quotients successivement trouvés par l'opération du commun diviseur, et il clair que la fraction continue sera toujours bornée à un certain nombre de termes qui pourra être plus ou moins grand, selon que la fraction $\frac{M}{N}$ sera plus ou moins composée.

(3) Nous avons appelé *quotients* les termes successifs α, α', α'', etc. de la fraction continue; nous appellerons semblablement *quotients-complets* les quantités x, x', x'', etc. résultantes de l'opération du développement, et dont les entiers α, α' α'', etc. font la plus grande partie. Chaque quotient-complet renferme implicitement, outre l'entier qui y est contenu, tous les quotients suivans de la fraction continue, puisque c'est par le développement de ce quotient-complet qu'on trouve successivement tous les quotients suivans.

Si on a une expression algébrique qui représente la valeur de la fraction continue prolongée jusqu'au terme $\alpha^{(n)}$ inclusivement, et que dans cette expression on substitue, au lieu de $\alpha^{(n)}$, le quotient-complet $x^{(n)}$, il est clair que le résultat sera la valeur exacte de x; car, quand même la fraction continue s'étendrait à l'infini, on aurait rigoureusement

$$x=\alpha+\frac{1}{x'},\quad x=\alpha+\cfrac{1}{\alpha'+\cfrac{1}{x''}},\quad x=\alpha+\cfrac{1}{\alpha'+\cfrac{1}{\alpha''+\cfrac{1}{x'''}}},\ \text{etc.}$$

De là il suit qu'au moyen de chaque quotient-complet, on peut toujours reproduire la valeur entière et exacte de la quantité développée, quelque loin qu'on ait poussé le développement. Cette propriété recevra par la suite un grand nombre d'applications utiles.

(4) Étant proposée une fraction continue

$$x=\alpha+\cfrac{1}{\beta+\cfrac{1}{\gamma+\cfrac{1}{\delta+\text{etc.}}}}$$

pour la réduire en fraction ordinaire, ou pour en trouver la valeur, quel que soit le nombre de ses termes, il faut observer la loi que suivent les résultats obtenus, en prenant successivement le premier terme, les deux premiers, les trois premiers, etc. de cette quantité; or on a, par les réductions ordinaires :

$$\alpha=\frac{\alpha}{1},\quad \alpha+\frac{1}{\beta}=\frac{\alpha\beta+1}{\beta},\quad \alpha+\cfrac{1}{\beta+\cfrac{1}{\gamma}}=\frac{\alpha\beta\gamma+\gamma+\alpha}{\beta\gamma+1}$$

$$\alpha+\cfrac{1}{\beta+\cfrac{1}{\gamma+\cfrac{1}{\delta}}}=\frac{\alpha\beta\gamma\delta+\gamma\delta+\alpha\delta+\alpha\beta+1}{\beta\gamma\delta+\delta+\beta},\ \text{etc.}$$

De là il suit que $\frac{m}{n}$, $\frac{p}{q}$ étant deux résultats consécutifs, et μ un nouveau quotient, le résultat suivant sera $\frac{p\mu+m}{q\mu+n}$: c'est la loi générale suivant laquelle on peut calculer facilement la valeur de la fraction continue proposée, quel que soit le nombre de ses termes. Voici le type de l'opération :

Quotients	. . . . . α, β, γ, δ, . . . μ, μ', μ'' . . . etc.
Fractions convergentes	. . . $\frac{1}{0}$, $\frac{\alpha}{1}$, $\frac{\alpha\beta+1}{\beta}$, $\frac{\alpha\beta\gamma+\gamma+\alpha}{\beta\gamma+1}$ . . . $\frac{p}{q}$, $\frac{p'}{q'}$, $\frac{p''}{q''}$ . . . etc.

Sur une ligne on écrit les quotients successifs $\alpha, \beta, \gamma, \delta$, etc.; au-dessous des deux premiers on met les deux fractions $\frac{1}{0}$, $\frac{\alpha}{1}$ (la première étant mise seulement pour mieux faire sentir la loi), ensuite, on multiplie chaque numérateur par le quotient écrit au-dessus, on ajoute le numérateur précédent, et la somme est le numérateur suivant; on fait de même à l'égard des dénominateurs, et la suite des fractions qui résultent de ce calcul représente les diverses valeurs de la fraction continue proposée, selon qu'on en prend plus ou moins de termes. Ces valeurs doivent approcher de plus en plus de la valeur totale de la fraction continue, c'est pourquoi nous les appelons *fractions convergentes;* si la fraction continue ne s'étend pas à l'infini, la dernière des fractions convergentes sera la valeur exacte de la fraction continue proposée.

(5) Pour rendre raison de la loi que nous venons d'indiquer, supposons qu'elle ait été vérifiée au moins jusqu'à un certain quotient μ; soit $\frac{p}{q}$ la fraction convergente qui répond au quotient μ, ou qui est placée immédiatement au-dessous; soient en même temps $\frac{p^\circ}{q^\circ}$ la fraction convergente qui précède $\frac{p}{q}$, et $\frac{p'}{q'}$ celle qui la suit en cette sorte . . . . $\overset{}{\frac{p^\circ}{q^\circ}}, \overset{\mu}{\frac{p}{q}}, \frac{p'}{q'}$,
on aura, suivant la loi dont il s'agit :

$$p' = p\mu + p^\circ$$
$$q' = q\mu + q^\circ,$$

et la fraction $\frac{p'}{q'}$ sera celle qui résulte de tous les quotients de la fraction continue jusqu'à μ inclusivement. Ajoutons maintenant un nouveau quotient μ' à la suite de μ, et soit $\frac{p''}{q''}$ la valeur de la fraction continue calculée jusqu'au quotient μ' inclusivement, il est clair que la valeur analytique de $\frac{p''}{q''}$ ne sera autre chose que celle de $\frac{p'}{q'}$ dans laquelle, au lieu de μ, on mettrait $\mu + \frac{1}{\mu'}$; donc on aura

$$\frac{p''}{q''} = \frac{p\left(\mu + \frac{1}{\mu'}\right) + p^\circ}{q\left(\mu + \frac{1}{\mu'}\right) + q^\circ} = \frac{p'\mu' + p}{q'\mu' + q}.$$

Donc la fraction convergente $\frac{p''}{q''}$ se déduira de deux précédentes $\frac{p}{q}$, $\frac{p'}{q'}$, et du quotient μ' répondant à la dernière, suivant la loi

$$p'' = p'\mu' + p$$
$$q'' = q'\mu' + q.$$

Ainsi cette loi de continuation aura lieu généralement dans toute l'étendue de la fraction continue.

(6) Il est à remarquer que les fractions convergentes successives $\frac{1}{0}$, $\frac{\alpha}{1}$, $\frac{\alpha\beta+1}{\beta}$, $\frac{\alpha\beta\gamma+\gamma+\alpha}{\beta\gamma+1}$, etc. sont alternativement plus grandes et plus petites que la valeur totale x de la fraction continue; c'est une suite de ce que les quotients $\alpha, \beta, \gamma, \delta$, etc. sont supposés tous positifs. En effet, si on prend un seul terme α, on a évidemment $\alpha < x$; si on en prend deux, on aura $\alpha + \frac{1}{\beta} > x$; car pour avoir la vraie valeur de x, il faudrait augmenter le dénominateur β d'une certaine quantité. On verra de même qu'en prenant trois termes $\alpha + \cfrac{1}{\beta + \cfrac{1}{\gamma}}$, le résultat est plus petit que x, et ainsi alternativement.

Donc « la valeur de x est toujours comprise entre deux fractions « convergentes consécutives. »

Cela posé, je dis que si $\frac{p^\circ}{q^\circ}$, $\frac{p}{q}$ sont deux fractions convergentes consécutives, on aura $pq^\circ - p^\circ q = \pm 1$, savoir $+1$ si la fraction $\frac{p}{q}$ est du nombre des fractions plus grandes que x, ou si elle est de rang impair $\left(\frac{1}{0}\right.$ étant censée la première$\left.\right)$, et -1 si elle est de rang pair.

En effet, si l'on considère trois fractions convergentes consécutives $\frac{p^{\circ}}{q^{\circ}}$, $\frac{p}{q}$, $\frac{p'}{q'}$, et que μ soit le quotient qui répond à $\frac{p}{q}$, on aura, suivant la loi démontrée, $p'=\mu p+p^{\circ}$, $q'=\mu q+q^{\circ}$; d'ou résulte $p'q-pq'=-(pq^{\circ}-p^{\circ}q)$. Mais par la même raison, si la fraction $\frac{p^{\circ}}{q^{\circ}}$ est précédée de $\frac{p^{\circ\circ}}{q^{\circ\circ}}$, on aura $pq^{\circ}-p^{\circ}q=-(p^{\circ}q^{\circ\circ}-p^{\circ\circ}q^{\circ})$. Remontant ainsi jusqu'aux deux premières fractions $\frac{1}{0}$, $\frac{\alpha}{1}$, où la différence analogue $1\times 1-\alpha\times 0=1$, on en conclura que la différence $pq^{\circ}-p^{\circ}q$ est toujours égale à l'unité avec le signe $+$, si $\frac{p}{q}$ est de rang impair, et avec le signe $-$ dans le cas contraire.

(7) Cherchons présentement quelle est la différence entre une fraction convergente $\frac{p}{q}$ et la valeur entière x de la fraction continue. Pour cela, soit toujours $\frac{p^{\circ}}{q^{\circ}}$ la fraction convergente qui précède $\frac{p}{q}$, et y le quotient-complet qui répond à celle-ci; on aura, suivant ce qui a été démontré, $x=\frac{py+p^{\circ}}{qy+q^{\circ}}$, d'où l'on tire

$$x-\frac{p}{q}=\frac{p^{\circ}q-pq^{\circ}}{q(qy+q^{\circ})}=\frac{\mp 1}{q(qy+q^{\circ})}$$

$$\text{et } x-\frac{p^{\circ}}{q^{\circ}}=\frac{(pq^{\circ}-p^{\circ}q)y}{q^{\circ}(qy+q^{\circ})}=\frac{\pm y}{q^{\circ}(qy+q^{\circ})}.$$

De là on voit 1° que $x-\frac{p}{q}$ et $x-\frac{p^{\circ}}{q^{\circ}}$ sont toujours de signes contraires, et qu'ainsi la valeur exacte de x est toujours comprise entre deux fractions convergentes consécutives, comme on l'a déja démontré.

2° Que la différence $x-\frac{p}{q}$ est en général moindre que $\frac{1}{q^2}$, et par conséquent peut être représentée par $\frac{\pm\delta}{q^2}$, δ étant plus petit que l'unité.

3° Que la quantité $p-qx$ est plus petite (abstraction faite de son signe) que $p^{\circ}-q^{\circ}x$. Car on a $\frac{1}{y}=\frac{p-qx}{q^{\circ}x-p^{\circ}}$; or par la nature des fractions continues, y est toujours plus grand que l'unité.

Donc à plus forte raison, $\frac{p}{q}-x$ est plus petit que $\frac{p^{\circ}}{q^{\circ}}-x$; donc

« chaque fraction convergente $\frac{p}{q}$ est plus approchée de x que toutes « celles qui la précèdent. » Propriété qui justifie la dénomination de ces fractions.

(8) Soit maintenant $\frac{\pi}{\varphi}$ une fraction quelconque dont le dénominateur φ soit moindre que q ; je dis que la quantité $\pi - \varphi x$, abstraction faite de son signe, sera plus grande que $p - qx$ et même que $p^\circ - q^\circ x$.

Car si l'on prend $M = p\varphi - q\pi$, $N = p^\circ\varphi - q^\circ\pi$, on aura réciproquement

$$(pq^\circ - p^\circ q)\pi = p^\circ M - pN$$
$$(pq^\circ - p^\circ q)\varphi = q^\circ M - qN.$$

Or on suppose $\varphi < q$, et on a $pq^\circ - p^\circ q = \pm 1$; donc les nombres M et N seront nécessairement de même signe. Cela posé, on aura $(pq^\circ - p^\circ q)(\pi - \varphi x) = M(p^\circ - q^\circ x) - N(p - qx)$. Mais M et N sont de même signe, les quantités $p^\circ - q^\circ x$ et $p - qx$ sont de signes contraires et on a d'ailleurs $pq^\circ - p^\circ q = \pm 1$; donc $\pi - \varphi x$ est non-seulement plus grande que chacune des quantités $p^\circ - q^\circ x$, $p - qx$, mais elle est au moins égale à leur somme.

Puisque φ étant supposé $< q$, on a généralement $\pi - \varphi x > p - qx$, il s'ensuit, à plus forte raison, qu'on a $\frac{\pi}{\varphi} - x > \frac{p}{q} - x$; donc la fraction convergente $\frac{p}{q}$ est toujours plus approchée de x que toute autre fraction $\frac{\pi}{\varphi}$ dont le dénominateur est moindre que q.

Cette propriété des fractions continues s'applique avec avantage, toutes les fois qu'il est question d'exprimer par des rapports les plus simples et les plus approchés qu'il est possible, des rapports entre de très-grands nombres, ou des nombres irrationnels.

(9) Étant donnée une fraction $\frac{p}{q}$ dont la différence avec une quantité quelconque x est $\pm \frac{\delta}{q^2}$, δ étant plus petit que l'unité, on de-

mande quelle est la condition pour que la fraction $\frac{p}{q}$ soit l'une des fractions convergentes données par le développement de x en fraction continue.

Pour cela, supposons que le développement de la fraction $\frac{p}{q}$ produise les quotients successifs $\alpha, \beta, \gamma \ldots \mu$, au moyen desquels on calculera les fractions convergentes vers $\frac{p}{q}$, comme il suit :

Quotients	α,	β,	γ..........		μ
Fract. converg.......	$\frac{1}{0}$,	$\frac{\alpha}{1}$,	$\frac{\alpha\beta+1}{\beta}$	$\frac{p^\circ}{q^\circ}$,	$\frac{p}{q}$.

Si la fraction $\frac{p}{q}$ est une fraction convergente vers x, il faudra que les quotients $\alpha, \beta, \gamma \ldots \mu$ naissent également du développement de x, et que le quotient μ soit suivi de plusieurs autres μ', μ'', etc. Appelons y le quotient-complet qui, dans le développement de x, répond à la fraction convergente $\frac{p}{q}$, on aura $x = \frac{py + p^\circ}{qy + q^\circ}$, d'où résulte

$$x - \frac{p}{q} = \frac{p^\circ q - pq^\circ}{q(qy+q^\circ)} = \frac{\pm 1}{q(qy+q^\circ)}.$$

Cette quantité doit être égalée à $\frac{\pm\delta}{q^2}$, ainsi il faut d'abord que le signe de $p^\circ q - pq^\circ$ soit le même que celui de δ. Or c'est ce qu'il est toujours possible d'obtenir.

En effet, la suite des quotients $\alpha, \beta \ldots \mu$ étant tirée de la fraction donnée $\frac{p}{q}$, par la même opération qui servirait à trouver le commun diviseur de p et q, le dernier de ces quotients μ est toujours plus grand que l'unité. Car s'il était égal à l'unité, la fraction continue $\alpha + \frac{1}{\beta + \text{etc.}}$, au lieu d'être terminée par les deux termes $\frac{1}{\lambda + \frac{1}{\mu}}$, le serait par le seul terme $\frac{1}{\lambda+1}$. Réciproquement donc on pourra, si on le juge à propos, étendre le dernier quotient μ en deux autres

$\mu - 1, 1$; de sorte que le calcul des fractions convergentes vers $\frac{p}{q}$ pourra être terminé à volonté, de l'une ou de l'autre de ces deux manières :

$$\begin{array}{ll} \ldots \lambda, \mu & \ldots \lambda, \mu - 1, 1 \\ \ldots \frac{m}{n}, \frac{p}{q} & \frac{m}{n}, \frac{p-m}{q-n}, \frac{p}{q}. \end{array}$$

Soit $\frac{p^\circ}{q^\circ}$ la fraction convergente qui, dans l'une ou l'autre hypothèse, précède $\frac{p}{q}$, on pourra donc prendre ou $p^\circ = m$, $q^\circ = n$, ou $p^\circ = p - m$, $q^\circ = q - n$; mais le signe de $pq^\circ - p^\circ q$ est le contraire dans un cas de ce qu'il est dans l'autre ; donc en effet on peut toujours faire en sorte que la quantité $pq^\circ - p^\circ q$ ait le signe qu'on voudra.

On aura donc sans ambiguité $\frac{1}{q(qy+q^\circ)} = \frac{\delta}{q^2}$, ou $\delta = \frac{q}{qy+q^\circ}$. Or il faut que y soit positif et plus grand que l'unité, pour que y soit le quotient-complet qui répond à la fraction convergente $\frac{p}{q}$, donc on aura $\delta < \frac{q}{q+q^\circ}$; et réciproquement si on a $\delta < \frac{q}{q+q^\circ}$, la valeur de y sera positive et plus grande que l'unité, donc $\frac{p}{q}$ sera l'une des fractions convergentes vers x. C'est la condition qu'il s'agissait de trouver.

Cette condition serait remplie entre autres cas, si on avait $\delta < \frac{1}{2}$, parce que q° est toujours $< q$.

(10) Nous placerons ici une application de la propriété précédente, laquelle sera utile dans la résolution des équations indéterminées du second degré.

Soit $p^2 - Aq^2 = \pm D$ une équation indéterminée dans laquelle D est $< \sqrt{A}$, je dis que si cette équation est résoluble, la fraction $\frac{p}{q}$ sera comprise parmi les fractions convergentes vers $\sqrt{A}$.

En effet, de cette équation on tire $p - q\sqrt{A} = \frac{\pm D}{p + q\sqrt{A}}$, et ainsi

$\frac{p}{q} - \sqrt{A}$ que je représente par $\frac{\pm\delta}{q^2} = \frac{\pm D}{q(p+q\sqrt{A})}$, donc $\delta = \frac{Dq}{p+q\sqrt{A}}$. Soit $\frac{p^\circ}{q^\circ}$ la fraction convergente qui précède $\frac{p}{q}$ et qui est déterminée de manière que le signe de δ soit le même que celui de D, il restera à prouver qu'on a $\frac{Dq}{p+q\sqrt{A}} < \frac{q}{q+q^\circ}$, ou $D(q+q^\circ) < p + q\sqrt{A}$. Dans le second membre je mets, au lieu de p, sa valeur $q\sqrt{A} \pm \frac{\delta}{q}$, et l'inégalité à prouver pourra s'écrire ainsi :

$$(q+q^\circ)(\sqrt{A} - D) + (q - q^\circ)\sqrt{A} \pm \frac{\delta}{q} > 0.$$

Or cette inégalité est manifeste, puisqu'on a $\sqrt{A} > D$, $q > q^\circ$, et que la partie seule $(q - q^\circ)\sqrt{A}$, qui est au moins égale à $\sqrt{A}$, surpasse $\frac{\delta}{q}$ qui est plus petit que l'unité. Donc $\frac{p}{q}$ sera toujours comprise parmi les fractions convergentes vers $\sqrt{A}$, de sorte qu'il ne s'agit que de développer $\sqrt{A}$ en fraction continue, et de calculer les fractions convergentes qui en résultent, pour avoir toutes les solutions en nombres entiers de l'équation $x^2 - Ay^2 = \pm D$, D étant $< \sqrt{A}$.

(11) Considérons une fraction continue plus petite que l'unité, et d'un nombre fini de termes $\frac{1}{\alpha + \frac{1}{6 + \text{etc.}}} = \frac{p}{q}$; le calcul des fractions convergentes étant fait à l'ordinaire, comme il suit :

Quotients .... α, 6, γ .... $\varkappa$, λ, μ

Fract. converg.... $\frac{0}{1}$, $\frac{1}{\alpha}$, $\frac{6}{\alpha 6+1}$ .... $\frac{p^{\circ\circ\circ}}{q^{\circ\circ\circ}}$, $\frac{p^{\circ\circ}}{q^{\circ\circ}}$, $\frac{p^\circ}{q^\circ}$, $\frac{p}{q}$,

on aura, suivant la loi de formation :

$$q = \mu q^\circ + q^{\circ\circ} \quad \text{partant} \quad \frac{q^\circ}{q} = \frac{1}{\mu + \frac{q^{\circ\circ}}{q^\circ}}$$

$$q^\circ = \lambda q^{\circ\circ} + q^{\circ\circ\circ} \qquad \frac{q^{\circ\circ}}{q^\circ} = \frac{1}{\lambda + \frac{q^{\circ\circ\circ}}{q^{\circ\circ}}}$$

$$q^{\circ\circ} = \varkappa q^{\circ\circ\circ} + q^{\circ\circ\circ\circ} \qquad \frac{q^{\circ\circ\circ}}{q^{\circ\circ}} = \frac{1}{\varkappa + \frac{q^{\circ\circ\circ\circ}}{q^{\circ\circ\circ}}}$$

etc. etc.

Donc en général,

$$\frac{q^\circ}{q}=\frac{1}{\mu+\frac{1}{\lambda+\frac{1}{\varkappa\ldots\ldots+\frac{1}{\alpha}}}},$$

c'est-à-dire que le développement de $\frac{q^\circ}{q}$ donne les quotients μ, λ, $\varkappa$, ... β, α, qui ne sont autre chose que les termes de la fraction continue proposée, pris dans l'ordre inverse.

Donc s'il arrive que ces quotients forment une suite *symétrique*, c'est-à-dire une suite telle que $\alpha, \beta, \gamma \ldots \gamma, \beta, \alpha$, dont les extrêmes soient égaux, ainsi que deux termes quelconques également éloignés des extrêmes, il est clair qu'on aura $\frac{q^\circ}{q}=\frac{p}{q}$, ou $q^\circ=p$. Réciproquement si on a $q^\circ=p$, on peut en conclure que la suite des quotients est symétrique.

On verra des exemples de ces suites dans le développement des racines carrées des nombres en fraction continue.

§ II. *Résolution des Équations indéterminées du premier degré.*

(12) ÉTANT donnés deux nombres a et b premiers entre eux, on pourra toujours résoudre en nombres entiers l'équation

$$ax - by = 1.$$

Pour cela, il faut réduire $\frac{a}{b}$ en fraction continue, et calculer la suite des fractions convergentes vers $\frac{a}{b}$. Soit $\frac{a^\circ}{b^\circ}$ celle qui précède $\frac{a}{b}$, on aura l'équation $ab^\circ - a^\circ b = \pm 1$. Si le signe + a lieu, on aura immédiatement $x = b^\circ$, $y = a^\circ$, ou plus généralement, en prenant une indéterminée z,

$$x = b^\circ + bz$$
$$y = a^\circ + az.$$

Si l'on a $ab^\circ - a^\circ b = -1$, alors on peut faire $x = -b^\circ$, $y = -a^\circ$, ou plus généralement

$$x = -b^\circ + bz$$
$$y = -a^\circ + az,$$

z étant une indéterminée qu'on peut prendre à volonté, positive ou négative.

En général, si on a à résoudre l'équation $ax - by = c$, a et b étant toujours premiers entre eux, on cherchera de même, par les fractions continues, les nombres a° et b° qui donnent $ab^\circ - a^\circ b = \pm 1$, et de là on conclura

$$x = bz \pm b^\circ c$$
$$y = az \pm a^\circ c.$$

Au moyen de l'indéterminée z, il est facile de trouver une solution telle que x ne surpasse pas $\pm \frac{1}{2}b$, et une autre telle que y ne surpasse pas $\pm \frac{1}{2}a$. En effet, si $b^0 c$ surpasse $\frac{1}{2}b$, on peut prendre pour z l'entier le plus proche de $\frac{b^0 c}{b}$, et alors $b^0 c - bz$ sera plus petit que $\frac{1}{2}b$.

On suppose que a et b n'ont point de commun diviseur ; car s'ils en avaient un, l'équation $ax - by = c$ ne pourrait avoir lieu, à moins que c lui-même ne fût divisible par ce commun diviseur, et dans ce cas, il faudrait le faire disparaître par la division.

Remarque. Sans connaître les nombres t et u qui peuvent être indéterminés, il suffit de savoir que l'un de ces nombres u est premier à un nombre donné A, et on pourra toujours supposer qu'il existe deux nombres n et z, tels que $t = nu - Az$; on pourra supposer en même temps que n n'excède pas $\frac{1}{2}$A. Cette propriété recevra par la suite un grand nombre d'applications.

(13) L'équation $ax - by = c$ que nous venons de résoudre, donne le moyen de trouver une valeur de x telle que $\frac{ax - c}{b}$ soit un entier, condition que nous exprimerons ainsi $\frac{ax - c}{b} = e$. Or on peut avoir simultanément plusieurs conditions de cette sorte à remplir; supposons qu'on demande une valeur de x telle que les trois quantités

$$\frac{ax - c}{b}, \quad \frac{a'x - c'}{b'}, \quad \frac{a''x - c''}{b''}$$

soient des entiers. La première condition donnera une valeur de x de la forme $x = m + bz$: cette valeur étant substituée dans la seconde quantité, il faudra déterminer z de manière que $\frac{a'bz + a'm - c'}{b'} = e$. Ici peut se manifester un signe d'impossibilité : car si b et b' ont un commun diviseur θ, il est clair que l'équation précédente ne peut avoir lieu, à moins que le nombre déterminé $a'm - c'$ ne soit divisible aussi par θ.

En général, la valeur de z qui satisfait à la condition précédente (si elle n'est pas impossible) sera de la forme $z = n + b'z'$, ou

$z = n + \frac{b'}{\theta} z'$, si b' et b ont un commun diviseur θ. On aura donc en général $x = m' + B'z'$, B' étant ou bb' ou le moindre nombre divisible à-la-fois par b et b'. Cette valeur étant substituée dans la troisième quantité qui doit être un entier, on en déduira la valeur finale de x, qui sera de la forme $x = M + Bz$, B étant le moindre nombre divisible à-la-fois par b, b', b'', et z étant une indéterminée. Ainsi on pourra toujours trouver une valeur de x moindre ou non plus grande que $\frac{1}{2}B$: et de cette première valeur on déduira toutes les autres, en lui ajoutant ou en en retranchant un multiple quelconque de B.

Lorsque les nombres sur lesquels on opère ne sont pas bien grands, il est aisé de satisfaire aux diverses conditions, sans avoir recours aux fractions continues. Cherchons, par exemple, un nombre x tel que les trois quantités.

$$\frac{3x - 10}{7}, \quad \frac{11x + 8}{17}, \quad \frac{16x - 1}{5},$$

soient des entiers. La dernière quantité contient une partie entière $3x$, et un reste $\frac{x-1}{5}$; soit ce reste $= z$ on aura $x = 5z + 1$. Cette valeur, qui satisfait à la troisième condition, étant substituée dans la première, on aura $\frac{15z - 7}{7} = e$, ou en supprimant l'entier, $\frac{z}{7} = e$; donc $z = 7u$, et $x = 35u + 1$. Il reste à substituer cette valeur dans la seconde quantité, et on aura $\frac{385u + 19}{17} = e$. Supprimant l'entier contenu dans le premier membre, cette condition devient $\frac{11u + 2}{17} = e$, ou $\frac{-6u + 2}{17} = e$. Multipliant le premier membre par 3, et supprimant l'entier, on aura $\frac{-u + 6}{17} = e$; donc $u = 6 + 17t$, et $x = 211 + 5.7.17t$; d'où l'on voit que le moindre nombre qui satisfait à la question est 211.

(14) Toute fraction $\frac{C}{D}$ dont le dénominateur est le produit de

deux nombres m et n premiers entre eux, peut se décomposer en deux autres fractions qui auront m et n pour dénominateurs.

En effet, m et n étant premiers entre eux, on pourra toujours satisfaire à l'équation $mx + ny = C$, d'où résulte $\frac{C}{D} = \frac{C}{mn} = \frac{x}{n} + \frac{y}{m}$.

Chacune de ces fractions pourra se décomposer ultérieurement en deux autres, si son dénominateur est le produit de deux nombres premiers entre eux. En général donc, toute fraction $\frac{C}{D}$ dont le dénominateur est le produit de plusieurs nombres premiers entre eux m, n, p, etc., pourra toujours se décomposer en plusieurs autres dont les dénominateurs seront les facteurs isolés m, n, p, etc.; et le problème deviendra de plus en plus indéterminé, à mesure que le nombre des facteurs augmentera.

§ III. *Méthode pour résoudre en nombres rationnels les Équations indéterminées du second degré.*

(15) Soit proposée l'équation générale

$$ax^2 + bxy + cy^2 + dx + ey + f = 0,$$

dans laquelle x et y sont des indéterminées, et a, b, c, d, e, f des nombres entiers donnés positifs ou négatifs; on tire d'abord de cette équation

$$2ax + by + d = \sqrt{[(by + d)^2 - 4a(cy^2 + ey + f)]}.$$

Ensuite si l'on fait, pour abréger, le radical $= t$, $b^2 - 4ac = A$, $bd - 2ae = g$, $d^2 - 4af = h$, on aura les deux équations

$$2ax + by + d = t$$
$$Ay^2 + 2gy + h = t^2.$$

Multiplions la dernière par A, et faisons de nouveau $Ay + g = u$, $g^2 - Ah = B$; nous aurons la transformée

$$u^2 - At^2 = B.$$

Réciproquement si on peut trouver des valeurs de u et t qui satisfassent à l'équation $u^2 - At^2 = B$, on en tirera les valeurs des indéterminées x et y de l'équation proposée, savoir :

$$y = \frac{u - g}{A}, \quad x = \frac{t - by - d}{2a},$$

où l'on doit observer que u et t peuvent être pris l'un et l'autre avec le signe qu'on voudra.

Si on cherche la solution de l'équation proposée en nombres rationnels, il suffira de résoudre par de tels nombres la transformée $u^2 - At^2 = B$; mais si on veut résoudre la proposée en nombres entiers, il faudra non-seulement que t et u soient des entiers, mais que les valeurs de t et u substituées dans celles de x et y donnent pour celles-ci des nombres entiers. Dans ce moment nous ne nous occuperons que de la résolution en nombres rationnels.

(16) Toute équation indéterminée du second degré peut se réduire, comme nous venons de le voir, à la forme $u^2 - At^2 = B$; or quels que soient les nombres rationnels t et u, on peut supposer qu'ils sont réduits à un même dénominateur. Ainsi, en faisant $u = \frac{x}{z}$, $t = \frac{y}{z}$, on aura à résoudre l'équation

$$x^2 - Ay^2 = Bz^2,$$

dans laquelle maintenant x, y, z sont des nombres entiers.

On peut supposer que ces trois nombres n'ont pas entre eux un même commun diviseur; car s'ils en avaient un, on le ferait disparaître par la division. De même on peut supposer que les nombres A et B n'ont aucun diviseur carré; car si on avait, par exemple, $A = A'k^2$, $B = B'l^2$, on ferait $ky = y'$, $lz = z'$, et l'équation à résoudre deviendrait

$$x^2 - A'y'^2 = B'z'^2,$$

dans laquelle A' et B' n'ont plus de facteur carré.

L'équation $x^2 - Ay^2 = Bz^2$ étant ainsi préparée, on observera que deux quelconques des indéterminées x, y, z ne peuvent avoir de commun diviseur; car si θ^2 divisait x^2 et y^2, par exemple, il faudrait qu'il divisât Bz^2; or il ne peut diviser z^2, puisque les trois nombres x, y, z n'ont point de commun diviseur; il ne peut diviser non plus B, puisque B n'a aucun facteur carré. Donc x et y sont premiers entre eux; par la même raison x et z le sont, ainsi que y et z.

Je dis de plus, que A et B peuvent être supposés positifs; car on ne peut faire à l'égard des signes des termes de notre équation.

que les trois suppositions suivantes :

$$x^2 - Ay^2 = +Bz^2$$
$$x^2 - Ay^2 = -Bz^2$$
$$x^2 + Ay^2 = +Bz^2.$$

(J'omets la combinaison $x^2 + y^2 = -Bz^2$, parce qu'on voit qu'elle est impossible).

De ces trois combinaisons, la seconde coïncide avec la troisième par une simple transposition ; or si on multiplie celle-ci par B, et qu'on fasse $Bz = z'$, $AB = A'$, on aura

$$z'^2 - A'y^2 = Bx^2.$$

Donc l'équation à résoudre peut toujours être ramenée à la forme

$$x^2 - By^2 = Az^2.$$

dans laquelle A et B sont des nombres positifs et dégagés de tout facteur carré.

(17) La méthode que nous allons suivre pour la résolution de cette équation, est celle qu'a donnée Lagrange dans les Mémoires de Berlin, année 1767 : elle consiste à opérer par des transformations la diminution successive des coefficients A et B, jusqu'à ce que l'un de ces coefficients soit égal à l'unité, auquel cas la solution se déduit immédiatement des formules connues.

En effet, l'équation ainsi réduite est de la forme $x^2 - y^2 = Az^2$ ou $x^2 - By^2 = z^2$; mais ces deux formules n'en font qu'une, et ainsi il suffira d'indiquer la solution de la première $x^2 - y^2 = Az^2$. Pour cela, décomposons A en deux facteurs α, β (lesquels seront toujours premiers entre eux, puisque A n'a pas de diviseur carré), et imaginons que z soit décomposé aussi en deux facteurs p, q, de sorte que l'on ait $A = \alpha\beta$, $z = pq$, on aura l'équation $(x+y)(x-y) = \alpha\beta p^2q^2$, à laquelle on satisfera généralement, en prenant $x + y = \alpha p^2$, $x - y = \beta q^2$, ce qui donnera

$$x = \frac{\alpha p^2 + \beta q^2}{2}, \quad y = \frac{\alpha p^2 - \beta q^2}{2}, \quad z = pq;$$

de sorte que les trois indéterminées x, y, z seront exprimées au moyen de deux autres arbitraires p et q; et s'il arrivait que les valeurs de x et de y continssent le fraction $\frac{1}{2}$, on multiplierait à-la-fois x, y, z par 2.

Telle est la solution générale de l'équation $x^2 - y^2 = Az^2$, laquelle comprendra autant de formules particulières qu'il y a de manières de décomposer A en deux facteurs.

Par exemple, si $A = 30$, il y a quatre manières de décomposer 30 en deux facteurs, savoir : 1.30, 2.15, 3.10, 5.6, et de là résulteront ces quatre solutions de l'équation $x^2 - y^2 = 30z^2$.

$$\begin{array}{llll} 1^{\circ} & x = p^2 + 30q^2, & y = p^2 - 30q^2, & z = 2pq \\ 2^{\circ} & x = 2p^2 + 15q^2, & y = 2p^2 - 15q^2, & z = 2pq \\ 3^{\circ} & x = 3p^2 + 10q^2, & y = 3p^2 - 10q^2, & z = 2pq \\ 4^{\circ} & x = 5p^2 + 6q^2, & y = 5p^2 - 6q^2, & z = 2pq. \end{array}$$

(18) Venons à l'équation générale $x^2 - By^2 = Az^2$, et observons d'abord que cette équation étant la même que $x^2 - Az^2 = By^2$, on peut, sans diminuer la généralité, supposer que le coefficient du second membre est le plus grand des deux. En cas d'égalité, la réduction que nous allons indiquer aurait toujours son effet.

Soit donc proposée l'équation $x^2 - By^2 = Az^2$, dans laquelle on suppose à-la-fois $A > B$, A et B positifs et dégagés de tout facteur carré.

Nous avons déja prouvé que x et y sont premiers entre eux; de là il suit que y et A sont également premiers entre eux, car si y^2 et A avaient un commun diviseur θ, il faudrait que x^2 fût aussi divisible par θ; ainsi x^2 et y^2 ne seraient pas premiers entre eux.

Mais puisque y et A sont premiers entre eux, si on suppose que l'équation proposée soit résoluble, et qu'ainsi on puisse trouver des valeurs déterminées de x et de y, telles que $x = M$, $y = N$, on pourra aussi (n° 12) satisfaire à l'équation du premier degré

$$M = nN - y'A.$$

dans laquelle M, N, A seraient des nombres donnés, premiers entre eux, et n, y' deux indéterminées.

Donc en général, sans connaître ces solutions particulières $x=M$, $y=N$, on peut supposer $x=ny-Ay'$, n et y' étant deux indéterminées, et en substituant cette valeur dans l'équation proposée, on aura, après avoir divisé par A,

$$\left(\frac{n^2-B}{A}\right)y^2-2nyy'+Ay'^2=z^2.$$

Mais puisque y et A sont premiers entre eux, cette équation ne peut subsister, à moins que $\frac{n^2-B}{A}$ ne soit égal à un entier. Soit cet entier $=A'k^2$, k^2 étant le plus grand carré qui peut en être diviseur, on aura $n^2-B=AA'k^2$, et l'équation à résoudre deviendra

$$A'k^2y^2-2nyy'+Ay'^2=z^2.$$

Nous donnerons ci-après les moyens les plus simples pour déterminer un nombre n, de manière que $\frac{n^2-B}{A}$ soit un entier. Il suffit, pour le présent, d'observer que s'il y a une valeur quelconque de n qui rende n^2-B divisible par A, cette valeur peut être augmentée ou diminuée d'un multiple quelconque de A, sans que n^2-B cesse d'être divisible par A; ainsi on peut supposer que la valeur dont il s'agit est comprise entre les limites o et A, ou même entre les limites plus étroites $-\frac{1}{2}A$ et $+\frac{1}{2}A$.

De là il suit, qu'en essayant successivement pour n tous les nombres entiers depuis $-\frac{1}{2}A$ jusqu'à $+\frac{1}{2}A$, on en rencontrera nécessairement un ou plusieurs qui rendront n^2-B divisible par A, si toutefois l'équation est résoluble; et dans le cas où aucun de ces nombres ne rendrait n^2-B divisible par A, on en conclura avec certitude que l'équation proposée n'est pas résoluble.

(19) Supposons donc qu'on a trouvé une ou plusieurs valeurs de n qui aient la condition requise, il faudra, d'après chacune de ces valeurs, continuer le calcul de la manière suivante.

Reprenons l'équation $A'k^2y^2 - 2nyy' + Ay'^2 = z^2$, si on la multiplie par $A'k^2$, et qu'on fasse pour abréger,

$$A'k^2y - ny' = x', \quad kz = z',$$

la transformée sera

$$x'x' - By'y' = A'z'z'.$$

Cette transformée serait résolue, si on connaissait la solution de l'équation proposée, puisque les valeurs de x', y', z' se concluent facilement de celles de x, y, z; réciproquement la proposée sera résolue, si on trouve la solution de sa transformée. Car des valeurs connues de x', y', z' on peut également conclure celles de x, y, z: et il importe peu que celles-ci soient sous une forme entière ou fractionnaire, puisqu'il ne s'agit que de la résolution en nombres rationnels, et qu'après avoir trouvé des valeurs quelconques fractionnaires de x, y, z, on peut les réduire au même dénominateur, et supprimer le dénominateur commun.

Puisqu'on peut supposer le nombre $n < \frac{1}{2}A$, il est clair que $\frac{n^2 - B}{Ak^2}$ ou A' sera $< \frac{1}{4}A$ et en même temps positif; car n ne peut être $< \sqrt{B}$, puisque autrement $n^2 - B$ serait $< B$, et ne pourrait être divisible par A. Donc l'équation proposée sera ramenée à une équation toute semblable, dans laquelle le coefficient A' qui tient lieu de A est moindre que $\frac{1}{4}A$.

(20) Si on a encore $A' > B$, on pourra semblablement, de l'équation $x'^2 - By'^2 = A'z'^2$, déduire une seconde transformée

$$x''^2 - By''^2 = A''z''^2,$$

dans laquelle A'' sera $< \frac{1}{4}A'$ et toujours positif. Il n'y aura point de nouvelle condition à remplir pour obtenir cette seconde transformée, car ayant déja trouvé

$$\frac{n^2 - B}{A'} = Ak^2,$$

si on fait $n = \mu A' + n'$, et qu'on prenne l'indéterminée μ de manière que n' soit $< \frac{1}{2} A'$, il est facile de voir que $\frac{n'^2 - B}{A}$ sera un entier positif moindre que $\frac{1}{4} A'$; on fera en conséquence

$$n'^2 - B = A' A'' k'^2,$$

A'' étant plus petit que $\frac{1}{4} A'$ et ne renfermant aucun facteur carré.

S'il arrive que A'' soit encore plus grand que B, on continuera ce système de transformées, où B est constant, jusqu'à ce qu'on en trouve une

$$x^2 - By^2 = Cz^2,$$

dans laquelle C sera positif et $< B$.

(21) Mais après avoir fait passer dans le second membre le terme qui a le plus grand coefficient, ce qui donne

$$x^2 - Cz^2 = By^2,$$

on peut procéder semblablement à la réduction du coefficient B par un second système de transformées

$$x'^2 - Cz'^2 = B'y'^2$$
$$x''^2 - Cz''^2 = B''y''^2,$$
etc.,

dans lesquelles les coefficients B', B'', etc. seront positifs, et diminueront suivant une raison au moins quadruple, et ainsi on parviendra bientôt à une transformée

$$x^2 - Cz^2 = Dy^2,$$

dans laquelle le coefficient D sera moindre que C.

Or la suite des nombres positifs et décroissants A, B, C, D, etc. ne saurait aller à l'infini; elle se terminera nécessairement par l'unité, et lorsqu'on sera arrivé à ce terme, la résolution de la dernière transformée, qui est donnée immédiatement, fera connaître celle de toutes les précédentes, et par conséquent celle de l'équation proposée.

Cette méthode n'est pas donnée ici comme la plus simple ni la plus courte, pour arriver à la résolution effective de l'équation proposée : mais la marche qu'elle prescrit pour opérer la diminution successive des coefficients est très-lumineuse, et nous en déduirons bientôt un théorème général sur la possibilité des équations indéterminées du second degré.

(22) Il est bon de prévenir une difficulté qui aurait lieu, si deux coefficients étaient égaux.

Soit donc $A = B$; dans ce cas, pour faire en sorte que $\frac{n^2 - B}{A}$ soit un entier, il semble qu'on doit faire $n = 0$, et alors on aurait $A'k^2 = -1$, ou $A' = -1$, ce qui ne s'accorde pas avec la supposition qu'on fait toujours que A' est positif. Mais cette difficulté est facile à résoudre, car si au lieu de prendre $n = 0$, on prend $n = A$, on aura $\frac{n^2 - A}{A} = A - 1$, ce qui serait la valeur de $A'k^2$. On voit donc que l'équation $x^2 - Ay^2 = Az^2$ aura pour transformée $x'^2 - Ay'^2 = A'z'^2$, dans laquelle A' sera $< A$ et positif. On ferait de même, si dans le cours de l'opération on trouvait $C = B$, ou $D = C$, etc.

Cette remarque fait voir, que dans le cas de $A = B$ et autres semblables, la méthode n'en est pas moins applicable, et qu'ainsi elle a toute la généralité nécessaire. Au reste, le cas dont il s'agit est susceptible d'être traité d'une manière plus simple et plus directe; car si on a l'équation $x^2 - Ay^2 = Az^2$, on voit d'abord que x doit être divisible par A, ainsi on peut faire $x = Au$, ce qui donnera

$$y^2 + z^2 = Au^2.$$

Dans cette équation, z et A sont premiers entre eux (sans quoi y et z ne le seraient pas); ainsi on peut supposer $y = nz + Ay'$, ce qui donnera

$$\frac{n^2 + 1}{A} z^2 + 2nzy' + Ay'y' = u^2.$$

Celle-ci ne peut subsister, à moins que $\frac{n^2 + 1}{A}$ ne soit un entier, j'appelle cet entier $A'k^2$, k^2 étant le plus grand carré qui en est diviseur, et j'aurai

$$A'k^2z^2 + 2nzy' + Ay'y' = u^2.$$

Multipliant de part et d'autre par $A'k^2$, et faisant $k^2A'z + ny' = z'$, $ku = u'$, on aura

$$z'z' + y'y' = A'u'u';$$

de sorte que l'équation proposée $z^2 + y^2 = Au^2$ sera ramenée à une équation de même forme, dans laquelle A' est positif et $< \frac{1}{4}A + \frac{1}{A}$. Continuant ainsi de transformée en transformée, les nombres positifs et décroissants A, A', A'', etc. auront nécessairement pour terme l'unité, et alors la dernière équation étant résoluble immédiatement, on en déduira la solution de toutes les précédentes. Il n'y aura dans ce cas d'autre condition pour la possibilité de l'équation, que la première $\frac{n^2+1}{A} = e$, car les autres sont une suite de celle-là.

Dans la solution générale, au contraire, outre la première condition $\frac{n^2-B}{A} = e$, il faut qu'à mesure qu'on passe d'un système de transformées à un autre système, on puisse satisfaire aux diverses conditions $\frac{n'^2-C}{B} = e$, $\frac{n''^2-D}{C} = e$, et ainsi des autres. C'est ce qu'on examinera plus particulièrement dans le § suivant.

§ IV. *Théorème pour juger de la possibilité ou de l'impossibilité de toute équation indéterminée du second degré.*

(23) On a fait voir dans le paragraphe précédent, que toute équation indéterminée du second degré peut se réduire à la forme

$$x^2 - By^2 = Az^2,$$

dans laquelle A et B sont des nombres entiers positifs, dégagés de tout facteur carré, où l'on suppose $A > B$.

Cela posé, pour procéder à la résolution, il faut d'abord déterminer un nombre α plus petit que $\frac{1}{2}A$, tel que $\frac{\alpha^2 - B}{A}$ soit un entier. Ce nombre étant trouvé, on forme la suite d'équations :

$$\begin{array}{ll} \alpha^2 - B = AA'k^2 & \\ \alpha'^2 - B = A'A''k'^2 & \alpha' = \mu A' \pm \alpha < \frac{1}{2}A' \\ \alpha''^2 - B = A''A'''k''^2 & \alpha'' = \mu' A'' \pm \alpha' < \frac{1}{2}A'' \\ \text{etc.} & \text{etc.} \end{array}$$

Dans la première, $A'k^2$ est le quotient de $\alpha^2 - B$ divisé par A, k^2 est le plus grand carré qui divise $A'k^2$, en sorte que A' ne renferme plus que des facteurs simples, ainsi que A et B, et c'est ce qu'on observera dans les autres valeurs semblables. A' étant déterminé, on a α' par l'équation $\alpha' = \mu A' \pm \alpha$, ayant soin de prendre l'indéterminée μ, de manière que α' soit $< \frac{1}{2}A'$, (le signe $<$ n'excluant pas l'égalité). α' étant connu, $\alpha'^2 - B$ est nécessairement divisible par A'; on désigne le quotient par $A''k'^2$, et on continue de même à former les autres équations.

Au moyen de ces opérations, la suite A, A', A'', etc. dont chaque terme est positif et moindre que le quart du précédent, décroîtra d'une manière rapide, jusqu'à ce qu'on parvienne à un terme $A^{(n)}$ ou C moindre que B; et l'équation proposée aura pour transformées successives les équations suivantes (où pour plus de simplicité je laisse les indéterminées sans accents) :

$$x^2 - By^2 = A'z^2$$
$$x^2 - By^2 = A''z^2$$
$$\vdots$$
$$x^2 - By^2 = Cz^2,$$

équations tellement liées entre elles, que si on connaît la solution d'une seule, on aura immédiatement celle de toutes les autres, et par conséquent celle de l'équation proposée.

Dans ce premier système de transformées, il n'y a aucune condition à remplir, si ce n'est la première $\frac{n^2 - B}{A} = e$.

Mais puisque C est $< B$, la dernière transformée étant mise sous la forme

$$x^2 - Cz^2 = By^2,$$

il faudra, pour qu'elle soit résoluble, qu'on puisse trouver un nombre θ tel que $\theta^2 - C$ soit divisible par B; cette condition étant remplie, on procédera à la diminution de B par un second système de transformées,

$$x^2 - Cz^2 = B'y^2$$
$$x^2 - Cz^2 = B''y^2$$
$$\vdots$$
$$x^2 - Cz^2 = Dy^2,$$

dans lequel la suite B, B', B''... sera prolongée jusqu'à ce qu'on parvienne à un terme D $<$ C.

On continuera ainsi la suite des nombres entiers décroissants A, B, C, D, etc. jusqu'à ce qu'on parvienne à un terme égal à l'unité, et alors la question sera résolue.

(24) Il est aisé de voir qu'on ne sera arrêté nulle part dans le cours de cette opération, lorsqu'à l'égard d'une transformée quelconque,

$$x^2 - Fy^2 = Gz^2,$$

on pourra satisfaire aux deux conditions $\frac{\lambda^2 - F}{G} = e$, $\frac{\mu^2 - G}{F} = e$. Or si ces deux conditions sont remplies dans l'équation proposée $x^2 - By^2 = Az^2$, et dans sa première transformée $x^2 - By^2 = A'z^2$, je dis qu'elles le seront dans toutes les autres; de sorte qu'alors l'équation proposée sera nécessairement résoluble.

Supposant donc que les deux conditions mentionnées ont lieu dans les deux premières équations

$$x^2 - By^2 = Az^2$$
$$x^2 - By^2 = A'z^2:$$

c'est-à-dire qu'il y a des entiers $\alpha, \mathcal{C}, \alpha', \mathcal{C}'$ tels que

$$\frac{\alpha^2 - B}{A}, \quad \frac{\alpha'^2 - B}{A'}, \quad \frac{\mathcal{C}^2 - A}{B}, \quad \frac{\mathcal{C}'^2 - A'}{B}$$

sont des entiers, il faut prouver que les conditions semblables ont lieu dans la transformée suivante

$$x^2 - By^2 = A''z^2.$$

Or comme on a déja $\frac{\alpha''\alpha'' - B}{A''} = A'''k''^2$, il suffit de faire voir qu'il existe un entier $\mathcal{C}''$ tel que $\frac{\mathcal{C}''\mathcal{C}'' - A''}{B} = e$.

Soit θ l'un des nombres premiers qui divisent B, on a déja, par les conditions données :

$$\frac{\mathcal{C}^2 - A}{\theta} = e, \quad \frac{\mathcal{C}'^2 - A'}{\theta} = e.$$

Cherchons d'après cela un nombre λ tel que $\frac{\lambda^2 - A''}{\theta} = e$. Si A'' est divisible par θ, il n'y a aucune difficulté; soit donc A'' non divisible par θ, je distingue deux cas, selon que θ divise ou ne divise pas A'.

1° Si θ divise A', il divisera α et α' en vertu des équations

$$\alpha^2 - B = AA'k^2, \quad \alpha' = \mu A' \pm \alpha.$$

D'ailleurs on a

$$A''k'k' = \frac{\alpha'\alpha' - B}{A'} = \frac{(\mu A' \pm \alpha)^2 - B}{A'} = \mu^2 A' \pm 2\mu\alpha + Ak^2;$$

donc $\frac{Ak^2 - A''k'k'}{\theta}$ est un entier; ajoutant $\frac{\beta^2 k^2 - Ak^2}{\theta}$ qui en est un, on aura $\frac{\beta^2 k^2 - A''k'k'}{\theta} = e$. Mais k' est premier à B, et par conséquent à θ, puisque si k' et B avaient un commun diviseur, il faudrait, d'après l'équation $\alpha'^2 - B = A'A''k'^2$, que B eût un facteur carré, ce qui est contre la supposition; donc on peut faire $k\beta = nk' - m\theta$, et ainsi on aura $\frac{n^2 k'k' - A''k'k'}{\theta} = e$, ou simplement $\frac{n^2 - A''}{\theta} = e$.

2° Si θ ne divise pas A', ni par conséquent β', de l'équation $\frac{\beta'\beta' - A'}{\theta} = e$, on déduira d'abord $\frac{A''k'k'\beta'\beta' - A'A''k'k'}{\theta} = e$, ou $\frac{A''k'^2\beta'^2 - \alpha'^2}{\theta} = e$. Ensuite puisque $\beta'k'$ et θ sont premiers entre eux, on pourra faire $\alpha' = n\beta'k' - m\theta$, ce qui donnera $\frac{n^2 - A''}{\theta} = e$.

D'après cette démonstration, qui a lieu pour tous les facteurs premiers de B, on voit que non-seulement l'équation $\frac{\beta''\beta'' - A''}{B} = e$ est possible, mais qu'il est facile de trouver *a priori* la valeur de β''. Donc toutes les équations $x^2 - By^2 = A''z^2$, $x^2 - By^2 = A'''z^2$, etc. où B est le même, n'offriront aucun signe d'impossibilité.

Nous allons faire voir maintenant que la même chose a lieu dans le second système de transformées où, en conservant une même valeur de C, on fait parcourir à B la suite décroissante B', B'', etc.

(25) Les deux dernières équations du premier système étant

$$x^2 - By^2 = A^{n-1}z^2$$
$$x^2 - By^2 = A^n z^2 = Cz^2$$

(où n et $n-1$ sont des indices et non des exposants), on peut supposer que ces équations satisfont déja aux conditions

$$\frac{\alpha^2-B}{A^{n-1}}=e,\quad \frac{\mathfrak{E}^2-A^{n-1}}{B}=e,\quad \frac{\alpha'^2-B}{A^n}=e,\quad \frac{\mathfrak{E}'^2-A^n}{B}=B'f^2;$$

et il s'agit de prouver que dans la transformée suivante, $x^2-A^n y^2=B'z^2$ (qui appartient au second système), on peut satisfaire aux deux conditions

$$\frac{\varphi^2-A^n}{B'}=e,\quad \frac{\psi^2-B'}{A^n}=e.$$

Or la première est immédiatement remplie par l'équation.... $\frac{\mathfrak{E}'^2-A^n}{B'}=Bf^2$, il reste donc à faire voir qu'on peut toujours satisfaire à la seconde $\frac{\psi^2-B'}{A^n}=e$.

Désignons par θ l'un des nombres premiers qui divisent A^n, et cherchons le nombre ψ tel que $\frac{\psi^2-B'}{\theta}=e$. Si B' est divisible par θ, on aura $\psi=0$, ou un multiple de θ. Si B' n'est pas divisible par θ, il y aura deux cas à considérer.

1° Si θ est diviseur de B, il le sera de α et de $\mathfrak{E}'$, en vertu des équations $\alpha^2-B=A^n A^{n-1}k^2$, $\mathfrak{E}'\mathfrak{E}'-A^n=BB'f^2$; on pourra donc établir cette suite d'entiers qui dérivent les uns des autres par des substitutions ou opérations très-simples :

$$\frac{\mathfrak{E}^2-A^{n-1}}{\theta}=e,\quad \frac{k^2\mathfrak{E}^2A^n-k^2A^nA^{n-1}}{\theta\theta}=e,\quad \frac{k^2\mathfrak{E}^2A^n+B}{\theta\theta}=e,$$

$$\frac{(\mathfrak{E}'\mathfrak{E}'-BB'f^2)k^2\mathfrak{E}^2+B}{\theta\theta}=e,\quad \frac{BB'f^2k^2\mathfrak{E}^2-B}{\theta\theta}=e,\quad \frac{B'f^2k^2\mathfrak{E}^2-1}{\theta}=e.$$

$$\frac{B'B'f^2k^2\mathfrak{E}^2-B'}{\theta}=e.$$

Soit donc $\psi=B'fk\mathfrak{E}$, et on aura $\frac{\psi^2-B'}{\theta}=e$.

2° Si θ ne divise pas B, il ne divisera ni α, ni $\mathfrak{E}'$, on aura donc successivement

$$\frac{\alpha^2-B}{\theta}=e,\quad \frac{\alpha^2f^2B'-f^2BB'}{\theta}=e,\quad \frac{\alpha^2f^2B'-\mathfrak{E}'\mathfrak{E}'}{\theta}=e.$$

Mais αf et θ étant premiers entre eux, on peut supposer $6' = \psi \alpha f - m\theta$, ce qui donnera $\frac{\psi^2 - B'}{\theta} = e$.

Le même raisonnement ayant lieu par rapport à tous les diviseurs premiers de A'', il s'ensuit qu'on pourra toujours satisfaire à l'équation $\frac{\psi^2 - B'}{A''} = e$.

(26) Donc l'équation $x^2 - By^2 = Az^2$ sera résoluble, si l'on peut satisfaire aux deux conditions $\frac{\alpha^2 - B}{A} = e$, $\frac{6^2 - A}{B} = e$, et si, de plus, dans la première transformée $x^2 - By^2 = A'z^2$, on peut satisfaire à la troisième condition $\frac{6'6' - A'}{B} = e$.

Cette dernière condition serait superflue, comme on va bientôt le démontrer, si les deux nombres A et B étaient premiers entre eux ; mais la proposition générale est susceptible d'être présentée d'une manière à-la-fois plus simple et plus élégante.

Observons d'abord que toute équation indéterminée du second degré peut être ramenée à la forme $ax^2 + by^2 = cz^2$, dans laquelle les coefficients a, b, c sont positifs, n'ont deux à deux aucun diviseur commun, et de plus sont dégagés de tout facteur carré. Ce qui regarde les signes est manifeste, puisque toute équation formée avec trois quantités exige qu'une de ces quantités soit égale à la somme des deux autres. Ensuite si a contenait un facteur carré θ^2, on ferait $a = \theta^2 a'$, $x = \theta x'$, et le terme ax^2 se changerait en $a'x'^2$, où a' n'a plus de facteur carré. Enfin, si deux des trois coefficients a, b, c, par exemple, a et b, avaient un diviseur commun θ, on ferait $a = a'\theta$, $b = b'\theta$, $c\theta = c'$, $z = z'\theta$, et l'équation $ax^2 + by^2 = cz^2$, serait changée en une autre $a'x^2 + b'y^2 = c'z'^2$, dans laquelle a' et b' n'ont plus de commun diviseur.

Cela posé, la nouvelle équation $ax^2 + by^2 = cz^2$ étant mise sous la forme $\left(\frac{cz}{x}\right)^2 - bc\left(\frac{y}{x}\right)^2 = ac$, peut être assimilée à la formule $x^2 - By^2 = Az^2$, et la comparaison donnera $B = bc$, $A = ac$. On aura donc d'abord les deux conditions à remplir

$$\frac{\alpha^2-bc}{ac}=e, \quad \frac{6^2-ac}{bc}=e.$$

Soit $\alpha=c\mu$, $6=c\nu$, ces conditions deviendront

$$\frac{c\mu^2-b}{a}=e, \quad \frac{c\nu^2-a}{b}=e.$$

Pour exprimer la troisième $\frac{6'6'-A'}{B}=e$, observons qu'on a $\alpha^2-B=AA'k^2$, ou $c\mu^2-b=aA'k^2$, et comme ak^2 n'a point de diviseur commun avec bc, la dernière condition sera remplie si l'on a

$$\frac{ak^2 6'6'-c\mu^2+b}{bc}=e.$$

Or pour que le numérateur de cette quantité soit divisible par b, il suffit que $ak^2 6'6'-c\mu^2$ le soit, ou bien mettant $c\nu^2$ au lieu de a en vertu de la seconde condition, il faudra que $k^2 6'^2\nu^2-\mu^2$ soit divisible par b, ce qui est toujours possible, en déterminant $6'$ d'après l'équation $\frac{k\nu 6'\pm\mu}{b}=e$. De là on voit que lorsque A et B n'ont pas de commun diviseur (ou lorsque $c=1$), la troisième condition est remplie par une suite des deux autres.

Mais s'ils ont un commun diviseur c, il restera encore à satisfaire à la condition $\frac{ak^2 6'6'+b}{c}=e$, ou simplement $\frac{a\lambda^2+b}{c}=e$. Voici donc un théorème général, d'après lequel on pourra décider immédiatement, et sans aucune transformation, si une équation indéterminée du second degré est résoluble ou ne l'est pas.

THÉORÈME.

(27) « Étant proposée l'équation $ax^2+by^2=cz^2$, dans laquelle « les coefficients a, b, c, pris individuellement, ou deux à deux, « n'ont ni diviseur carré, ni diviseur commun; je dis que cette « équation sera résoluble, si on peut trouver trois entiers λ, μ, ν

« tels que les trois quantités

$$\frac{a\lambda^2+b}{c}, \quad \frac{c\mu^2-b}{a}, \quad \frac{c\nu^2-a}{b}$$

« soient des entiers : elle sera au contraire insoluble, si ces trois « conditions ne peuvent être remplies à-la-fois. »

Remarque I. Ces conditions se réduisent à deux, si l'un des trois nombres a, b, c, est égal à l'unité, et elles se réduisent à une seule, comme dans le n° 22, si deux de ces nombres sont égaux à l'unité.

Remarque II. On peut toujours arranger les trois termes de l'équation proposée, de manière que a, b, c soient positifs; mais cette condition n'est pas de rigueur, et le théorème serait encore vrai, quand même quelqu'un de ces termes serait négatif.

Il ne faudrait pas cependant conclure de là qu'une équation telle que $x^2+5y^2+6z^2=0$ est possible, par cela seul qu'on peut satisfaire aux conditions $\frac{\lambda^2+5}{6}=e$, $\frac{\mu^2+6}{5}=e$, il faudrait conclure seulement qu'elle peut se ramener à la forme $x^2+y^2+z^2=0$. En général, toute équation résoluble pourra, par la méthode du § précédent, se ramener à la forme $x^2+y^2-z^2=0$; mais il suffit de la ramener à la forme $Ax^2+y^2-z^2=0$, dont la solution se trouve immédiatement.

§ V. *Développement de la racine d'un nombre non carré en fraction continue.*

(28) Le principe exposé n° 1, pour développer une quantité quelconque x en fraction continue, s'applique avec beaucoup de facilité aux racines carrées des nombres, et en général aux quantités de la forme $\frac{\sqrt{A}+B}{C}$, A, B et C étant des nombres entiers. Mais pour qu'on voie plus clairement la marche de l'opération, nous prendrons d'abord un exemple particulier.

Soit $A=19$, on aura x ou $\sqrt{19}=4+\frac{1}{x'}$; de là $x'=\frac{1}{\sqrt{19}-4}$: ou, en multipliant les deux termes de la fraction par $\sqrt{19}+4$, $x'=\frac{\sqrt{19}+4}{3}$: l'entier le plus grand compris dans cette quantité est 2, ainsi on aura $x'=2+\frac{\sqrt{19}-2}{3}$. Cette dernière partie étant nommée $\frac{1}{x''}$, on en tire $x''=\frac{3}{\sqrt{19}-2}=\frac{\sqrt{19}+2}{5}$; l'entier compris est 1 et le reste $\frac{\sqrt{19}-3}{5}$ qu'il faut renverser de même pour avoir la valeur de x''', ainsi de suite. Voici donc l'opération pour développer $\sqrt{19}$ en fraction continue:

$$
\begin{aligned}
x &= \sqrt{19} && = 4+\frac{\sqrt{19}-4}{1}\\
x' &= \frac{1}{\sqrt{19}-4} = \frac{\sqrt{19}+4}{3} && = 2+\frac{\sqrt{19}-2}{3}\\
x'' &= \frac{3}{\sqrt{19}-2} = \frac{\sqrt{19}+2}{5} && = 1+\frac{\sqrt{19}-3}{5}\\
x''' &= \frac{5}{\sqrt{19}-3} = \frac{\sqrt{19}+3}{2} && = 3+\frac{\sqrt{19}-3}{2}\\
x^{\text{IV}} &= \frac{2}{\sqrt{19}-3} = \frac{\sqrt{19}+3}{5} && = 1+\frac{\sqrt{19}-2}{5}\\
x^{\text{V}} &= \frac{5}{\sqrt{19}-2} = \frac{\sqrt{19}+2}{3} && = 2+\frac{\sqrt{19}-4}{3}\\
x^{\text{VI}} &= \frac{3}{\sqrt{19}-4} = \frac{\sqrt{19}+4}{1} && = 8+\frac{\sqrt{19}-4}{1}\\
x^{\text{VII}} &= \frac{1}{\sqrt{19}-4} = \frac{\sqrt{19}+4}{3} && = 2+\text{etc.}
\end{aligned}
$$

Arrivé à ce terme, on tombe sur une valeur de x^{vii} égale à celle de x', d'où il suit que les quotients déja trouvés 2, 1, 3, 1, 2, 8 reviendront dans le même ordre, et qu'ainsi le développement de $\sqrt{19}$ en fraction continue donnera les quotients.

$$4 : 2, 1, 3, 1, 2, 8 : 2, 1, 3, 1, 2, 8 : 2, 1, 3, 1, 2, 8 : \text{etc.}$$

où l'on voit qu'après le premier terme 4, la période 2, 1, 3, 1, 2, 8 revient toujours dans le même ordre, et se répète à l'infini.

(29) Soit maintenant A un nombre quelconque, a^2 le plus grand carré compris, et b le reste, en sorte qu'on ait $A = a^2 + b$, le developpement de $\sqrt{A}$ en fraction continue donnera d'abord

$$x = \sqrt{A} = a + \frac{\sqrt{A} - a}{1}$$

$$x' = \frac{1}{\sqrt{A} - a} = \frac{\sqrt{A} + a}{b} = \text{etc.}$$

Supposons qu'en prolongeant indéfiniment l'opération, on parvienne au quotient-complet $x^{(n)}$ ou $y = \frac{\sqrt{A} + I}{D}$; soit μ l'entier compris dans y, le reste sera $\frac{\sqrt{A} + I - \mu D}{D}$; ce reste étant nommé $\frac{1}{y'}$, on aura $y' = \frac{D}{\sqrt{A} + I - \mu D}$; et puisque d'ailleurs l'analogie des formes exige qu'on ait $y' = \frac{\sqrt{A} + I'}{D'}$, on tirera de là l'équation suivante pour déterminer I' et D':

$$\frac{D}{\sqrt{A} + I - \mu D} = \frac{\sqrt{A} + I'}{D'}.$$

Cette équation, où il faut égaler séparément la partie rationnelle à la partie rationnelle et la partie irrationnelle à la partie irrationnelle, donnera

$$I' = \mu D - I$$

$$D' = \frac{A - I'I'}{D}.$$

Telle est la loi très-simple par laquelle d'un quotient-complet quelconque $\frac{\sqrt{A}+I}{D}$, on déduira le quotient-complet suivant $\frac{\sqrt{A}+I'}{D'}$; et il n'est pas à craindre que les nombres I' et D' soient fractionnaires; car si on substitue la valeur de I' dans celle de D', on aura $D'=\frac{A-(\mu D-I)^2}{D}=\frac{A-I^2}{D}+2\mu I-\mu^2 D$. Or ayant $A-I'^2=D'D$, si on désigne par $\frac{\sqrt{A}+I^\circ}{D^\circ}$ le quotient-complet qui précède $\frac{\sqrt{A}+I}{D}$, on aura semblablement $A-I^2=DD^\circ$, donc

$$D'=D^\circ+2\mu I-\mu^2 D.$$

D'où l'on voit que puisque les nombres D et I sont entiers dans les deux premiers quotients-complets $\frac{\sqrt{A}+0}{1}$, $\frac{\sqrt{A}+a}{b}$, ils le seront nécessairement dans tous les autres à l'infini.

La valeur qu'on vient de trouver pour D', peut aussi se mettre sous la forme $D'=D^\circ+\mu(I-I')$; ainsi des deux quotients-complets consécutifs

$$\frac{\sqrt{A}+I^\circ}{D^\circ}=\mu^\circ+$$

$$\frac{\sqrt{A}+I}{D}=\mu+$$

on déduira le quotient-complet suivant $\frac{\sqrt{A}+I'}{D'}$, au moyen des formules $I'=\mu D-I$, $D'=D^\circ+\mu(I-I')$; ce qui réduit la loi de continuation au plus grand degré de simplicité.

(30) Supposons maintenant que $\frac{p^\circ}{q^\circ}$, $\frac{p}{q}$ soient deux fractions consécutives convergentes vers $\sqrt{A}$; soit $\frac{\sqrt{A}+I}{D}$ le quotient-complet qui répond à la fraction $\frac{p}{q}$, on aura, suivant le principe connu,

$$\sqrt{A}=\frac{p\left(\frac{\sqrt{A}+I}{D}\right)+p^\circ}{q\left(\frac{\sqrt{A}+I}{D}\right)+q^\circ}=\frac{p\sqrt{A}+pI+p^\circ D}{q\sqrt{A}+qI+q^\circ D},$$

d'où l'on tire les deux équations

$$pI + p^\circ D = qA$$
$$qI + q^\circ D = p,$$

lesquelles donnent

$$(pq^\circ - p^\circ q)\ I = qq^\circ A - pp^\circ$$
$$(pq^\circ - p^\circ q)\ D = pp - Aqq.$$

Or, par la propriété des fractions continues (n° 6) on a $pq^\circ - p^\circ q = +1$, si $\frac{p}{q}$ est $> \sqrt{A}$, et $pq^\circ - p^\circ q = -1$, si $\frac{p}{q}$ est $< \sqrt{A}$, d'où l'on voit que $pq^\circ - p^\circ q$ a toujours le même signe que $pp - Aqq$, et qu'ainsi D est toujours positif. Ces valeurs prouvent encore immédiatement que D et I sont toujours des entiers; je dis de plus que I est toujours positif; car d'un côté l'équation $qI + q^\circ D = p$ donne $\frac{q^\circ}{q} = \left(\frac{p}{q} - I\right) : D$, et puisque q° est $< q$, il faut qu'on ait $D > \frac{p}{q} - I$, ou $D > \sqrt{A} - I$; d'un autre côté, on a $\frac{\sqrt{A} + I}{D} > \mu$, donc $D < \sqrt{A} + I$. Or ces deux conditions seraient incompatibles, si I était négatif.

Cela posé, il est facile de trouver les limites que les nombres I et D ne peuvent surpasser; l'équation $A - I^2 = DD^\circ$ donne $I < \sqrt{A}$, ainsi I ne saurait excéder l'entier a compris dans $\sqrt{A}$, et puisqu'on a d'ailleurs $I' + I = \mu D$, il s'ensuit que $2a$ est la limite de D, et en même temps celle du quotient μ.

Mais puisque la fraction continue qui représente la valeur d'une quantité irrationnelle doit s'étendre à l'infini, et qu'il ne peut y avoir qu'un certain nombre de valeurs différentes tant pour I que pour D, il est nécessaire que la même valeur de I se rencontre une infinité de fois avec la même valeur de D; or dès que l'on retrouve pour le quotient-complet $\frac{\sqrt{A} + I}{D}$ une valeur déjà trouvée, il est clair que les quotients suivants de la fraction continue doivent être les mêmes et dans le même ordre que ceux qu'on a déja obtenus; donc la fraction continue qui exprime $\sqrt{A}$ sera composée (au moins après quelques termes) d'une période constante qui se répétera à l'infini, comme on l'a déja vu dans un cas particulier, n° 28.

(31) Il s'agit présentement de déterminer le point précis où commence la période. Nous supposerons que cette période est $\mu, \mu', \mu'' \ldots \omega$, et nous désignerons à l'ordinaire la suite des quotients, et celle des fractions convergentes qui leur répondent jusqu'au commencement de la seconde période, comme il suit :

Quotients $a,\ \alpha, \beta, \gamma \ldots \lambda,\ \mu, \mu', \mu'' \ldots \omega,\ \mu, \mu, \mu', \mu'' \ldots \omega$, etc.

Fractions convergentes $\frac{1}{0}, \frac{a}{1} \ldots\ldots \frac{p^\circ}{q^\circ}, \frac{p}{q} \ldots\ldots \frac{p^\circ 1}{q^\circ 1}, \frac{p1}{q1} \ldots\ldots$

Soient en même temps les valeurs correspondantes du quotient-complet

$$\frac{\sqrt{A}}{1}, \frac{\sqrt{A}+a}{b} \ldots \frac{\sqrt{A}+I^\circ}{D^\circ}, \frac{\sqrt{A}+I}{D} \ldots \frac{\sqrt{A}+I^\circ 1}{D^\circ 1}, \frac{\sqrt{A}+I}{D} \ldots$$

on aura d'abord, par ce qui a été démontré, $A - I^2 = DD^\circ$, et $A - I^2 = DD^\circ 1$, ce qui donne $D^\circ 1 = D^\circ$; on aura aussi $I = \lambda D^\circ - I^\circ$ et $I = \omega D^\circ 1 - I^\circ 1$, d'où l'on tire $\frac{I^\circ - I^\circ 1}{D^\circ} = \lambda - \omega$. Mais d'un autre côté, l'équation $qI + q^\circ D = p$, donne $I = \frac{p}{q} - \frac{q^\circ D}{q}$; et puisque $\frac{p}{q}$ est une valeur approchée de $\sqrt{A}$, on doit avoir $\frac{p}{q} = a +$ une fraction $\frac{r}{q}$, d'où résulte

$$a - I = \frac{q^\circ D - r}{q};$$

donc à cause de $q^\circ < q$, on aura $a - I < D$; on aura semblablement $a - I^\circ < D^\circ$, $a - I^\circ 1 < D^\circ 1$; donc à plus forte raison $I^\circ - I^\circ 1 < D^\circ$. Mais on a trouvé $\frac{I^\circ - I^\circ 1}{D^\circ} =$ à l'entier $\lambda - \omega$, donc il faut que cet entier soit zéro; donc on aura $I^\circ = I^\circ 1$ et $\lambda = \omega$.

On démontrera de même que le quotient qui précède λ est égal à celui qui précède ω, et ainsi de suite jusqu'au quotient α; de sorte que le quotient α est celui qui revient le premier, et qui doit commencer la période.

(32) Cela posé, on peut représenter ainsi la série des quotients et celle des fractions convergentes qui leur répondent dans le développement de $\sqrt{A}$.

Quotients..... $a; \alpha, \beta \ldots \lambda, \mu; \alpha, \beta, \ldots \lambda, \mu; \alpha, \beta, \ldots \lambda, \mu$; etc.

Fract. converg. $\frac{1}{0}, \frac{a}{1}, \ldots \frac{p^\circ}{q^\circ}, \frac{p}{q}, \frac{p'}{q'}, \ldots \frac{p^\circ 1}{q^\circ 1}, \frac{p 1}{q 1}, \frac{p' 1}{q' 1}, \ldots\ldots\ldots\ldots$

Dans cette disposition, $\frac{p}{q}$ est la fraction convergente qui répond au dernier quotient μ de la première période $\alpha, \beta, \ldots \lambda, \mu$; soit z le quotient-complet correspondant, on aura $z - \mu = \sqrt{A} - a$, ou $z = \mu - a + \sqrt{A}$, et il en résultera, suivant le principe ordinaire,

$$\sqrt{A} = \frac{pz + p^\circ}{qz + q^\circ} = \frac{p\sqrt{A} + p(\mu - a) + p^\circ}{q\sqrt{A} + q(\mu - a) + q^\circ};$$

ce qui fournit les deux équations

$$p(\mu - a) + p^\circ = Aq$$
$$q(\mu - a) + q^\circ = p.$$

La seconde équation donne $\mu - a + \frac{q^\circ}{q} = \frac{p}{q}$, d'où il suit que $\mu - a$ est le plus grand entier compris dans $\frac{p}{q}$; cet entier est égal à a, ainsi on a $\mu - a = a$, ou $\mu = 2a$. En même temps, puisque $q^\circ = p - aq$, il s'ensuit que la série des quotients $\alpha, \beta, \ldots \theta, \lambda$ qui précèdent μ est symétrique (n° 11), car $\frac{p - aq}{q}$ est l'une des fractions convergentes vers $\sqrt{A} - a$, quantité égale à la fraction continue $\cfrac{1}{\alpha + \cfrac{1}{\beta + \text{etc.}}}$, et cette fraction convergente est précédée de $\frac{p^\circ - aq^\circ}{q^\circ}$; donc puisqu'on a $q^\circ = p - aq$, il faut que la période $\alpha, \beta, \ldots \theta, \lambda$ soit identique avec son inverse $\lambda, \theta \ldots \beta, \alpha$. Et de toutes ces remarques il suit que les quotients provenant du développement de $\sqrt{A}$, procèdent suivant cette loi :

$$a\,;\ \alpha, \beta, \gamma \ldots \gamma, \beta, \alpha, 2a\,;\ \alpha, \beta, \gamma \ldots \gamma, \beta, \alpha, 2a\,;\ \text{etc.},$$

loi qui deviendrait encore plus régulière, si le premier quotient était $2a$ ou zéro; c'est-à-dire s'il s'agissait du développement de $\sqrt{A \pm a}$.

(33) Il est important d'observer que toute fraction convergente $\frac{p}{q}$, qui répond au quotient $2a$ dans une période quelconque, est telle qu'on a $p^2 - Aq^2 = \pm 1$. Car lorsque le quotient $\mu = 2a$, l'équation $I^\circ + I = D\mu$, où I et I° ne peuvent excéder a (n° 30), donnera nécessairement $I = I^\circ = a$, et $D = 1$; donc l'équation $(pp^\circ - p^\circ q) D = p^2 - Aq^2$, devient $p^2 - Aq^2 = \pm 1$, savoir $+1$, si $\frac{p}{q}$ est $> \sqrt{A}$, et -1 dans le cas contraire.

Puisque le quotient $2a$ se trouve nécessairement dans le développement de $\sqrt{A}$, il s'ensuit donc que l'équation $x^2 - Ay^2 = \pm 1$ est toujours résoluble (au moins avec le signe $+$), quel que soit le nombre A, pourvu qu'il ne soit pas un carré parfait; et on voit en même temps qu'il y aura une infinité de solutions de cette équation, puisque le quotient $2a$ se répète une infinité de fois dans les périodes successives.

Au reste, si le nombre des termes de la période $\alpha, \beta, \ldots \beta, \alpha, 2a$ est pair, toutes les fractions qui répondent au quotient $2a$ dans les diverses périodes, seront plus grandes que $\sqrt{A}$, et ainsi dans ce cas, ces fractions ne satisferont qu'à l'équation $x^2 - Ay^2 = +1$. Mais si le nombre des termes de la période est impair, alors la première fraction qui répond au quotient $2a$ sera plus petite que $\sqrt{A}$, la seconde plus grande, et ainsi alternativement; de sorte que dans ce cas, l'équation $x^2 - Ay^2 = -1$ sera résoluble aussi bien que l'équation $x^2 - Ay^2 = +1$: la première par les fractions convergentes de rang impair, la seconde par celles de rang pair.

§ VI. *Résolution en nombres entiers de l'équation indéterminée* $x^2 - Ay^2 = \pm D$, D *étant* $< \sqrt{A}$.

(34) Nous avons fait voir dans le paragraphe précédent, que l'équation $x^2 - Ay^2 = +1$ est toujours résoluble d'une infinité de manières, quel que soit A, pourvu qu'il ne soit pas un carré parfait. Quant à l'équation $x^2 - Ay^2 = -1$, elle n'est résoluble que dans certains cas particuliers; et comme la solution, lorsqu'elle est possible, doit se trouver parmi les fractions convergentes vers $\sqrt{A}$, la condition nécessaire et en même temps suffisante pour la possibilité de cette solution, est que la période de quotients donnée par le développement de $\sqrt{A}$ soit composée d'un nombre de termes impair.

Les solutions de l'une et l'autre équations se tirent immédiatement des fractions convergentes vers $\sqrt{A}$, savoir, de celles qui répondent au quotient $2a$ (a étant l'entier compris dans $\sqrt{A}$), et il y en a une infinité, puisque ce quotient, ainsi que les périodes qui le comprennent, se répète une infinité de fois. Le numérateur de chaque fraction est une valeur de x, et son dénominateur la valeur correspondante de y.

Nous ferons voir ci-après comment on trouve *a priori* l'expression générale des diverses fractions qui répondent à un même quotient placé de la même manière dans les périodes successives. Dans le cas présent, il suffit de faire connaître le résultat qui d'ailleurs se vérifie immédiatement.

Soit $\frac{p}{q}$ la première et la plus simple des fractions convergentes qui répondent à un même quotient $2a$; si l'on a $p^2 - Aq^2 = +1$, ou si le nombre des termes de la période est pair, l'équation $x^2 - Ay^2 = +1$ sera, comme nous l'avons déja dit, la seule résoluble. Pour avoir alors la solution générale, il suffit d'élever $p+q\sqrt{A}$ à une puissance quelconque m, et d'égaler le résultat à $x+y\sqrt{A}$. En effet, si l'on a

$$(p+q\sqrt{A})^m = x+y\sqrt{A},$$

x et y étant rationnels, on aura en même temps

$$(p-q\sqrt{A})^m = x-y\sqrt{A}.$$

Multipliant ces deux équations entre elles, le produit sera

$$x^2 - Ay^2 = (p^2 - Aq^2)^m = 1^m = 1.$$

Donc en effet les valeurs trouvées pour x et y satisferont à l'équation $x^2 - Ay^2 = 1$, quel que soit l'exposant m. On peut aussi avoir séparément les valeurs de x et y par les formules

$$x = \frac{(p+q\sqrt{A})^m + (p-q\sqrt{A})^m}{2}$$

$$y = \frac{(p+q\sqrt{A})^m - (p-q\sqrt{A})^m}{2\sqrt{A}},$$

lesquelles donneront toujours des nombres entiers pour x et y.

(35) En second lieu, si on a $p^2 - Aq^2 = -1$, ou si le nombre des termes de la période est impair, alors il est visible qu'on peut satisfaire à-la-fois aux deux équations $x^2 - Ay^2 = +1$, $x^2 - Ay^2 = -1$, savoir, à la première, par les puissances paires de $p+q\sqrt{A}$, et à la seconde, par les puissances impaires de ce même binome. Car si l'on fait $(p+q\sqrt{A})^{2k} = x+y\sqrt{A}$, on aura $x^2 - Ay^2 = (-1)^{2k} = +1$, et si l'on fait $(p+q\sqrt{A})^{2k+1} = x+y\sqrt{A}$, on aura $x^2 - Ay^2 = (-1)^{2k+1} = -1$.

Par exemple, lorsque $A=13$, on trouve $\frac{p}{q} = \frac{18}{5}$, et $p^2 - 13q^2 = -1$. Donc en faisant $(18+5\sqrt{13})^{2k} = x+y\sqrt{13}$, on satisfera à l'équation $x^2 - 13y^2 = 1$, et en faisant $(18+5\sqrt{13})^{2k+1} = x+y\sqrt{13}$, on satisfera à l'équation $x^2 - 13y^2 = -1$.

Les moindres nombres qui satisfont à l'équation $x^2 - 13y^2 = 1$, sont donc $x=649$, $y=180$, car on a $(18+5\sqrt{13})^2 = 649+180\sqrt{13}$.

Quelquefois les nombres les plus simples qui satisfont à une équation donnée $x^2 - Ay^2 = \pm 1$ sont beaucoup plus considérables. Par exemple, la solution la plus simple de l'équation $x^2 - 211y^2 = 1$, est

$$x = 278\ 354\ 373\ 650$$
$$y = 19\ 162\ 705\ 353,$$

et la solution la plus simple de l'équation $x^2 - 991y^2 = 1$, est

$$x = 37951\ 64009\ 06811\ 93063\ 80148\ 96080$$
$$y = 1205\ 57357\ 90331\ 35944\ 74425\ 38767.$$

D'où l'on voit combien il est nécessaire d'avoir, pour la recherche de ces nombres, une méthode sûre et infaillible, telle que celle que nous avons exposée; car on se tromperait beaucoup, si après avoir essayé inutilement la résolution par des nombres médiocrement grands, on concluait qu'elle n'est possible en aucuns nombres.

(36) Fermat est le premier qui ait paru connaître la résolution de l'équation $x^2 - Ay^2 = 1$; du moins il proposa ce problème comme par défi aux géomètres anglais, et mylord Brownker en donna une solution qu'on trouve dans les Œuvres de Wallis, et qui est rapportée à peu près textuellement dans le second volume de l'algèbre d'Euler. Mais d'un côté, Fermat n'a rien publié sur sa propre solution, et de l'autre, la méthode des géomètres anglais, quoique fort ingénieuse, n'établit cependant pas d'une manière certaine que le problème soit toujours possible. Il restait donc à démontrer que l'équation $x^2 - Ay^2 = 1$ est toujours résoluble en nombres entiers, et c'est ce que Lagrange a fait d'une manière aussi élégante que solide, dans les Mélanges de Turin, tome IV, et ensuite dans les Mémoires de Berlin, ann. 1767; cette démonstration, ainsi que la méthode de solution qui l'accompagne, doivent être regardées comme l'un des plus grands pas qui aient été faits jusqu'à présent dans l'analyse indéterminée. En effet, l'équation $x^2 - Ay^2 = 1$ n'est pas seulement intéressante en elle-même; elle est encore nécessaire dans la résolution de toutes les équations indéterminées du second

degré, où elle sert à trouver une infinité de solutions quand on en connaît une seule.

On trouvera à la fin de cet ouvrage une Table, n° X, qui contient, sous la forme de fractions, les solutions les plus simples de l'équation $m^2 - An^2 = \pm 1$, pour tout nombre non carré A depuis 2 jusqu'à 139.

L'inspection seule des chiffres qui terminent les nombres m et n fera voir s'ils satisfont à l'équation $m^2 - An^2 = +1$, ou à l'équation $m^2 - An^2 = -1$. Quand ils satisfont à cette dernière, il faut faire $(m + n\sqrt{A})^2 = p + q\sqrt{A}$, afin d'avoir les moindres nombres p et q qui satisfont à l'équation $x^2 - Ay^2 = +1$: on a alors.. $p = 2m^2 + 1$, $q = 2mn$.

(37) Venons maintenant à la résolution de l'équation proposée $x^2 - Ay^2 = \pm D$. On a vu (n° 10) que lorsque D est $< \sqrt{A}$, comme nous le supposons, la fraction $\frac{x}{y}$ doit être l'une des fractions convergentes vers $\sqrt{A}$. Il faudra donc développer $\sqrt{A}$ en fraction continue, et calculer les valeurs successives des quotients-complets $\frac{\sqrt{A} + I}{D}$; si, parmi ces quotients-complets, il s'en trouve un dont le dénominateur D soit égal au second membre de l'équation proposée, on en déduira une solution, soit de l'équation $x^2 - Ay^2 = +D$, soit de l'équation $x^2 - Ay^2 = -D$: il faudra pour cela calculer la fraction convergente $\frac{p}{q}$ qui répond au quotient-complet dont il s'agit; si cette fraction est de rang impair ($\frac{1}{0}$ étant censée la première), elle sera plus grande que $\sqrt{A}$, et ainsi on aura $p^2 - Aq^2 = +D$; si elle est de rang pair, on aura $p^2 - Aq^2 = -D$.

Il peut se trouver plusieurs fois le même nombre D dans la même période, et il se rencontrera toujours au moins deux fois, puisque la période est symétrique (excepté lorsque le quotient auquel répond $\frac{p}{q}$ est le terme moyen de la période, abstraction faite de son dernier terme $2a$). On aura alors autant de solutions soit de l'équation $x^2 - Ay^2 = D$, soit de l'équation $x^2 - Ay^2 = -D$, lesquelles auront lieu également dans toutes les autres périodes.

Si on ne rencontre point le nombre D parmi les dénominateurs des quotients-complets dans la première période, on sera assuré que l'équation $x^2 - Ay^2 = +D$ et l'équation $x^2 - Ay^2 = -D$, ne peuvent se résoudre ni l'une ni l'autre en nombres entiers.

(38) Mais si on a une ou plusieurs solutions données par la première période des quotients, comme on vient de l'expliquer, on pourra déduire immédiatement de chacune de ces premières solutions, une formule générale qui contienne une infinité d'autres solutions dépendantes de cette première base. Soit $\frac{p}{q}$ la fraction convergente qui donne $p^2 - Aq^2 = D$; soient en même temps t et u des nombres quelconques qui satisfont à l'équation $t^2 - Au^2 = 1$; si on multiplie ces deux équations entre elles, le produit pourra être mis sous la forme

$$(pt \pm Aqu)^2 - A(pu \pm qt)^2 = D;$$

de sorte que l'équation $x^2 - Ay^2 = D$ sera résolue généralement par les formules

$$x = pt \pm Aqu$$
$$y = pu \pm qt;$$

et quant aux valeurs de t et u, nous avons déja fait voir que si m et n sont les moindres nombres qui satisfont à l'équation $m^2 - An^2 = 1$, et qu'on prenne pour k un entier quelconque, on aura

$$(m + n\sqrt{A})^k = t + u\sqrt{A}.$$

On voit donc qu'en partant de différentes solutions primitives comprises dans la première période, on aura autant de formules générales qui renfermeront chacune une infinité de solutions de l'équation proposée.

D'ailleurs les valeurs que nous venons de donner pour x et y ont également lieu, soit que D soit positif, soit qu'il soit négatif; elles supposent seulement que D a le même signe dans l'équation particulière $p^2 - Aq^2 = D$, que dans l'équation générale $x^2 - Ay^2 = D$; elles supposent aussi qu'on a $m^2 - An^2 = +1$.

Si on avait $m^2 - An^2 = -1$, alors les formules

$$x = pt \pm Aqu$$
$$y = pu \pm qt$$

donneraient à-la-fois la solution de l'équation $x^2 - Ay^2 = +D$ et celle de l'équation $x^2 - Ay^2 = -D$, l'une en faisant $(m + n\sqrt{A})^{2k} = t + u\sqrt{A}$, l'autre en faisant $(m + n\sqrt{A})^{2k+1} = t + u\sqrt{A}$.

(39) Si on connaît, soit par la Table dont nous avons parlé, soit par tout autre moyen, la fraction la plus simple $\frac{m}{n}$ qui satisfait à l'équation $m^2 - An^2 = \pm 1$, le simple développement de $\frac{m}{n}$ en fraction continue, donnera la période des quotients qui résulteraient du développement de $\sqrt{A}$. Or sans connaître les quotients-complets $\frac{\sqrt{A} + I}{D}$ qui répondent à ces quotients entiers, ni par conséquent leurs dénominateurs, on peut néanmoins distinguer facilement ceux qui répondent à une valeur donnée de D. Ces quotients sont à fort peu près égaux à $\frac{2a}{D}$, a étant l'entier compris dans $\sqrt{A}$. En effet, puisqu'on a (n° 30) $I = \frac{p - q^\circ D}{q}$, il en résulte $\frac{\sqrt{A} + I}{D} = \frac{\frac{p}{q} + \sqrt{A}}{D} - \frac{q^\circ}{q}$, donc l'entier μ compris dans $\frac{\sqrt{A} + I}{D}$ est à peu près égal à l'entier compris dans $\frac{2a}{D}$.

(40) Par exemple, ayant à résoudre l'équation $x^2 - 61y^2 = 5$, on développera en fraction continue la fraction $\frac{29718}{3805}$ dont les deux termes satisfont à l'équation $m^2 - 61n^2 = -1$; on trouvera les quotients et les fractions convergentes comme il suit :

Quotients $7, 1, 4, 3, \ 1 \ , \ 2 \ , \ 2 \ , \ 1 \ , \ 3 \ , \ 4 \ , \ 1 \ ,$

Fr. conv. $\frac{1}{0}, \frac{7}{1}, \frac{8}{1}, \frac{39}{5}, \frac{125}{16}, \frac{164}{21}, \frac{453}{58}, \frac{1070}{137}, \frac{1523}{195}, \frac{5639}{722}, \frac{24079}{3083}, \frac{29718}{3805}.$

L'entier compris dans $\sqrt{61}$ est 7, et $\frac{2.7}{5} = 2+$, je cherche donc 2 parmi les quotients; je trouve les deux fractions correspondantes $\frac{164}{21}$, $\frac{453}{58}$, dont la première donne $p^2 - 61\,q^2 = -5$, et la seconde $p^2 - 61\,q^2 = 5$. Donc l'équation proposée $x^2 - 61\,y^2 = 5$ sera résolue au moyen des formules

$$x = 453\,t \pm 3538\,u$$
$$y = 453\,u \pm 58\,t$$
$$t + u\sqrt{61} = (29718 + 3805\sqrt{61})^{2k};$$

et elle le sera également par les formules suivantes calculées d'après la première fraction convergente $\frac{164}{21}$:

$$x = 164\,t \pm 1281\,u$$
$$y = 164\,u \pm 21\,t$$
$$t + u\sqrt{61} = (29718 + 3805\sqrt{61})^{2k+1}.$$

On résoudrait de la même manière l'équation $x^2 - 61\,y^2 = -5$, et on voit pourquoi les deux valeurs trouvées pour $\frac{p}{q}$, quoique donnant deux valeurs de D de signes différents, servent néanmoins à résoudre la même équation; c'est parce que la valeur de $\frac{m}{n}$ est telle que $m^2 - 61\,n^2 = -1$, car dans tous les cas semblables une solution de l'équation $x^2 - Ay^2 = D$, en donne toujours une de l'équation $x^2 - Ay^2 = -D$, et réciproquement.

(41) Nous remarquerons que si D, quoique toujours plus petit que $\sqrt{A}$, avait un facteur carré θ^2, en sorte qu'on eût $D = \theta^2 D'$, alors, outre les solutions trouvées par la méthode précédente, et dans lesquelles x et y sont toujours premiers entre eux, il pourrait

y en avoir d'autres dans lesquelles x et y auraient pour diviseur commun θ. En effet, si d'une autre part on trouve possible la solution de l'équation $x'^2 - Ay'^2 = D'$, il est clair qu'on en tirera $x = \theta x'$, $y = \theta y'$. Ainsi il pourra y avoir autant de nouvelles formules de solution qu'il y a de manières de diviser D par un carré.

§ VII. *Théorèmes sur la possibilité des équations de la forme* $Mx^2 - Ny^2 = \pm 1$ *ou* ± 2.

(42) SUPPOSONS que A est un nombre premier, et soient p et q les moindres nombres (autres que 1 et 0) qui satisfont à l'équation $p^2 - Aq^2 = 1$. Cette équation peut se mettre sous la forme $p^2 - 1 = Aq^2$, ou $(p+1)(p-1) = Aq^2$; et puisque A est un nombre premier, si l'on fait $q = fgh$, la décomposition de cette équation ne pourra se faire que de ces deux manières,

$$\left.\begin{array}{l} p+1 = fg^2A \\ p-1 = fh^2 \end{array}\right\} \qquad \left.\begin{array}{l} p+1 = fg^2 \\ p-1 = fh^2A \end{array}\right\}.$$

Ainsi il faut que l'une des deux équations suivantes ait lieu,

$$-\frac{2}{f} = h^2 - Ag^2, \qquad \frac{2}{f} = g^2 - Ah^2.$$

Par ces dernières, on voit que f ne peut être que 1 ou 2, de sorte qu'on aura les quatre combinaisons

$$\begin{array}{ll} -1 = h^2 - Ag^2 \ldots (1) & 1 = g^2 - Ah^2 \ldots (3) \\ -2 = h^2 - Ag^2 \ldots (2) & 2 = g^2 - Ah^2 \ldots (4). \end{array}$$

La combinaison (3) doit être exclue, puisqu'il s'ensuivrait que les nombres p et q ne sont pas les moindres qui satisfont à l'équation $p^2 - Aq^2 = 1$; ainsi il ne reste que les trois autres combinaisons à discuter. Pour cela, il faut considérer successivement les diverses formes dont A est susceptible par rapport aux multiples de 4 ou de 8.

(43) Soit 1° A de la forme $4n+1$. Dans les équations (2) et (4), si l'un des deux nombres g et h est pair, l'autre devra l'être aussi;

mais alors le second membre serait divisible par 4, tandis que le premier est ± 2, ce qui ne peut s'accorder. Si ensuite on suppose les deux nombres g et h impairs, leurs carrés g^2 et h^2 seront de la forme $8n+1$, et alors le second membre sera encore divisible par 4. Donc l'équation (1) est la seule qui puisse avoir lieu; donc elle a lieu nécessairement, et il en résulte ce théorème très-remarquable :

« A étant un nombre premier de la forme $4n+1$, l'équation « $x^2 - Ay^2 = -1$ est toujours possible. »

Cette propriété a lieu pour les nombres premiers $4n+1$ exclusivement; car si A était de la forme $4n+3$, il est aisé de voir, en attribuant à x et y des valeurs paires ou impaires, que $x^2 - Ay^2$ serait toujours de l'une des formes $4n$, $4n+1$, $4n+2$, dans lesquelles -1 n'est pas compris.

On peut remarquer que A étant un nombre premier de la forme $4n+1$, tout nombre qui est représenté par la formule $x^2 - Ay^2$, pourra l'être aussi par $Ay^2 - x^2$; car puisqu'on peut supposer $m^2 - An^2 = -1$, on aura

$$N = (x^2 - Ay^2)(An^2 - m^2) = A(my + nx)^2 - (mx + Any)^2.$$

(44) Soit 2° A de la forme $8n+3$; on vient de voir que l'équation (1) ne saurait avoir lieu; l'équation (4) ne peut avoir lieu non plus. Car si l'un des nombres g et h est pair, l'autre sera pair aussi, puisque le premier membre est pair; mais alors le second membre serait divisible par 4, tandis que le premier ne l'est que par 2. Si les nombres g et h sont tous deux impairs, le second membre sera de la forme $8n+1-(8n+3)(8n+1)$ ou $8n-2$, laquelle ne s'accorde pas avec le premier. Donc l'équation (2) est la seule possible; donc elle a lieu nécessairement, et il en résulte ce théorème :

« A étant un nombre premier $8n+3$, l'équation $x^2 - Ay^2 = -2$, « est toujours possible. »

(45) Soit 3° A de la forme $8n+7$, on trouvera, par des considérations semblables, que l'équation (4) est la seule qui puisse avoir lieu, d'où résulte ce théorème :

« A étant un nombre premier $8n+7$, l'équation $x^2 - Ay^2 = 2$ « est toujours possible. »

On peut remarquer qu'étant donnés les deux moindres nombres m et n qui satisfont à l'équation $m^2 - An^2 = \pm 2$, il est facile d'en déduire les deux p et q, qui satisfont à l'équation $p^2 - Aq^2 = 1$. Pour cela, il faut faire

$$\tfrac{1}{2}(m + n\sqrt{A})^2 = p + q\sqrt{A},$$

ce qui donne $p = An^2 \pm 1$, et $q = mn$.

(46) Supposons maintenant $A = MN$, M et N étant deux nombres premiers impairs quelconques, et soient toujours p et q les moindres nombres qui satisfont à l'équation $p^2 - Aq^2 = 1$. Cette équation, mise sous la forme $(p+1)(p-1) = MNq^2$, ne pourra se décomposer que des quatre manières suivantes, où l'on a fait $q = fgh$,

$$\begin{aligned} p+1 &= fMg^2, \quad fNg^2, \quad fMNg^2, \quad fg^2 \\ p-1 &= fNh^2, \quad fMh^2, \quad fh^2 \quad\quad\;\; , \quad fMNh^2. \end{aligned}$$

De là résultent les quatre équations

$$\frac{2}{f} = Mg^2 - Nh^2, \; \frac{2}{f} = Ng^2 - Mh^2, \; \frac{2}{f} = MNg^2 - h^2, \; \frac{2}{f} = g^2 - MNh^2,$$

où il faut supposer successivement $f = 1$ et $f = 2$, ce qui donnera les huit combinaisons

$$\begin{aligned} &= Mg^2 - Nh^2 \,..(1),\; 1 = Ng^2 - Mh^2 \,..(3),\; -1 = h^2 - MNg^2 \,..(5),\; 1 = g^2 - MNh^2 \,..(\\ &= Mg^2 - Nh^2 \,..(2),\; 2 = Ng^2 - Mh^2 \,..(4),\; -2 = h^2 - MNg^2 \,..(6),\; 2 = g^2 - MNh^2 \,..(\end{aligned}$$

desquelles il faut exclure la 7me, puisqu'on a supposé que p et q sont les moindres nombres qui satisfont à l'équation $p^2 - Aq^2 = 1$.

Voici maintenant deux des principales conséquences qu'on peut tirer de ces décompositions.

(47) 1° Si les nombres premiers M et N sont tous deux de la forme $4n+3$, aucune des équations (2), (4), (6), (8) ne pourra avoir lieu; car quelque supposition qu'on fasse sur la forme paire ou

impaire des nombres g et h, le second membre sera toujours de l'une des formes $4n$, $4n+1$, $4n+3$, tandis que le premier membre est ± 2. Dans ce même cas, l'équation (5) ne peut non plus avoir lieu, car il sera démontré ci-après (n° 140) qu'aucun nombre de forme $4n+3$ ne peut diviser $1+h^2$. Donc des deux équations restantes (1) et (3), l'une aura lieu nécessairement, et il en résulte ce théorème très-remarquable :

« M et N étant deux nombres premiers quelconques de la forme « $4n+3$, l'équation $Mx^2-Ny^2=\pm 1$ sera toujours possible en « déterminant convenablement le signe du second membre. »

(48) 2° Si les nombres premiers M et N sont tous deux de la forme $4n+1$, on reconnaîtra également que les équations (2), (4), (6) et (8) ne peuvent point encore avoir lieu; mais l'équation (5) n'est plus à rejeter, et la proposition relative à ce cas peut s'énoncer ainsi :

« M et N étant deux nombres premiers $4n+1$, on pourra tou- « jours satisfaire soit à l'équation $x^2-MNy^2=-1$, soit à l'équation « $Mx^2-Ny^2=\pm 1$, le signe de celle-ci étant pris convenablement. »

Au reste, comme la décomposition de la quantité p^2-1 en deux facteurs $p+1$ et $p-1$, qui ne diffèrent entre eux que de deux unités, ne peut se faire que d'une seule manière; il est évident qu'on ne pourra jamais satisfaire aux deux équations précédentes à-la-fois, mais seulement à l'une des deux.

(49) Par des considérations entièrement semblables, on parviendra aisément à un théorème encore plus général, que voici :

« M et M′ étant deux nombres premiers de la forme $4n+3$, et « N un nombre premier de la forme $4n+1$, il sera toujours pos- « sible de satisfaire à l'une des six équations

$$Nx^2-MM'y^2=\pm 1$$
$$Mx^2-M'Ny^2=\pm 1$$
$$M'x^2-MNy^2=\pm 1.$$

(50) On peut encore déduire ces propositions et autres sembla-

bles, de la considération du quotient moyen qu'offre le développement de $\sqrt{A}$ en fraction continue.

En effet, soit toujours $\frac{p}{q}$ la fraction la plus simple qui satisfait à l'équation $p^2 - Aq^2 = 1$; soit a l'entier le plus grand contenu dans $\sqrt{A}$, et supposons que du développement de $\sqrt{A}$ naissent les quotients et les fractions convergentes jusqu'à $\frac{p}{q}$, comme il suit :

Quotients..... a, α, β.... λ, θ, λ.... β, α, $2a$..........

Fract. converg. $\frac{1}{0}$, $\frac{a}{1}$ ..... $\frac{f^\circ}{g^\circ}$, $\frac{f}{g}$, $\frac{f'}{g'}$ ..... $\frac{p^\circ}{q^\circ}$, $\frac{p}{q}$ ....

Nous avons désigné le quotient moyen par θ, et il en existe nécessairement un, sans quoi la fraction $\frac{p}{q}$ serait de rang pair, et on aurait $p^2 - Aq^2 = -1$, contre la supposition.

Maintenant puisque la période $\alpha, \beta, \ldots \theta \ldots \beta, \alpha$, est symétrique, la fraction $\frac{g^\circ}{g}$ doit donner par son développement les quotients $\lambda \ldots . \beta, \alpha$, qui suivent θ (n° 11); donc à l'aide du quotient-complet $\theta + \frac{g^\circ}{g}$ on peut déduire immédiatement la fraction $\frac{p}{q}$ des deux consécutives $\frac{f^\circ}{g^\circ}$, $\frac{f}{g}$, ce qui se fera ainsi :

$$\frac{p}{q} = \frac{f\left(\theta + \frac{g^\circ}{g}\right) + f^\circ}{g\left(\theta + \frac{g^\circ}{g}\right) + g^\circ}.$$

Il en résulte $p = f(\theta g + 2g^\circ) + (f^\circ g - f g^\circ)$, $q = g(\theta g + 2g^\circ)$, et substituant ces valeurs dans l'équation $p^2 - Aq^2 = 1 = (f^\circ g - f^\circ g^\circ)^2$, on en déduira

$$(f^2 - Ag^2)(\theta g + 2g^\circ) = 2f(fg^\circ - f^\circ g).$$

Soit $f^2 - Ag^2 = (fg^\circ - f^\circ g)D$, et on aura

$$\theta g + 2g^\circ = \frac{2f}{D};$$

d'où l'on voit qu'en général D doit être diviseur de $2f$.

(51) Soit 1° D pair $=2\,M$, il faudra faire $f=Mh$, et l'équation $f^2-Ag^2=(fg^\circ-f^\circ g)D$ deviendra

$$M^2h^2-Ag^2=2M(fg^\circ-f^\circ g).$$

Or g ne peut avoir de diviseur commun avec M, puisqu'alors il en aurait un avec $f=Mh$; donc M est diviseur de A.

Soit $A=MN$, et on aura

$$Mh^2-Ng^2=2(fg^\circ-f^\circ g)=\pm 2.$$

Donc l'équation $Mx^2-Ny^2=\pm 2$ est possible dans ce premier cas, où l'on doit observer que si les nombres M et N sont tous deux impairs, ils doivent être l'un de la forme $4n+1$, l'autre de la forme $4n+3$. Car s'ils étaient tous deux de la forme $4n+1$, ou tous deux de la forme $4n+3$, le premier membre serait divisible par 4 et ne pourrait se réduire à ± 2.

Soit 2° D impair $=M$, il faudra faire $f=Mh$, ce qui donnera $M^2h^2-Ag^2=\pm M$; donc A est encore divisible par M, et faisant $A=MN$, on aura

$$Mh^2-Ng^2=\pm 1.$$

De ces deux cas résulte le théorème suivant :

« Étant donné un nombre quelconque non carré A, il est toujours « possible de décomposer ce nombre en deux facteurs M et N tels « que l'une des deux équations $Mx^2-Ny^2=\pm 1$, $Mx^2-Ny^2=\pm 2$ « soit satisfaite, en prenant convenablement le signe du second « membre. »

Il faut d'ailleurs observer 1° que pour un même nombre $A=MN$, il n'y aura jamais qu'une manière de satisfaire à l'une de ces équations; car il n'y a qu'un quotient moyen qui résulte du développement de $\sqrt{A}$ en fraction continue; 2° qu'en prenant $M=1$, ce qui donne $N=A$, on doit écarter l'équation $x^2-Ay^2=1$, à laquelle on ne peut satisfaire par des nombres moindres que $x=p$ et $y=q$; de sorte qu'il ne restera à essayer que les trois équations $x^2-Ay^2=-1$, $x^2-Ay^2=2$, $x^2-Ay^2=-2$, lesquelles présenteront le plus souvent des signes d'impossibilité, la première par exemple, si l'un des facteurs premiers de A est de forme $4n+3$, la seconde, si un de ces facteurs est de forme $8n+5$ ou $8n+3$, et la troisième, s'il y en a un de forme $8n+5$ ou $8n+7$.

Lorsque A est un nombre premier, on ne pourra faire d'autre supposition que celle de $M=1$ et $N=A$; alors par la discussion des équations $x^2-Ay^2=\pm 1$, $x^2-Ay^2=\pm 2$, on parviendra aux mêmes théorèmes que ci-dessus concernant les nombres premiers des formes $4n+1$, $8n+3$, $8n+7$. On obtiendrait de même ceux qui concernent les formes $A=MN$, $A=MM'N$, déja traitées.

(52) Lorsque l'équation $x^2-Ay^2=-1$ est résoluble (ce qui a lieu, non-seulement dans le cas où A est un nombre premier $4n+1$, mais dans une infinité d'autres cas), on a $D=1$ et $\theta=2a$, d'où il suit que les quotients α, β... jusqu'à λ, forment une suite symétrique (n° 33). De plus, comme on a alors $f^2-Ag^2=-1$, il faut que cette même suite soit composée d'un nombre pair de termes. Cela posé, le développement de $\sqrt{A}$ en fraction continue, jusqu'à la fraction convergente $\frac{f}{g}$, sera représenté ainsi :

$$\begin{array}{l} \text{Quotients} \ldots\ldots a,\ \alpha,\ \beta \ldots\ \mu,\ \mu \ldots\ \beta,\ \alpha,\ 2a \\ \text{Fract. conv.} \ldots \frac{1}{0},\ \frac{a}{1} \ldots\ldots \frac{m^\circ}{n^\circ},\ \frac{m}{n} \ldots\ldots \frac{f^\circ}{g^\circ},\ \frac{f}{g}. \end{array}$$

Or à l'aide des deux fractions consécutives $\frac{m^\circ}{n^\circ}$, $\frac{m}{n}$, qui répondent aux quotients moyens μ, μ, on peut obtenir immédiatement la valeur de $\frac{f}{g}$, savoir :

$$\frac{f}{g}=\frac{m\left(\frac{n}{n^\circ}\right)+m^\circ}{n\left(\frac{n}{n^\circ}\right)+n^\circ}=\frac{mn+m^\circ n^\circ}{n^2+n^{\circ 2}}$$

ce qui donne $f=mn+m^\circ n^\circ$, $g=n^2+n^{\circ 2}$. Substituant ces valeurs dans l'équation $f^2-Ag^2=-1=-(mn^\circ-m^\circ n)^2$, on aura, en réduisant, $A(n^2+n^{\circ 2})=m^2+m^{\circ 2}$, ou $m^2-An^2=-(m^{\circ 2}-An^{\circ 2})$.

Soient $\frac{\sqrt{A}+I^{\circ}}{D^{\circ}}$ et $\frac{\sqrt{A}+I}{D}$, les quotients-complets qui répondent aux fractions convergentes $\frac{m^{\circ}}{n^{\circ}}$, $\frac{m}{n}$, on aura (n° 30).. $m^2 - An^2 = (mn^{\circ} - m^{\circ}n)D$ et $m^{\circ 2} - An^{\circ 2} = -(mn^{\circ} - m^{\circ}n)D^{\circ}$. Donc $D^{\circ} = D$; mais on a en général $DD^{\circ} + I^2 = A$; donc

$$A = D^2 + I^2.$$

« Donc toutes les fois que l'équation $x^2 - Ay^2 = -1$ est résoluble (ce qui a lieu entre autres cas lorsque A est un nombre premier $4n + 1$), le nombre A peut toujours être décomposé en deux « carrés; et cette décomposition est donnée immédiatement par le « quotient-complet $\frac{\sqrt{A}+I}{D}$ qui répond au second des quotients « moyens compris dans la première période du développement de « $\sqrt{A}$; les nombres I et D étant ainsi connus, on aura $A = D^2 + I^2$. »

Cette conclusion renferme un des plus beaux théorèmes de la science des nombres, savoir, « que tout nombre premier $4n + 1$ « est la somme de deux carrés »; elle donne en même temps le moyen de faire cette décomposition d'une manière directe et sans aucun tâtonnement.

§ VIII. *Réduction de la formule* $Ly^2 + Myz + Nz^2$ *à l'expression la plus simple.*

(53) Dans cette formule, on suppose que les coefficients L, M, N sont des nombres donnés (tels cependant qu'ils ne puissent être divisés tous trois par un même nombre); les quantités y et z, au contraire, sont des indéterminées auxquelles on peut attribuer toutes les valeurs possibles en nombres entiers positifs et négatifs, avec cette seule restriction que y et z soient premiers entre eux. Il y aura donc toujours une infinité de nombres représentés par la même formule $Ly^2 + Myz + Nz^2$; mais en général, cette formule est susceptible de différentes formes qui toutes renferment les mêmes nombres, et il s'agit maintenant de déterminer l'expression la plus simple de toutes ces formes.

Nous considérerons d'abord le cas où M est un nombre pair, parce que c'est celui qui présente le plus d'applications, nous indiquerons ensuite les résultats analogues qui ont lieu lorsque M est impair.

Soit donc proposée la formule $py^2 + 2qyz + rz^2$, dans laquelle p, q, r sont des nombres donnés; si on veut transformer cette formule en une semblable qui n'en diffère que par les coefficients, il faudra supposer

$$y = fy' + mz'$$
$$z = gy' + nz',$$

y' et z' étant de nouvelles indéterminées. Cela posé, la substitution de ces valeurs donne la transformée $p'y'^2 + 2q'y'z' + r'z'^2$, dont les coefficients sont :

$$p' = pf^2 + 2qfg + rg^2$$
$$q' = pfm + q(fn + gm) + rgn$$
$$r' = pm^2 + 2qmn + rn^2.$$

Or pour que les coefficients f, g, m, n, ne restreignent pas l'étendue des indéterminées y et z, dans la formule proposée, il faut que les valeurs de y' et z' exprimées en y et z, savoir

$$y'=\frac{ny-mz}{fn-mg},\quad z'=\frac{fz-gy}{fn-mg},$$

soient des entiers, indépendamment de toute valeur particulière de y et de z; il faut donc pour cela qu'on ait $fn-mg=\pm 1$. De là on voit qu'on peut prendre arbitrairement deux coefficients tels que f et g, pourvu qu'ils soient premiers entre eux; ensuite on prendra pour $\frac{m}{n}$ la fraction convergente qui précède $\frac{f}{g}$ dans le développement de celle-ci en fraction continue; par ce moyen, la condition $fn-mg=\pm 1$ sera remplie, et on aura la certitude que tout nombre compris dans la formule $py^2+2qyz+rz^2$, l'est également dans sa transformée $p'y'^2+2q'y'z'+r'z'^2$, et réciproquement. D'ailleurs ayant supposé y et z premiers entre eux, il faudra que y' et z' le soient aussi, car si y' et z' avaient un commun diviseur θ, les nombres y et z (d'après les valeurs $y=fy'+mz'$, $z=gy'+nz'$) seraient aussi divisibles par θ; ce qui est contre la supposition.

Nous observerons de plus, que les valeurs trouvées pour p', q', r' donnent $p'r'-q'q'=(pr-qq)(fn-mg)^2=pr-qq$; d'où il suit que « la quantité $pr-qq$ et son analogue $p'r'-q'q'$ dans la « transformée, sont égales et de même signe. »

Cette quantité $pr-q^2$ est celle qui détermine la nature de la formule $py^2+2qyz+rz^2$, eu égard aux deux facteurs $\alpha y+\beta z$, $\gamma y+\delta z$ dont on peut imaginer qu'elle est composée. Si ces facteurs sont imaginaires, la quantité $pr-q^2$ sera positive : s'ils sont ou égaux, ou rationnels, la quantité $pr-q^2$ sera égale à zéro, ou à un carré négatif : enfin s'ils sont réels, mais irrationnels, la quantité $pr-q^2$ sera égale à un nombre négatif et non carré. C'est ce qui se voit, en mettant la formule $py^2+2qyz+rz^2$ sous la forme

$$\frac{1}{p}[py+qz+z\sqrt{(q^2-pr)}][py+qz-z\sqrt{(q^2-pr)}].$$

Nous examinerons séparément ces différents cas; mais il faut, avant tout, résoudre le problème général qui suit (1) :

(54) « Étant donnée la formule indéterminée $py^2 + 2qyz + rz^2$, « dans laquelle le coefficient moyen $2q$ excède l'un ou l'autre des « coefficients extrêmes p et r, ou tous les deux, transformer cette « formule en une formule semblable où le coefficient moyen soit « moindre que chacun des extrêmes, ou au moins n'excède pas le « plus petit des deux. »

Supposons $2q > p$, et dans le cas où l'on aurait à-la-fois $2q > p$, et $2q > r$, soit p le moindre des deux nombres p et r, abstraction faite de leurs signes; nous ferons $y = y' - mz$, m étant un coefficient indéterminé, et la substitution donnera cette transformée

$$py'y' - (2pm - 2q)y'z + (pm^2 - 2qm + r)z^2.$$

On peut prendre l'indéterminée m, de manière que $2pm - 2q$ soit plus petit que p, ou égal à p; il faut pour cela que m soit l'entier le plus proche, en plus ou en moins, de la fraction donnée $\frac{p}{q}$. Cela posé, faisant $pm - q = q'$, $pm^2 - 2qm + r = r'$, la transformée sera

$$py'y' - 2q'y'z + r'z^2,$$

et l'on aura $pr' - q'q' = pr - q^2$, et $2q' < p$, le signe $<$ n'excluant pas l'égalité.

Puisqu'on a à-la-fois $2q > p$ et $2q' < p$, il s'ensuit qu'on aura $q' < q$, ce qui est l'objet principal de cette première opération. Maintenant si dans cette transformée le coefficient $2q'$, quoique $< p$, est encore $> r'$, on procédera semblablement, et on obtiendra une nouvelle transformée dans laquelle le coefficient moyen que j'appelle $2q''$ sera $< 2q'$. Or une suite de nombres entiers décroissants q, q', q'', q''',

(1) La solution de ce problème, l'un des plus importants de l'analyse indéterminée, est due à Lagrange. Voyez les Mémoires de Berlin, année 1773.

etc. ne saurait aller à l'infini : ainsi en continuant les mêmes opérations, on parviendra nécessairement à une transformée dans laquelle il n'y aura plus lieu à réduction ultérieure, et qui sera par conséquent telle, que le coefficient moyen ne surpasse aucun des extrêmes. Cette transformée satisfera au problème proposé; ses indéterminées seront encore des nombres premiers entre eux, et la quantité analogue à $pr-q^2$ sera de même valeur et de même signe que dans la formule proposée; car ces deux conditions sont toujours observées dans le passage d'une transformée à l'autre, comme nous l'avons démontré.

Soit prise pour exemple la formule $35y^2+172yz+210z^2$; comme l'entier le plus proche de $\frac{q}{p}=\frac{86}{35}$ est 2, on fera $y=y'-2z$, ce qui donnera la transformée

$$\begin{array}{l} 35y'y'-140y'z+140z^2=35y'y'+32y'z+6z^2 \\ \qquad\quad +172 \quad\; -344 \\ \qquad\qquad\qquad +210. \end{array}$$

Dans celle-ci, le coefficient moyen 32 étant plus grand que l'extrême 6, il faut procéder de la même manière à une nouvelle transformation. Prenant donc l'entier le plus proche de $\frac{16}{6}$ qui est 3, on fera $z=z'-3y'$, et la seconde transformée sera

$$\begin{array}{l} 6z'z'-36z'y'+54y'y'=6z'z'-4z'y'-7y'y' \\ \qquad +32 \quad\; -96 \\ \qquad\qquad\quad +35. \end{array}$$

Cette dernière a les conditions requises, puisque le coefficient moyen 4 est moindre que chacun des extrêmes 6 et 7. En même temps, on voit que la quantité $pr-q^2$ est -46 dans la formule proposée comme dans sa dernière transformée; et quant à la relation des premières variables y et z, avec les nouvelles y' et z', on trouve qu'elle est donnée par les équations

$$y=7y'-2z'$$
$$z=z'-3y'.$$

Examinons maintenant les trois cas généraux dont nous avons fait mention ci-dessus (n° 53).

(55) Soit 1° $pr-q^2$ égal à un nombre négatif $-A$, nous pourrons supposer que la formule $py^2+2qyz+rz^2$ est réduite à la forme la plus simple, en sorte que $2q$ n'excède ni p ni r; mais alors je dis que les nombres p et r sont de signes différents; car s'ils avaient le même signe, pr serait positif et $>4q^2$, donc $pr-q^2$ serait positif et $>3q^2$, quantité qui ne pourrait être égale à $-A$. Nous pouvons donc supposer que la formule dont il s'agit est $ay^2+2byz-cz^2$, où l'on aura a et c positifs, et $ac+b^2=A$. Mais d'ailleurs on a toujours $2b<a$ et c, et par conséquent $ac+b^2>5b^2$, donc on a $5b^2<A$, ou $b<\sqrt{\frac{A}{5}}$; en même temps les limites de ac sont $ac<A$, $ac>\frac{4}{5}A$.

Remarque. Il peut arriver que différentes formules, telles que $ay^2+2byz-cz^2$, répondent à une même valeur de A, et satisfassent à la condition $2b<a$ et c, sans cependant différer essentiellement entre elles. Par exemple, les deux formules y^2-7z^2 et $2y^2+2yz-3z^2$ donnent également $ac+b^2=7$, et $2b<a$ et c; cependant si l'on fait $y=2t-5u$, $z=3u-t$, la formule $2y^2+2yz-3z^2$ deviendra t^2-7u^2; et réciproquement, si dans cette dernière on fait $t=3y+5z$, $u=y+2z$, elle se réduit à la première $2y^2+2yz-3z^2$. D'où l'on voit que ces deux formules ne sont réellement que deux expressions différentes d'une seule et même formule, et qu'il n'est aucun nombre contenu dans l'une, qui ne soit également contenu dans l'autre avec la même valeur et le même signe.

Le nombre A étant donné, il est facile de trouver toutes les formules $ay^2+2byz-cz^2$ qui satisfont aux conditions $b^2+ac=A$, $2b<a$ et c; et il est clair que le nombre de ces formules est nécessairement limité, puisqu'on doit avoir a et c positifs, et $b<\sqrt{\frac{A}{5}}$. Mais après avoir trouvé ces diverses formules, il restera à distinguer celles qui ne diffèrent point essentiellement entre elles, afin qu'on soit en état de réduire la totalité au plus petit nombre possible. Nous nous occuperons de cette recherche dans le § XIII.

2° Si en supposant toujours $pr - q^2 = -A$, A est un carré parfait, alors la formule proposée $py^2 + 2qyz + rz^2$ sera décomposable en deux facteurs rationnels $(\alpha y + 6z)(\gamma y + \delta z)$; si de plus on a $pr + q^2 = 0$, ces deux facteurs seront égaux. Ces cas n'ont pas besoin d'un plus grand développement, et on voit facilement quelle serait alors l'expression la plus simple de la formule proposée.

Soit donc 3° $pr - q^2 =$ à un nombre positif A, et supposons de nouveau que la formule $py^2 + 2qyz + rz^2$ soit réduite à son expression la plus simple, de sorte que $2q$ ne surpasse ni p ni r. Alors on aura $pr > 4q^2$ et $3q^2 < A$, ou $q < \sqrt{\frac{A}{3}}$; en même temps on voit que pr sera toujours compris entre A et $\frac{4}{3}$ A.

Étant donné le nombre A, il est facile de trouver toutes les formules $py^2 + 2qyz + rz^2$ qui satisfont aux conditions $pr - q^2 = A$, et $2q < p$ et r. On peut démontrer de plus, que toutes ces formules sont essentiellement différentes les unes des autres, et ne peuvent se réduire à un moindre nombre. Ce sera l'objet des deux propositions suivantes.

(56) Théorème. « Si la formule indéterminée $py^2 + 2qyz + rz^2$ « est telle que $2q$ ne surpasse ni p ni r; si en même temps $pr - q^2$ « est égal à un nombre positif A, je dis que les deux plus petits « nombres compris dans cette formule sont p et r. »

On observera d'abord que la formule $py^2 + 2qyz + rz^2$, considérée analytiquement, est la même que $py^2 - 2qyz + rz^2$, parce qu'on peut faire à volonté les indéterminées y et z positives ou négatives. Or, toutes choses d'ailleurs égales, la formule $py^2 + 2qyz + rz^2$ dont nous supposerons les trois termes positifs, est plus grande que la formule $py^2 - 2qyz + rz^2$; ainsi ce n'est qu'à l'égard de cette dernière que le *minimum* peut avoir lieu.

Soit donc $P = py^2 - 2qyz + rz^2$, et soit $y > z$. Mettons $y - 1$ à la place de y et supposons que P devienne P', nous aurons

$$P' = P - 2py + p + 2qz$$

$$\text{ou } P' = P - 2q(y - z) - y(p - 2q) - p(y - 1).$$

Or à cause de $p > 2q$ et $y > z$, il est manifeste que P′ est moindre que P, quand même le signe $>$ comprendrait l'égalité, comme on le suppose toujours.

On pourrait objecter que quoiqu'on ait $P' = P - Q$, Q étant une quantité positive; cependant si Q est lui-même plus grand que P, alors P′ pourrait avoir une valeur négative plus grande que P. Mais cette objection tombe d'elle-même, en observant qu'il n'y a aucune valeur de y et de z qui puisse rendre la formule $py^2 - 2qyz + rz^2$ négative, attendu que ses facteurs sont imaginaires.

Il suit de là que, quelles que soient les valeurs de y et z qui donnent le résultat P, on trouvera un résultat moindre en diminuant d'une unité la plus grande des deux quantités y et z, ou l'une des deux, si elles sont égales; car la conclusion qu'on a tirée aurait également lieu, si on avait $y = z$. Mais en continuant ainsi à diminuer les indéterminées y et z, on parviendra nécessairement aux valeurs $y = 1$, $z = 1$; donc la quantité $P = p - 2q + r$ qui répond aux valeurs $y = 1$, $z = 1$, est plus petite que toutes celles qui répondent à des valeurs plus grandes de ces variables.

D'un autre côté, puisque $2q$ est $< p$ et r, la quantité $p - 2q + r$ est plus grande ou au moins égale à la plus grande des quantités p et r. Donc ces deux nombres p et r sont les plus petits qui soient compris dans la formule proposée, et après ceux-ci le plus petit est $p - 2q + r$.

(57) Théorème. « Si deux formules indéterminées $py^2 + 2qyz + rz^2$, « $p'y^2 + 2q'yz + r'z^2$, sont telles l'une et l'autre, que le coefficient « du terme moyen ne surpasse aucun des coefficients extrêmes; si « en même temps les quantités $pr - q^2$, $p'r' - q'^2$ sont égales à un « même nombre positif A, je dis que ces deux formules sont essentiellement différentes l'une de l'autre, et qu'elles ne peuvent se « réduire à une même formule. »

Car s'il était possible de transformer l'une de ces formules dans l'autre, il faudrait que l'une des deux renfermât au moins un nombre moindre que l'un des coefficients extrêmes, ce qui est contre le théorème précédent.

(58) Jusqu'à présent, nous n'avons considéré la formule.... $Ly^2 + Myz + Nz^2$ que dans le cas où le coefficient moyen M est pair. Supposons maintenant que ce coefficient soit impair on trouvera, par des considérations semblables, les résultats suivants, qu'il nous suffit d'indiquer.

1° Toute formule indéterminée $Ly^2 + Myz + Nz^2$ dans laquelle on a $M > 2L$, peut se réduire à une formule semblable, dans laquelle le coefficient moyen sera moindre que $2L$, et où la quantité analogue à $4LN - M^2$ sera de même valeur et de même signe. Il faut pour cela faire $y = y' - mz$, et prendre pour m l'entier le plus approché de $\frac{M}{2L}$.

2° Donc par une ou plusieurs transformations de cette sorte, on changera la formule proposée en une formule semblable, dans laquelle le coefficient du terme moyen ne surpassera aucun des extrêmes, et où la quantité $4LN - M^2$ sera de même valeur et de même signe que dans la proposée.

3° Lorsque $4LN - M^2$ est égal à un nombre négatif $-B$, la transformée qui satisfait aux conditions précédentes est de la forme $ay^2 + byz - cz^2$, dans laquelle on a $B = b^2 + 4ac$, $b < a$ et c, et par conséquent $b < \sqrt{\frac{B}{5}}$.

Étant donné le nombre B, on peut trouver aisément toutes les formules $ay^2 + byz - cz^2$ qui satisfont aux conditions $b^2 + 4ac = B$, $b < a$ et c. Mais plusieurs de ces formules peuvent être identiques ou transformables les unes dans les autres; c'est ce qu'on examinera dans le § XIII.

4° Lorsque $4LN - M^2$ est égal à un nombre positif B, la transformée $ay^2 + byz + cz^2$ qui satisfait aux conditions précitées

$4ac - b^2 = B$, $b < a$ et c, et par conséquent $b < \sqrt{\frac{B}{3}}$, est telle que a et c sont les deux plus petits nombres qui y soient compris.

Donc toutes les formules de cette sorte qui répondent à un même nombre donné B, sont essentiellement différentes les unes des autres, et ne peuvent se réduire à un plus petit nombre.

§ IX. *Développement de la racine d'une équation du second degré en fraction continue.*

(59) Soit $fx^2+gx+h=0$ une équation proposée, dont les coefficients sont entiers et les racines réelles ; on propose de développer en fraction continue l'une de ses racines, que pour plus de simplicité on regardera comme positive (si elle était négative, on mettrait $-x$ à la place de x, et on ferait précéder le résultat du signe $-$).

Ayant commencé l'opération d'après la méthode générale, supposons qu'on soit parvenu aux deux fractions convergentes consécutives $\frac{p^\circ}{q^\circ}$, $\frac{p}{q}$, et soit z le quotient-complet qui répond à la dernière, on aura $x=\frac{pz+p^\circ}{qz+q^\circ}$, et par conséquent $z=\frac{q^\circ x-p^\circ}{p-qx}$. Substituant au lieu de x sa valeur $x=\frac{-g+\sqrt{(g^2-4fh)}}{2f}$, on aura

$$z=\frac{-gq^\circ-2fp^\circ+q^\circ\sqrt{(g^2-4fh)}}{gq+2fp-q\sqrt{(g^2-4fh)}};$$

quantité qui, en rendant le dénominateur rationnel, devient

$$z=\frac{\frac{1}{2}(pq^\circ-p^\circ q)\sqrt{(g^2-4fh)}-fpp^\circ-\frac{1}{2}g(pq^\circ+p^\circ q)-hqq^\circ}{fp^2+gpq+hq^2}.$$

Si pour abréger, on représente cette valeur par la formule... $z=\frac{\sqrt{A}+I}{D}$, les quantités A, I, D seront exprimées comme il suit :

$$A=\frac{1}{4}(g^2-4fh)$$
$$(pq^\circ-p^\circ q)I=-fpp^\circ-\frac{1}{2}g(pq^\circ+p^\circ q)-hqq^\circ$$
$$(pq^\circ-p^\circ q)D=fp^2+gpq+hq^2,$$

où l'on voit qu'à cause de $pq^\circ-p^\circ q=\pm 1$, le nombre D sera toujours un entier ; quant au nombre I, il sera entier, si g est pair ; mais il contiendra toujours la fraction $\frac{1}{2}$, si g est impair.

(60) Quelque loin qu'on ait poussé le développement de x en fraction continue, on voit que le quotient-complet z s'exprime facilement, au moyen des deux dernières fractions convergentes $\frac{p^\circ}{q^\circ}$, $\frac{p}{q}$, ce qui pourrait servir à continuer le développement encore plus loin. Mais indépendamment des fractions convergentes, on peut avoir la loi de progression des quotients-complets ; en effet, soient

$$\frac{\sqrt{A}+I^\circ}{D^\circ},\quad \frac{\sqrt{A}+I}{D},\quad \frac{\sqrt{A}+I'}{D'}$$

trois de ces quotients consécutifs, et soient $\frac{p^\circ}{q^\circ}$, $\frac{p}{q}$, $\frac{p'}{q'}$ les fractions convergentes qui leur correspondent : si on fait pour abréger, $pq^\circ - p^\circ q = i$, on aura, comme nous venons de le trouver,

$$iI = -fpp^\circ - \tfrac{1}{2}g(pq^\circ + p^\circ q) - hqq^\circ$$
$$iD = fp^2 + gpq + hq^2.$$

Passant de là aux valeurs suivantes, et observant qu'alors i change de signe, parce qu'on a $p'q - pq' = -(pq^\circ - p^\circ q)$, ces formules deviendront

$$-iI' = -fp'p - \tfrac{1}{2}g(p'q + pq') - hq'q$$
$$-iD' = \quad fp'p' + gp'q' + hq'q'.$$

Or si on appelle à l'ordinaire μ le quotient qui répond à la fraction $\frac{p}{q}$, on aura $p' = \mu p + p^\circ$, $q' = \mu q + q^\circ$, valeurs qui, étant substituées dans la première équation, donneront

$$iI' = \mu(fp^2 + gpq + hq^2) + fpp^\circ + \tfrac{1}{2}g(pq^\circ + p^\circ q) + hqq^\circ,$$

ou $iI' = \mu iD - iI$, de sorte qu'on a sans ambiguité

$$I' = \mu D - I.$$

Faisant les mêmes substitutions dans l'équation en D', on aura pareillement

$$-D'i = \mu^2(fp^2 + gpq + hq^2) + \mu(2fpp^\circ + gp^\circ q + gpq^\circ + 2hqq^\circ)$$
$$+ fp^{\circ 2} + gp^\circ q^\circ + hq^{\circ 2};$$

et le second membre se réduisant à $\mu^2 D i - 2\mu I i - i D^\circ$, on aura encore sans ambiguité

$$D' = D^\circ + 2\mu I - \mu^2 D;$$

ou $D' = D^\circ + \mu(I - I')$. De là il suit qu'étant donnés deux quotients-complets consécutifs

$$\frac{\sqrt{A} + I^\circ}{D^\circ} = \mu^\circ +$$
$$\frac{\sqrt{A} + I}{D} = \mu +$$

le suivant $\frac{\sqrt{A} + I'}{D'}$ se déterminera très-simplement par les valeurs

$$I' = \mu D - I$$
$$D' = D^\circ + \mu(I - I');$$

ce qui est la même loi qu'on a trouvée (n° 29) dans le développement des racines carrées.

(61) Si on élimine μ des deux formules précédentes, on aura $D'D + I'^2 = D D^\circ + I^2$; mais le premier membre de cette équation renferme les mêmes quantités que le second, avec la seule différence qu'elles sont avancées d'un rang de plus; il s'ensuit donc que chaque membre est une quantité constante. Pour déterminer cette quantité en fonction des coefficients de l'équation proposée, soit k l'entier le plus grand compris dans x, le développement de la valeur de x commencera ainsi :

$$x = \frac{\sqrt{A} - \frac{1}{2}g}{f} = k + \frac{\sqrt{A} - \frac{1}{2}g - fk}{f}$$

$$\frac{f}{\sqrt{A} - \frac{1}{2}g - fk} = \frac{\sqrt{A} + \frac{1}{2}g + fk}{-fk^2 - gk - h} = \text{etc.}$$

Donc à l'égard des deux premiers quotients-complets, on peut supposer $D^{\circ} = f$, $D = -fk^2 - gk - h$, $I = \frac{1}{2}g + fk$, ce qui donnera $D^{\circ}D + I^2 = \frac{1}{4}g^2 - fh = A$. Donc quel que soit le rang du quotient-complet $\frac{\sqrt{A}+I}{D}$, on aura généralement

$$D^{\circ}D + I^2 = A.$$

Il pourra arriver que les premières valeurs de D soient alternativement positives et négatives; car quoique x soit toujours comprise entre deux fractions convergentes consécutives $\frac{p^{\circ}}{q^{\circ}}$, $\frac{p}{q}$, cependant si les deux racines de l'équation $fx^2 + gx + h = 0$ diffèrent moins entre elles que ne diffèrent l'une de l'autre ces deux fractions convergentes, il est facile de voir que les deux résultats

$$fp^{\circ 2} + gp^{\circ}q^{\circ} + hq^{\circ 2}$$
$$fp^2 + gpq + hq^2,$$

obtenus en substituant, dans le premier membre de l'équation, $\frac{p^{\circ}}{q^{\circ}}$ et $\frac{p}{q}$ à la place de x, seront nécessairement de même signe; donc alors D° et D seront de signes différents. Mais comme l'approximation augmente rapidement à l'aide des fractions continues, cette alternation de signes ne peut avoir lieu que dans un petit nombre des premiers termes, et bientôt après les quantités D seront constamment de même signe.

A compter de cette époque, où la série des quotients-complets prend une forme plus régulière, la quantité DD° étant toujours positive, on aura à-la-fois $I < \sqrt{A}$ et $D < 2\sqrt{A}$. Les valeurs de I et de D étant ainsi limitées, et d'ailleurs les nombres $2I$ et D étant toujours des entiers, le quotient-complet $\frac{\sqrt{A}+I}{D}$ ne peut avoir qu'un certain nombre de valeurs différentes. Donc après un nombre de termes plus ou moins grand, mais qui ne peut excéder $\sqrt{A} \times 2\sqrt{A}$, on retombera nécessairement sur un quotient-complet déja trouvé, après quoi le reste de la fraction continue ne sera plus composé que d'une même série ou période de quotients déja trouvés, laquelle se répétera à l'infini.

(62) Cela posé, il y aura une infinité de fractions convergentes $\frac{p}{q}, \frac{p(1)}{q(1)}, \frac{p(2)}{q(2)}$, etc. qui, dans les périodes successives, répondront à un même quotient-complet $\frac{\sqrt{A}+I}{D}$; et il est d'autant plus important de rechercher l'expression générale de ces fractions, qu'elles serviront à donner une infinité de solutions des équations de la forme $fy^2+gyz+hz^2=\pm D$.

Soit donc $\mu, \mu', \mu'' \ldots\ldots \omega$ la période de quotients qui, répétée une infinité de fois, forme le développement de $\frac{\sqrt{A}+I}{D}$; au moyen de ces quotients, on continuera ainsi le calcul des fractions convergentes vers x:

Quotients .. $\mu, \mu' \ldots\ldots\ldots \omega, \quad \mu, \mu' \ldots\ldots \omega, \quad \mu, \mu' \ldots\ldots$

Fract. conv. $\frac{p^\circ}{q^\circ}, \frac{p}{q}, \frac{p'}{q'} \ldots\ldots \frac{p^\circ(1)}{q^\circ(1)}, \frac{p(1)}{q(1)} \ldots\ldots \frac{p^\circ(2)}{q^\circ(2)}, \frac{p(2)}{q(2)} \ldots\ldots$

Représentons en outre par $\frac{\alpha}{\beta}$ la valeur de la fraction continue..

$\mu + \cfrac{1}{\mu' + \cfrac{1}{\mu'' \text{ etc.}}}$ calculée jusqu'au terme ω inclusivement. Cela posé, comme on a, quel que soit μ, $\frac{p'}{q'}=\frac{p\mu+p^\circ}{q\mu+q^\circ}$; de même, en mettant $\frac{\alpha}{\beta}$ à la place de μ, on aura

$$\frac{p(1)}{q(1)}=\frac{p\frac{\alpha}{\beta}+p^\circ}{q\frac{\alpha}{\beta}+q^\circ}=\frac{p\alpha+p^\circ\beta}{q\alpha+q^\circ\beta},$$

ce qui donne $p(1)=p\alpha+p^\circ\beta$, $q(1)=q\alpha+q^\circ\beta$. On aurait aussi, en mettant $\frac{\sqrt{A}+I}{D}$ à la place de μ,

$$x=\frac{p\left(\frac{\sqrt{A}+I}{D}\right)+p^\circ}{q\left(\frac{\sqrt{A}+I}{D}\right)+q^\circ}=\frac{p\sqrt{A}+pI+p^\circ D}{q\sqrt{A}+qI+q^\circ D}=\frac{\sqrt{A}-\frac{1}{2}g}{f}.$$

Cette équation donnerait les mêmes valeurs de I et D qu'on a trouvées ci-dessus; on en tire aussi immédiatement

$$p^\circ = -\frac{p}{D}(\tfrac{1}{2}g + I) - \frac{hq}{D}$$
$$q^\circ = \quad \frac{q}{D}(\tfrac{1}{2}g + I) + \frac{fp}{D}.$$

Substituant ces valeurs dans celles de $p(1)$ et $q(1)$, il en résultera

$$p(1) = p\left(\alpha - \frac{6}{D}I - \frac{6}{D}\cdot\tfrac{1}{2}g\right) - \frac{6}{D}hq$$
$$q(1) = q\left(\alpha - \frac{6}{D}I + \frac{6}{D}\cdot\tfrac{1}{2}g\right) + \frac{6}{D}fp.$$

On aura donc semblablement, à cause de l'égalité des périodes,

$$p(2) = p(1)\left(\alpha - \frac{6}{D}I - \frac{6}{D}\cdot\tfrac{1}{2}g\right) - \frac{6}{D}hq(1)$$
$$q(2) = q(1)\left(\alpha - \frac{6}{D}I + \frac{6}{D}\cdot\tfrac{1}{2}g\right) + \frac{6}{D}fp(1).$$

Soit, pour abréger, $\alpha - \frac{6}{D}I = \varphi$, $\frac{6}{D} = \psi$, $\varphi^2 - A\psi^2 = \varepsilon$, on tirera de ces équations

$$p(2) = 2\varphi p(1) - \varepsilon p$$
$$q(2) = 2\varphi q(1) - \varepsilon q.$$

D'où il suit que les numérateurs $p, p(1), p(2)$, etc. forment une suite récurrente dont l'échelle de relation est $2\varphi, -\varepsilon$: il en est de même de la série des dénominateurs $q, q(1), q(2)$, etc. Et ce résultat est applicable non-seulement aux trois premiers termes $\frac{p}{q}, \frac{p(1)}{q(1)}, \frac{p(2)}{q(2)}$, mais à trois autres quelconques, pourvu qu'ils se suivent immédiatement.

Or il résulte de la théorie connue de ces suites, que si l'on fait

$$(\varphi + \psi\sqrt{A})^n = \Phi + \Psi\sqrt{A},$$

n étant un entier quelconque, le terme général demandé $\frac{p(n)}{q(n)}$ sera donné par les formules

$$p(n) = a'\Phi + b'\Psi$$
$$q(n) = a''\Phi + b''\Psi,$$

où il ne reste plus à déterminer que les coefficients a', b', a'', b''. Pour cela, soit $n=0$, et conséquemment $\Phi=1$, $\Psi=0$, on pourra supposer $p(n)=p$, $q(n)=q$, ainsi on aura $a'=p$, $a''=q$; soit ensuite $n=1$, il faudra qu'on ait

$$p(1) = p\varphi + b'\psi$$
$$q(1) = q\varphi + b''\psi;$$

de là et des valeurs connues de $p\,1$ et $q\,1$, on tire

$$b' = -\tfrac{1}{2}gp - hq$$
$$b'' = \tfrac{1}{2}gq + fp.$$

Donc enfin le terme général $\frac{p(n)}{q(n)}$ sera déterminé par les formules

$$p(n) = p\Phi - (\tfrac{1}{2}gp + hq)\Psi$$
$$q(n) = q\Phi + (\tfrac{1}{2}gq + fp)\Psi.$$

Nous allons maintenant faire voir que, quoique les valeurs de φ et ψ, et par conséquent celles de Φ et Ψ, paraissent se présenter sous une forme fractionnaire, cependant ces quantités ne peuvent contenir au plus que la fraction $\frac{1}{2}$, ce qui n'empêchera pas les valeurs de $p(n)$ et $q(n)$ d'être toujours des entiers.

(63) Considérons la fraction continue qui résulte du quotient-complet $z = \frac{\sqrt{A}+I}{D}$, et qui est composée, comme nous l'avons déja dit, de la période $\mu, \mu', \mu'' \ldots \omega$ répétée une infinité de fois; si on calcule les fractions convergentes vers z, par la loi ordinaire

Quotients. . . . . μ, μ', μ'' . . . . ω, μ, μ', μ'' . . . . ω, etc.

Fract. converg. $\frac{1}{0}$, $\frac{\mu}{1}$, ... $\frac{\alpha^\circ}{6^\circ}$, $\frac{\alpha}{6}$ . . . . . .

on aura, après la première période, $z=\frac{\alpha z+\alpha^\circ}{6z+6^\circ}$, ou $6z^2+(6^\circ-\alpha)z=\alpha^\circ$. Substituant au lieu de z sa valeur $\frac{\sqrt{A}+I}{D}$, et égalant entre eux les termes de la même espèce, on aura les deux équations

$$6\left(\frac{A+I^2}{D^2}\right)+(6^\circ-\alpha)\frac{I}{D}=\alpha^\circ$$

$$6.\frac{2I}{D^2}+\frac{6^\circ-\alpha}{D}=0;$$

d'où l'on tire $\frac{6I}{D}=\frac{\alpha-6^\circ}{2}$, et $\alpha^\circ=6\left(\frac{A-I^2}{D^2}\right)=\frac{6D^\circ}{D}$. Maintenant les valeurs de φ et ψ donnent

$$\varphi^2-A\psi^2=\alpha^2-\frac{2\alpha 6}{D}I+\frac{6^2}{D^2}I^2-\frac{6^2}{D^2}A;$$

et d'abord, à cause de $A-I^2=DD^\circ$, le second membre se réduit à $\alpha^2-\frac{2\alpha 6}{D}I-\frac{6^2}{D}D^\circ$; ensuite si on substitue les valeurs trouvées de $\frac{6I}{D}$ et $\frac{6D^\circ}{D}$, il devient $\alpha^2-2\alpha\left(\frac{\alpha-6^\circ}{2}\right)-6\alpha^\circ$, ou $\alpha 6^\circ-\alpha^\circ 6=\pm 1$, de sorte qu'on a

$$\varphi^2-A\psi^2=\pm 1.$$

Il paraît, par ce résultat, que les quantités φ et ψ sont les mêmes, soit que la période $\mu, \mu', \mu'' \ldots \omega$ commence au quotient μ, ou à tout autre terme μ', μ'', etc., pourvu qu'elle soit composée des mêmes quotients disposés dans l'ordre de la période; et c'est d'ailleurs ce dont il est facile de s'assurer, en prenant I' et D' au lieu de I et D, et calculant une valeur de $\frac{\alpha}{6}$ qui réponde aux quotients $\mu', \mu'', \ldots \omega, \mu$; car il en résultera absolument les mêmes valeurs pour les nombres φ et ψ.

Au reste, puisqu'on a $\varphi=\alpha-\frac{6}{D}I=\frac{\alpha+6^\circ}{2}$, il est clair que le nombre φ est entier, ou ne contient au plus que la fraction $\frac{1}{2}$; quant à l'autre nombre $\psi=\frac{6}{D}$, je dis qu'il est toujours entier.

(64) En effet, si $\frac{\beta}{D}$ n'est pas un entier, soit $\frac{\gamma}{\delta}$ son expression la plus simple, en sorte qu'on ait $\beta = \theta\gamma$, $D = \theta\delta$; nous avons trouvé $\frac{\alpha^\circ}{D^\circ} = \frac{\beta}{D} = \frac{\gamma}{\delta}$, on pourra donc faire aussi $\alpha^\circ = \lambda\gamma$, $D^\circ = \lambda\delta$. On a d'ailleurs $\frac{\beta I}{D} = \frac{\gamma I}{\delta} = \frac{\alpha - \beta^\circ}{2}$; donc $\frac{\alpha - \beta^\circ}{\gamma}$ doit être un entier, et ainsi on peut faire $I = \frac{H\delta}{2}$. Ces valeurs étant substituées dans l'équation $DD^\circ + I^2 = A$, on aura

$$(4\theta\lambda + H^2)\delta^2 = 4A = g^2 - 4fh.$$

Donc si le nombre $g^2 - 4fh$ n'a point de diviseur carré, on aura nécessairement $\delta = 1$, et ainsi il sera démontré que $\frac{\beta}{D}$ est un entier; mais si $g^2 - 4fh$ a un facteur carré δ^2, l'équation précédente pourra avoir lieu, et il faut examiner les conséquences ultérieures qu'elle fournit.

Or on a $I = \mu^\circ D^\circ - I^\circ$, ou $I^\circ = \mu^\circ D^\circ - I = \mu^\circ\lambda\delta - \frac{H\delta}{2}$; donc I° est divisible par δ. On a ensuite $D = D^{\circ\circ} + \mu^\circ(I^\circ - I)$, d'où l'on tire $D^{\circ\circ} = D - \mu^\circ(I^\circ - I)$. Le second membre étant encore divisible par δ, il faut que le premier $D^{\circ\circ}$ le soit aussi, de même que $I^{\circ\circ}$, dont la valeur est $\mu^{\circ\circ} D^{\circ\circ} - I^\circ$. De là on voit que non-seulement les trois termes du quotient-complet $\frac{\sqrt{A} + I}{D}$ sont divisibles par δ, mais qu'il en est de même des trois termes de chacun des quotients-complets précédents $\frac{\sqrt{A} + I^\circ}{D^\circ}$, $\frac{\sqrt{A} + I^{\circ\circ}}{D^{\circ\circ}}$, etc. Remontant ainsi jusqu'à la valeur primitive de x, on verra que δ ne peut être qu'un facteur qui affecte inutilement les trois termes de la quantité $\frac{-\frac{1}{2}g + \sqrt{A}}{f}$; et comme on peut supposer qu'un tel facteur n'existe pas, ou qu'on s'en est débarrassé par la division, on aura donc nécessairement $\delta = 1$; et par conséquent $\frac{\beta}{D}$ ou ψ est toujours un nombre entier.

(65) Lorsque g est pair, le nombre A est entier ainsi que I, et

alors φ ne peut manquer d'être un entier, puisqu'on a $\varphi^2 - A\psi^2 = \pm 1$. Lorsque g est impair, A et I sont des fractions qui ont pour dénominateurs 4 et 2; cependant il peut arriver même dans ce cas, que ψ soit pair, et alors φ sera encore un entier, en vertu de l'équation $\varphi^2 - A\psi^2 = \pm 1$.

Enfin, si on a à-la-fois g et ψ impairs, φ contiendra la fraction $\frac{1}{2}$; et en faisant $\varphi = \frac{1}{2}\omega$, $\sqrt{A} = \frac{1}{2}\sqrt{a}$, on aura $\varphi + \psi\sqrt{A} = \frac{1}{2}\omega + \frac{1}{2}\psi\sqrt{a}$. Je dis maintenant qu'une puissance quelconque entière de $\frac{1}{2}\omega + \frac{1}{2}\psi\sqrt{a}$ ne peut contenir au plus que la fraction $\frac{1}{2}$. En effet, à cause de $\omega^2 - a\psi^2 = \pm 4$, on a

$$\left(\tfrac{1}{2}\omega + \tfrac{1}{2}\psi\sqrt{a}\right)^2 = \tfrac{1}{2}\omega^2 \mp 1 + \tfrac{1}{2}\omega\psi\sqrt{a}$$

$$\left(\tfrac{1}{2}\omega + \tfrac{1}{2}\psi\sqrt{a}\right)^3 = \frac{\omega^3 \mp 3\omega}{2} + \frac{\psi(\omega^2 \mp 1)}{2}\sqrt{a}.$$

D'où l'on voit que la seconde puissance contient la fraction $\frac{1}{2}$ seulement, et que la 3e ne contient aucune fraction, puisque ω étant impair, $\frac{\omega^3 \mp 3\omega}{2}$ et $\frac{\omega^2 \mp 1}{2}$ doivent se réduire à des entiers. Or l'exposant n, quel qu'il soit, sera toujours de l'une des formes $3k$, $3k+1$, $3k+2$; donc puisque la puissance $3k$ ne contient pas de fraction, la puissance n ne pourra contenir au plus que la fraction $\frac{1}{2}$. Cette puissance est d'ailleurs représentée par $\Phi + \Psi\sqrt{A}$ ou.. $\Phi + \frac{1}{2}\Psi\sqrt{a}$; donc les nombres 2Φ et Ψ seront toujours entiers. On aura d'ailleurs entre ces entiers la relation $4\Phi^2 - 4A\Psi^2 = \pm 4$.

(66) Revenons à la considération des fractions $\frac{p}{q}$, $\frac{p(1)}{q(1)}$, $\frac{p(2)}{q(2)}$, etc. qui dans les périodes successives répondent à un même quotient-complet $\frac{\sqrt{A}+I}{D}$; si l'on désigne par $\frac{P}{Q}$ l'expression générale de ces fractions $\left(\text{laquelle était ci-dessus } \frac{p(n)}{q(n)}\right)$, il faudra qu'on ait

$$fP^2 + gPQ + hQ^2 = \pm D,$$

le signe + ayant lieu si la fraction $\frac{P}{Q}$ est de rang impair parmi les fractions convergentes, et le signe — si elle est de rang pair.

Or si on substitue dans le premier membre les valeurs trouvées pour P et Q, savoir :

$$P = p\Phi - (\tfrac{1}{2}gp + hq)\Psi$$
$$Q = q\Phi + (\tfrac{1}{2}gq + fp)\Psi,$$

on trouvera

$$fP^2 + gPQ + hQ^2 = (fp^2 + gpq + hq^2)(\Phi^2 - A\Psi^2);$$

de sorte que comme on a déja $fp^2 + gpq + hq^2 = \pm D$, il faut que $\Phi^2 - A\Psi^2$ se réduise à ± 1, ce qui s'accorde avec ce que nous avons déja démontré (n° 63). Cette vérification nous fournit de plus une remarque très-importante, savoir, qu'on peut changer le signe de Ψ dans les valeurs de P et Q, et que les nouvelles valeurs qui en résultent satisfont également à l'équation $fP^2 + gPQ + hQ^2 = \pm D$: or en examinant ces secondes valeurs

$$P = p\Phi + (\tfrac{1}{2}gp + hq)\Psi$$
$$Q = q\Phi - (\tfrac{1}{2}gq + fp)\Psi,$$

et les comparant aux premières où Ψ a un signe contraire, on trouvera qu'elles ne sont point comprises dans celles-ci, ou du moins qu'elles ne le sont qu'en supposant l'exposant n négatif (c'est ce qu'on développera davantage ci-après). Il faut donc nécessairement que ces nouvelles valeurs de P et Q résultent du développement de l'autre racine de la même équation $fx^2 + gx + h = 0$.

(67) Il suffit, par conséquent, pour résoudre l'équation proposée $fy^2 + gyz + hz^2 = \pm D$, lorsque D n'excède pas $\sqrt{(\tfrac{1}{4}g^2 - fh)}$, de développer en fraction continue une seule racine de l'équation $fx^2 + gx + h = 0$, et la solution qu'on obtiendra par le moyen des fractions convergentes qui répondent au quotient-complet $\frac{\sqrt{A} + I}{D}$, comprendra également, par un simple changement de signe, la solution qui naîtrait du développement de l'autre racine. Ces deux

solutions seront réunies dans les formules générales

$$y = p\Phi \pm (\tfrac{1}{2}gp + hq)\Psi$$
$$z = q\Phi \mp (\tfrac{1}{2}gq + fp)\Psi;$$

et s'il arrive que le nombre donné D ne se trouve nulle part parmi les dénominateurs des quotients-complets dans le développement d'une racine, il sera inutile de chercher ce même nombre dans le développement de l'autre racine, et on pourra dès-lors assurer que l'équation dont il s'agit n'est pas résoluble en nombres entiers.

Pour éviter tout embarras à l'égard des signes dans l'application des formules précédentes, faisons $pq^\circ - p^\circ q = i$, i pouvant être $+1$ ou -1 selon les différents cas, on aura d'abord

$$fp^2 + gpq + hq^2 = i\mathrm{D}.$$

Il faudra ensuite faire attention au nombre des termes de la période $\mu, \mu' \ldots \omega$; si ce nombre est pair, les diverses fractions convergentes $\frac{p}{q}, \frac{p(1)}{q(1)}, \frac{p(2)}{q(2)}$, etc. seront placées de la même manière, c'est-à-dire qu'elles seront toutes de rang pair, ou toutes de rang impair; ainsi l'équation $fy^2 + gyz + hz^2 = i\mathrm{D}$ sera résolue par les formules

$$y = p\Phi \pm (\tfrac{1}{2}gp + hq)\Psi$$
$$z = q\Phi \mp (\tfrac{1}{2}gq + fp)\Psi,$$

où l'on a $$(\varphi + \psi\sqrt{\mathrm{A}})^n = \Phi + \Psi\sqrt{\mathrm{A}}.$$

Dans ce cas, l'équation $fy^2 + gyz + hz^2 = -i\mathrm{D}$ ne pourra être résolue en nombres entiers, au moins d'après la fraction convergente $\frac{p}{q}$.

Si au contraire le nombre des termes de la période est impair, alors on pourra, par les mêmes formules, résoudre à-la-fois l'équation $fy^2 + gyz + hz^2 = +i\mathrm{D}$ et l'équation $fy^2 + gyz + hz^2 = -i\mathrm{D}$, savoir, la première, en faisant $n = 2k$, et la seconde, en faisant $n = 2k + 1$.

(68) Le cas de $D=1$ devant recevoir un grand nombre d'applications, il sera bon de l'examiner en particulier. On aura alors (n° 62), $\frac{q^\circ}{q}+I=\frac{1}{2}g+f\frac{p}{q}$; or $\frac{1}{2}g+f\frac{p}{q}$ est une valeur fort approchée de $\sqrt{A}$ ou de $\frac{1}{2}\sqrt{(g^2-4fh)}$; soit donc, si g est impair, m l'entier impair le plus grand contenu dans $\sqrt{(g^2-4fh)}$, et si g est pair, m l'entier pair le plus grand contenu dans ce même radical, on aura dans les deux cas $\left(\text{parce que } \frac{q^\circ}{q} \text{ est plus petit que l'unité}\right)$

$$I=\frac{m}{2}.$$

Le quotient-complet $\frac{\sqrt{A}+I}{D}$ deviendra en même temps $\sqrt{A}+\frac{1}{2}m$, et ainsi l'entier compris $\mu=m$. C'est la valeur du quotient qui dans les périodes successives répond à la valeur $D=1$.

Soit toujours $\mu, \mu', \mu'' \ldots \omega$, la période des quotients, et $\frac{\alpha}{\mathsf{6}}$ la fraction qui en résulte, nous avons trouvé ci-dessus $\frac{2\mathsf{6}I}{D}=\alpha-\mathsf{6}^\circ$; donc lorsque $D=1$ et $I=\frac{m}{2}$, on a $\mathsf{6}^\circ=\alpha-m\mathsf{6}=\alpha-\mu\mathsf{6}$. D'où l'on voit que les quotients $\mu', \mu'', \ldots \omega$ forment une suite symétrique (n° 32), et ainsi la période qui se répète à l'infini est de la forme $m, \mu', \mu'', \ldots \mu'', \mu'$. Enfin on aura dans le même cas $\varphi=\alpha-\frac{1}{2}m\mathsf{6}$, $\psi=\mathsf{6}$.

(69) Quel que soit le nombre D, si g est pair, les formules générales peuvent être simplifiées et débarrassées de fractions. Soit alors l'équation à résoudre $ay^2+2byz+cz^2=\pm D$, ce qui donnera $f=a$, $g=2b$, $h=c$, $A=bb-ac$; soit toujours $\mu, \mu', \mu'' \ldots \omega$ la période qui répétée une infinité de fois, forme le développement du quotient-complet $\frac{\sqrt{A}+I}{D}$; si par le moyen de cette période, on calcule la fraction $\frac{\alpha}{\mathsf{6}}$ comme il suit :

Quotients . . . . . $\mu, \mu', \mu'' \ldots\ldots\ldots \omega$

Fract. converg. $\frac{1}{0}, \frac{\mu}{1} \ldots\ldots\ldots\ldots \frac{\alpha^\circ}{\mathsf{6}^\circ}, \frac{\alpha}{\mathsf{6}}$;

on aura $\varphi = \frac{\alpha + \beta^\circ}{2} = \alpha - \frac{\beta}{D} I, \psi = \frac{\beta}{D}$, lesquelles valeurs seront toujours des entiers. Faisant ensuite

$$(\varphi + \psi \sqrt{A})^n = \Phi + \Psi \sqrt{A}$$
$$y = p\Phi \pm (bp + cq)\Psi$$
$$z = q\Phi \mp (bq + ap)\Psi,$$

on aura $ay^2 + 2byz + cz^2 = \pm D$, et quant à l'ambiguité du signe. elle sera déterminée par la formule

$$ay^2 + 2byz + cz^2 = (\varphi^2 - A\psi^2)^n (pq^\circ - p^\circ q) D,$$

où l'on sait que $\varphi^2 - A\psi^2$, ainsi que $pq^\circ - p^\circ q$, ne peuvent être que $+1$ ou -1.

Les nombres φ et ψ trouvés, comme on vient de le dire, par le calcul d'une période, seront toujours les plus simples de ceux qui satisfont à l'équation $\varphi^2 - A\psi^2 = \pm 1$; car s'ils ne l'étaient pas, il faudrait supposer, ou que la période dont il s'agit est composée de plusieurs périodes plus courtes, ou qu'il y a des solutions de l'équation proposée, non comprises parmi les fractions convergentes. Or le premier cas n'a pas lieu par hypothèse, et le second est impossible, comme il sera prouvé dans le § XII. Donc les nombres Φ et Ψ ne dépendent que du seul nombre A.

Il est inutile d'ajouter qui si le nombre D se rencontre plusieurs fois dans le cours d'une même période, on pourra produire un pareil nombre de solutions différentes de l'équation proposée.

§ X. *Comparaison des fractions continues résultantes du développement des deux racines d'une même équation du second degré.*

(70) Nous avons déja observé (n° 66) que les deux racines d'une même équation du second degré, $fx^2 + gx + h = 0$, réduites en fraction continue, concourent également à la résolution de l'équation $fy^2 + gyz + hz^2 = \pm D$, en sorte que les mêmes valeurs de D doivent se rencontrer nécessairement dans les deux suites de quotients-complets qui résultent du développement de ces deux racines. Nous allons maintenant mettre cette propriété dans tout son jour, et nous démontrerons d'une manière générale, que si la suite des quotients-complets, lorsqu'elle est devenue régulière, procède ainsi dans le développement d'une racine :

$$\frac{\sqrt{A} + I^{\circ}}{D^{\circ}} = \mu^{\circ} +$$

$$\frac{\sqrt{A} + I}{D} = \mu +$$

$$\frac{\sqrt{A} + I'}{D'} = \mu' +$$

etc.

le développement de la seconde racine fournira, au moins après l'anomalie des premiers termes, cette autre suite dans l'ordre inverse :

$$\frac{\sqrt{A} + I'}{D} = \mu +$$

$$\frac{\sqrt{A} + I}{D^{\circ}} = \mu^{\circ} +$$

$$\frac{\sqrt{A} + I^{\circ}}{D^{\circ\circ}} = \mu^{\circ\circ} +$$

laquelle retombera nécessairement sur le premier terme $\frac{\sqrt{A}+I'}{D}$, et recommencera ainsi à l'infini.

Considérons de nouveau le développement de la racine.... $x=\frac{\sqrt{A}-\frac{1}{2}g}{f}$ en fraction continue, et soient $\frac{p^\circ}{q^\circ}, \frac{p}{q}, \frac{p'}{q'}$ trois fractions convergentes consécutives prises dans la première période des quotients (1), après que toute irrégularité a cessé, et lorsqu'on s'est assuré que cette même période doit se répéter à l'infini. Nous représenterons à l'ordinaire les trois quotients-complets correspondants par $\frac{\sqrt{A}+I^\circ}{D^\circ}, \frac{\sqrt{A}+I}{D}, \frac{\sqrt{A}+I'}{D'}$, et les entiers qui y sont compris par μ°, μ, μ'. Quant à la période de quotients, elle sera $\mu, \mu', \mu'' \ldots \mu^\circ$, si on la fait commencer au terme μ; elle serait également $\mu', \mu'' \ldots \mu^\circ, \mu$, si on la faisait commencer au terme μ', et ainsi à volonté; en général, la période dont il s'agit peut commencer par tel terme qu'on voudra, mais il faut qu'elle soit composée des mêmes termes, rangés dans le même ordre.

Cela posé, nous avons vu (n° 62), que si on cherche les diverses fractions convergentes $\frac{p}{q}, \frac{p(1)}{q(1)}, \frac{p(2)}{q(2)}$, etc. qui dans les périodes successives occupent la même place, ou répondent au même quotient-complet $\frac{\sqrt{A}+I}{D}$, l'expression générale de ces fractions $\frac{p(n)}{q(n)}$ est donnée par les formules

$$\begin{aligned} p(n) &= p\Phi - (\tfrac{1}{2}gp + hq)\Psi \\ q(n) &= q\Phi + (\tfrac{1}{2}gq + fp)\Psi, \end{aligned} \qquad (a)$$

où l'on a

$$\Phi + \Psi\sqrt{A} = (\varphi + \psi\sqrt{A})^n, \text{ et } \Phi^2 - A\Psi^2 = (\varphi^2 - A\psi^2)^n = (\pm 1)^n.$$

Il suffit donc de donner à n les valeurs successives 0, 1, 2, 3, etc.,

---

(1) Cette période pourrait contenir moins de trois termes, mais alors on réunirait plusieurs périodes, afin de ne pas donner lieu à exception pour ce cas particulier.

et de substituer les valeurs de Φ et Ψ qui en résultent, pour avoir successivement toutes les fractions convergentes dont il s'agit $\frac{p}{q}, \frac{p(1)}{q(1)}, \frac{p(2)}{q(2)}$, etc. Il reste à voir maintenant ce qui arriverait, si on donnait à n des valeurs négatives $-1, -2, -3$, etc.

(71) Or j'observe qu'on a

$$(\varphi+\psi\sqrt{A})^{-n}=(\varphi^2-A\psi^2)^{-n}(\varphi-\psi\sqrt{A})^n=(\pm 1)^n(\Phi-\Psi\sqrt{A});$$

donc la supposition de n négatif revient simplement à changer Ψ de signe, et à multiplier les valeurs de Φ et Ψ par un même facteur $(\pm 1)^n$, cette quantité ambiguë ± 1 venant de $\varphi^2 - A\psi^2$ qui en effet peut être $+1$, ou -1. Mais comme la fraction $\frac{p(n)}{q(n)}$ n'est pas différente de $\frac{-p(n)}{-q(n)}$, on peut faire abstraction du facteur $(\pm 1)^n$, ainsi les valeurs négatives de n répondront à de nouvelles valeurs de $\frac{p(n)}{q(n)}$ données par les formules

$$\begin{aligned} p(n)&=p\Phi+(\tfrac{1}{2}gp+hq)\Psi \\ q(n)&=q\Phi-(\tfrac{1}{2}gq+fp)\Psi. \qquad (b) \end{aligned}$$

On pourrait croire d'abord que ces formules ne diffèrent des premières que par la forme, et qu'elles conduisent réellement aux mêmes valeurs de $\frac{p(n)}{q(n)}$; mais il faudrait pour cela que deux fractions telles que

$$\frac{p\Phi-(\frac{1}{2}gp+hq)\Psi}{q\Phi+(\frac{1}{2}gq+fp)\Psi}, \quad \frac{p\Phi'+(\frac{1}{2}gp+hq)\Psi'}{q\Phi'-(\frac{1}{2}gq+fp)\Psi'}$$

pussent être égales : or c'est ce qui ne peut jamais avoir lieu, car en les réduisant au même dénominateur, on trouve que la différence des numérateurs est $(fp^2+gpq+hq^2)(\Phi'\Psi+\Phi\Psi')$, quantité qui ne peut jamais être nulle.

Donc il est certain que les formules (b) donnent des valeurs de $\frac{p(n)}{q(n)}$ différentes de celles que donnent les formules (a). Mais en faisant, soit dans les formules (b), soit dans les formules (a), $p(n)=y$, $q(n)=z$, les valeurs générales de y et de z satisfont à l'équation $fy^2+gyz+hz^2=\pm D$; d'un autre côté, D étant supposé plus petit que $\sqrt{A}$, on peut démontrer que toute fraction $\frac{y}{z}$ qui satisfait à cette équation est comprise parmi les fractions convergentes vers une racine de l'équation $fx^2+gx+h=0$. Donc si les formules (b) donnent des fractions $\frac{p(n)}{q(n)}$ non comprises parmi les fractions convergentes vers la racine $x=\frac{\sqrt{A}-\frac{1}{2}g}{f}$, il faut que ces mêmes fractions $\frac{p(n)}{q(n)}$ soient comprises parmi les fractions convergentes vers l'autre racine $x'=\frac{-\sqrt{A}-\frac{1}{2}g}{f}$.

On ne doit pas perdre de vue, que parmi les fractions convergentes qui répondent au quotient-complet $\frac{\sqrt{A}+I}{D}$, $\frac{p}{q}$ est supposée la plus simple, ou celle qui est comprise dans la première période. Si on fait $n=-1$ dans les formules (a), ou $n=1$ dans les formules (b), la fraction qui en résulte pourra tomber dans les parties irrégulières du développement de l'une ou de l'autre racine, ou même ne se trouver dans aucune, par des raisons qui seront exposées ailleurs; mais si on fait $n>1$ dans les formules (b), alors la fraction qui en résultera sera certainement l'une des fractions convergentes vers la racine $x=\frac{-\sqrt{A}-\frac{1}{2}g}{f}$.

(72) Soit donc, en supposant $n>1$, $(\varphi+\psi\sqrt{A})^n=\Phi+\Psi\sqrt{A}$, et

$$P=p\Phi+(\tfrac{1}{2}gp+hq)\Psi$$
$$Q=q\Phi-(\tfrac{1}{2}gq+fp)\Psi,$$

on aura $\frac{P}{Q}$ pour l'une des fractions convergentes vers la racine $x'=\frac{-\sqrt{A}-\frac{1}{2}g}{f}$. Mais si on fait semblablement.....

$$P^\circ = -p'\Phi - (\tfrac{1}{2}gp' + hq')\Psi$$
$$Q^\circ = -q'\Phi + (\tfrac{1}{2}gq' + fp')\Psi$$
$$P' = -p^\circ\Phi - (\tfrac{1}{2}gp^\circ + hq^\circ)\Psi$$
$$Q' = -q^\circ\Phi + (\tfrac{1}{2}gq^\circ + fp^\circ)\Psi,$$

il est clair que $\frac{P_\circ}{Q^\circ}$ et $\frac{P'}{Q'}$ seront pareillement des fractions convergentes vers la même racine. Il s'agit maintenant de faire voir que les trois fractions convergentes $\frac{P^\circ}{Q^\circ}, \frac{P}{Q}, \frac{P'}{Q'}$, se suivent immédiatement dans l'ordre où elles sont écrites.

Et d'abord les valeurs précédentes donnent $PQ^\circ - P^\circ Q = (p'q - pq')(\Phi^2 - A\Psi^2) = \pm 1$, et $(P'Q - PQ') = -(PQ^\circ - P^\circ Q)$; conditions toutes deux nécessaires pour l'objet que nous avons en vue; mais elles ne sont pas encore suffisantes.

On peut, pour fixer les idées, supposer que la valeur de n est un peu grande, en sorte que la fraction convergente $\frac{P}{Q}$ réponde à une période assez éloignée du commencement de la suite. Comme toutes les périodes sont égales, il importe peu quelle est celle qu'on considère; et la forme qu'on trouvera pour une période éloignée, conviendra également à toutes les autres périodes. Or lorsque n est un peu grand, les nombres Φ et Ψ sont très-considérables, et comme on a toujours $\Phi^2 - A\Psi^2 = (\pm 1)^n = \pm 1$, il s'ensuit qu'on a alors à très-peu près $\Phi = \Psi\sqrt{A}$; substituant cette valeur dans celle de P, on aura $P = \Psi(p\sqrt{A} + \tfrac{1}{2}gp + hq) = \Psi(\sqrt{A} + \tfrac{1}{2}g)(p - qx)$, x désignant la première racine $\frac{\sqrt{A} - \frac{1}{2}g}{f}$ dont $\frac{p}{q}$ est une valeur approchée.

On trouvera de semblables valeurs pour P° et P', et si, pour abréger, on appelle R le facteur constant $\Psi(\sqrt{A} + \tfrac{1}{2}g)$, on aura

$$P^\circ = -R(p' - q'x)$$
$$P = \quad R(p - qx)$$
$$P' = -R(p^\circ - q^\circ x).$$

Soit z le quotient-complet qui répond à la fraction convergente $\frac{p}{q}$ dans le développement de la valeur de x, on aura $x=\frac{pz+p^\circ}{qz+q^\circ}$, ou $z=\frac{-(p^\circ-q^\circ x)}{p-qx}$; or z doit être positif et plus grand que l'unité; donc $-(p^\circ-q^\circ x)$ est plus grand que $p-qx$ et de même signe; par la même raison, $(p-qx)$ est de même signe et plus grand que $-(p'-q'x)$; donc les trois nombres P°, P, P' sont de même signe, et ils se suivent par ordre de grandeur, en sorte qu'on a $P^\circ < P$, $P < P'$. On démontrerait la même chose des trois nombres Q°, Q, Q'; et cela posé, si les deux fractions convergentes $\frac{P^\circ}{Q^\circ}$, $\frac{P}{Q}$, ne se suivent pas immédiatement, on ne peut du moins concevoir d'intermédiaire entre elles que la fraction $\frac{P-P^\circ}{Q-Q^\circ}$; car comme on a déja $PQ^\circ-P^\circ Q=\pm 1$, et qu'en représentant par $\frac{M}{N}$ la fraction convergente qui précède $\frac{P}{Q}$, on doit avoir aussi $PN-MQ=\pm 1$, il s'ensuit qu'on a $M=kP\pm P^\circ$, et $N=kQ\pm Q^\circ$, k étant un nombre indéterminé. Or la condition que M soit comprise entre P et P°, donne $k=1$, $M=P-P^\circ$, $N=Q-Q^\circ$. Ainsi on est assuré que la fraction convergente $\frac{P}{Q}$ est précédée de $\frac{P^\circ}{Q^\circ}$, ou qu'au moins elle l'est de $\frac{P-P^\circ}{Q-Q^\circ}$.

(73) L'incertitude à cet égard va bientôt être fixée, en déterminant le quotient-complet qui répond à la fraction $\frac{P}{Q}$. Soit z ce quotient-complet dans l'hypothèse que $\frac{P^\circ}{Q^\circ}$ précède $\frac{P}{Q}$, alors la valeur entière de la fraction continue serait $\frac{Pz+P^\circ}{Qz+Q^\circ}$; soit y le quotient-complet dans l'hypothèse que $\frac{P-P^\circ}{Q-Q^\circ}$ précède $\frac{P}{Q}$, on aurait la valeur de la fraction continue

$$=\frac{Py+P-P^\circ}{Qy+Q-Q^\circ}=\frac{-P(y+1)+P^\circ}{-Q(y+1)+Q^\circ}.$$

Or il est clair que cette seconde hypothèse est renfermée dans la première, en supposant $z=-y-1$; donc si en partant de la première hypothèse, on trouve une valeur positive de z, ce sera une preuve que cette hypothèse est légitime, et qu'en effet $\frac{P^\circ}{Q^\circ}$, $\frac{P}{Q}$ sont des fractions convergentes consécutives. Si au contraire le calcul donne pour z une valeur négative, on en conclura que la seconde hypothèse est la véritable.

Or je dis que la valeur de z est non-seulement positive, mais qu'elle est en général $\frac{\sqrt{A}+I'}{D}$; je dis de plus que l'entier compris dans cette quantité est μ. Si ce dernier point est vrai, il faudra donc qu'on ait $P'=\mu P+P^\circ$, $Q'=\mu Q+Q^\circ$, et c'est en effet ce qui se vérifie immédiatement par les valeurs de P, Q, P°, Q°, etc., puisqu'on a toujours $p'=\mu p+p^\circ$, et $q'=\mu q+q^\circ$. Au reste, la seconde partie peut se prouver généralement ainsi.

On a d'abord $I'=\mu D-I$, ce qui donne $\frac{\sqrt{A}+I'}{D}=\mu+\frac{\sqrt{A}-I}{D}$; d'ailleurs la valeur de q° trouvée n° 62, donne $\frac{q^\circ}{q}=\frac{\frac{1}{2}g-I}{D}+\frac{f}{D}\cdot\frac{p}{q}$; et comme $\frac{p}{q}$ est déja une valeur fort approchée de $\frac{\sqrt{A}-\frac{1}{2}g}{f}$, on a à très-peu près $\frac{q^\circ}{q}=\frac{\frac{1}{2}g-I}{D}+\frac{f}{D}\cdot\frac{\sqrt{A}-\frac{1}{2}g}{f}=\frac{\sqrt{A}+I}{D}$; d'où l'on voit que $\frac{\sqrt{A}-I}{D}$, égale à très-peu près à $\frac{q^\circ}{q}$, est toujours plus petite que l'unité; ainsi on a, suivant la notation accoutumée, $\frac{\sqrt{A}+I'}{D}=\mu+$.

Venons à la première partie de notre assertion. Si $\frac{\sqrt{A}+I'}{D}$ est le quotient-complet qui répond à la fraction convergente $\frac{P}{Q}$, et que celle-ci soit précédée de $\frac{P^\circ}{Q^\circ}$, il faudra donc que la seconde racine x' de l'équation $fx^2+gx+h=0$, ait pour valeur

$$x'=\frac{P(\sqrt{A}+I')+P^\circ D}{Q(\sqrt{A}+I')+Q^\circ D};$$

Mettant au lieu de I' sa valeur $\mu D - I$, et observant qu'on a $\mu P + P^{\circ} = P'$, $\mu Q + Q^{\circ} = Q'$, cette équation deviendra

$$x' = \frac{P(\sqrt{A} - I) + P'D}{Q(\sqrt{A} - I) + Q'D}.$$

Si on y substitue ensuite les valeurs de P, Q, P', Q', et que dans le résultat on mette au lieu de p° et q° leurs valeurs trouvées n° 62, on aura

$$x' = \frac{\Phi(p\sqrt{A} + \frac{1}{2}gp + hq) + \Psi(\frac{1}{2}gp\sqrt{A} + hq\sqrt{A} + Ap)}{\Phi(q\sqrt{A} - \frac{1}{2}gq - fp) - \Psi(\frac{1}{2}gq\sqrt{A} + fp\sqrt{A} - Aq)},$$

quantité qu'on peut mettre sous la forme

$$x' = \frac{(\Phi + \Psi\sqrt{A})(p\sqrt{A} + \frac{1}{2}gp + hq)}{(\Phi + \Psi\sqrt{A})(q\sqrt{A} - \frac{1}{2}gq - fp)};$$

de sorte qu'en supprimant le facteur commun aux deux termes, on aura

$$x' = \frac{p\sqrt{A} + \frac{1}{2}gp + hq}{q\sqrt{A} - \frac{1}{2}gq - fp}.$$

Mais à cause de $A = \frac{1}{4}g^2 - fh$, on a $h = \frac{(\frac{1}{2}g + \sqrt{A})(\frac{1}{2}g - \sqrt{A})}{f}$, et ainsi $p\sqrt{A} + \frac{1}{2}gp + hq = \frac{(\sqrt{A} + \frac{1}{2}g)}{f}(fp + \frac{1}{2}gq - q\sqrt{A})$; donc enfin la valeur de x' se réduit à

$$x' = \frac{-\sqrt{A} - \frac{1}{2}g}{f};$$

ce qui est la seconde racine de l'équation $fx^2 + gx + h = 0$.

(74) Ce résultat justifie pleinement les diverses propositions que nous avons avancées, et il en résulte, pour principale conséquence, que $\frac{\sqrt{A} + I'}{D}$ est le quotient-complet qui dans le développement de la seconde racine x' répond à la fraction convergente $\frac{P}{Q}$. Par la même raison, le quotient complet qui répond à la fraction suivante $\frac{P'}{Q'}$, est $\frac{\sqrt{A} + I}{D^{\circ}}$, celui qui vient immédiatement après est $\frac{\sqrt{A} + I^{\circ}}{D^{\circ\circ}}$ etc.;

d'où l'on voit que les dénominateurs D, D°, D°°, etc. suivent un ordre contraire à celui qu'ils ont dans le développement de la première racine.

Au reste, l'existence du quotient-complet $\frac{\sqrt{A}+I'}{D}$ suffit pour prouver celle des quotients-complets suivants, qu'on en déduit par l'opération ordinaire du développement en fraction continue. En effet, on a déja vu que l'entier compris dans $\frac{\sqrt{A}+I'}{D}$ est μ; de là, et des relations déja connues par le développement de la première racine, on tire la suite

$$\frac{\sqrt{A}+I'}{D}=\mu+\frac{\sqrt{A}-I}{D}$$

$$\frac{D}{\sqrt{A}-I}=\frac{\sqrt{A}+I}{D^{\circ}}=\mu^{\circ}+\frac{\sqrt{A}-I^{\circ}}{D^{\circ}}$$

$$\frac{D^{\circ}}{\sqrt{A}-I^{\circ}}=\frac{\sqrt{A}+I^{\circ}}{D^{\circ\circ}}=\mu^{\circ\circ}+\frac{\sqrt{A}-I^{\circ\circ}}{D^{\circ\circ}}$$

etc.

Mais la suite des quotients μ, μ°, $\mu^{\circ\circ}$, etc. retombera nécessairement sur le quotient μ; ainsi la période qui règne dans le développement de la seconde racine, est composée des mêmes termes que la période de la première racine, avec cette seule différence que les termes y sont rangés dans un ordre inverse.

S'il arrivait que la période qui règne dans le développement d'une racine fût de la forme $\mu, \mu', \mu'' \ldots \mu'', \mu', \mu, k$, c'est-à-dire fût composée d'une partie symétrique, précédée ou suivie d'un terme isolé k, alors le renversement donnerait toujours la même période, laquelle par conséquent serait commune aux deux racines de l'équation. C'est ce qui s'observe dans un grand nombre de cas, et alors les mêmes quotients-complets se trouvent aussi dans le développement des deux racines, et y suivent le même ordre.

§ XI. *Résolution en nombres entiers de l'équation* $Ly^2 + Myz + Nz^2 = \pm H$.

(75) Il faut distinguer deux cas, selon que y et z sont ou ne sont pas premiers entre eux. Pour ramener le second cas au premier, soit θ la plus grande commune mesure de y et de z, et soit $y = \theta y'$, $z = \theta z'$, alors le premier membre étant divisible par θ^2, il faudra que H soit aussi divisible par θ^2. Soit donc $H = \theta^2 H'$, on aura

$$Ly'^2 + My'z' + Nz'^2 = \pm H',$$

équation dans laquelle y' et z' sont maintenant premiers entre eux. Donc autant il y aura de carrés θ^2 qui peuvent diviser H, autant on aura à résoudre d'équations semblables à la précédente, dans lesquelles les indéterminées seront des nombres premiers entre eux.

On peut supposer que cette sorte de décomposition a été faite par une opération préliminaire; nous pouvons donc regarder l'équation proposée $Ly^2 + Myz + Nz^2 = \pm H$ comme l'une des celles où il faut que les indéterminées y et z soient des nombres premiers entre eux.

Cela posé, nous distinguerons encore le cas où z et H sont premiers entre eux, et celui où ils ont un commun diviseur θ. Dans ce dernier cas, soit $z = \theta z'$, $H = \theta H'$, il faudra que $\frac{Ly^2}{\theta}$ soit un entier; mais comme y n'a aucun diviseur commun avec z, ni par conséquent avec θ, cette condition exige que L soit divisible par θ. Soit donc $L = \theta L'$, et l'équation à résoudre deviendra

$$L'y^2 + Myz' + \theta Nz'^2 = \pm H',$$

dans laquelle maintenant on peut considérer z' et H' comme premiers entre eux.

Donc autant il y aura de diviseurs communs entre L et H (l'unité comprise), autant il y aura d'équations à résoudre dans lesquelles z' et H' seront premiers entre eux. Mais il est facile d'éviter cette multiplicité de cas à résoudre, par une transformation qui consiste à mettre $y' + mz$ à la place de y, et à déterminer m de manière que $Lm^2 + Mm + N$ n'ait aucun diviseur commun avec H. Alors la nouvelle indéterminée y' ne pourra plus avoir de diviseur commun avec H. Ainsi toute la difficulté se réduit à résoudre l'équation

$$Ly^2 + Myz + Nz^2 = \pm H,$$

dans laquelle z et y sont premiers entre eux, ainsi que z et H. Or cette équation présente différents cas à examiner, selon que le nombre $4LN - M^2$ est positif, zéro ou négatif; c'est-à-dire, selon que les deux facteurs du premier membre sont imaginaires, égaux ou réels.

(76) Soit d'abord $4LN - M^2 =$ à un nombre positif B, si on multiplie l'équation proposée par $4L$, et qu'on fasse $2Ly + Mz = x$, on aura

$$x^2 + Bz^2 = +4LH.$$

(Nous mettons + seulement dans le second membre, parce qu'on voit bien que le signe — ne pourrait avoir lieu). Or ayant à résoudre l'équation $x^2 + Bz^2 = C$, la méthode la plus simple est de calculer successivement les différentes valeurs de la quantité $C - Bz^2$, en faisant $z = 0, 1, 2, 3\ldots$ jusqu'à $z = \sqrt{\frac{C}{B}}$. Si parmi ces valeurs il se trouve un carré, et qu'en même temps la racine x de ce carré rende $\frac{Mz \pm x}{2L}$ égal à un entier, on aura une solution de l'équation proposée. Mais si ces deux conditions ne peuvent être remplies à-la-fois, on conclura que l'équation proposée n'est pas résoluble en nombres entiers.

Il est évident que dans ce premier cas il ne pourra jamais y avoir qu'un nombre limité de solutions en nombres entiers. Ce cas d'ailleurs est si simple, qu'il n'exige aucune des préparations indiquées dans l'article précédent, et qu'on peut procéder à la résolution, comme il vient d'être dit, sans s'embarrasser si y, z et H ont ou n'ont pas de commun diviseur.

(77) Prenons pour exemple l'équation $15y^2+43yz+32z^2=223$: si on multiplie les deux membres par 60, et qu'on fasse $30y+43z=x$, la transformée sera

$$x^2+71z^2=13380.$$

Je calcule donc les valeurs de la quantité $13380-71z^2$, en faisant successivement $z=0, 1, 2, 3$, etc., jusqu'à ce que la quantité dont il s'agit cesse d'être positive; les résultats qu'on obtient facilement, au moyen de leurs différences uniformément croissantes, sont:

Valeurs de x^2..	13380,	13309,	13096,	12741,	12244,	11605,	10824,
Différences....		71,	213,	355,	497,	639,	781,	923,
Valeurs de x^2..	9901,	8836,	7629,	6280,	4789,	3156,	1381.
Différences....	1065,	1207,	1349,	1491,	1633,	1775.	

Or parmi ces résultats, il n'y a que 8836 qui soit un carré parfait, celui de 94; ainsi les seules valeurs de z et x à employer sont $z=8$ et $x=\pm 94$; mais de là résulte $y=\frac{\pm 94-344}{30}$, et cette valeur ne se réduit pas à un nombre entier; l'équation proposée n'est donc pas résoluble en nombres entiers; on peut seulement y satisfaire par des valeurs rationnelles telles que $z=8$, $y=-\frac{25}{3}$, et une infinité d'autres.

(78) Si on a $4LN-M^2=0$, ou si les facteurs du premier membre de l'équation proposée sont égaux, il faudra, pour que cette équation soit résoluble, qu'elle soit de la forme $(my+nz)^2=h^2$, et alors elle se réduit à l'équation du premier degré $my+nz=\pm h$, laquelle sera toujours possible, si m et n sont premiers entre eux.

Il ne reste donc plus à examiner que le cas où $4LN-M^2$ est égal à un nombre négatif $-B$. Et d'abord si le nombre B est un carré parfait, les facteurs de la quantité $Ly^2+Myz+Nz^2$ seront rationnels, et l'équation à résoudre sera de la forme

$$(my + nz)(fy + gz) = \pm H.$$

Or il est visible que la résolution de cette équation se réduit à celle des deux équations déterminées

$$my + nz = \theta$$
$$fy + gz = \pm \frac{H}{\theta},$$

θ étant un facteur quelconque de H. On prendra donc successivement pour θ tous les diviseurs de H, en y comprenant l'unité, et on résoudra relativement à chacun d'eux les équations déterminées qui précèdent. On pourra obtenir, par ce moyen, plusieurs solutions, si toutefois les valeurs de y et z qui en résultent sont des entiers; mais dans aucun cas, le nombre de ces solutions ne pourra excéder celui des diviseurs du nombre H.

(79) Supposons enfin qu'on ait $M^2 - 4LN = 4A$, A n'étant point un carré parfait. Alors l'équation proposée

$$Ly^2 + Myz + Nz^2 = \pm H$$

présentera deux cas à examiner, selon que H est $< \sqrt{A}$ ou $> \sqrt{A}$.

Soit d'abord $H < \sqrt{A}$; dans ce cas il suffit de développer en fraction continue une racine de l'équation

$$Lx^2 + Mx + N = 0;$$

et si parmi les quotients-complets $\frac{\sqrt{A} + I}{D}$ qui résultent de cette opération, on en trouve un dont le dénominateur $D = H$, on en conclura que l'une au moins des deux équations

$$Ly^2 + Myz + Nz^2 = + H$$
$$Ly^2 + Myz + Nz^2 = - H$$

est résoluble, ou même toutes les deux, lorsque les conditions nécessaires sont remplies. Nous avons donné ces conditions dans le paragraphe IX, ainsi que les formules qui contiennent les valeurs complètes de y et z, et nous avons remarqué que ces formules renferment le résultat du développement des deux racines de l'équation $Lx^2 + Mx + N = 0$, de sorte qu'il suffit d'en développer une.

Le nombre H peut se trouver plusieurs fois parmi les valeurs de D dans le cours d'une même période, et il en résulte alors autant de solutions différentes de l'équation proposée. Mais s'il ne se trouve nulle part parmi ces valeurs, on en conclura avec certitude que l'équation proposée n'est résoluble ni avec le second membre $+ H$, ni avec le second membre $- H$.

Ce premier cas de $H < \sqrt{A}$ se résout donc immédiatement, et avec beaucoup de facilité, par le seul développement d'une racine de l'équation $Lx^2 + Mx + N = 0$ en fraction continue. Il faut même observer que cette solution suppose seulement y et z premiers entre eux $\left(\text{car } \frac{y}{z} \text{ étant assimilée à une fraction convergente } \frac{p}{q}, \text{ doit toujours être une fraction irréductible, puisqu'on a } pq^\circ - p^\circ q = \pm 1\right)$, et ainsi elle n'exige pas que z et H soient premiers entre eux. On peut donc, par ce moyen, se dispenser de faire la décomposition relative aux facteurs communs de L et de H, dont on a fait mention n° 75, et on aura, par une seule opération, la résolution de toutes les équations de cette sorte. Mais il faut, comme nous l'avons supposé, que H soit $< \sqrt{A}$; de plus, si H contient un facteur carré θ^2, il faudra, comme nous l'avons déja indiqué, faire $y = \theta y'$, $z = \theta z'$, $H = \theta^2 H'$, et résoudre, par la même voie, chaque équation.... $Ly'^2 + My'z' + Nz'^2 = \pm H'$ pour chaque facteur carré θ^2 qui peut diviser H.

(80) Soit en second lieu $H > \sqrt{A}$, alors on supposera que l'équation est préparée, comme on l'a dit n° 75, de manière que y et z soient premiers entre eux, ainsi que z et H. On pourra faire alors

$$y = nz + Hu,$$

et ajouter même la condition que n ne surpasse pas $\frac{1}{2}H$; car l'équation précédente subsisterait en mettant $n-\alpha H$ à la place de n, et $u+\alpha z$ à la place de u; or il est clair qu'on peut prendre α, de manière que $n-\alpha H$ soit compris entre $+\frac{1}{2}H$ et $-\frac{1}{2}H$. Substituant donc la valeur de y dans l'équation proposée, et divisant le résultat par H, on aura

$$\left(\frac{Ln^2+Mn+N}{H}\right)z^2+(2nL+M)zu+LHu^2=\pm 1;$$

et puisque z et H sont premiers entre eux, cette équation ne peut avoir lieu, à moins que $\frac{Ln^2+Mn+N}{H}$ ne soit un entier. On donnera donc à n toutes les valeurs en nombres entiers depuis $-\frac{1}{2}H$ jusqu'à $+\frac{1}{2}H$; et s'il n'en est aucune qui rende la quantité... Ln^2+Mn+N divisible par H, on prononcera avec certitude que l'équation proposée n'est pas résoluble. Si au contraire on trouve une ou plusieurs valeurs de n qui remplissent cette condition, il faudra prendre successivement ces différentes valeurs, et faire un calcul séparé pour chacune, comme si l'équation proposée était transformée en autant d'équations différentes.

Soit, pour abréger, $Ln^2+Mn+N=fH$, $2nL+M=g$, $LH=h$, l'équation à résoudre pour chaque valeur de n sera

$$fz^2+gzu+hu^2=\pm 1,$$

où il est à remarquer qu'on a toujours $g^2-4fh=M^2-4LN=4A$.

Nous avons donné dans le paragraphe IX une méthode pour résoudre cette équation lorsqu'elle est possible, et les mêmes remarques que nous avons faites lorsque D est $<\sqrt{A}$, sont également applicables dans le cas présent où $D=1$: ainsi nous n'avons rien à ajouter sur cet objet, d'autant qu'on voit bien qu'ayant trouvé les valeurs générales de z et u, on en tire immédiatement celles des indéterminées de l'équation proposée, exprimées pareillement en nombres entiers.

EXEMPLE I.

(81) Soit proposé de résoudre en nombres entiers l'équation $2x^2 - 23y^2 = 105$.

Cette équation se rapporte au cas précédent; elle n'est point susceptible de se décomposer en plusieurs autres, parce que 105 n'a point de diviseur carré, ni de commun diviseur avec le coefficient 2. On fera donc $x = ny - 105z$, et on déterminera $n < \frac{105}{2}$, de manière que $\frac{2n^2 - 23}{105}$ soit un entier. Plusieurs moyens seront donnés ci-après pour faciliter de semblables recherches; observons, quant à présent, que comme 105 est le produit des nombres premiers 3, 5, 7, il faut chercher séparément trois valeurs de n telles que $\frac{2n^2 - 23}{3}$, $\frac{2n^2 - 23}{5}$, $\frac{2n^2 - 23}{7}$ soient des entiers. Ces valeurs sont respectivement $n = 3\alpha \pm 1$, $n = 5\beta \pm 2$, $n = 7\gamma \pm 1$, les nombres α, β, γ, étant à volonté. Or ces formules sont faciles à concilier entre elles, et comme il suffit de considérer les valeurs de n positives et moindres que $\frac{105}{2}$, la dernière formule donnera

$$n = 6, 8, 13, 15, 20, 22, 27, 29, 34, 36, 41, 43, 48, 50.$$

De là il faut écarter tous les nombres qui ne satisfont pas à la seconde formule, ou qui divisés par 5 ne laissent pas ± 2 de reste; ainsi les 14 valeurs précédentes se réduisent à celles-ci $n = 8, 13, 22, 27, 43, 48$. Enfin pour satisfaire à la première formule, il faut encore supprimer tous les nombres divibles par 3, ce qui ne laissera subsister que ces quatre valeurs $n = 8, 13, 22, 43$.

Soit donc 1° $n = 8$, et $x = 8y - 105z$, la transformée sera

$$y^2 - 32yz + 210z^2 = 1.$$

Toutes les fois qu'on parvient ainsi à une équation de la forme

$$y^2 - 2fyz + gz^2 = +1,$$

on est assuré que la solution est toujours possible, parce qu'en faisant $y-fz=u$, l'équation devient $u^2-Az^2=1$, qui est toujours résoluble. Dans le cas présent, on trouvera par les formules du nº 69,

$$y=\Phi\pm 16\Psi$$
$$z=\pm\Psi$$
$$(24335+3588\sqrt{46})^n=\Phi+\Psi\sqrt{46};$$

d'où résulte pour première solution de la proposée

$$x=8\Phi\pm 23\Psi$$
$$y=\ \Phi\pm 16\Psi.$$

Soit 2° $n=13$ et $x=13y-105z$, la transformée sera

$$3y^2-52yz+210z^2=1.$$

Pour résoudre celle-ci, il faut développer en fraction continue une racine de l'équation $3x^2-52x+210=0$. Voici l'opération avec le calcul des fractions convergentes, prolongé seulement jusqu'à ce qu'on trouve $D=1$:

$x=\frac{\sqrt{46}+26}{3}=10+$	1 : 0
$\frac{\sqrt{46}+4}{10}=\ 1+$	10 : 1
$\frac{\sqrt{46}+6}{1}=12+$	11 : 1
etc.	etc.

Cela posé, les nombres à substituer dans les formules du nº 69 sont $p=11$, $q=1$, $a=3$, $b=-26$, $c=210$, $A=46$; d'ailleurs on a déja trouvé dans le premier cas, que les moindres nombres qui satisfont à l'équation $\varphi^2-46\psi^2=\pm 1$ sont $\varphi=24335$, $\psi=3588$, lesquels donnent $\varphi^2-46\psi^2=+1$; et comme on a en même temps $pq^0-p^0q=+1$, l'équation proposée $3y^2-52yz+210z^2=+1$ sera résoluble (elle ne le serait pas si le second membre était -1); faisant donc toujours

$$(24335 + 3588\sqrt{46})^n = \Phi + \Psi\sqrt{46},$$

on aura par les substitutions $y = 11\Phi \pm 76\Psi$, $z = \Phi \pm 7\Psi$; d'où résulte pour seconde solution

$$x = 38\Phi \pm 253\Psi$$
$$y = 11\Phi \pm 76\Psi.$$

Remarquez qu'on aurait pu trouver immédiatement les valeurs de y et de z par l'opération seule du développement en fraction continue; car si à la place du quotient-complet $\frac{\sqrt{46}+6}{1}$ qui répond à la fraction convergente $\frac{11}{1}$, on met sa valeur approchée $\frac{\Phi}{\Psi} + 6$, et si ensuite, au moyen de ce quotient, considéré comme entier, on calcule la fraction convergente qui suivrait $\frac{11}{1}$, on trouve que cette fraction est $\frac{11\left(6+\frac{\Phi}{\Psi}\right)+10}{1\left(6+\frac{\Phi}{\Psi}\right)+1}$, laquelle se réduit à $\frac{11\Phi + 76\Psi}{\Phi + 7\Psi}$. C'est la valeur générale de $\frac{y}{z}$, dans laquelle il ne reste plus qu'à donner à Ψ le double signe $\pm$. Il serait facile de démontrer que ce procédé, qui dispense de recourir aux formules générales, s'accorde entièrement avec elles, et peut par conséquent leur être substitué, même pour une valeur quelconque de D.

Soit 3° $n = 22$, et $x = 22y - 105z$, la transformée sera

$$9yy - 88yz + 210z^2 = 1.$$

On développera donc une racine de l'équation $9x^2 - 88x + 210 = 0$, jusqu'à ce qu'on trouve un quotient-complet dont le dénominateur soit 1, et on calculera à mesure les fractions convergentes comme il suit :

$$x=\frac{\sqrt{46}+44}{9}=5+ \qquad 1 : 0$$
$$\frac{\sqrt{46}+1}{5}=1+ \qquad 5 : 1$$
$$\frac{\sqrt{46}+4}{6}=1+ \qquad 6 : 1$$
$$\frac{\sqrt{46}+2}{7}=1+ \qquad 11 : 2$$
$$\frac{\sqrt{46}+5}{3}=3+ \qquad 17 : 3$$
$$\frac{\sqrt{46}+4}{10}=1+ \qquad 62 : 11$$
$$\frac{\sqrt{46}+6}{1}=12+ \qquad 79 : 14$$

Cette dernière fraction convergente $\frac{79}{14}$ satisfait à l'équation proposée, parce qu'elle est de rang impair, et qu'ainsi on a..... $pq^{\circ}-p^{\circ}q=+1$. Maintenant, suivant la remarque qui a été faite dans le cas précédent, on supposera que le quotient qui répond à la dernière fraction convergente $\frac{79}{14}$ est $6+\frac{\Phi}{\Psi}$, et on en conclura la fraction suivante $\frac{y}{z}=\frac{79\left(6+\frac{\Phi}{\Psi}\right)+62}{14\left(6+\frac{\Phi}{\Psi}\right)+11}=\frac{79\Phi+536\Psi}{14\Phi+95\Psi}$; d'où résultera généralement $y=79\Phi\pm536\Psi$, $z=14\Phi\pm95\Psi$, et ainsi la troisième solution sera

$$x=268\Phi\pm1817\Psi$$
$$y=79\Phi\pm536\Psi.$$

Soit 4° $n=43$ et $x=43y-105z$, la transformée sera

$$35yy-172yz+210z^2=1.$$

Il faut donc développer une racine de l'équation $35x^2-172x+210=0$, jusqu'à ce qu'on trouve un quotient-complet $\frac{\sqrt{46}+I}{D}$, dans lequel D soit égal à l'unité. Voici l'opération

$x=\frac{\sqrt{46}+86}{35}=2+$	1	:	0
$\frac{\sqrt{46}-16}{-6}=1+$	2	:	1
$\frac{\sqrt{46}+10}{9}=1+$	3	:	1
$\frac{\sqrt{46}-1}{5}=1+$	5	:	2
$\frac{\sqrt{46}+6}{2}=6+$	8	:	3
$\frac{\sqrt{46}+6}{5}=2+$	53	:	20
$\frac{\sqrt{46}+4}{6}=1+$	114	:	43
$\frac{\sqrt{46}+2}{7}=1+$	167	:	63
$\frac{\sqrt{46}+5}{3}=3+$	281	:	106
$\frac{\sqrt{46}+4}{10}=1+$	1010	:	381
$\frac{\sqrt{46}+6}{1}=12+$	1291	:	487

Cette onzième fraction convergente satisfait à l'équation proposée $35y^2-172yz+210z^2=+1$, puisqu'elle est de rang impair; ensuite on aura la solution complète, en mettant $6+\frac{\Phi}{\Psi}$ à la place du quotient correspondant, ce qui donnera

$$\frac{y}{z}=\frac{1291\left(6+\frac{\Phi}{\Psi}\right)+1010}{487\left(6+\frac{\Phi}{\Psi}\right)+381}=\frac{1291\Phi+8756\Psi}{487\Phi+3303\Psi};$$

d'où résultera la quatrième solution

$$x=4378\Phi\pm29693\Psi$$
$$y=1291\Phi\pm\ 8756\Psi.$$

Il est bon de remarquer qu'on serait parvenu plus promptement et plus simplement à cette quatrième solution, en développant l'autre racine de la même équation. Voici l'opération :

$$x=\frac{\sqrt{46}-86}{-35}=2+ \qquad 1 : 0$$
$$\frac{\sqrt{46}+16}{6}=3+ \qquad 2 : 1$$
$$\frac{\sqrt{46}+2}{7}=1+ \qquad 7 : 3$$
$$\frac{\sqrt{46}+5}{3}=3+ \qquad 9 : 4$$
$$\frac{\sqrt{46}+4}{10}=1+ \qquad 34 : 15$$
$$\frac{\sqrt{46}+6}{1}=12+ \qquad 43 : 19.$$

De là résulte $\frac{y}{z}=\frac{43\left(6+\frac{\Phi}{\Psi}\right)+34}{19\left(6+\frac{\Phi}{\Psi}\right)+15}=\frac{43\Phi+292\Psi}{19\Phi+129\Psi}$, et on a pour la quatrième solution

$$x=146\Phi\pm989\Psi$$
$$y=43\Phi\pm292\Psi.$$

Formules qui reviennent au même, et qui sont plus simples que celles qu'on a trouvées par le moyen de l'autre racine. Cette identité au reste se démontre, en supposant que les Φ et Ψ de cette formule répondent à une valeur de n moindre d'une unité que les Φ et Ψ de l'autre formule ; de sorte qu'en distinguant ceux-ci par Φ' et Ψ', on pourrait faire $\Phi+\Psi\sqrt{46}=(\Phi'+\Psi'\sqrt{46})(24335-3588\sqrt{46})$.

Rassemblant ces différents résultats, on aura toutes les solutions de l'équation proposée $2x^2-23y^2=105$ contenues dans les formules suivantes, où l'on suppose $(24335+3588\sqrt{46})^n=\Phi+\Psi\sqrt{46}$,

$$x=8\Phi\pm23\Psi,\quad y=\Phi\pm16\Psi$$
$$x=38\Phi\pm253\Psi,\quad y=11\Phi\pm76\Psi$$
$$x=268\Phi\pm1817\Psi,\quad y=79\Phi\pm536\Psi$$
$$x=146\Phi\pm989\Psi,\quad y=43\Phi\pm292\Psi.$$

La même équation, ou une équation équivalente ($p^2-46q^2=210$)

est résolue dans les Mémoires de Berlin, année 1767, et le résultat donné page 263 présente huit solutions.

Ces huit solutions se réduisent aux quatre précédentes; et en général, le calcul peut toujours s'abréger de moitié, en observant, comme nous l'avons fait, qu'il est inutile de développer en fraction continue les deux racines de la même équation, et que le développement d'une seule suffit pour avoir le résultat des deux.

(82) Prenons encore pour exemple l'équation

$$67y^2 - 227yz + 191z^2 = 5,$$

laquelle étant comparée à la formule générale (n° 67) donne $f=67$, $g=-227$, $h=191$, $D=5$, $A=\frac{g^2}{4}-fh=\frac{341}{4}$, et $D<\sqrt{A}$. Donc on peut résoudre cette équation par le développement d'une racine de l'équation $67x^2-227x+191=0$ en fraction continue. Voici l'opération prolongée jusqu'à ce qu'on ait trouvé la période qui se répète à l'infini :

	$x=\frac{113\frac{1}{2}+\frac{1}{2}\sqrt{341}}{67}=1+$	$1 : 0$		
	$\frac{-46\frac{1}{2}+\frac{1}{2}\sqrt{341}}{-31}=1+$	$1 : 1$		
	$\frac{15\frac{1}{2}+\frac{1}{2}\sqrt{341}}{5}=4+$	$2 : 1$	*
*	$\frac{4\frac{1}{2}+\frac{1}{2}\sqrt{341}}{13}=1+$	$9 : 5$	
	$\frac{8\frac{1}{2}+\frac{1}{2}\sqrt{341}}{1}=17+$	$11 : 6$	
	$\frac{8\frac{1}{2}+\frac{1}{2}\sqrt{341}}{13}=1+$	$196 : 107$	
	$\frac{4\frac{1}{2}+\frac{1}{2}\sqrt{341}}{5}=2+$	$207 : 113$	*
	$\frac{5\frac{1}{2}+\frac{1}{2}\sqrt{341}}{11}=1+$	$610 : 333$	
	$\frac{5\frac{1}{2}+\frac{1}{2}\sqrt{341}}{5}=2+$	$817 : 446$	*
*	$\frac{4\frac{1}{2}+\frac{1}{2}\sqrt{341}}{13}=1+$	etc.	

Le quotient-complet $\frac{4\frac{1}{2}+\frac{1}{2}\sqrt{341}}{13}$ étant un de ceux qui ont été déja trouvés, l'opération est terminée, et on voit qu'immédiatement après les premiers termes 1, 1, 4, on a la période 1, 17, 1, 2, 1, 2, laquelle se répète à l'infini.

Si on cherche maintenant le nombre 5 parmi les dénominateurs des quotients-complets, on verra que la troisième fraction convergente, la septième et la neuvième, peuvent satisfaire à l'équation proposée. La septième et la neuvième comprises dans une même période, satisfont en effet, parce qu'elles sont de rang impair, et que dans la valeur de x le radical a été pris en plus. Quant à la troisième, elle satisfait aussi; mais nous en ferons abstraction, parce qu'il suffit de considérer les solutions données par les termes d'une même période, et que toutes les autres doivent y être contenues. Voyez à ce sujet le paragraphe suivant.

On aura donc, par la septième fraction convergente, $p=207$, $q=113$, et calculant à l'ordinaire la valeur de la période comptée depuis ce terme :

Période...... 2, 1, 2, 1, 17, 1

Fract. converg. $\frac{1}{0}$, $\frac{2}{1}$, $\frac{3}{1}$, $\frac{8}{3}$, $\frac{11}{4}$, $\frac{195}{71}$, $\frac{206}{75}$,

on trouve $\frac{\alpha}{6}=\frac{206}{75}$, $6^{\circ}=71$, $\varphi=\frac{\alpha+6^{\circ}}{2}=138\frac{1}{2}$, $\psi=\frac{6}{D}=15$, donc on aura

$$\left(\frac{277}{2}+\frac{15}{2}\sqrt{341}\right)^n=\Phi+\frac{1}{2}\Psi\sqrt{341}.$$

Or on a en même temps $\varphi^2-A\psi^2=+1$, ce qui prouve que l'équation proposée est résoluble avec le second membre $+5$; mais elle ne le serait pas avec le second membre -5. Cela posé, en substituant les valeurs trouvées dans la formule du n° 67, on aura pour première solution de l'équation proposée

$$y=207\Phi\pm3823.\tfrac{1}{2}\Psi$$
$$z=113\Phi\pm2087.\tfrac{1}{2}\Psi.$$

Procédant de la même manière à l'égard de la neuvième fraction convergente $\frac{817}{446}$, on en déduira cette seconde solution :

$$y = 817\Phi \pm 15087 . \tfrac{1}{2}\Psi$$
$$z = 446\Phi \pm \ 8236 . \tfrac{1}{2}\Psi.$$

Ces dernières formules sont celles qui contiennent la solution $\frac{2}{1}$ que nous avons remarquée dans la partie irrégulière de la fraction continue. En effet, si on suppose $n=1$, $\Phi = \frac{277}{2}$, $\pm\Psi = -15$, on trouvera $y=2$, $z=1$. De là on peut présumer que la seconde solution générale est susceptible de se réduire à une forme plus simple, et c'est de quoi on s'assurera aisément, en prenant au lieu de Φ et Ψ les quantités analogues qui répondent à une valeur de n différente d'une unité. Il en résultera

$$y = 2\Phi \pm 72 . \tfrac{1}{2}\Psi$$
$$z = \ \Phi \pm 41 . \tfrac{1}{2}\Psi.$$

(83) On voit, par ce qui a été démontré dans ce paragraphe, que lorsque les équations qui en font l'objet sont possibles, leur résolution est donnée par un ou plusieurs systèmes de formules telles que

$$y = a'\Phi + b'\Psi$$
$$z = a''\Phi + b''\Psi,$$

les nombres a', b', a'', b'' étant constants, et les quantités Φ, Ψ étant tirées de l'équation

$$(\varphi + \psi\sqrt{A})^n = \Phi + \Psi\sqrt{A},$$

dans laquelle n est un nombre indéterminé, et où l'on a toujours $\varphi^2 - A\psi^2 = \pm 1$, et par conséquent aussi $\Phi^2 - A\Psi^2 = (\pm 1)^n = +1$ ou -1.

Dans les formules générales, on peut prendre Ψ négatif ou positif à volonté, et ainsi affecter Ψ du double signe ± 1; ce qui revient à laisser le signe de Ψ déterminé, mais à prendre pour n des valeurs quelconques tant positives que négatives. En effet on a...

$(\varphi+\psi\sqrt{A})^{-n}=(\varphi^2-A\psi^2)^{-n}(\varphi-\psi\sqrt{A})^n=(\pm 1)^n(\Phi-\Psi\sqrt{A})$, et ainsi le changement du signe de n revient au même que celui du signe Ψ; car d'ailleurs le signe de $(\pm 1)^n$ qui affecte le tout est indifférent, puisque par la nature de l'équation proposée on peut changer à-la-fois le signe de y et celui de z.

Il résulte de là que les diverses valeurs de y et de z comprises dans un système de formules, tel que le précédent, forment deux suites qui s'étendent à l'infini, tant dans le sens positif que dans le sens négatif, et dont chaque terme répond à une valeur déterminée de n positive ou négative, en cette sorte :

n	.... etc.	-3,	-2,	-1,	0,	1,	2,	3,	etc.
y	etc.	$'''p$,	$''p$,	$'p$,	p,	$p(1)$,	$p(2)$,	$p(3)$,	etc.
z	etc.	$'''q$,	$''q$,	$'q$,	q,	$q(1)$,	$q(2)$,	$q(3)$,	etc.

Au reste, la manière la plus simple de calculer les valeurs numériques de ces termes, est de faire usage de la loi trouvée n° 62, laquelle donnera $p(2)=2\varphi p(1)\mp p$ (le signe $\mp$ étant le contraire de celui de $\varphi^2-A\psi^2$). Cette formule où $p, p(1), p(2)$ désignent en général trois termes consécutifs, peut servir à prolonger l'une des séries, soit à droite, soit à gauche, et la même loi a lieu dans l'autre série.

§ XII. *Démonstration d'une proposition supposée dans les paragraphes précédents.*

(84) Nous avons supposé jusqu'ici que s'il est possible de satisfaire à l'équation $fy^2 + gyz + hz^2 = \pm H$, où l'on suppose y et z premiers entre eux, et $H < \frac{1}{2}\sqrt{(g^2 - 4fh)}$, la fraction $\frac{y}{z}$ est toujours comprise parmi les fractions convergentes vers une racine de l'équation $fx^2 + gx + h = 0$. Cette proposition a beaucoup d'analogie avec celle du n° 10; mais il n'est pas moins nécessaire de démontrer qu'elle est vraie généralement, sauf une légère exception dont nous ferons mention.

Soit f un nombre positif, g et h des nombres positifs ou négatifs à volonté; soit $\frac{p}{q}$ une fraction donnée dont les termes sont premiers entre eux, et satisfont à l'équation

$$fp^2 + gpq + hq^2 = \pm H,$$

je suppose qu'on développe $\frac{p}{q}$ en fraction continue, et que les quotients qui résultent de cette opération soient $\alpha, \beta, \ldots \lambda, \mu$. Au moyen de ces quotients, on calculera à l'ordinaire les fractions convergentes vers $\frac{p}{q}$, et en désignant par $\frac{p^\circ}{q^\circ}$ celle qui précède immédiatement $\frac{p}{q}$, nous avons déja vu (n° 9) qu'on peut faire à volonté $pq^\circ - p^\circ q = +1$, ou $pq^\circ - p^\circ q = -1$.

Cela posé, considérons les mêmes fractions consécutives $\frac{p^\circ}{q^\circ}, \frac{p}{q}$ comme appartenant au développement de x en fraction continue; soit z le quotient-complet qui répond à la dernière, il faudra donc qu'on ait $x = \frac{pz + p^\circ}{qz + q^\circ}$, ou $z = \frac{q^\circ x - p^\circ}{p - qx}$. Maintenant la supposition faite que $\frac{p^\circ}{q^\circ}$, $\frac{p}{q}$ sont deux fractions consécutives convergentes vers x, sera légitime, si la valeur de z qu'on vient de trouver est positive et plus grande que l'unité; car telle est la condition à laquelle doivent être soumis tous les quotients-complets qui résultent du développement d'une quantité quelconque en fraction continue. Il s'agit donc d'examiner si cette condition est remplie.

De l'équation précédente on tire $z+\frac{q^\circ}{q}=\frac{pq^\circ-p^\circ q}{q^2\left(\frac{p}{q}-x\right)}$, or en faisant toujours $A=\frac{1}{4}g^2-fh$, on a $x=\frac{-\frac{1}{2}g\pm\sqrt{A}}{f}$; substituant cette valeur à la place de x, et faisant passer le radical au numérateur, on aura

$$z+\frac{q^\circ}{q}=\frac{pq^\circ-p^\circ q}{2}\cdot\frac{2f\frac{p}{q}+g\mp 2\sqrt{A}}{fp^2+gpq+hq^2}.$$

Dans cette équation, on peut prendre à volonté le signe de $\sqrt{A}$, parce qu'on est maître de prendre pour x l'une ou l'autre racine de l'équation $fx^2+gx+h=0$, et la valeur de z est différente dans les deux cas; en même temps, puisqu'on a $fp^2+gpq+hq^2=\pm H$, cette équation donnera

$$\frac{2fp}{q}+g=\pm 2\sqrt{\left(A\pm\frac{fH}{qq}\right)};$$

par conséquent on aura

$$z+\frac{q^\circ}{q}=(pq^\circ-p^\circ q)\cdot\frac{\pm\sqrt{A}\pm\sqrt{\left(A\pm\frac{fH}{qq}\right)}}{\pm H}.$$

De ces diverses indéterminations de signes il n'y a que celle de $\pm\sqrt{A}$ qui soit arbitraire, car celle de H dépend de l'équation proposée, et celle de $\sqrt{\left(A\pm\frac{fH}{qq}\right)}$ est également fixée par la valeur de $\frac{2fp}{q}+g$. Mais comme il importe de considérer la valeur la plus grande de z, on prendra le signe de $\sqrt{A}$ pareil à celui de $\sqrt{\left(A\pm\frac{fH}{q^2}\right)}$, et alors le second membre de notre équation sera nécessairement de la forme

$$\pm(pq^{\circ}-p^{\circ}q)\cdot\frac{\sqrt{A}+\sqrt{\left(A\pm\frac{fH}{q^{2}}\right)}}{H}.$$

Enfin on pourra toujours supposer cette quantité positive, puisqu'on peut faire à volonté $pq^{\circ}-p^{\circ}q=+1$ ou -1; donc on aura dans tous les cas

$$z+\frac{q^{\circ}}{q}=\frac{\sqrt{A}+\sqrt{\left(A\pm\frac{fH}{qq}\right)}}{H}.$$

(85) Soit 1° $fp^{2}+gpq+hq^{2}=+H$, et on aura

$$z+\frac{q^{\circ}}{q}=\frac{\sqrt{A}+\sqrt{\left(A+\frac{fH}{qq}\right)}}{H}.$$

Le second membre est plus grand que $\frac{2\sqrt{A}}{H}$, et par conséquent >2, puisqu'on a $H<\sqrt{A}$; d'ailleurs q° est $<q$; donc la valeur de z est positive et plus grande que l'unité. Donc la fraction donnée $\frac{p}{q}$, qui satisfait à l'équation $fp^{2}+gpq+hq^{2}=+H$, est toujours l'une des fractions convergentes vers une racine de l'équation $fx^{2}+gx+h=0$, et cette conclusion ne souffre aucune exception tant que le second membre H est positif.

(86) Soit 2° $fp^{2}+gpq+hq^{2}=-H$, on aura

$$z+\frac{q^{\circ}}{q}=\frac{\sqrt{A}+\sqrt{\left(A-\frac{fH}{qq}\right)}}{H}.$$

Or on voit que dès que q^{2} devient suffisamment grand par rapport à $\frac{fH}{A}$ (et il ne peut jamais être moindre), la valeur de $z+\frac{q^{\circ}}{q}$ est à très-peu près égale à $\frac{2\sqrt{A}}{H}$, de sorte qu'on aura $z=\frac{2\sqrt{A}}{H}-\frac{q^{\circ}}{q}$, quantité positive et plus grande que l'unité.

Au reste, sans négliger le terme $\frac{fH}{qq}$, il est facile d'assigner la limite de q, telle que z soit encore positive et plus grande que l'unité. Pour cela mettons z sous la forme

$$z = \frac{2\sqrt{A}}{H} - \left(\frac{1+q^{\circ}}{q}\right) + \frac{1}{q} - \frac{\sqrt{A}}{H} + \frac{1}{H}\sqrt{\left(A - \frac{fH}{qq}\right)} :$$

à cause de $\sqrt{A} > H$, $\frac{1+q^{\circ}}{q} < 1$ ou tout au plus $= 1$, il est clair que z sera positif et plus grand que l'unité, si la quantité $\sqrt{\left(A - \frac{fH}{qq}\right)}$ est plus grande que $\sqrt{A} - \frac{H}{q}$. Soit donc $\sqrt{\left(A - \frac{fH}{qq}\right)} > \sqrt{A} - \frac{H}{q}$; de là on tire, en carrant et réduisant,

$$q > \frac{f+H}{2\sqrt{A}}.$$

Donc tant qu'on aura q au-dessus de cette limite, il est certain que la valeur de z sera toujours plus grande que l'unité; mais si on a $q < \frac{f+H}{2\sqrt{A}}$, on ne peut plus affirmer en général que z soit plus grande que l'unité.

(87) Quel que soit q, l'exception n'aura jamais lieu, lorsque f étant, comme nous le supposons, un nombre positif, h est un nombre négatif, car alors l'équation proposée aura la forme

$$fp^2 + gpq - h'q^2 = -H,$$

laquelle est la même que

$$h'q^2 - gpq - fp^2 = +H.$$

Cette équation étant ainsi ramenée au premier cas, il s'ensuit que $\frac{q}{p}$ est une fraction convergente vers une racine de l'équation. . $h'x^2 - gx - f = 0$; donc (en mettant $\frac{1}{x}$ à la place de x) $\frac{p}{q}$ sera une fraction convergente vers une racine de l'équation $fx^2 + gx - h' = 0$.

(88) Si on a à résoudre l'équation $fy^2 + gyz + hz^2 = -H$ dans laquelle f et h sont positifs, on pourra toujours (n° 58) transformer cette équation en une autre $ay'^2 + by'z' - cz'^2 = -H$ dans laquelle a et c seront positifs, et où l'on aura $bb + 4ac = gg - 4fh = 4A$. Cette équation sera donc dans le cas du n° précédent, et si d'ailleurs on a $H < \sqrt{A}$, toutes ses solutions seront données par les fractions convergentes vers une racine de l'équation $ax^2 + bx - c = 0$.

On voit par là, que l'exception dont nous avons fait mention, et qui d'ailleurs n'a lieu que très-rarement et pour de très-petites valeurs de p et q, peut être entièrement évitée par les transformations déja indiquées. Il est donc vrai de dire généralement, que lorsque H est $< \frac{1}{2}\sqrt{(gg - 4fh)}$, toutes les solutions de l'équation

$$fy^2 + gyz + hz^2 = \pm H$$

sont données par les fractions convergentes vers une racine de l'équation $fx^2 + gx + h = 0$.

(89) Il ne sera pas inutile, au reste, d'apporter un exemple sujet à l'exception mentionnée, et qui nous fournira de nouvelles remarques. Soit pour cet effet l'équation

$$1801y^2 - 3991yz + 2211z^2 = -3,$$

dans laquelle on a $A = \frac{1}{4}g^2 - fh = \frac{37}{4}$, $H = 3$, et par conséquent $H < \sqrt{A}$; on satisfait à cette équation en faisant $y = 31$ et $z = 28$, cependant la fraction $\frac{31}{28}$ n'est point comprise parmi les fractions convergentes vers une racine de l'équation

$$1801x^2 - 3991x + 2211 = 0.$$

En effet, le développement de la plus grande racine donne

$x = \dfrac{1995\frac{1}{2} + \frac{1}{2}\sqrt{37}}{1801} = 1 +$	1	:	0
$\dfrac{-194\frac{1}{2} + \frac{1}{2}\sqrt{37}}{-21} = 9 +$	1	:	1
$\dfrac{5\frac{1}{2} + \frac{1}{2}\sqrt{37}}{1} = 8 +$	10	:	9
$\dfrac{2\frac{1}{2} + \frac{1}{2}\sqrt{37}}{3} = 1 +$	81	:	73
etc.		etc.	

et celui de la plus petite racine donne

$x=\frac{-1995\frac{1}{2}+\frac{1}{2}\sqrt{37}}{-1801}=1+$	1	:	0
$\frac{194\frac{1}{2}+\frac{1}{2}\sqrt{37}}{21}=9+$	1	:	1
$\frac{-5\frac{1}{2}+\frac{1}{2}\sqrt{37}}{-1}=2+$	10	:	9
$\frac{3\frac{1}{2}+\frac{1}{2}\sqrt{37}}{3}=2+$	21	:	19
$\frac{2\frac{1}{2}+\frac{1}{2}\sqrt{37}}{1}=5+$	52	:	47
etc.	etc.		

On ne trouve donc ni d'un côté ni de l'autre de la fraction convergente $\frac{31}{28}$; c'est au reste ce qui s'accorde avec la formule de l'art. 86, car ici 28, qui est la valeur de q, est plus petit que $\frac{f+H}{2\sqrt{A}}$ qui est $\frac{1804}{\sqrt{37}}$.

Pour éviter cet inconvénient, et pour faire en sorte que la solution soit donnée par les fractions convergentes, il suffit de réduire la quantité $1801y^2-3991yz+2211z^2$, si ce n'est à l'expression la plus simple, au moins à une forme où les termes extrêmes soient de signes contraires. C'est ce qu'on obtient immédiatement en faisant

$$y=10y'-51z'$$
$$z=9y'-46z';$$

car alors l'équation proposée se réduit à cette forme très-simple

$$y'y'+y'z'-9z'z'=-3.$$

Développant donc une racine de l'équation $x^2+x-9=0$ en fraction continue, on aura

	$x = \dfrac{-\frac{1}{2}+\frac{1}{2}\sqrt{37}}{1} = 2 +$	$1 : 0$
*	$\dfrac{2\frac{1}{2}+\frac{1}{2}\sqrt{37}}{3} = 1 +$	$2 : 1$
	$\dfrac{\frac{1}{2}+\frac{1}{2}\sqrt{37}}{3} = 1 +$	$3 : 1$
	$\dfrac{2\frac{1}{2}+\frac{1}{2}\sqrt{37}}{1} = 5 +$	$5 : 2$
*	$\dfrac{2\frac{1}{2}+\frac{1}{2}\sqrt{37}}{3} = 1 +$	$28 : 11$
	etc.	etc.

A l'inspection des quotients-complets, on voit que la fraction convergente $\frac{2}{1}$ peut être prise pour $\frac{y'}{z'}$, car en faisant $y'=2$, $z'=1$, on a $y'y'+y'z'-9z'z'=-3$; de la résulte $y=-31$ et $z=-28$; c'est la solution qu'il s'agissait de trouver par les fractions convergentes.

Au reste, la solution générale de l'équation en y' et z' déduite du développement qu'on vient de faire, est comprise dans les formules suivantes :

1° Si l'on fait $(6+\sqrt{37})^{2k}=F+G\sqrt{37}$, on aura

$$y'=2F\pm 16G$$
$$z'=F\pm 5G;$$

d'où résulte

$$y=-31F\mp 95G$$
$$z=-28F\mp 86G.$$

2° Si l'on fait $(6+\sqrt{37})^{2k+1}=F'+G'\sqrt{37}$, on aura

$$y'=3F'\pm 15G'$$
$$z'=F'\pm 7G',$$

et il en résultera

$$y=-21F'\mp 207G'$$
$$z=-19F'\mp 187G'.$$

(90) Si on réfléchit maintenant sur le procédé que nous venons

de suivre dans cet exemple, on verra qu'après avoir simplifié la forme de l'équation à résoudre, les solutions les plus simples ont dû se présenter les premières parmi les fractions convergentes; et de ces premières solutions on a conclu par les formules ordinaires la solution générale, qui n'est autre chose que l'expression des diverses fractions convergentes qui satisfont à la question, ces fractions étant prises successivement à la même place dans toutes les périodes. Or l'expression générale ainsi trouvée, par quelque moyen qu'on y soit parvenu, est une; elle serait la même au fond, quand pour la trouver on serait parti des valeurs particulières de p et q dans une autre période que la première. Pour nous faire mieux entendre, prenons l'équation $y^2 - 3z^2 = 1$, à laquelle on satisfait par les valeurs successives

$$\frac{y}{z} = \frac{2}{1},\ \frac{7}{4},\ \frac{26}{15},\ \frac{97}{56},\ \frac{362}{209},\ \text{etc.}$$

L'expression générale de ces valeurs, en partant de la première solution $\frac{2}{1}$, serait $y = F$, $z = G$, F et G étant déterminées par l'équation $(2 + \sqrt{3})^n = F + G\sqrt{3}$. Mais on peut partir également de la valeur particulière $\frac{26}{15}$, et l'expression générale se tirerait de l'équation $y + z\sqrt{3} = (26 + 15\sqrt{3})(F \pm G\sqrt{3})$, laquelle donne

$$y = 26F \pm 45G$$
$$z = 15F \pm 26G.$$

Or cette expression contient non-seulement les nombres supérieurs à 26 et 15, mais tous les inférieurs qui peuvent satisfaire; et en effet, si on prend $F = 2$, $G = 1$, et qu'on emploie le signe inférieur, on aura $y = 52 - 45 = 7$, et $z = 30 - 26 = 4$, c'est la solution qui précède $\frac{26}{15}$; de même en faisant $n = 2$, ou $F = 7$, $G = 4$, et prenant encore le signe inférieur, on aura

$$y = 182 - 180 = 2,\quad z = 105 - 140 = 1.$$

Donc toutes les solutions, en grands ou en petits nombres, sont également comprises dans l'expression générale, quelles que soient les valeurs particulières qui ont servi à composer ces formules.

Cela posé, il n'est nécessaire, dans aucun cas, de transformer l'équation proposée $fy^2 + gyz + hz^2 = \pm H$, et on peut se borner à suivre la méthode ordinaire indiquée dans le paragraphe précédent : après avoir développé en fraction continue, conformément à cette méthode, une seule racine de l'équation $fx^2 + gx + h = 0$, et avoir continué le développement, jusqu'à ce que la première période de quotients soit complète, la considération de cette première période suffit pour avoir l'expression générale des diverses fractions convergentes qui dans les périodes successives peuvent satisfaire à l'équation proposée. Et on peut être assuré que les formules ainsi trouvées contiennent absolument toutes les solutions, même celles qui, à cause de l'irrégularité de la fraction continue dans ses premiers termes, ne se trouvent point comprises parmi les premières fractions convergentes.

(91) Ainsi, pour résoudre l'équation .... $1801y^2 - 3991yz + 2211z^2 = -3$, on développera simplement une racine de l'équation $1801x^2 - 3991x + 2211 = 0$. Voici l'opération continuée jusqu'à ce que le retour du même quotient-complet manifeste l'étendue de la période :

$x = \frac{1995\frac{1}{2} + \frac{1}{2}\sqrt{37}}{1801} = 1 +$	1	0
$\frac{-194\frac{1}{2} + \frac{1}{2}\sqrt{37}}{-21} = 9 +$	1	1
$\frac{5\frac{1}{2} + \frac{1}{2}\sqrt{37}}{1} = 8 +$	10	9
$\frac{2\frac{1}{2} + \frac{1}{2}\sqrt{37}}{3} = 1 +$	81	73
$\frac{\frac{1}{2} + \frac{1}{2}\sqrt{37}}{3} = 1 +$	91	82
$\frac{2\frac{1}{2} + \frac{1}{2}\sqrt{37}}{1} = 5 +$	172	155
$\frac{2\frac{1}{2} + \frac{1}{2}\sqrt{37}}{3} = 1 +$	951	857
etc.	etc.	

On voit que la période qui se répète sans cesse est 1, 1, 5; et en appliquant les formules du § IX, on trouvera que la solution déduite de la fraction $\frac{81}{73}$ est, en supposant $(6+\sqrt{37})^{2k} = F + G\sqrt{37}$,

$$y = 81\,F \mp 465\,G$$
$$z = 73\,F \mp 419\,G,$$

et la solution déduite de la fraction $\frac{91}{82}$ sera, en supposant.... $(6+\sqrt{37})^{2k+1} = F' + G'\sqrt{37}$,

$$y = 91\,F' \mp 577\,G'$$
$$z = 82\,F' \mp 520\,G'.$$

Si dans cette dernière on fait $F' = 6$ et $G' = 1$, on aura, en prenant le signe supérieur, $y = -31$, $z = -28$.

Or il est facile de s'assurer que ces formules s'accordent avec celles qu'on a trouvées n° 89. Il suffit pour cela de mettre, au lieu de F' et G', leurs valeurs tirées de l'équation $F' + G'\sqrt{37} = (6 \pm \sqrt{37})(F + G\sqrt{37})$, savoir $F' = 6F \pm 37G$, $G' = 6G \pm F$.

§ XIII. *Réduction ultérieure des formules* $Ly^2 + Myz + Nz^2$ *lorsque* $M^2 - 4LN$ *est égal à un nombre positif.*

(92) **S**UPPOSONS d'abord que le coefficient M est pair, et soit la formule proposée $py^2 + 2qyz + rz^2$; nous avons vu (n° 54) que si $q^2 - pr$ est égal à un nombre positif A, cette formule peut toujours se réduire à la forme $ay^2 + 2byz - cz^2$ dans laquelle a et c sont tous deux positifs, non moindres que $2b$, et où l'on a $b^2 + ac = A$. Nous nous proposons maintenant de réduire au plus petit nombre possible les diverses formules $ay^2 + 2byz - cz^2$ qui pour un nombre donné A satisfont aux conditions précédentes. Faisons voir d'abord comment on trouve ces formules.

Soit par exemple $A = 79 = b^2 + ac$, on donnera à b les valeurs successives 0, 1, 2, 3, sans aller plus loin, parce que b doit être $< \sqrt{\frac{79}{5}}$. Chaque valeur de b en fera connaître une de $ac = 79 - b^2$, mais celle-ci ne peut être utile qu'autant qu'elle pourra se décomposer en deux facteurs qui ne soient pas moindres que $2b$. Voici le détail du calcul où l'on a supposé constamment $a < c$:

1°	$b = 0$, $ac = 79$, $a > 0$	$a = 1$,	$c = 79$
2°	$b = 1$, $ac = 78$, $a > 2$	$a = 2$, 3, 6	$c = 39$, 26, 13
3°	$b = 2$, $ac = 75$, $a > 4$	$a = 5$,	$c = 15$
4°	$b = 3$, $ac = 70$, $a > 6$.	$a = 7$,	$c = 10$

De là on voit que toute quantité indéterminée $py^2 + 2qyz + rz^2$, dans laquelle $q^2 - pr = 79$, doit se réduire à l'une des douze formes suivantes :

$$
\begin{array}{ll}
y^2 - 79z^2 & 79y^2 - z^2 \\
2y^2 + 2yz - 39z^2 & 39y^2 + 2yz - 2z^2 \\
3y^2 + 2yz - 26z^2 & 26y^2 + 2yz - 3z^2 \\
6y^2 + 2yz - 13z^2 & 13y^2 + 2yz - 6z^2 \\
5y^2 + 4yz - 15z^2 & 15y^2 + 4yz - 5z^2 \\
7y^2 + 6yz - 10z^2 & 10y^2 + 6yz - 7z^2.
\end{array}
$$

De ces douze formes il y en a six qui ne sont autre chose que les six autres prises avec des signes contraires, car d'ailleurs la forme $ay^2 + 2byz - cz^2$ ne diffère pas de $ay^2 - 2byz - cz^2$, puisqu'on peut prendre indifféremment z positif ou négatif.

(93) Il pourra arriver pour certaines valeurs de A, qu'une formule $ay^2 + 2byz - cz^2$ soit identique avec son inverse $cy^2 + 2byz - az^2$, et c'est ce qui a toujours lieu, si on peut satisfaire à l'équation $m^2 - An^2 = -1$. En effet, si l'on a $m^2 - An^2 = -1$, et qu'on fasse $ay^2 + 2byz - cz^2 = Z = cz'^2 - 2by'z' - ay'^2$, ces deux valeurs de Z, l'une donnée, l'autre hypothétique, étant multipliées par a, on aura, après avoir fait pour abréger, $ay + bz = x$, $ay' + bz' = x'$,

$$
\begin{aligned}
aZ &= x^2 - Az^2 \\
-aZ &= x'^2 - Az'^2,
\end{aligned}
$$

d'où, à cause de $-1 = m^2 - An^2$, on tire

$$x'^2 - Az'^2 = (m^2 - An^2)(x^2 - Az^2).$$

Pour satisfaire à cette équation, on peut la décomposer en ces deux autres :

$$
\begin{aligned}
x' + z'\sqrt{A} &= (m - n\sqrt{A})(x + z\sqrt{A}) \\
x' - z'\sqrt{A} &= (m + n\sqrt{A})(x - z\sqrt{A});
\end{aligned}
$$

desquelles résultent

$$
\begin{aligned}
x' &= mx - nAz \\
z' &= mz - nx = (m - bn)z - any.
\end{aligned}
$$

Donc en premier lieu z' est un entier ; ensuite si à la place de x et x' on met leurs valeurs $ay+bz$, $ay'+bz'$, on aura, après les réductions, $y'=(m+bn)y-cnz$. Donc y' est aussi un entier, et ainsi la formule $ay^2+2byz-cz^2$ est la même que son inverse $cz'^2-2by'z'-ay'^2$.

Lorsque A ne surpasse pas 139, l'inspection de la Table X fera voir si l'équation $m^2-An^2=-1$ est possible ; elle le sera toujours (n° 43) lorsque A est un nombre premier $4k+1$, et en général il faut que tous les diviseurs premiers de A ou de $\frac{1}{2}$A soient de la forme $4k+1$; mais cette condition n'est pas suffisante, puisqu'elle est remplie à l'égard de 34, 146, 205, etc., sans néanmoins que l'équation dont il s'agit soit possible.

(94) Cela posé, voici la méthode pour découvrir parmi toutes les formules qui résultent d'un même nombre A, celles qui sont identiques à une formule donnée $ay^2+2byz-cz^2$.

Si la formule $Z=ay^2+2byz-cz^2$ est identique à une autre formule $a'y'^2+2b'y'z'-c'z'^2$, il faudra que celle-ci résulte de la première par quelque transformation. Or la transformation la plus générale consiste à faire (n° 53)

$$y=py'+p^\circ z'$$
$$z=qy'+q^\circ z',$$

les nombres p, q, p°, q°, n'étant pas entièrement arbitraires (1), mais devant satisfaire à la condition $pq^\circ-p^\circ q=\pm 1$. Supposons donc que la substitution de ces valeurs donne $Z=a'y'^2+2b'y'z'-c'z'^2$, nous aurons

$$a'=ap^2+2bpq-cq^2$$
$$b'=app^\circ+b(pq^\circ+p^\circ q)-cqq^\circ$$
$$-c'=ap^{\circ 2}+2bp^\circ q^\circ-cq^{\circ 2}.$$

---

(1) Les lettres p et q n'ont aucun rapport avec les coefficients de la forme primitive que nous avions représentée par $py^2+2qyz+rz^2$.

Maintenant si l'on veut que a' et $-c'$ soient réellement de différents signes, afin que la transformée soit semblable à la formule proposée, il faudra qu'une racine de l'équation $ax^2+2bx-c=0$ tombe entre les deux fractions $\frac{p^o}{q^o}$, $\frac{p}{q}$; d'ailleurs comme on a.. $b'b'+a'c'=bb+ac=A$, et qu'ainsi l'un des nombres a' et c' est nécessairement $<\sqrt{A}$, il faut que l'une au moins des deux fractions précédentes soit comprise parmi les fractions convergentes vers la racine x (§ XII). Soit $\frac{p}{q}$ cette fraction, et soit prise pour $\frac{p^o}{q^o}$ la fraction convergente qui précède $\frac{p}{q}$, alors les quatre nombres p, q, p^o, q^o seront déterminés par deux fractions successives résultantes du développement de la racine x en fraction continue. Mais j'observe qu'il n'est pas même nécessaire de calculer ces fractions pour avoir les transformées successives $a'y'^2+2b'y'z'-c'z'^2$. En effet, soit $\frac{\sqrt{A}+I}{D}$ le quotient-complet qui répond à la fraction convergente $\frac{p}{q}$, on aura, comme il a été trouvé ci-dessus (n° 59)

$$ap^2+2bpq-cq^2=D(pq^o-p^oq)$$
$$app^o+b(pq^o+p^oq)-cqq^o=-I(pq^o-p^oq)$$
$$ap^{o2}+2bp^oq^o-cq^{o2}=-D^o(pq^o-p^oq).$$

Donc la transformée Z sera simplement

$$Z=(pq^o-p^oq)(Dy'^2-2Iy'z'-D^oz'^2);$$

ainsi, de chaque quotient-complet on déduit immédiatement et sans calcul, la transformée correspondante. Il est inutile d'ajouter que le facteur pq^o-p^oq aura pour valeur -1, dans la première transformée, $+1$ dans la seconde, et ainsi alternativement.

(95) Cherchons, par exemple, les transformées dont est susceptible la formule $Z=y^2-79z^2$; il faudra faire la même opération que pour changer en fraction continue une racine de l'équation $x^2-79=0$: voici cette opération et les transformées qui en résul-

tent :

$x = \sqrt{79} = 8 +$	*Transformées.*
$\frac{\sqrt{79}+8}{15} = 1 +$	$-15yy + 16yz + zz$
$\frac{\sqrt{79}+7}{2} = 7 +$	$2yy - 14yz - 15zz$
$\frac{\sqrt{79}+7}{15} = 1 +$	$-15yy + 14yz + 2zz$
$\frac{\sqrt{79}+8}{1} = 16 +$	$yy - 16yz - 15zz$
$\frac{\sqrt{79}+8}{15} = 1 +$	etc.

Il est inutile de continuer l'opération plus loin, parce que le retour des mêmes quotients ramènera les mêmes transformées. On voit donc que de la formule proposée $y^2 - 79z^2$ il ne résulte que quatre transformées, lesquelles se réduisent aux deux suivantes :

$$2y^2 - 14yz - 15z^2$$
$$y^2 + 16yz - 15z^2.$$

Si ensuite on ramène celles-ci à la forme ordinaire où $2b$ soit $< a$ et c, elles deviendront

$$2y^2 - 2yz - 39z^2$$
$$y^2 - 79z^2;$$

et comme l'une des deux n'est autre que la formule proposée, il n'y a véritablement que $2y^2 - 2yz - 39z^2$ qui en soit une transformée.

Pour réduire les autres formules trouvées (n° 92) dans le cas de $A = 79$, considérons une d'entre elles $3y^2 + 2yz - 26z^2$, et développons en fraction continue une racine de l'équation $3x^2 + 2x - 26 = 0$; nous trouverons les transformées suivantes :

	Transformées.
$x = \frac{-1+\sqrt{79}}{3} = 2 +$	
$\frac{\sqrt{79}+7}{10} = 1 +$	$-10y^2 + 14yz + 3z^2$
$\frac{\sqrt{79}+3}{7} = 1 +$	$7y^2 - 6yz - 10z^2$
$\frac{\sqrt{79}+4}{9} = 1 +$	$-9y^2 + 8yz + 7z^2$
$\frac{\sqrt{79}+5}{6} = 2 +$	$6y^2 - 10yz - 9z^2$
$\frac{\sqrt{79}+7}{5} = 3 +$	$-5y^2 + 14yz + 6z^2$
$\frac{\sqrt{79}+8}{3} = 5 +$	$3y^2 - 16yz - 5z^2$
$\frac{\sqrt{79}+7}{10} =$ etc.	etc.

Ces six transformées réduites à la forme ordinaire, seront

$$3y^2 + 2yz - 26z^2$$
$$7y^2 - 6yz - 10z^2$$
$$7y^2 - 6yz - 10z^2$$
$$6y^2 + 2yz - 13z^2$$
$$-5y^2 + 4yz + 15z^2$$
$$3y^2 + 2yz - 26z^2.$$

De là il résulte que les douze formes trouvées ci-dessus pour la quantité indéterminée $py^2 + 2qyz + rz^2$, lorsque $q^2 - pr = 79$, se réduisent aux quatre suivantes :

$$y^2 - 79z^2 \qquad 79y^2 - z^2$$
$$3y^2 + 2yz - 26z^2 \qquad 26y^2 - 2yz - 3z^2.$$

Donc toute équation de la forme $py^2 + 2qyz + rz^2 = \pm H$, dans laquelle $q^2 - pr = 79$, pourra toujours être ramenée à l'une des deux équations

$$y^2 - 79z^2 = \pm H$$
$$3y^2 + 2yz - 26z^2 = \pm H.$$

(96) C'est d'après ces principes que nous avons construit la Table I, où l'on trouve pour chaque nombre non carré A depuis 2 jusqu'à 136, les diverses formes principales auxquelles peuvent toujours se réduire les formules indéterminées $Ly^2 + 2Myz + Nz^2$, dans lesquelles $M^2 - LN = A$. Les signes $\pm$ qui affectent la plupart des formules, indiquent deux formes également possibles, mais qui s'excluent mutuellement. Lorsque les formules ne sont pas précédées d'un signe ambigu, elles ont lieu telles qu'elles sont indiquées, mais elles auraient également lieu avec des signes contraires.

On trouve, par exemple, à côté de 93 la formule réduite $\pm(y^2 - 93z^2)$; cela signifie que toute formule proposée..... $py^2 + 2qyz + rz^2$, dans laquelle $q^2 - pr = 93$, se réduira toujours à la forme $y'^2 - 93z'^2$, ou à la forme $93z'^2 - y'^2$, mais jamais aux deux à-la-fois.

Au contraire, vis-à-vis de 97 on trouve la formule $y^2 - 97z^2$ sans ambiguité; cela signifie que toute formule $py^2 + 2qyz + rz^2$, dans laquelle $q^2 - pr = 97$, se réduira toujours à la forme $y'^2 - 97z'^2$. Mais elle se réduirait aussi, si on voulait, à la forme $97z'^2 - y'^2$, parce que dans ce cas l'équation $m^2 - 97n^2 = -1$ est possible.

(97) Considérons maintenant la formule indéterminée....... $Ly^2 + Myz + Nz^2$, dans laquelle M est impair, et où la quantité $M^2 - 4LN$ est égale à un nombre positif B. Cette formule peut toujours être réduite à la forme $ay^2 + byz - cz^2$, où l'on aura à-la-fois a et c positifs, $b < a$ et c, et $b^2 + 4ac = B$. Au moyen du seul nombre B, supposé connu, il est facile de trouver toutes les formules $ay^2 + byz - cz^2$ qui satisfont aux conditions précédentes; mais ensuite il s'agit de réduire ces formules au moindre nombre possible, en supprimant celles qui sont inutiles ou comprises dans les autres.

Pour cela, considérons l'une de ces formules $ay^2 + byz - cz^2$, ou plutôt son double $2ay^2 + 2byz - 2cz^2$; et alors le coefficient du terme moyen étant pair, on pourra procéder, par la méthode précédente, à la recherche de ses transformées successives. Il faudra à cet effet développer en fraction continue une racine de l'équation $2ax^2 + 2bx - 2c = 0$, cette racine étant $x = \frac{-b + \sqrt{B}}{2a}$. Les transformées seront également de la forme $2a'y^2 + 2b'yz - 2c'z^2$, laquelle résultera toujours de l'expression

$$(pq^\circ - p^\circ q)(Dy^2 - 2Iyz - D^\circ z^2),$$

et le multiplicateur 2 commun aux unes et aux autres, n'empêchera pas de reconnaître avec une égale facilité les formes identiques.

Il n'y a donc véritablement aucune différence essentielle dans la manière de traiter le cas de M pair et celui de M impair. Mais les résultats de ce dernier cas doivent être consignés dans une Table particulière qui offrira pour chaque nombre B de la forme $4n + 1$, les formes essentiellement différentes auxquelles se rapportent toutes les formules indéterminées $Ly^2 + Myz + Nz^2$, dans lesquelles M est impair et $M^2 - 4LN = B$.

(98) Pour donner un exemple du calcul de cette Table, soit $B = 181$. Nous chercherons d'abord les diverses valeurs de a, b, c qui satisfont à l'équation $b^2 + 4ac = 181$, et comme en vertu des autres conditions le nombre impair b doit être $< \sqrt{\frac{181}{5}}$, on fera successivement $b = 1, 3, 5$; ce qui donnera, en supposant $a < c$,

$$1^\circ \left\{ \begin{array}{lll} b=1 & a=1, & c=45 \\ ac=45 & 3 & 15 \\ a>1 & 5 & 9 \end{array} \right.$$

$$2^\circ \left\{ \begin{array}{l} b=3 \\ ac=43 : \text{non décomposable.} \\ a>3 \end{array} \right.$$

$$3^\circ \left\{ \begin{array}{l} b=5 \\ ac=39 : \text{non décomposable en facteurs} > 5. \\ a>5. \end{array} \right.$$

Donc toutes les formules indéterminées $Ly^2 + Myz + Nz^2$, dans lesquelles $M^2 - 4LN = 181$, peuvent se réduire à l'une de ces six formes :

$$\pm(\ y^2 + yz - 45z^2)$$
$$\pm(3y^2 + yz - 15z^2)$$
$$\pm(5y^2 + yz - \ 9z^2).$$

D'ailleurs puisque 181 est un nombre premier $4n+1$, l'équation $m^2 - 181n^2 = -1$ est possible (n° 43); ainsi les six formes précédentes se réduisent à trois, en ôtant le signe ambigu. Il ne reste donc plus qu'à examiner si ces trois formes peuvent se réduire à un moindre nombre.

Pour cela, je cherche les transformées de la formule $2y^2 + 2yz - 90z^2$, ce qui se fera en développant une racine de l'équation fictive $2x^2 + 2x - 90 = 0$ par le calcul suivant :

	Transformées.
$x = \frac{-1+\sqrt{181}}{2} = 6 +$	
$\frac{13+\sqrt{181}}{6} = 4 +$	$-\ 6y^2 + 26yz + \ 2z^2$
$\frac{11+\sqrt{181}}{10} = 2 +$	$10y^2 + 22yz - \ 6z^2$
$\frac{9+\sqrt{181}}{10} = 2 +$	$-10y^2 + 18yz + 10z^2$
$\frac{11+\sqrt{181}}{6} = 4 +$	$6y^2 + 22yz - 10z^2$
$\frac{13+\sqrt{181}}{2} = 13 +$	$-\ 2y^2 + 26yz + \ 6z^2$
$\frac{13+\sqrt{181}}{6} = 4 +$	$6y^2 + 26yz - \ 2z^2$
etc.	etc.

Il faut ensuite prendre les moitiés de ces transformées, et les réduire à la forme ordinaire, en diminuant le coefficient moyen : or j'observe que cela peut se faire de deux manières, tant que ce coefficient est plus grand que chacun des extrêmes. Par exemple, dans la première transformée $-3y^2 + 13yz + z^2$, on peut substituer $y - 2z$ à la place de y, ce qui donne $-3y^2 + yz + 15z^2$, ou bien on peut mettre $z - 6y$ à la place de z, ce qui donnera $z^2 + yz - 45y^2$.

Traitant ainsi les deux premières transformées, et observant que par la nature du nombre 181, il est permis de changer tous les signes de chaque résultat, on trouve qu'elles comprennent à elles seules les trois formes

$$y^2 + yz - 45z^2$$
$$3y^2 - yz - 15z^2$$
$$5y^2 + yz - 9z^2.$$

Donc il est inutile d'avoir égard aux autres transformées, et on a acquis la certitude que la seule forme $y^2 + yz - 45z^2$ renferme toutes les autres. Donc toute équation indéterminée $Ly^2 + Myz + Nz^2 = \pm H$, dans laquelle $M^2 - 4LN = 181$, pourra toujours se réduire à la forme $y^2 + yz - 45z^2 = H$.

(99) La Table II offre les réductions de ce genre pour tous les nombres B de forme $4n + 1$, depuis 5 jusqu'à 305. Cette Table, indépendamment de ses autres usages, pourra faciliter beaucoup la résolution des équations de la forme précédente, dans lesquelles B ne surpasse pas 305.

Il ne sera peut-être pas inutile de montrer, par un exemple, comment ces réductions s'effectuent dans les cas particuliers.

Soit proposée l'équation $333y^2 - 719yz + 388z^2 = H$; pour avoir par une opération uniforme la transformée du premier membre, je développe en fraction continue une racine de l'équation $333x^2 - 719x + 388 = 0$, et je calcule en même temps les fractions convergentes qui en résultent. Voici le détail de l'opération qu'il suffit de continuer jusqu'à ce que les quotients-complets cessent d'être irréguliers; mais on l'a prolongée pendant une période entière, parce que cette période n'est composée que de trois termes:

	$x=\frac{719+\sqrt{145}}{666}=1+$	1 : 0
	$\frac{-53+\sqrt{145}}{-4}=10+$	1 : 1
	$\frac{13+\sqrt{145}}{6}=4+$	11 : 10
*	$\frac{11+\sqrt{145}}{4}=5+$	45 : 41
	$\frac{9+\sqrt{145}}{16}=1+$	etc.
	$\frac{7+\sqrt{145}}{6}=3+$	
*	$\frac{11+\sqrt{145}}{4}=5+$	

De là, et des articles 94 et 97, on conclut que si l'on fait

$$y=45y'+11z'$$
$$z=41y'+10z',$$

on aura pour transformée du premier membre :

$$-(2y'y'-11y'z'-3z'z').$$

Cette transformée $-2y'y'+11y'z'+3z'z'$ n'est pas encore réduite à la forme convenable, et pour faire en sorte que le coefficient moyen ne soit pas plus grand que les extrêmes, il faut prendre $y'=u'+3z'$, ce qui donnera $-2u'^2-u'z'+18z'^2$: donc il faut faire

$$y=45u'+146z'$$
$$z=41u'+133z',$$

et la transformée de l'équation proposée, réduite à la forme la plus simple, sera

$$2u'u'+u'z'-18z'^2=-H.$$

§ XIV. *Développement en fraction continue de la racine réelle d'une équation d'un degré quelconque.*

(100) Soit proposé de développer en fraction continue une racine réelle de l'équation

$$ax^n + bx^{n-1} + cx^{n-2} + \ldots + k = 0,$$

dont les coefficients sont des nombres entiers positifs ou négatifs. D'abord on peut supposer que cette équation n'est divisible par aucun facteur rationnel, car autrement on pourrait supprimer le facteur étranger à la racine qu'on veut développer, et l'opération en deviendrait beaucoup plus simple : par la même raison, l'équation proposée ne pourra avoir des racines égales; car si elle en avait, elle serait divisible par un facteur rationnel qu'on trouverait aisément par les méthodes connues.

Cela posé, la racine dont il s'agit étant choisie entre toutes les autres, sera connue à moins d'une unité près. Soit α le plus petit des deux entiers prochains entre lesquels elle est contenue, on fera, si x est positif, $x = \alpha + \frac{1}{x'}$, ou s'il est négatif, $x = -\alpha - \frac{1}{x'}$, et on sera sûr que la valeur de x' est positive et plus grande que l'unité. Substituant cette valeur dans l'équation proposée, on aura la transformée

$$a'x'^n + b'x'^{n-1} + c'x'^{n-2} \ldots + k' = 0,$$

qui servira à déterminer x'. Or on sait déja que la valeur de x' dont on a besoin, est positive et plus grande que l'unité; il peut même y avoir plusieurs valeurs de x' qui remplissent ces deux conditions, parce qu'il peut y avoir plusieurs racines de l'équation proposée qui, sans être égales, soient comprises entre α et $\alpha + 1$. On essaiera donc pour x' les nombres successifs 1, 2, 3, etc. jusqu'à ce que, par les caractères connus, on trouve les nombres entiers les plus proches entre lesquels tombe la valeur de x'. Soit β le plus petit des deux. on fera $x'=\beta+\frac{1}{x''}$, et en substituant cette valeur, on aura, pour déterminer x'', une nouvelle transformée

$$a''x''^n+b''x''^{n-1}+\ldots+k''=0,$$

qu'on traitera comme la précédente. En continuant ainsi aussi loin qu'on voudra, il est clair que la valeur de x sera exprimée par cette fraction continue

$$x=\alpha+\frac{1}{\beta+\frac{1}{\gamma+\text{etc.}}}$$

Et au moyen de ces quotients connus, on calculera à l'ordinaire les fractions convergentes vers x.

(101) Soient $\frac{p^\circ}{q^\circ}$, $\frac{p}{q}$, deux de ces fractions consécutives et z le quotient-complet qui répond à la dernière, on aura, par le propriété connue, $x=\frac{pz+p^\circ}{qz+q^\circ}$; donc on peut trouver directement une transformée quelconque, en substituant cette valeur au lieu de x dans l'équation proposée. Soit cette transformée

$$Az^n+Bz^{n-1}+Cz^{n-2}\ldots+K=0.$$

et on aura par conséquent

$$A=ap^n+bp^{n-1}q+cp^{n-2}q^2\ldots+kq^n$$
$$K=ap^{\circ n}+bp^{\circ n-1}q^\circ+cp^{\circ n-2}q^{\circ 2}\ldots+kq^{\circ n}.$$

de sorte que suivant nos notations ordinaires, on aurait en général $K=A^\circ$, ou $K'=A$. Mais il est beaucoup plus simple de déduire successivement chaque transformée de la transformée précédente, comme on l'a déja expliqué. Pour rendre à cet égard le calcul aussi simple qu'il est possible, observons qu'en faisant $z=\mu+\frac{1}{z'}$, l'équation précédente en z devenant

$$A'z'^n + B'z'^{n-1} + C'z'^{n-2} \ldots + K' = 0,$$

on aurait

$$A' = A\mu^n + B\mu^{n-1} + C\mu^{n-2} \ldots + K$$
$$B' = nA\mu^{n-1} + (n-1)B\mu^{n-2} + (n-2)C\mu^{n-3} + \text{etc.}$$
$$C' = \frac{n.n-1}{2}A\mu^{n-2} + \frac{n-1.n-2}{2}B\mu^{n-3} + \text{etc.}$$
$$\vdots \quad \vdots$$
$$K' = A.$$

Donc si la fonction $Az^n + Bz^{n-1} + Cz^{n-2} \ldots + K$ est désignée par $\varphi : z$ ou φ, et qu'on forme successivement par la différentiation les quantités φ, $\frac{d\varphi}{dz}$, $\frac{dd\varphi}{2dz^2}$, $\frac{d^3\varphi}{2.3dz^3}$, etc., qu'ensuite on substitue au lieu de z sa valeur approchée μ, ces quantités deviendront respectivement les valeurs des coefficients A', B', C', etc. de la transformée suivante.

Telle est la méthode que Lagrange a le premier proposée pour le développement des racines des équations en fraction continue; mais cette méthode serait d'une longueur rebutante dans la pratique, si le même auteur n'eût indiqué un moyen fort simple de continuer sans tâtonnement la suite des entiers α, β, γ, δ, etc. lorsque quelques-uns des premiers termes sont déja connus. Voici en quoi consiste ce perfectionnement.

(102) La formule $x = \frac{pz+p^\circ}{qz+q^\circ}$, donne $z = \frac{q^\circ x - p^\circ}{p-qx}$, ou

$$z + \frac{q^\circ}{q} = \frac{pq^\circ - p^\circ q}{q(p-qx)}.$$

x désignant toujours la racine qu'on veut développer, soient x_1, x_2, x_3, etc. les autres racines de la proposée, et soient z_1, z_2, z_3, etc. les valeurs correspondantes de z; alors, outre l'équation précédente, on aura les $n-1$ équations qui suivent :

$$z_1+\frac{q^\circ}{q}=\frac{pq^\circ-p^\circ q}{q(p-qx_1)}$$
$$z_2+\frac{q^\circ}{q}=\frac{pq^\circ-p^\circ q}{q(p-qx_2)}$$
$$z_3+\frac{q^\circ}{q}=\frac{pq^\circ-p^\circ q}{q(p-qx_3)}$$
etc.

Ajoutons toutes ces équations, et observons que l'équation en z étant $Az^n+Bz^{n-1}+\text{etc.}=0$, on a $z+z_1+z_2+z_3+\text{etc.}=-\frac{B}{A}$, la somme sera

$$-z-\frac{B}{A}+(n-1)\frac{q^\circ}{q}=(pq^\circ-p^\circ q)\frac{\Delta}{q^2}=\pm\frac{\Delta}{q^2},$$

où l'on a fait pour abréger :

$$\Delta=\frac{1}{\frac{p}{q}-x_1}+\frac{1}{\frac{p}{q}-x_2}+\frac{1}{\frac{p}{q}-x_3}+\text{etc.}$$

Maintenant si la quantité $\frac{\Delta}{q^2}$ est assez petite pour pouvoir être négligée, il est clair que la valeur de z sera donnée d'une manière directe et exempte de tâtonnement, par la formule

$$z=(n-1)\frac{q^\circ}{q}-\frac{B}{A}.$$

Il faudra donc prendre pour μ l'entier le plus grand, contenu dans cette valeur, et cet entier μ sera le quotient qui répond à la fraction convergente $\frac{p}{q}$. Au moyen de ce quotient on calculera la fraction suivante $\frac{p'}{q'}$, et la transformée suivante en z' ; de sorte que l'opération pourra être continuée aussi loin qu'on voudra sans aucun tâtonnement.

(103) La quantité Δ varie suivant les différentes fractions $\frac{p}{q}$ aux-

quelles elle se rapporte; elle ne peut devenir infinie, parce qu'il faudrait pour cela qu'un dénominateur tel que $\frac{p}{q}-x_1$, fût zéro, et par conséquent que l'équation proposée eût un diviseur rationnel $p-qx$, ce qui est contre la supposition.

Néanmoins cette quantité Δ pourra quelquefois être un nombre assez considérable, et cela aura lieu, s'il y a peu de différence entre la racine x et une ou plusieurs des autres racines x_1, x_2, etc. Au reste, comme les fractions convergentes $\frac{p}{q}$ approchent rapidement de la valeur de x, il est clair que les quantités Δ s'approcheront non moins rapidement de la limite

$$T=\frac{1}{x-x_1}+\frac{1}{x-x_2}+\frac{1}{x-x_3}+\text{etc.}$$

Donc si on continue par la première méthode le calcul des termes de la fraction continue et celui des fractions convergentes, jusqu'à ce que $\frac{T}{q^2}$ soit plus petit qu'une fraction déterminée $\frac{1}{m}$, ou qu'on ait $q>\sqrt{Tm}$ (T étant pris positivement), il est clair que la valeur de z trouvée ci-dessus, savoir :

$$z=(n-1)\frac{q^0}{q}-\frac{B}{A},$$

ne sera en erreur que d'une quantité moindre que $\frac{1}{m}$. Donc une connaissance assez imparfaite des racines de l'équation proposée, et seulement de celles qui sont très-peu différentes de la racine qu'on développe, suffit pour déterminer la limite après laquelle on peut continuer l'opération sans aucun tâtonnement, par le moyen de la formule précédente.

Parmi ces racines peu différentes de la racine donnée, il faut comprendre même les racines imaginaires; car *analytiquement parlant*, une racine $\alpha+\beta\sqrt{-1}$, dans laquelle $\frac{\beta}{\alpha}$ est très-petit, est censée peu différente de α. Si donc on a une racine imaginaire

$x_1 = \alpha + \beta\sqrt{-1}$, et par conséquent une autre $x_2 = \alpha - \beta\sqrt{-1}$, il résultera de ces deux racines substituées dans la valeur de T les deux termes

$$\frac{1}{x-\alpha-\beta\sqrt{-1}} + \frac{1}{x-\alpha+\beta\sqrt{-1}};$$

lesquels se réduisent à la quantité réelle $\frac{2(x-\alpha)}{(x-\alpha)^2+\beta^2}$. Cette quantité ne peut excéder son *maximum* $\frac{1}{\beta}$, cependant elle peut être encore assez grande lorsque β est très-petit, ainsi que $x-\alpha$.

Si la différence de la racine x avec chacune des autres racines (différence qui se convertit en somme lorsque les deux racines sont de signes contraires) est plus grande que l'unité, alors il est clair que T sera moindre que $n-1$, et la limite de q sera $q > \sqrt{(n-1)m}$, valeur, comme on voit, assez petite; de sorte qu'on pourra employer la formule presque dès le commencement de l'opération, et alors il n'y aura presque aucun tâtonnement.

Si au contraire la racine x diffère très-peu d'une ou de plusieurs racines réelles ou imaginaires de l'équation proposée, alors la première méthode doit être employée dans un certain nombre de termes; mais on ne tardera pas à atteindre la limite $q > \sqrt{\mathrm{T}m}$, après quoi l'opération se continuera sans le moindre tâtonnement. Au reste, on peut observer que s'il y a réellement deux ou plusieurs racines peu différentes entre elles, l'équation

$$nax^{n-1} + (n-1)bx^{n-2} + (n-2)cx^{n-3} + \text{etc.} = 0$$

qui est vraie lorsqu'il y a des racines égales, aura lieu d'une manière approchée lorsqu'il y a des racines peu inégales, ce qui pourra aider à trouver les premières figures de ces racines.

(104) Lorsque l'opération du développement est avancée jusqu'à un certain point, et que les dénominateurs q des fractions convergentes commencent à être un peu grands, la formule $z = (n-1)\frac{q^\circ}{q} - \frac{\mathrm{B}}{\mathrm{A}}$ donne non-seulement le quotient μ correspondant à la fraction $\frac{p}{q}$;

mais en développant cette valeur de z en fraction continue, les quotients qu'on obtient de ce développement peuvent être employés à la suite des quotients déja trouvés, et sont exacts jusqu'à une limite que nous allons déterminer.

La valeur exacte de z étant

$$z=(n-1)\frac{q^\circ}{q}-\frac{B}{A}\pm\frac{\Delta}{q^2},$$

le terme négligé $\frac{\Delta}{q^2}$ occasionne dans x une erreur qui sera donnée par l'équation rigoureuse $p-qx=\frac{\pm 1}{qz+q^\circ}$, en mettant $z\pm\frac{\Delta}{q^2}$ à la place de z, et $x+\delta x$ à la place de x. De cette manière, on trouve

$$\delta x=\frac{\Delta}{q^2(qz+q^\circ)^2}.$$

Soient donc $\mu, \mu', \mu'', \ldots \omega$ les quotients qui résultent du développement de la quantité $(n-1)\frac{q^\circ}{q}-\frac{B}{A}$, et supposons qu'en continuant par le moyen de ces quotients le calcul des fractions convergentes vers x, on parvienne à la fraction $\frac{P}{Q}$, cette dernière sera encore (n° 9) une fraction convergente, si l'on a $\frac{P}{Q}-x<\frac{1}{2Q^2}$; donc tant qu'on aura $\frac{1}{Q^2}>\frac{2\Delta}{q^2(qz+q^\circ)^2}$, ou à peu près $Q<\frac{q^2\mu}{\sqrt{2T}}$, la fraction $\frac{P}{Q}$ sera encore l'une des fractions convergentes vers x. D'où il suit qu'à partir de la fraction convergente $\frac{p}{q}$, la valeur de z correspondante, développée en fraction continue, fournit les quotients nécessaires pour prolonger les fractions convergentes vers x, jusqu'à ce qu'elles aient environ deux fois autant de chiffres que celle d'où l'on est parti.

Exemple I.

(105) Soit proposée l'équation $x^3-x^2-2x+1=0$, dont on sait que les racines sont $x=2\cos.\frac{1}{7}\pi$, $x=-2\cos.\frac{2}{7}\pi$, $x=2\cos.\frac{3}{7}\pi$,

π étant la demi-circonférence dont le rayon est 1. On aura donc à peu près $x = 1,802$; $x = -1,247$; $x = 0,445$. Pour développer d'abord la première racine, on observera que les différences de cette racine avec les deux autres étant $x - x1 = 3,049$, $x - x2 = 1,357$, on a la limite $T = \frac{1}{3,049} + \frac{1}{1,357} = 1$ à peu près; ainsi la formule qui donne la valeur de z sera exacte à moins de $\frac{1}{10}$ lorsqu'on aura $q > \sqrt{10}$ ou $q > 3$, et à moins de $\frac{1}{100}$ lorsqu'on aura $q > 10$. Il n'y aura donc dans ce cas aucun tâtonnement. Voici au reste les détails de l'opération.

La valeur de x qu'on veut développer étant comprise entre 1 et 2, je fais $x = 1 + \frac{1}{z}$, et j'ai la transformée

$$-z^3 - z^2 + 2z + 1 = 0.$$

Dans celle-ci il est aisé de voir que la valeur positive de z est encore comprise entre 1 et 2, ainsi on fera $z = 1 + \frac{1}{z'}$, ou simplement on mettra $1 + \frac{1}{z}$ à la place de z; car il est inutile de distinguer par des accents les inconnues des transformées successives, et on sait bien qu'elles doivent être différentes. La transformée sera donc

$$z^3 - 3z^2 - 4z - 1 = 0.$$

Dans cette dernière, la valeur de z est comprise entre 4 et 5, de sorte qu'il faut mettre $4 + \frac{1}{z}$ à la place de z. Mais pour faire cette substitution suivant la méthode qui a été indiquée (n° 101), je forme successivement les quantités

$$\varphi = z^3 - 3z^2 - 4z - 1$$

$$\frac{d\varphi}{dz} = 3z^2 - 6z - 4$$

$$\frac{dd\varphi}{2dz^2} = 3z - 3$$

$$\frac{d^3\varphi}{2.3dz^3} = 1.$$

Je substitue ensuite dans ces quantités la valeur $z=4$, et j'ai les quatre nombres — 1, 20, 9, 1, d'où résulte la transformée suivante :

$$-z^3+20z^2+9z+1=0.$$

Maintenant l'opération est plus avancée qu'il ne faut pour être continuée sans tâtonnement ; et d'abord au moyen des quotients trouvés 1, 1, 4, je forme les fractions convergentes comme il suit :

Quotients........	1,	1,	4	
Fractions converg.	$\frac{1}{0}$,	$\frac{1}{1}$,	$\frac{2}{1}$,	$\frac{9}{5}$,

et la quantité z déterminée par la dernière transformée sera le quotient-complet qui répond à la fraction $\frac{9}{5}$. Mais en vertu de la formule $z=\frac{2q^{\circ}}{q}-\frac{B}{A}$, on a $z=\frac{2}{5}+20$, donc 20 est l'entier compris dans z. Au moyen de ce nouveau quotient 20, on avancera d'un terme le calcul des fractions convergentes, savoir :

$$\begin{array}{ccccc} 1, & 1, & 4, & 20 & \\ \frac{1}{0}, & \frac{1}{1}, & \frac{2}{1}, & \frac{9}{5}, & \frac{182}{101}. \end{array}$$

Et pour avoir la transformée suivante, on formera les quatre quantités

$$\varphi=-z^3+20z^2+9z+1$$

$$\frac{d\varphi}{dz}=-3z^2+40z+9$$

$$\frac{dd\varphi}{2dz^2}=-3z+20$$

$$\frac{d^3\varphi}{2.3dz^3}=-1,$$

on y substituera la valeur $z=20$, ce qui donnera les quatre nombres 181, — 391, — 40, — 1 ; partant, la nouvelle transformée sera

$$181z^3-391z^2-40z-1=0.$$

La valeur approchée de z dans cette transformée sera, suivant la formule, $z = \frac{10}{101} + \frac{391}{181} = 2 +$, de sorte que 2 est le quotient suivant. En procédant ainsi, on trouvera les résultats exposés dans le tableau suivant :

Développement de la racine comprise entre 1 *et* 2.

Équation proposée, et ses transformées successives.	Entier de la racine.	Fractions convergentes.
$x^3 - x^2 - 2x + 1 = 0$	1	1 : 0
$-z^3 - z^2 + 2z + 1 = 0$	1	1 : 1
$z^3 - 3z^2 - 4z - 1 = 0$	4	2 : 1
$-z^3 + 20z^2 + 9z + 1 = 0$	20	9 : 5
$181z^3 - 391z^2 - 40z - 1 = 0$	2	182 : 101
$-197z^3 + 568z^2 + 695z + 181 = 0$	3	373 : 207
$2059z^3 - 1216z^2 - 1205z - 197 = 0$	1	1301 : 722
$-559z^3 + 2540z^2 + 4961z + 2059 = 0$	6	1674 : 929
$2521z^3 - 24931z^2 - 7522z - 559 = 0$	10	11345 : 6296
$-47879z^3 + 250158z^2 + 50699z + 2521 = 0$		115124 : 63889
etc.		etc.

La dernière transformée a pour racine approchée

$$z = \frac{12592}{63889} + \frac{250158}{47879};$$

quantité qui étant réduite en une seule fraction, et développée en fraction continue, donne les quotients 5, 2, 2, 1, 2, 2, 1, 18, 1, 1, 3, etc. On pourra donc, au moyen de ces quotients mis à la suite des quotients déja trouvés, continuer le calcul des fractions convergentes, jusqu'à ce que leurs termes aient 11 ou 12 chiffres. Par des opérations semblables, on développera les deux autres racines, comme on le voit dans les deux tableaux suivants :

Développement de la racine comprise entre 0 *et* 1.

Équation proposée et ses transformées.	Entier de la racine.	Fractions convergentes.
$x^3 - x^2 - 2x + 1 = 0$	0	1 : 0
$z^3 - 2z^2 - z + 1 = 0$	2	0 : 1
$-z^3 + 3z^2 + 4z + 1 = 0$	4	1 : 2
$z^3 - 20z^2 - 9z - 1 = 0$	20	4 : 9
	2	81 : 182
Suivent les mêmes transformées,	3	166 : 373
et par conséquent les mêmes quo-	1	579 : 1301
tients que dans le développement	6	745 : 1674
de la première racine.	10	5049 : 11345
	5	51235 : 115124
	2	261224 : 586965
	etc.	etc.

Développement de la racine comprise entre —1 *et* —2.

$x^3 - x^2 - 2x + 1 = 0$	—1	—1 : 0
$z^3 - 3z^2 - 4z - 1 = 0$	4	—1 : 1
$-z^3 + 20z^2 + 9z + 1 = 0$	20	—5 : 4
	2	—101 : 81
Suivent encore les mêmes trans-	3	—207 : 166
formées et les mêmes quotients	1	—722 : 579
qu'on a trouvés dans le développe-	6	—929 : 745
ment de la première racine.	10	—6296 : 5049
	5	—63889 : 51235
	etc.	etc.

Dans cet exemple, il est très-remarquable qu'on trouve un rapport entre les trois racines, au moyen duquel le développement de la première racine suffit pour donner celui des deux autres. Ce rapport est tel, que si on appelle ϱ une même racine de l'équation

$z^3 - 3z^2 - 4z - 1 = 0$, celle par exemple qui est entre 4 et 5, les trois racines de la proposée seront :

$$x = 1 + \frac{1}{1 + \frac{1}{\beta}} = \frac{2\beta + 1}{1 + \beta}$$

$$x_1 = \frac{1}{2 + \frac{1}{\beta}} = \frac{\beta}{2\beta + 1}$$

$$x_2 = -1 - \frac{1}{\beta} = -\left(\frac{1 + \beta}{\beta}\right);$$

ou si on appelle α la première valeur de x, les deux autres seront :

$$x_1 = \frac{1}{1 + \frac{1}{\alpha - 1}} = \frac{\alpha - 1}{\alpha}$$

$$x_2 = -\frac{1}{\alpha - 1}.$$

Ces propriétés se vérifieraient aisément par les formules des sinus, puisqu'on a $x = 2 \cos. \frac{1}{7}\pi$, $x_1 = 2 \cos. \frac{3}{7}\pi$, $x_2 = 2 \cos. \frac{5}{7}\pi = -2 \cos. \frac{2}{7}\pi$ Nous remarquerons au reste que l'équation dont il s'agit tire son origine de l'équation $r^7 - 1 = 0$, où l'on a fait $r^2 + rx + 1 = 0$; elle servirait aussi à inscrire le polygone régulier de 7 et celui de 14 côtés, car on a le côté de l'heptagone régulier $= 2 \sin. \frac{1}{7}\pi = \sqrt{(4 - x^2)}$ $= \frac{2}{\sqrt{7}}(x + 2)(x - \frac{3}{2})$, et celui du polygone de 14 côtés $= 2 \cos. \frac{3}{7}\pi = x_1$.

Toutes les équations relatives à la division du cercle sont telles, qu'une de leurs racines suffit pour déterminer rationnellement toutes les autres ; mais il en existe une infinité d'autres qui offrent la même facilité, et entre toutes ces équations, on doit distinguer surtout celles dont une racine développée en fraction continue suffit pour donner le développement de toutes les autres racines.

EXEMPLE II.

(106) L'équation $x^4 - x^3 - 3x^2 + 2x + 1 = 0$ aurait pour racines $x = 2 \cos. \frac{\pi}{9}$, $x = -2 \cos. \frac{2\pi}{9}$, $x = 2 \cos. \frac{3\pi}{9}$, $x = -2 \cos. \frac{4\pi}{9}$:

mais en excluant la racine $2\cos.\frac{3\pi}{9}$ qui se réduit à l'unité, on a l'équation $x^3-3x-1=0$ dont les racines sont $x=2\cos.\frac{\pi}{9}$, $x=-2\cos.\frac{2\pi}{9}$: $x=-2\cos.\frac{4\pi}{9}$. Voici le développement de la plus petite $-2\cos.\frac{4\pi}{9}$.

$x^3-3x-1=0$	-0	$-1:0$
$-z^3+3z^2-1=0$	2	$-0:1$
$3z^3-3z-1=0$	1	$-1:2$
$-z^3+6z^2+9z+3=0$	7	$-1:3$
$17z^3-54z^2-15z-1=0$	3	$-8:23$
$-73z^3+120z^2+99z+17=0$	2	$-25:72$
$111z^3-297z^2-318z-73=0$	3	$-58:167$
$-703z^3+897z^2+702z+111=0$	1	$-199:573$
$1007z^3+387z^2-1212z-703=0$	1	$-257:740$
$-521z^3+2583z^2+3408z+1007=0$	6	$-456:1313$
$1907z^3-21864z^2-6790z-521=0$	11	$-2993:8618$
etc.	etc.	etc.

La dernière transformée aura pour racine approchée

$$\frac{1313}{4309}+\frac{21864}{1907}=11\,\frac{6325974}{8217263},$$

et le développement de cette fraction donnera à la suite de 11 les quotients 1, 3, 2, 1, 9, 1, 2, 5, etc., au moyen desquels l'approximation des fractions convergentes peut être poussée jusqu'à ce que les dénominateurs n'excèdent pas $(8618)^2$.

Développement de la racine $x = 2\cos.\frac{\pi}{9}$

$x^3 - 3x - 1 = 0$	1	1 : 0
$-3z^3 + 3z + 1 = 0$	1	1 : 1
$z^3 - 6z^2 - 9z - 3 = 0$	7	2 : 1
$-17z^3 + 54z^2 + 15z + 1 = 0$	3	15 : 8
	2	47 : 25
Les autres transformées sont les mêmes que dans le développement de la première racine.	3	109 : 58
	1	374 : 199
	1	483 : 257
	6	857 : 456
	11	5625 : 2993
	etc.	etc.

Développement de la racine $x = -2\cos.\frac{2\pi}{9}$

$x^3 - 3x - 1 = 0$	-1	-1 : 0
$z^3 - 3z - 1 = 0$	1	-1 : 1
$-3z^3 + 3z + 1 = 0$	1	-2 : 1
$z^3 - 6z^2 - 9z - 3 = 0$	7	-3 : 2
	3	-23 : 15
Les autres transformées comme dans la racine précédente.	2	-72 : 47
	3	-167 : 109
	1	-573 : 374
	1	-740 : 483
	6	-1313 : 857
	11	-8618 : 5625
	etc.	etc.

Ces rapports entre les racines pourront se vérifier aisément par les formules connues des sinus.

(107) Nous avons déja remarqué (n° 101), que si l'équation pro-

posée est

$$ax^n + bx^{n-1} + cx^{n-2} \ldots\ldots + k = 0,$$

et qu'une de ses transformées, correspondante à la fraction convergente $\frac{p}{q}$, soit

$$Az^n + Bz^{n-1} + Cz^{n-2} \ldots\ldots + K = 0,$$

on aura

$$A = ap^n + bp^{n-1}q + cp^{n-2}q^2 \ldots\ldots + kq^n.$$

De là il suit que si on a à résoudre l'équation indéterminée

$$at^n + bt^{n-1}u + ct^{n-2}u^2 \ldots\ldots + ku^n = A,$$

et que le nombre A se trouve coefficient du premier terme de l'une des transformées successives données par le développement de x en fraction continue, la fraction correspondante $\frac{p}{q}$ sera une valeur de $\frac{t}{u}$ et donnera une solution de l'équation proposée. On aura donc ainsi autant de ces solutions particulières qu'on trouvera de fois le nombre A parmi les coefficients dont il s'agit; mais il faudra en outre que le signe de ce coefficient, tel qu'il est donné par la série des opérations, s'accorde avec celui de A dans le second membre de l'équation proposée; condition qu'on obtiendra toujours lorsque n est impair, mais qui pourra ne pas être satisfaite, lorsque n est pair.

Pour passer de l'équation proposée à sa transformée en z, on peut faire directement $x = \frac{pz + p^\circ}{qz + q^\circ}$; réciproquement pour revenir de la transformée à la proposée, il faut faire $z = \frac{q^\circ x - p^\circ}{p - qx}$; ce qui donnera

$$\pm a = A(-q^\circ)^n + B(-q^\circ)^{n-1}q + C(-q^\circ)^{n-2}q^2 \ldots\ldots + Kq^n;$$

de sorte que si on avait à résoudre l'équation indéterminée

$$a = Ay^n + By^{n-1}u + Cy^{n-2}u^2 + \ldots\ldots + Ku^n,$$

on y satisferait en prenant $\frac{y}{u} = \frac{-q^\circ}{q}$. Et le rapport que nous établissons ici entre l'équation proposée et chacune de ses transformées, a également lieu entre deux transformées quelconques, pourvu que les fractions convergentes soient calculées d'après les quotients intermédiaires.

Ainsi dans l'exemple premier, on peut comparer directement la seconde transformée $x^3-3x^2-4x-1=0$ à la neuvième .. $-47879z^3+250158z^2+50699z+2521=0$; mais pour cela, il faut calculer les fractions convergentes vers une racine de l'équation $x^3-3x^2-4x-1=0$, ce qui se fera au moyen des quotients trouvés 4, 20, 2, 3, 1, 6, 10; voici ce calcul :

Quotients.....		4,	20,	2,	3,	1,	6,	10
Fract. converg.	$\frac{1}{0}$,	$\frac{4}{1}$,	$\frac{81}{20}$,	$\frac{166}{41}$,	$\frac{579}{143}$,	$\frac{745}{184}$,	$\frac{5049}{1247}$,	$\frac{51235}{12654}$.

On aura donc $x=\frac{51235z+5049}{12654z+1247}$, ou $z=\frac{-1247x+5049}{12654x-51235}$.

On voit en même temps que si on avait à résoudre l'équation

$$47879t^3+250158t^2u-50699tu^2+2521u^3=1,$$

on y satisferait en faisant $t=1247$, $u=12654$.

Une telle réduction entre de si grands nombres paraît remarquable; cependant pour peu qu'on y réfléchisse, on verra que toutes les transformées comprises dans le développement de la même racine jouissent de la même propriété, c'est-à-dire que si l'une quelconque de ces transformées est représentée par $Az^3+Bz^2+Cz+D=0$, les nombres A, B, C, D pouvant s'élever à une grandeur quelconque, on satisfera toujours à l'équation

$$At^3+Bt^2u+Ctu^2+Du^3=\pm 1,$$

en prenant $t=-q^\circ$, $u=q$, $\frac{p}{q}$ étant la fraction convergente à laquelle répond le quotient-complet z.

Si l'on considère de plus que la proposée $x^3-x^2-2x+1=0$ et ses trois premières transformées ont à leur premier terme l'unité pour coefficient, et que chacune de ces quatre équations peut être regardée comme l'équation principale qui, par le développement de sa racine, fournit toutes les autres transformées, on en conclura qu'il y a toujours au moins quatre manières de réduire à l'unité la quantité $At^3 + Bt^2u + Ctu^2 + Du^3$. Par exemple, si l'on se propose encore l'équation

$$47879t^3 + 250158t^2u - 50699tu^2 + 2521u^3 = 1,$$

on y satisfera de ces quatre manières :

$$\begin{array}{ll} t=6296 & u=63889 \\ t=5049 & u=51235 \\ t=1247 & u=12654 \\ t=\quad 61 & u=\quad 619 \end{array}$$

(108) Mais on peut encore trouver d'autres solutions par le développement des deux autres racines de la même équation. En effet, puisqu'en partant de l'équation

$$47879z^3 + 250158z^2 - 50699z + 2521 = 0,$$

et faisant $z = \frac{6296x - 11345}{63889x - 115124}$, on a la transformée

$$x^3 - x^2 - 2x + 1 = 0,$$

on peut supposer qu'on est parvenu à ce résultat, en développant en fraction continue une racine de l'équation en z, comprise entre 0 et 1. Voici l'opération qui serait l'inverse de celle de l'exemple I :

$0=47879z^3+250158z^2-50699z+2521$	0	1 : 0
$0=2521y^3-50699y^2+250158y+47879$	10	0 : 1
$0=\ 559y^3-7522y^2+24931y+2521$	6	1 : 10
$0=2059y^3-4961y^2+2540y+559$	1	6 : 61
$0=\ 197y^3-1205y^2+1216y+2059$	3	7 : 71
$0=\ 181y^3-695y^2+568y+197$	2	27 : 274
$0=\ y^3-40y^2+391y+181$	20	61 : 619
$0=\ y^3-9y^2+20y+1$	4	1247 : 12654
$0=\ y^3-4y^2+3y+1$	1	5049 : 51235
* $0=\ y^3-2y^2-y+1$	1 *	6296 : 63889
$0=\ -Z^3-2Z^2+Z+1$		11345 : 115124

Arrivé à cette transformée, on aurait $z = \frac{11345Z + 6396}{115124Z + 63889}$; ainsi en mettant $-\frac{1}{x}$ à la place de Z, on voit que la substitution de la valeur $z = \frac{6296x - 11345}{63889x - 115124}$ donne en effet la transformée..... $x^3 - x^2 - 2x + 1 = 0$. Mais le développement précédent, qui est exact jusque dans l'avant-dernière transformée, cesse de l'être dans la dernière, et par cette raison, nous avons séparé par un trait les derniers résultats qui ont besoin d'être rectifiés.

L'avant-dernière transformée $0 = y^3 - 2y^2 - y + 1$ a deux racines positives, l'une comprise entre 0 et 1, l'autre entre 2 et 3. Si on fait d'abord usage de la dernière, il faudra prendre 2 pour racine approchée, au lieu de 1 * qui a été mis dans le tableau précédent, alors le calcul se continuera ainsi :

		5049 : 51235
* $0 = y^3 - 2y^2 - y + 1$	2	6296 : 63889
$0 = -y^3 + 3y^2 + 4y + 1$	4	17641 : 179013
$0 = y^3 - 20y^2 - 9y - 1$	20	76860 : 779941
$0 = -181y^3 + 391y^2 + 40y + 1$	2	1554841 : 15777833
Suivent les mêmes transformées et les mêmes quotients que dans l'exemple I.	etc.	etc.

Et comme on trouve ici deux nouvelles transformées dont le premier terme a pour coefficient 1, il s'ensuit que l'équation indéterminée

$$47879t^3 + 250158t^2u - 50699tu^2 + 2521u^3 = \pm 1$$

est susceptible de deux nouvelles solutions, savoir :

$t = 17641$, $u = 179013$, 2d membre -1
$t = 76860$, $u = 779941$, 2d membre $+1$.

Si ensuite on fait usage de la racine comprise entre 0 et 1, il faudra de plus rectifier le quotient mis devant la transformée précédente

$o = y^3 - 4y^2 + 3y + 1$, et on aura les résultats suivants, qui présentent le développement d'une seconde valeur de z :

		1247 : 12654
$o = y^3 - 4y^2 + 3y + 1$	2	5049 : 51235
$o = -y^3 - y^2 + 2y + 1$	1	11345 : 115124
$o = y^3 - 3y^2 - 4y - 1$	4	16394 : 166359
$o = -y^3 + 20y^2 + 9y + 1$	20	76921 : 780560
$o = 181y^3 - 391y^2 - 40y - 1$	2	1554814 : 15777559
	3	etc.
Le reste comme ci-dessus.	1	
	etc.	

On aura donc encore trois nouvelles valeurs qui satisfont à l'équation indéterminée, savoir :

$t = 11345$, $u = 115124$, 2[d] membre -1
$t = 16394$, $u = 166359$, 2[d] membre $+1$
$t = 76921$, $u = 780560$, 2[d] membre -1.

(109) Pour éclaircir davantage cette théorie, considérons en général une équation proposée $X = o$, et supposons qu'en développant une de ses racines en fraction continue, on parvienne à une transformée quelconque $Z = o$; soit $\alpha, \beta \ldots \mu$, etc. la série des quotients trouvés, et $\frac{p}{q}$ la fraction convergente qui répond tant au quotient entier μ qu'au quotient-complet z donné par l'équation $Z = o$. Voici l'opération figurée du développement :

$X = 0$	α	$1 : 0$
.	β	$\alpha : 1$
.	γ	:
.	δ	:
.	.	:
.	.	:
.	μ°	$p^{\circ} : q^{\circ}$
$Z = 0$	μ	$p : q$
$Z' = 0$	μ'	$p' : q'$
.	.	.
.	.	.
.	.	.

Cela posé, la transformée $Z = 0$ résulte directement de la proposée, en y substituant, au lieu de x, la valeur $x = \frac{pz + p^{\circ}}{qz + q^{\circ}}$; réciproquement la proposée $X = 0$ résulterait d'une quelconque de ses transformées $Z = 0$, en substituant dans celle-ci, au lieu de z, la valeur $z = \frac{q^{\circ}x - p^{\circ}}{p - qx}$. Le même rapport peut être établi entre deux transformées quelconques, pourvu que les fractions convergentes soient calculées au moyen des quotients intermédiaires, en partant de celui qui répond à la première transformée, et qui en est une racine approchée.

Il est aisé de voir que la formule $x = \frac{pz + p^{\circ}}{qz + q^{\circ}}$ renferme implicitement toutes les racines de l'équation proposée, car on peut imaginer qu'on substitue successivement à la place de z les différentes racines de l'équation $Z = 0$, et il en résultera autant de différentes valeurs de x.

Réciproquement la valeur de $z = \frac{q^{\circ}x - p^{\circ}}{p - qx}$ renferme toutes les racines de la transformée $Z = 0$. L'une de ces racines, qui est positive et plus grande que l'unité, est donnée par la continuation du développement, en sorte que l'on a

$$z = \mu + \frac{1}{\mu'} + \frac{1}{\mu''} \text{ etc. à l'infini.}$$

Celle-ci est censée répondre à la racine x qu'on a développée en fraction continue. Les autres racines de la transformée (au moins lorsque le développement est devenu régulier, et que la transformée n'a pas à-la-fois deux racines positives et plus grandes que l'unité) sont toutes négatives et plus petites que l'unité; en effet, si on désigne par x_1 celle des autres racines de la proposée à laquelle répond une autre racine de la transformée, désignée semblablement par z_1, on aura

$$z_1 = \frac{q^\circ x_1 - p^\circ}{p - q x_1} = -\frac{p^\circ}{p} + \frac{(p q^\circ - p^\circ q) x_1}{p(p - q x_1)}.$$

Or on a $p q^\circ - p^\circ q = \pm 1$, et comme p va en augmentant, ainsi que $p - q x_1$, puisque $\frac{p}{q}$ n'est pas une fraction convergente vers x_1, il est clair que la valeur de z_1 approchera d'autant plus de $\frac{-p^\circ}{p}$ que p sera plus grand. Ce résultat a lieu également pour toute racine de la transformée autre que z; d'où l'on voit que toutes ces racines tendent continuellement à être égales entre elles, et à avoir pour valeur commune $\frac{-p^\circ}{p}$, quantité négative et plus petite que l'unité.

(110) D'un autre côté, on sait (n° 11) que la quantité $\frac{p^\circ}{p}$ est égale à la fraction continue

$$\frac{1}{\mu^\circ} + \frac{1}{\mu^{\circ\circ}} + \frac{1}{\mu^{\circ\circ\circ}} \cdots\cdots + \frac{1}{\alpha}$$

composée des quotients qui précèdent μ dans l'ordre rétrograde, jusqu'au premier α inclusivement. Donc tandis qu'une racine z de la transformée $Z = 0$, donne dans son développement les quotients μ, μ', μ'', etc., toutes les autres racines de la même transformée donnent dans leur développement les quotients précédents μ°, $\mu^{\circ\circ}$, $\mu^{\circ\circ\circ}$, etc. dans l'ordre inverse. Ces racines sont donc en effet d'autant plus près de l'égalité, qu'il y a un plus grand intervalle entre la proposée et la transformée dont il s'agit. Mais quelque approchée que soit cette égalité, elle ne devient jamais rigoureuse, et on peut toujours développer séparément les différentes valeurs de z_{1} correspondantes aux valeurs analogues de x_{1}.

Car si on réforme la fraction $\frac{p^{\circ}}{p}$, au moyen des quotients qui la composent, en cette sorte

$$\begin{array}{llcll} \mu^{\circ}, & \mu^{\circ\circ}, \mu^{\circ\circ\circ} & \ldots\ldots\ldots\ldots & \beta, & \alpha \\ \frac{0}{1}, & \frac{1}{\mu^{\circ}} & \ldots\ldots\ldots\ldots\ldots\ldots & \frac{q^{\circ}}{q}, & \frac{p^{\circ}}{p}; \end{array}$$

si ensuite on met $\alpha - x_{1}$ à la place de α, il est clair que la fraction continue deviendra $\frac{p^{\circ} - q^{\circ}x_{1}}{p - qx_{1}}$, et qu'ainsi on aura $-z_{1} = \frac{p^{\circ} - q^{\circ}x_{1}}{p - qx_{1}}$: donc la valeur exacte de $-z_{1}$ développée en fraction continue sera :

$$-z_{1} = \cfrac{1}{\mu^{\circ} + \cfrac{1}{\mu^{\circ\circ} \ldots + \cfrac{1}{\alpha - x_{1}}}}.$$

Il ne s'agit plus que de substituer à la place de x_{1} sa valeur exprimée aussi en fraction continue. Pour cela, il y a différents cas à examiner.

1° Si x_{1} est négatif, et que sa valeur développée commence ainsi $-x_{1} = \alpha_{1} + \cfrac{1}{\beta_{1} + \cfrac{1}{\gamma_{1} + \text{etc.}}}$, alors il est clair que la jonction des deux fractions continues se fera sans difficulté, et donnera

$$-z_{1} = \cfrac{1}{\mu^{\circ} + \cfrac{1}{\mu^{\circ\circ} + \ldots + \cfrac{1}{\beta + \cfrac{1}{\alpha + \alpha_{1} + \cfrac{1}{\beta_{1} + \text{etc.}}}}}}$$

2° Si la valeur de x_1 est positive et moindre que α, on fera $x_1 = \alpha_1 + \frac{1}{y}$, ce qui donnera $\alpha - x_1 = \alpha - \alpha_1 - 1 + \cfrac{1}{1 + \cfrac{1}{-1+y}}$. Dans le cas où $\alpha - \alpha_1 = 1$, il faut remonter au quotient qui précède α, et on aura $6 + \frac{1}{\alpha - x_1} = 6 + 1 + \frac{1}{-1+y}$.

3° Si la valeur de x_1 est positive et plus grande que α, il faudra encore remonter au quotient 6, et on aura

$$6 + \frac{1}{\alpha - x_1} = 6 + \cfrac{1}{\alpha - \alpha_1 - \cfrac{1}{y}}.$$

Soit d'abord $\alpha_1 = \alpha$, cette valeur se réduit à $6 - y$, et on se conduira à l'égard de $6 - y$, comme on l'a fait pour $\alpha - x$.

Soit ensuite $\alpha - \alpha_1 = -m$, on aura

$$6 + \frac{1}{\alpha - x_1} = 6 - \cfrac{1}{m + \cfrac{1}{y}} = 6 - 1 + \cfrac{1}{1 + \cfrac{1}{m - 1 + \cfrac{1}{y}}}.$$

De là on voit que dans tous les cas la substitution de la valeur de x_1 peut se faire dans la fraction continue égale à z_1, sans occasioner d'autre changement que sur quelques-uns des derniers termes de la suite $\mu^\circ, \mu^{\circ\circ} \ldots 6, \alpha$, ou sur quelques-uns des premiers de la suite $\alpha_1, 6_1, \gamma_1$, etc. venant du développement de x_1. D'ailleurs la suite infinie $\alpha_1, 6_1, \gamma_1$, etc. (sauf peut-être quelques premiers termes) sera également comprise dans le développement de la racine z_1. Donc une racine quelconque de la transformée offre toujours dans son développement en fraction continue les mêmes quotients que la racine correspondante de la proposée, sauf les premiers termes qui sont différents, tant à cause de la partie $\mu^\circ, \mu^{\circ\circ}$, etc. qui est propre à la transformée, qu'à cause de la jonction des deux fractions continues qui peut opérer un changement dans les premiers termes.

(111) Pour rendre ces résultats encore plus sensibles, reprenons l'exemple I, où l'équation proposée est $x^3 - x^2 - 2x + 1 = 0$, et considérons une de ses transformées, telle que

$$-197z^3 + 568z^2 + 695z + 181 = 0;$$

la racine positive et plus grande que l'unité sera donnée par les quotients qui naissent de la continuation du développement, et qui sont 3, 1, 6, 10, 5, 2, 2, 1, 2, 2, 1, 18, 1, 1, 3, etc.; de sorte qu'on aura pour cette première racine,

$$z = 3 + \frac{1}{1 + \frac{1}{6 + \frac{1}{10 + \frac{1}{5 + \text{etc.}}}}}$$

Pour avoir les deux autres racines de la même équation, il faut, conformément à ce que nous avons dit, prendre

$$-z_1 = \frac{1}{2 + \frac{1}{20 + \frac{1}{4 + \frac{1}{1 + \frac{1}{1 - x_1}}}}}$$

et substituer au lieu de x_1 successivement les deux autres racines de l'équation proposée. La racine négative étant celle dont la substitution est la plus facile, nous prendrons d'abord sa valeur développée, qui est

$$-x_1 = 1 + \frac{1}{4 + \frac{1}{20 + \frac{1}{2 + \frac{1}{3 + \text{etc.}}}}}$$

d'où résultera

$$-z_1 = \frac{1}{2 + \frac{1}{20 + \frac{1}{4 + \frac{1}{1 + \frac{1}{2 + \frac{1}{4 + \frac{1}{20 + \frac{1}{2 + \frac{1}{3 + \frac{1}{1 + \frac{1}{6 + \text{etc.}}}}}}}}}}}}$$

Prenons ensuite la troisième racine positive

$$x_2 = 0 + \frac{1}{2 + \frac{1}{4 + \frac{1}{20 + \text{etc.}}}}$$

si on fait, pour abréger, $x_2 = \cfrac{1}{2 + \cfrac{1}{y}}$, on aura la troisième racine de la transformée

$$-z_2 = \cfrac{1}{2 + \cfrac{1}{20 + \cfrac{1}{4 + \cfrac{1}{1 + \cfrac{1}{1 - \cfrac{1}{2 + \cfrac{1}{y}}}}}}}.$$

Pour faire disparaître l'irrégularité dans cette valeur, il faut changer ainsi les derniers termes de la fraction continue :

$$\cfrac{1}{1 + \cfrac{1}{1 - \cfrac{1}{2 + \cfrac{1}{y}}}} = \frac{y+1}{3y+2} = \cfrac{1}{2 + \cfrac{y}{y+1}} = \cfrac{1}{2 + \cfrac{1}{1 + \cfrac{1}{y}}}.$$

Donc on aura, sans aucun terme négatif,

$$-z_2 = \cfrac{1}{2 + \cfrac{1}{20 + \cfrac{1}{4 + \cfrac{1}{2 + \cfrac{1}{1 + \cfrac{1}{4 + \cfrac{1}{20 + \cfrac{1}{2 + \cfrac{1}{3 + \text{etc.}}}}}}}}}}$$

les quotients suivants étant comme dans la première racine 1, 6, 10, 5, 2, 2, 1, 2, 2, 1, 18, 1, 1, 3, etc.

Au reste, si on applique cette théorie aux équations du second degré, et qu'on considère l'équation transformée qui donne la valeur du quotient-complet dans une période éloignée, on trouvera que la seconde racine de cette transformée est exprimée par les quotients précédents pris dans l'ordre inverse; d'où il suit que la période qui a lieu dans le développement de cette seconde racine, est la même que celle de la première, mais prise dans l'ordre inverse. Résultat entièrement conforme avec ce que nous avons déja trouvé pour les équations du second degré (§ X).

(112) Quoiqu'on ait supposé dans ce qui précède, que les coefficients de l'équation proposée sont des nombres entiers, cette con-

dition n'est pas cependant absolument nécessaire, et on peut, au besoin, convertir en fraction continue la racine de toute équation proposée, soit algébrique, soit même transcendante. Pour cela, il faut chercher, par une méthode quelconque, la valeur approchée de la racine dont il s'agit, puis convertir cette valeur en fraction continue, en ayant soin d'arrêter le développement et le calcul des fractions convergentes au point où l'on présume que l'exactitude doit cesser. Si la fraction $\frac{p}{q}$ à laquelle on s'arrête est une fraction convergente, il faut se rappeler que la différence de cette fraction avec x doit être moindre que $\frac{1}{q^2}$; et ainsi le degré d'approximation de la valeur de x étant connu, on connaîtra la limite de q. Au reste, une approximation ultérieure servirait à redresser l'erreur, s'il y en avait.

Supposons donc qu'en vertu de la première approximation, on a trouvé les quotients et les fractions convergentes vers x comme il suit :

$$\text{Quotients} \ldots\ldots\ldots \alpha, \quad \beta, \quad \gamma \ldots\ldots\ldots \mu^\circ$$

$$\text{Fract. converg.} \ldots \frac{1}{0}, \ \frac{\alpha}{1}, \ \frac{\alpha\beta+1}{\beta} \ldots\ldots \frac{p^\circ}{q^\circ}, \frac{p}{q}.$$

Pour continuer le développement, on prendra l'équation proposée $F(x) = 0$, et on substituera dans le premier membre, au lieu de x, la valeur $\frac{p}{q} + \omega$. On suppose que ω est une correction assez petite pour qu'on puisse négliger les puissances de ω supérieures à la première, et alors en faisant $\frac{dF}{dx} = F'$, le résultat de la substitution sera $F:\left(\frac{p}{q}\right) + \omega F':\left(\frac{p}{q}\right) = 0$, d'où l'on tire

$$\omega = -\frac{F:\left(\frac{p}{q}\right)}{F':\left(\frac{p}{q}\right)}.$$

Soit maintenant z le quotient-complet qui répond à $\frac{p}{q}$, on aura

$x=\frac{pz+p^\circ}{qz+q^\circ}=\frac{p}{q}+\omega$, ce qui donnera, en substituant la valeur de ω,

$$z=-\frac{q^\circ}{q}+(pq^\circ-p^\circ q)\cdot\frac{\mathrm{F}'\left(\frac{p}{q}\right)}{q^2\,\mathrm{F}\left(\frac{p}{q}\right)}.$$

Si l'équation est algébrique, et qu'on ait

$$\mathrm{F}:(x)=ax^n+bx^{n-1}+cx^{n-2}+\ldots\ldots\ldots\ldots+k$$
$$\mathrm{F}':(x)=nax^{n-1}+(n-1)bx^{n-2}+(n-2)cx^{n-3}+\text{etc.}$$

il en résultera

$$z=-\frac{q^\circ}{q}+\frac{pq^\circ-p^\circ q}{q}\cdot\frac{nap^{n-1}+(n-1)bp^{n-2}q+(n-2)cp^{n-3}q^2\text{ etc.}}{ap^n+bp^{n-1}q+cp^{n-2}q^2+\ldots+kq^n},$$

ce qui revient à la formule du n° 102.

En géneral, il est à remarquer que la valeur de z donnera par son développement divers quotients μ, μ', μ'', etc. qui feront suite avec les quotients déja trouvés, et permettront de continuer le calcul des fractions convergentes jusqu'à ce que l'erreur de la première approximation soit réduite à son carré. Et s'il arrivait que la valeur de z ne fût pas positive et plus grande que l'unité, ce serait une preuve qu'un ou plusieurs des quotients précédents μ°, $\mu^{\circ\circ}$, etc. sont fautifs, et doivent être corrigés au moyen de la valeur de z. Alors on réduirait en une seule fraction $\mu^\circ+\frac{1}{z}$, et si la somme était positive et plus grande que l'unité, il n'y aurait que le dernier quotient μ° à changer. Dans le cas contraire, il faudrait substituer la valeur de z dans $\mu^{\circ\circ}+\frac{1}{\mu^\circ+\frac{1}{z}}$, ou même dans $\mu^{\circ\circ\circ}+\frac{1}{\mu^{\circ\circ}+\frac{1}{\mu^\circ+\frac{1}{z}}}$, ainsi en rétrogradant, jusqu'à ce qu'on parvînt à un résultat positif et plus grand que l'unité. Cette valeur étant développée en fraction continue, donnerait à-la-fois les quotients qu'on doit substituer aux quotients défectueux et quelques-uns de ceux qui les suivent, selon le degré de la première approximation.

Il est clair que par des opérations semblables, réitérées autant qu'il est nécessaire, on peut parvenir à développer en fraction continue, et jusqu'à un nombre de quotients quelconque, toute racine d'une équation proposée, de quelque nature qu'elle soit.

(113) Quant à la méthode pour obtenir la première approximation, on peut proposer comme l'une des plus simples et des plus convenables pour cet objet, la méthode de Daniel Bernoulli, fondée sur la théorie des suites récurrentes, et dont Euler a donné une exposition détaillée dans son *Introd. in Analys. Inf. Cap. XVII.* Cependant comme cette méthode est sujette à quelques difficultés dans les applications, il ne sera pas inutile de la présenter ici avec une modification qui peut faire disparaître une grande partie de ces difficultés.

Soit $x^n + ax^{n-1} + bx^{n-2} + cx^{n-3} + \text{etc.} = 0$, une équation proposée dont les racines sont $\alpha, \beta, \gamma, \delta$, etc.; si on prend pour z une variable quelconque, on aura l'équation identique

$$1 + az + bz^2 + cz^3 \text{etc.} = (1-\alpha z)(1-\beta z)(1-\gamma z) \text{etc.};$$

d'où résulte par la différentiation, cette autre équation pareillement identique :

$$\frac{-a-2bz-3cz^2-\text{etc.}}{1+az+bz^2+cz^3+\text{etc.}} = \frac{\alpha}{1-\alpha z} + \frac{\beta}{1-\beta z} + \frac{\gamma}{1-\gamma z} + \frac{\delta}{1-\delta z} + \text{etc.}$$

Soit $A + Bz + Cz^2 + Dz^3 \ldots + Mz^{n-1} + Nz^n + \text{etc.}$ la série qui vient du développement du premier membre, on aura, d'après la loi connue des suites récurrentes,

$$\begin{aligned}
A &= -a\\
B &= -aA - 2b\\
C &= -aB - bA - 3c\\
D &= -aC - bB - cA - 4d\\
E &= -aD - bC - cB - dA - 5e\\
&\text{etc.}
\end{aligned}$$

Il faut par conséquent que la suite ainsi trouvée $A + Bz + Cz^2 + \text{etc.}$

soit identique avec celle qui résulte du second membre...... $\frac{\alpha}{1-\alpha z}+\frac{\beta}{1-\beta z}+$ etc. Or on a $\frac{\alpha}{1-\alpha z}=\alpha+\alpha^2 z+\alpha^3 z^2+$ etc., et les autres fractions partielles donnent des résultats semblables; donc en réunissant tous ces résultats, on aura

$$A=\alpha+\beta+\gamma+\delta+\varepsilon+\text{etc.}$$
$$B=\alpha^2+\beta^2+\gamma^2+\delta^2+\varepsilon^2+\text{etc.}$$
$$C=\alpha^3+\beta^3+\gamma^3+\delta^3+\varepsilon^3+\text{etc.}$$
.
.
.

et en général $$N=\alpha^n+\beta^n+\gamma^n+\delta^n+\varepsilon^n+\text{etc.}$$

Ces formules sont celles qui servent à trouver la somme des puissances des racines d'une équation donnée; mais il est évident qu'elles sont applicables aussi à la résolution approchée des équations; car si α est la plus grande des racines, et que l'exposant n soit suffisamment grand, on aura à fort peu près $N=\alpha^n$: on aurait, par la même raison, $M=\alpha^{n-1}$, donc la racine cherchée $\alpha=\frac{N}{M}$.

Donc pour avoir par approximation la plus grande racine de l'équation proposée, il faut calculer les coefficients successifs A, B, C, D.... M, N.... par la loi générale des suites récurrentes; puis on divisera le dernier coefficient trouvé par l'avant-dernier, et le résultat sera la valeur de la racine demandée: valeur d'autant plus approchée, que l'opération aura été poussée plus loin, et qu'il y aura plus d'inégalité entre les racines.

Il est aisé, par une transformation, de faire en sorte qu'une racine quelconque devienne la plus grande des racines, ainsi cette méthode peut servir à trouver indistinctement toutes les racines. Dans un grand nombre de cas l'approximation sera plus rapide par cette voie que par aucune autre connue; quelquefois elle sera lente, quelquefois aussi les résultats seront absolument fautifs; mais il est facile de prévoir et d'éviter ces inconvénients, si l'on a une première notion de la grandeur relative et de la nature des racines.

(114) Appliquons ces méthodes à l'équation $x^3-3x^2+1=0$; pour avoir la valeur approchée de la plus grande racine, il faudra développer en série la fraction $\frac{3-3z^2}{1-3z+z^3}$, ce qui donnera $3+9z+24z^2+69z^3+198z^4+570z^5+1641z^6+4725z^7+13605z^8+39174z^9+$ etc. En s'arrêtant ainsi au dixième terme, on aura la racine cherchée $x=\frac{39174}{13605}$.

Maintenant si on développe cette valeur en fraction continue, on aura les quotients 2, 1, 7, 3, 2, 3, 1, 2, 6; et pour juger jusqu'à quel point ils peuvent être exacts, on développera semblablement la fraction $\frac{13605}{4725}$ qu'on aurait eue en s'arrêtant au neuvième terme; il résulte de celle-ci les quotients 2, 1, 7, 3, 2, 5; d'où il paraît qu'on peut regarder comme exacts les quotients 2, 1, 7, 3, 2, 3. Au moyen de ceux-ci on calculera les fractions convergentes comme il suit :

Quotients........ 2, 1, 7, 3, 2, 3.

Fract. converg.... $\frac{1}{0}$, $\frac{2}{1}$, $\frac{3}{1}$, $\frac{23}{8}$, $\frac{72}{25}$, $\frac{167}{58}$, $\frac{573}{199}$.

Pour continuer le calcul de ces fractions d'après la méthode du n° 112, faisons $\frac{p^\circ}{q^\circ}=\frac{167}{58}$, $\frac{p}{q}=\frac{573}{199}$, et soit toujours z le quotient complet qui répond à cette dernière fraction, nous aurons, en observant que $pq^\circ-q^\circ p=+1$:

$$z=-\frac{q^\circ}{q}+\frac{1}{q}\cdot\frac{3p^2-6pq}{p^3-3p^2q+q^3}=\frac{260051}{139897}.$$

Cette valeur étant positive et plus grande que l'unité, il s'ensuit que tous les quotients déja employés sont exacts; et pour avoir ceux qui viennent à la suite, il faut développer la valeur de z en fraction continue, ce qui donnera les nouveaux quotients 1, 1, 6, 11, 1, 1, 1, 3, etc., de sorte que l'opération du développement se continuera ainsi :

Quotients........... 1, 1, 6, 11, 1.

Fractions conv... $\frac{167}{58}$, $\frac{573}{199}$, $\frac{740}{257}$, $\frac{1313}{456}$, $\frac{8618}{2993}$, $\frac{96111}{33379}$, $\frac{104729}{36372}$, etc.

On s'arrête à cette dernière, parce que 36372 a autant de chiffres que le carré de 199, et que la fraction suivante pourrait n'être plus du nombre des fractions convergentes.

(115) Les méthodes qu'on vient d'exposer ne concernent que les racines réelles des équations. A l'égard des racines imaginaires, il peut être utile aussi d'en avoir une expression approchée indéfiniment, et l'analyse indéterminée offre des cas où l'on a besoin de convertir en fraction continue la partie réelle de ces racines. Nous saisirons cette occasion de présenter quelques vues nouvelles sur l'approximation des racines imaginaires, objet jusqu'à présent assez négligé des Analystes.

On sait que toute racine imaginaire d'une équation peut être représentée par $\alpha + \beta\sqrt{-1}$, α et β étant des quantités réelles; on sait aussi que la quantité α peut être déterminée directement par une équation du degré $\frac{n(n-1)}{2}$, n étant le degré de l'équation proposée. Ayant trouvé α, il n'est pas difficile d'avoir β; car comme l'équation proposée doit être divisible par $x^2 - 2\alpha x + \alpha^2 + \beta^2$, si on exécute la division et que le reste soit $Ax + B$, il faudra qu'on ait $A = 0$ et $B = 0$, équations au moyen desquelles on pourra avoir une valeur rationnelle de β^2 en fonction de α. Tout se réduit donc à trouver la valeur de α par l'équation dont elle dépend, et qui résulte de la combinaison des équations $A = 0$ et $B = 0$; mais dès que n surpasse 4, le degré de cette équation devient trop élevé pour qu'elle soit de quelque utilité dans la pratique, et il faut absolument recourir à d'autres moyens pour avoir les valeurs approchées de α et β. Or quels que soient α et β, on peut toujours supposer $\alpha = r\cos.\varphi$, $\beta = r\sin.\varphi$, ce qui donnera $x = r(\cos.\varphi + \sqrt{-1}\sin.\varphi)$, et en général $x^m = r^m(\cos.m\varphi + \sqrt{-1}\sin.m\varphi)$. Ces formules dont l'emploi a été indiqué par Euler, sont propres à simplifier beaucoup dans certains cas la recherche des racines imaginaires.

(116) Soit d'abord l'équation $ax^m+bx+c=0$, à laquelle peut se réduire toute équation à trois termes (car on ne suppose pas que m soit un nombre entier). Si on met au lieu de x la valeur $r(\cos.\varphi+\sqrt{-1}\sin.\varphi)$, l'équation proposée se décompose en ces deux autres

$$0=ar^m\cos.m\varphi+br\cos.\varphi+c$$
$$0=ar^m\sin.m\varphi+br\sin.\varphi.$$

Multipliant la première par $\sin.m\varphi$, la seconde par $-\cos.m\varphi$, et ajoutant les produits, on aura $0=c\sin.m\varphi+br\sin.(m-1)\varphi$, d'où l'on tire

$$r=-\frac{c}{b}\cdot\frac{\sin.m\varphi}{\sin.(m-1)\varphi}.$$

Substituant cette valeur dans la seconde des équations précédentes, on aura pour déterminer φ, l'équation

$$\frac{\sin.^m(m\varphi)}{\sin.\varphi\sin.^{m-1}(m-1)\varphi}=\frac{c}{a}\left(\frac{-b}{c}\right)^m.$$

Or, après quelques essais, on reconnaîtra bientôt entre quels degrés voisins tombe l'angle φ; ensuite, par les fausses positions, on achevera de déterminer φ avec toute l'exactitude que les tables comportent, c'est-à-dire, ordinairement avec six ou sept chiffres. φ étant connu, r le deviendra; ainsi on connaîtra la racine imaginaire $r(\cos.\varphi+\sqrt{-1}\sin.\varphi)$ assez exactement pour la plupart des applications.

(117) Prenons pour exemple l'équation $x^4-x+1=0$; en faisant $x=r(\cos.\varphi+\sqrt{-1}\sin.\varphi)$, on aura $r=\frac{\sin.4\varphi}{\sin.3\varphi}$, et l'équation pour déterminer φ, sera

$$\frac{\sin.^4.4\varphi}{\sin.\varphi\sin.^3.3\varphi}=1.$$

Si l'on fait $\varphi=30°$, le premier membre se réduira à $\frac{3}{8}$, ainsi l'erreur

$= + \frac{1}{8}$; si l'on fait $\varphi = 31°$, le premier membre sera 0,921, ce qui donne l'erreur $= - 0.079$. De là on trouve $\varphi = 30° 36'$ à peu près.

Soit donc $\varphi = 30° 36'$, le premier membre aura pour logarithme 9,999933, et l'erreur sera par conséquent de -67 unités décimales du sixième ordre. Faisant $\varphi = 30° 35'$, l'erreur logarithmique devient $+ 1394$; de là on tire la vraie valeur de φ approchée autant que le permettent des tables à six décimales,

$$\varphi = 30° 35'.954.$$

Ensuite on aura log. $r = 9.926739$, log. $\alpha = 9,861615$, log. $\beta = 9.633482$; donc enfin la racine cherchée

$$x = 0.727136 + 0.430014 \sqrt{-1}.$$

(118) Considérons maintenant l'équation générale

$$a x^n + b x^{n-1} + c x^{n-2} + \ldots\ldots + h x + k = 0;$$

si on substitue la valeur $x = r(\cos.\varphi + \sqrt{-1}\sin.\varphi)$, et qu'on fasse pour abréger

$$P = a r^n \cos. n\varphi + b r^{n-1} \cos.(n-1)\varphi + \ldots\ldots + h r \cos.\varphi + k,$$
$$Q = a r^n \sin. n\varphi + b r^{n-1} \sin.(n-1)\varphi + \ldots\ldots + h r \sin.\varphi,$$

le résultat de la substitution sera $P + Q\sqrt{-1} = 0$, de sorte qu'on aura pour déterminer r et φ les deux équations $P = 0$, $Q = 0$. Mais comme la résolution effective de ces équations n'est possible que dans un petit nombre de cas qui ne s'étendent guère au-delà du théorème de Côtes, il faut se borner à les résoudre par approximation.

Supposons donc qu'après quelques tentatives on a trouvé des valeurs de φ et r qui rendent P et Q très-petites; pour avoir des valeurs plus approchées, on désignera celles-ci par $\varphi + d\varphi$, $r + dr$; il faudra donc que la substitution de $r + dr$ et $\varphi + d\varphi$ à la place de r et φ, dans les fonctions P et Q, rende ces fonctions égales à zéro. Or en négligeant les puissances de dr et $d\varphi$ supérieures à la première, la quantité P devient en général par la substitution dont il s'agit, $P+\frac{rdP}{dr}\cdot\frac{dr}{r}+\frac{dP}{d\varphi}d\varphi$, et on a les coefficients :

$$r\frac{dP}{dr}= nar^n\cos. n\varphi+(n-1)br^{n-1}\cos.(n-1)\varphi+\ldots+hr\cos.\varphi,$$

$$\frac{dP}{d\varphi}=-nar^n\sin. n\varphi-(n-1)br^{n-1}\sin.(n-1)\varphi-\ldots-hr\sin.\varphi.$$

De même, la quantité Q devenant $Q+r\frac{dQ}{dr}\cdot\frac{dr}{r}+\frac{dQ}{d\varphi}d\varphi$, on a

$$r\frac{dQ}{dr}=nar^n\sin. n\varphi+(n-1)br^{n-1}\sin.(n-1)\varphi\ldots+hr\sin.\varphi,$$

$$\frac{dQ}{d\varphi}=nar^n\cos. n\varphi+(n-1)br^{n-1}\cos.(n-1)\varphi\ldots+hr\cos.\varphi.$$

Donc il suffit de prendre deux auxiliaires M et N d'après les valeurs :

$$M=nar^n\cos. n\varphi+(n-1)br^{n-1}\cos.(n-1)\varphi\ldots+hr\cos.\varphi,$$
$$N=nar^n\sin. n\varphi+(n-1)br^{n-1}\sin.(n-1)\varphi\ldots+hr\sin.\varphi,$$

et on aura pour déterminer dr et $d\varphi$, les deux équations :

$$P+M\frac{dr}{r}-Nd\varphi=0,$$

$$Q+N\frac{dr}{r}+Md\varphi=0;$$

d'où l'on tire

$$-\frac{dr}{r}=\frac{PM+QN}{MM+NN},\quad d\varphi=\frac{PN-QM}{MM+NN}.$$

On connaîtra ainsi les valeurs corrigées de r et φ qui sont $r\left(1+\frac{dr}{r}\right)$ et $\varphi+d\varphi$, où il faut observer que la valeur de $d\varphi$ donnée par la formule est exprimée en parties du rayon, et que pour la réduire en minutes ou secondes, il faut la multiplier par le nombre de minutes ou de secondes contenues dans le rayon. Enfin on peut rendre ces formules encore plus commodes pour le calcul trigonométrique, en prenant des angles λ et μ, et des nombres F et G, d'après les valeurs

$$\text{tang.}\lambda=\frac{P}{Q}, \qquad F=\frac{P}{\sin.\lambda}=\frac{Q}{\cos.\lambda},$$
$$\text{tang.}\mu=\frac{M}{N}, \qquad G=\frac{M}{\sin.\mu}=\frac{N}{\cos.\mu},$$

d'où résulte

$$\frac{dr}{r}=-\frac{F}{G}\cos.(\lambda-\mu); \quad d\varphi=\frac{F}{G}\sin.(\lambda-\mu).$$

D'ailleurs il est bon de remarquer que les quantités M et N se forment aisément par le moyen des mêmes termes qui servent à composer les valeurs de P et Q, car tandis qu'on a

$$P=A+B+C+D+\text{etc.};$$

les termes successifs A, B, etc. étant $ar^n\cos.n\varphi$, $br^{n-1}\cos.(n-1)\varphi$ etc., la valeur de M est exprimée par la suite

$$nA+(n-1)B+(n-2)C+(n-3)D+\text{etc.}$$

La valeur de N se forme de même à l'aide des termes qui composent Q.

Ayant trouvé par cette méthode des valeurs plus approchées de r et φ, on peut s'en servir comme d'une première approximation pour en trouver de nouvelles qui soient plus approchées encore, et ainsi de suite jusqu'à ce qu'on obtienne tout le degré d'exactitude dont les tables sont susceptibles.

(119) Il est indispensable pour l'usage de la méthode précédente, d'avoir une première valeur approchée de la racine imaginaire que l'on cherche: or jusqu'à présent on n'a point de méthode générale et praticable qui conduise à ce but; c'est pourquoi j'espère que les Analystes verront avec plaisir celle que je vais proposer, dont l'usage est fort simple, et qui ne semble sujette à aucune exception.

Représentons l'équation à résoudre par $F(x)=0$, et supposons qu'on fasse $x=\alpha+\beta\sqrt{-1}$, α et β étant des quantités réelles quelconques, mais qu'il convient de prendre moindres que la limite des racines réelles déterminée comme si l'équation en avait ou pouvait en avoir.

Cette valeur hypothétique de x étant substituée dans $F(x)$, supposons qu'il en résulte $F(x)=P+Q\sqrt{-1}$, P et Q étant réels. Supposons encore qu'ayant fait $\frac{dF}{dx}=F'$, on substitue la même valeur de x dans la fonction F', et qu'on ait pour résultat...... $F'(x)=M+N\sqrt{-1}$. Si l'on prend une indéterminée ω réelle ou imaginaire, mais très-petite par rapport à $\sqrt{(\alpha^2+\beta^2)}$, il est clair qu'en faisant $x=\alpha+\beta\sqrt{-1}+\omega$, et rejetant les puissances supérieures de ω, on aura

$$F(\alpha+\beta\sqrt{-1}+\omega)=P+Q\sqrt{-1}+\omega(M+N\sqrt{-1}).$$

Maintenant ω étant à volonté, on pourra faire

$$\omega(M+N\sqrt{-1})=-n(P+Q\sqrt{-1}),$$

n étant une fraction positive plus ou moins petite, dont la quantité pourra être fixée postérieurement. On aura ainsi

$$\omega=-n\left(\frac{PM+QN}{M^2+N^2}\right)-n\sqrt{-1}\left(\frac{QM-PN}{M^2+N^2}\right).$$

Et la valeur corrigée $x=\alpha+\beta\sqrt{-1}+\omega$, donnera d'une manière approchée

$$F(x)=(1-n)(P+Q\sqrt{-1});$$

quantité moindre, dans la proportion de $1-n$ à 1, que le résultat obtenu en supposant $x=\alpha+\beta\sqrt{-1}$. Quant à n, il peut être pris à volonté, de manière cependant que ω soit toujours assez petit par rapport à $\sqrt{(\alpha^2+\beta^2)}$. Si P et Q étaient déja très-petits par rapport à M et N, on pourrait prendre $n=1$, et la seconde valeur approchée $\alpha+\beta\sqrt{-1}+\omega$ s'accorderait avec celle qu'on trouve par la méthode ordinaire (nº 118), en supposant que $\alpha+\beta\sqrt{-1}$ est une première valeur approchée de x. Mais lorsque P et Q ne seront pas très-petits par rapport à M et N, on ne prendra pour n qu'une quantité moindre que l'unité, et assez petite pour que ω soit contenu plusieurs fois dans $\alpha + \beta\sqrt{-1}$, ce qui laisse beaucoup de latitude dans le choix (1).

La valeur ainsi corrigée de x étant représentée de nouveau par $\alpha + \beta\sqrt{-1}$, si on la substitue dans les fonctions F et F', on en déduira semblablement une seconde valeur corrigée, au moyen de laquelle le nouveau résultat $P + Q\sqrt{-1}$ sera encore diminué dans le rapport $1 - n$ à 1; et on continuera ainsi indéfiniment jusqu'à ce que $F(x)$ se réduise à une quantité très-petite, auquel cas on pourra faire $n = 1$, et l'approximation deviendra très-rapide.

Il faut bien observer que par la nature des quantités imaginaires, la diminution progressive de $F(n)$ ne pourra être sujette à aucune limite; en effet, quand même on aurait $M = 0$ et $N = 0$, c'est-à-dire $\frac{dF}{dx} = 0$, la substitution de $x = \alpha + \beta\sqrt{-1}$ étant faite dans les fonctions $\frac{ddF}{2dx^2}$, $\frac{d^3F}{2.3dx^3}$, etc., on parviendra nécessairement à un terme qui ne s'évanouira pas. Alors on aura un résultat de la forme

$$F(\alpha + \beta\sqrt{-1} + \omega) = P + Q\sqrt{-1} + \omega^k(T + V\sqrt{-1}),$$

où l'on pourra faire $\omega^k(T + V\sqrt{-1}) = -n(P + Q\sqrt{-1})$. Pour déduire de là la valeur de ω, soient déterminés r et μ de manière qu'on ait $r(\cos.\mu + \sqrt{-1}\sin.\mu) = -n\left(\frac{P + Q\sqrt{-1}}{T + V\sqrt{-1}}\right)$, on aura donc

$\omega^k = r(\cos.\mu + \sqrt{-1}\sin.\mu)$, d'où résulte $\omega = r^{\frac{1}{k}}\left(\cos.\frac{\mu}{k} + \sqrt{-1}\sin.\frac{\mu}{k}\right)$.

Ainsi en faisant $x = \alpha + \beta\sqrt{-1} + \omega$, on aura à très-peu près

$$F(x) = (1 - n)(P + Q\sqrt{-1}).$$

Donc en diminuant continuellement $F(x)$ par des opérations sem-

(1) Quand on compare en grandeur deux quantités imaginaires telles que $\alpha + \beta\sqrt{-1}$, $\mu + \nu\sqrt{-1}$, la comparaison doit s'entendre seulement des quantités réelles $\sqrt{(\alpha^2 + \beta^2)}$, $\sqrt{(\mu^2 + \nu^2)}$, qu'on peut appeler *leurs modules*. Ainsi r sera *le module* de toute quantité imaginaire réduite à la forme $r(\cos.\varphi + \sqrt{-1}\sin.\varphi)$.

blables répétées convenablement, il est clair qu'on parviendra à une valeur de $F(x)$ aussi petite qu'on voudra, et alors la valeur de x sera connue.

Il est démontré ainsi d'une manière tout à-la-fois simple et directe, qu'une valeur de x de la forme $\alpha + 6\sqrt{-1}$ peut toujours satisfaire à l'équation proposée $F(x) = 0$; et cette valeur se réduit à une quantité réelle lorsqu'on a $6 = 0$.

Mais en général x doit être supposée de la forme $\alpha + 6\sqrt{-1}$, ce qui fournit une nouvelle démonstration du théorème concernant la forme des racines imaginaires des équations; démonstration qui a lieu pour toutes sortes d'équations algébriques ou transcendantes.

§ XV. *Résolution en nombres entiers de l'équation indéterminée*
$Ly^n + My^{n-1}z + Ny^{n-2}z^2 \ldots + Vz^n = \pm H.$

(120) Nous supposerons que cette équation a été préparée de la manière indiquée n° 75, et qu'en conséquence on peut considérer y et z comme premiers entre eux, ainsi que z et H. Cela posé, on pourra faire semblablement $y = \theta z + Hu$, θ étant un nombre compris entre $-\frac{1}{2}H$ et $+\frac{1}{2}H$; substituant cette valeur dans l'équation proposée, et divisant tout par H, on aura

$$\begin{aligned}\pm 1 = &\left(\frac{L\theta^n + M\theta^{n-1} + N\theta^{n-2} \ldots + V}{H}\right) z^n \\ &+ (nL\theta^{n-1} + (n-1)M\theta^{n-2} + \text{etc.}) z^{n-1} u \\ &+ \left(\frac{n.n-1}{2} L\theta^{n-2} + \frac{n-1.n-2}{2} M\theta^{n-3} + \text{etc.}\right) H z^{n-2} u^2 \\ &+ \text{etc.}\end{aligned}$$

Mais z et H étant premiers entre eux, cette équation ne peut subsister, à moins que $\frac{L\theta^n + M\theta^{n-1} + N\theta^{n-2} \ldots + V}{H}$ ne soit un nombre entier; c'est la condition qui sert à déterminer θ. On essaiera donc successivement pour θ tous les nombres entiers compris depuis $-\frac{1}{2}H$ jusqu'à $+\frac{1}{2}H$, et s'il n'en est aucun qui rende........ $L\theta^n + M\theta^{n-1} + N\theta^{n-2} +$ etc. divisible par H, on en conclura avec certitude que l'équation proposée n'est pas résoluble en nombres entiers; mais si on trouve un ou plusieurs nombres qui satisfont à cette condition, on aura à résoudre ultérieurement, pour chaque valeur de θ, la transformée en z et u, qui sera de la forme

$$az^n + bz^{n-1}u + cz^{n-2}u^2 + \ldots + ku^n = \pm 1;$$

et il est évident que chaque solution de celle-ci en nombres entiers en donnera une de la proposée.

Tout se réduit par conséquent à résoudre une équation de même forme que l'équation proposée, mais dans laquelle le second membre $= \pm 1$.

On doit supposer que le premier membre de l'équation proposée (avant même d'y appliquer aucune réduction) n'est divisible par aucun facteur rationnel; car s'il pouvait se partager en deux facteurs de cette sorte, l'un du degré m, l'autre du degré $n-m$, l'équation proposée se décomposerait en deux autres de la forme

$$L'y^m + M'y^{m-1}z + N'y^{m-2}z^2 \text{ etc.} = \pi$$
$$L''y^{n-m} + M''y^{n-m-1}z + N''y^{n-m-2}z^2 + \text{etc.} = \frac{H}{\pi},$$

π étant un diviseur de H, de sorte qu'alors le problème deviendrait entièrement déterminé.

Il s'ensuit évidemment de cette supposition, que le premier membre $az^n + bz^{n-1}u + cz^{n-2}u^2 +$ etc. de la transformée, n'est point non plus décomposable en facteurs rationnels. Donc il n'y aura aucunes valeurs de u et z en nombres entiers qui pourront rendre ce premier membre égal à zéro; et ainsi la valeur ± 1 est absolument la plus petite de toutes celles qu'il peut recevoir en substituant pour y et z des nombres entiers quelconques positifs ou négatifs.

(121) Cela posé, nous allons chercher en général quelles doivent être les valeurs de t et u pour que la fonction homogène

$$at^n + bt^{n-1}u + ct^{n-2}u^2 \ldots + ku^n$$

soit la plus petite possible. Pour cela, imaginons qu'en résolvant l'équation indéterminée

$$0 = ax^n + bx^{n-1} + cx^{n-2} \ldots + k,$$

on trouve les facteurs simples réels $x - \alpha$, $x - \alpha'$, $x - \alpha''$, etc. et les facteurs doubles imaginaires $(x - \beta)^2 + \gamma^2$, $(x - \beta')^2 + \gamma'^2$, etc.; alors la fonction proposée $at^n + bt^{n-1}u + ct^{n-2}u^2 +$ etc. que je désigne par $\mathrm{F}(t, u)$, sera égale au produit

$$a(t-\alpha u)(t-\alpha' u)(t-\alpha'' u)\ldots(\overline{t-\text{б}u}^2 + \gamma^2 u^2)(\overline{t-\text{б}'u}^2 + \gamma'^2 u^2)\text{ etc.}$$

Supposons que les valeurs de t et u qui répondent au *minimum* de cette fonction soient $t = p$, $u = q$, en sorte que ce *minimum* soit

$$\mathrm{F}(p,q) = a(p-\alpha q)(p-\alpha' q)\ldots(\overline{p-\text{б}q}^2 + \gamma^2 q^2)\text{ etc.}$$

Il faudra donc qu'en prenant pour t et u des valeurs en nombres entiers différentes de p et q (au moins jusqu'à une certaine limite), on ait $\mathrm{F}(p, q) < \mathrm{F}(t, u)$. C'est ce qui pourrait avoir lieu, si chaque facteur de $\mathrm{F}(t, u)$ était égal ou plus petit que le facteur correspondant de $\mathrm{F}(p, q)$. Donc il y aura au moins un facteur de $\mathrm{F}(t, u)$ qui sera plus grand que le facteur correspondant de $\mathrm{F}(p, q)$. Ce facteur sera, ou l'un des facteurs simples réels, ou l'un des facteurs doubles imaginaires.

1° Soit $t - \alpha u$ le facteur simple plus grand que son correspondant $p - \alpha q$; comme les nombres t et u ont été pris à volonté, et qu'on peut supposer par conséquent que $\frac{t}{u}$ diffère très-peu de $\frac{p}{q}$, il en résulte que $\frac{p}{q}$ doit être une fraction très-rapprochée de α, et on peut même conjecturer de là que $\frac{p}{q}$ doit être l'une des fractions convergentes vers la racine α. En effet, si $\frac{p^\circ}{q^\circ}, \frac{p}{q}, \frac{p'}{q'}$ sont trois fractions consécutives convergentes vers α, il a été démontré n° 8, que, quels que soient les nombres t et u, pourvu seulement que u soit moindre que q', la quantité $t - \alpha u$ sera toujours plus grande que $p - \alpha q$, ce qui satisfait à la condition observée.

2° Soit $(t - \text{б}u)^2 + \gamma^2 u^2$ le facteur double imaginaire plus grand que son correspondant $(p - \text{б}q)^2 + \gamma^2 q^2$; nous supposerons qu'on a pris $u < q$, alors il faudra à plus forte raison que $t - \text{б}u$ soit plus grand que $p - \text{б}q$. Or c'est ce qui aura lieu, si $\frac{p}{q}$ est l'une des fractions convergentes vers la quantité 6, partie réelle de la racine imaginaire $6 \pm \gamma\sqrt{-1}$.

(122) Revenons à la considération du premier cas, et supposons qu'on ait pris $t=p^\circ$, $u=q^\circ$, $\frac{p^\circ}{q^\circ}$ étant la fraction convergente qui précède $\frac{p}{q}$ et qui est donnée par le développement de celle-ci en fraction continue. Il faudra donc que $p^\circ - \alpha q^\circ$ soit plus grand que $p-\alpha q$, ou que $\frac{p^\circ-\alpha q^\circ}{p-\alpha q}$ soit plus grande que l'unité; mais d'ailleurs cette quantité peut être négative ou positive.

Soit d'abord $\frac{p^\circ-\alpha q^\circ}{p-\alpha q}=-y$, on en déduira $\alpha=\frac{py+p^\circ}{qy+q^\circ}$; donc, à cause de y positif et plus grand que l'unité, $\frac{p^\circ}{q^\circ}$ et $\frac{p}{q}$ seront deux fractions consécutives convergentes vers α, et y sera le quotient-complet qui répond à la seconde.

En second lieu, soit $\frac{p^\circ-\alpha q^\circ}{p-\alpha q}=+y$, on aura $\alpha=\frac{py-p^\circ}{qy-q^\circ}$; mais il faut subdiviser ce cas en deux autres, selon que y est >2 ou <2.

Si l'on a $y>2$, on fera $y=1+z$, z étant >1, et on aura $\alpha=\frac{pz+p-p^\circ}{qz+q-q^\circ}$; donc $\frac{p-p^\circ}{q-q^\circ}$, $\frac{p}{q}$ seront encore deux fractions consécutives convergentes vers α, et z sera le quotient-complet qui répond à la dernière.

Dans ces premiers cas, qui présentent déja une grande latitude, il est donc prouvé, d'une manière directe et fort simple, que $\frac{p}{q}$ est une fraction convergente vers la racine α.

Il reste à examiner le dernier cas où l'on a $y<2$. Soit alors $y=1+\frac{1}{z}$, z étant toujours >1, on aura

$$\alpha=\frac{(p-p^\circ)z+p}{(q-q^\circ)z+q}=\frac{(p-p^\circ)(z+1)+p^\circ}{(q-q^\circ)(z+1)+q^\circ};$$

donc $\frac{p^\circ}{q^\circ}$, $\frac{p-p^\circ}{q-q^\circ}$ seront deux fractions consécutives convergentes vers

α (1), et le quotient-complet qui répond à la dernière sera $z+1$, quantité plus grande que 2.

Il faudrait que le quotient fût seulement 1 plus une fraction, pour que $\frac{p}{q}$ fût la fraction convergente qui suit $\frac{p-p^\circ}{q-q^\circ}$; et puisqu'on a $z+1>2$, il s'ensuit que dans ce dernier cas $\frac{p}{q}$ ne peut plus être une fraction convergente vers α; mais au moins puisque $\frac{p-p^\circ}{q-q^\circ}$ en est une, et que la différence entre $\frac{p}{q}$ et $\frac{p-p^\circ}{q-q^\circ}$ n'est que $\frac{1}{q(q-q^\circ)}$, on voit que $\frac{p}{q}$ est toujours une valeur fort approchée de la racine α.

Soit $p-p^\circ=\pi$, $q-q^\circ=\varphi$, nous pourrons représenter par $\frac{p^\circ}{q^\circ}$, $\frac{\pi}{\varphi}$, $\frac{\pi'}{\varphi'}$, trois fractions consécutives convergentes vers α; et parce que q tombe entre φ et φ', il est clair qu'on aura (n° 8) $p-\alpha q>\pi-\alpha\varphi$.

Mais en faisant $t=\pi$, $u=\varphi$, il faut qu'on ait $F(\pi,\varphi)>F(p,q)$, puisque celle-ci est un *minimum ;* donc il y aura dans la valeur de $F(\pi,\varphi)$ quelqu'autre facteur $\pi-\alpha'\varphi$ plus grand que le facteur correspondant $p-\alpha' q$.

Or de ce que $\frac{\pi-\alpha'\varphi}{p-\alpha' q}$ est plus grand que l'unité, et peut être d'ailleurs positif ou négatif, on conclura comme ci-dessus que $\frac{p}{q}$ est une fraction convergente vers α', ou qu'au moins on a $\alpha'=\frac{(p-\pi)(z+1)+\pi}{(q-\varphi)(z+1)+\varphi}$, z étant positif et >1; de là résulte, en substituant les valeurs de π et φ,

$$\alpha'=\frac{p^\circ(z+1)+p-p^\circ}{q^\circ(z+1)+q-q^\circ}=\frac{p^\circ z+p}{q^\circ z+q}=\frac{p^\circ(z+\mu^\circ)+p^{\circ\circ}}{q^\circ(z+\mu^\circ)+q^{\circ\circ}},$$

---

(1) On suppose $p-p^\circ>p^\circ$, et en effet le développement de $\frac{p}{q}$ en fraction continue donne une suite de quotients dont le dernier peut être supposé à volonté plus grand que l'unité ou égal à l'unité. Or si on le prend plus grand que l'unité, p ne sera pas moindre que $2p^\circ+p^{\circ\circ}$, et ainsi on aura $p-p^\circ>p^\circ$.

(car on suppose toujours $p = \mu^\circ p^\circ + p^{\circ\circ}$). Donc $\frac{p^{\circ\circ}}{q^{\circ\circ}}, \frac{p^\circ}{q^\circ}$ seront deux fractions consécutives convergentes vers α', et la fraction suivante sera $\frac{p^\circ(k+\mu^\circ)+p^{\circ\circ}}{q^\circ(k+\mu^\circ)+q^{\circ\circ}}$ ou $\frac{p^\circ k+p}{q^\circ k+q}$, k étant l'entier compris dans z. Et puisque q tombe entre q° et $q^\circ k+q$, il s'ensuit qu'on aura... $p^\circ - \alpha' q^\circ < p - \alpha' q$.

Le même raisonnement s'applique aux autres racines α'', α''', etc. et même aux quantités β, β', β'', etc.; il en résulte pour conclusion générale, que la fraction $\frac{p}{q}$, qui répond au *minimum* de la fonction proposée, doit être comprise parmi les fractions convergentes vers l'une des racines $\alpha, \alpha', \alpha''$, ou vers l'une des quantités β, β', β'', etc. Car si elle n'est pas comprise, il faudra que les conditions suivantes soient réunies.

1° Que la quantité $\frac{p^\circ - \alpha q^\circ}{p - \alpha q}$ relative à une racine déterminée α soit comprise entre $+1$ et $+2$.

2° Que toutes les quantités analogues $\frac{p^\circ - \alpha' q^\circ}{p - \alpha' q}$, $\frac{p^\circ - \alpha'' q^\circ}{p - \alpha'' q}$, etc. $\frac{p^\circ - \beta q^\circ}{p - \beta q}$, $\frac{p^\circ - \beta' q^\circ}{p - \beta' q}$, etc. relatives aux autres racines, soient plus petites que l'unité.

Mais cela posé, il paraît impossible que la quantité $\frac{F(p^\circ, q^\circ)}{F(p, q)}$ qui est composée du produit de tous les facteurs

$$\frac{p^\circ - \alpha q^\circ}{p - \alpha q}, \frac{p^\circ - \alpha' q^\circ}{p - \alpha' q}, \frac{p^\circ - \alpha'' q^\circ}{p - \alpha'' q} \cdots \cdot \frac{(p^\circ - \beta q^\circ)^2 + \gamma^2 q^{\circ 2}}{(p - \beta q)^2 + \gamma^2 q^2}, \text{ etc.}$$

soit plus grande que l'unité, comme elle doit l'être, si $F(p, q)$ est un *minimum*.

En effet, puisque la différence entre $\frac{p}{q}$ et $\frac{p^\circ}{q^\circ}$ n'est que $\frac{1}{qq^\circ}$, et que $\frac{p^\circ}{q^\circ}$ est une fraction convergente vers α, il suffit que parmi les racines α', α'', etc. et les quantités β, β', etc. il y en ait une ou d'un signe contraire de α, ou dont la différence avec α soit sensiblement plus grande que $\frac{1}{qq^\circ}$; alors si α' est cette racine, le facteur $\frac{p^\circ - \alpha' q^\circ}{p - \alpha' q}$ sera à peu près $\frac{q^\circ}{q}$ et ainsi sera moindre que $\frac{1}{2}$; et si β est une quantité assez différente de α, le facteur $\frac{(p^\circ-\beta q^\circ)^2+\gamma^2 q^{\circ 2}}{(p-\beta q)^2+\gamma^2 q^2}$ se réduira encore à très-peu près à $\left(\frac{q^\circ}{q}\right)^2$, et sera par conséquent plus petit que $\frac{1}{4}$. Donc dans la valeur de $\frac{F(p^\circ, q^\circ)}{F(p, q)}$, il n'y aurait qu'un facteur plus grand que l'unité, mais moindre que 2; tandis que tous les autres facteurs seraient plus petits que l'unité, et que parmi ceux-ci il s'en trouverait au moins un plus petit que $\frac{1}{2}$, ou même plus petit que $\frac{1}{4}$; donc cette quantité $\frac{F(p^\circ, q^\circ)}{F(p, q)}$ serait plus petite que l'unité, ce qui est contraire à la supposition faite que $F(p, q)$ est un *minimum*. Donc enfin (1) la fraction $\frac{p}{q}$ est toujours une fraction convergente vers l'une des quantités, $\alpha, \alpha', \alpha'' \ldots \beta, \beta' \ldots$ etc.

(123) La condition qu'on vient de démontrer ne détermine point encore le *minimum* qu'on cherche, elle indique seulement un ordre de quantités parmi lesquelles il faut chercher la fraction $\frac{p}{q}$ propre à donner ce *minimum*. Voici en conséquence le procédé qu'il faut suivre.

Développez en fraction continue successivement chacune des racines réelles α de l'équation $ax^n + bx^{n-1} + \ldots k = 0$.

Développez de même chacune des parties réelles β des racines imaginaires de la même équation.

Prenez successivement pour $\frac{p}{q}$ toutes les fractions convergentes qui résultent de ces diverses opérations, et substituez les valeurs de p et q dans la fonction proposée. Vous aurez autant de résultats

---

(1) On trouve cette proposition dans les additions à l'Algèbre d'Euler, n° 28, mais le savant auteur n'est point entré dans le détail de la démonstration. Il en a donné une pour le cas où le *minimum* est 1, dans les Mémoires de Berlin an. 1768; mais il y a quelque différence dans l'énoncé, en ce qui concerne les quantités β, β', etc.

qui chacun dans son genre sont une sorte de *minimum;* le plus petit de tous ces résultats, ou le *minimum minimorum*, sera donc celui qu'il s'agissait de déterminer.

REMARQUE I.

(124) Si la racine réelle α, ou la partie réelle β d'une racine imaginaire est négative, on fera son développement en fraction continue, comme si elle était positive; mais ensuite on affectera chaque fraction convergente du signe — avant de la prendre pour $\frac{p}{q}$.

Ici se présente la question de savoir lequel des deux termes p et q sera pris négativement. Cette question est facile à résoudre : si l'exposant n de l'équation proposée est un nombre pair, il est indifférent de faire porter le signe — sur l'un ou sur l'autre des deux termes p et q, et la quantité $ap^n + bp^{n-1}q +$ etc. restera absolument la même. Si au contraire l'exposant n est impair, la quantité $ap^n + bp^{n-1}q +$ etc. conservera la même valeur, mais changera de signe, lorsqu'au lieu de prendre p positif et q négatif, on prendra p négatif et q positif; ou en général lorsqu'on changera à-la-fois le signe de p et celui de q.

De là on voit que dans le cas de n impair, l'équation .... $ap^n + bp^{n-1}q \ldots + kq^n = + H$, est toujours résoluble en même temps que l'équation $ap^n + bp^{n-1}q \ldots + kq^n = - H$.

REMARQUE II.

(125) Si on développe en fraction continue chaque racine α, par la méthode exposée ci-dessus (n° 100), on pourra se dispenser de calculer la valeur de $F(p, q)$ pour chaque fraction convergente $\frac{p}{q}$; en effet la transformée qui répond à la fraction $\frac{p}{q}$ étant.. $Az^n + Bz^{n-1} +$ etc. $= 0$, le premier coefficient A de cette transformée sera précisément la valeur de $F(p, q)$; donc il suffira de jeter

les yeux sur le premier terme de chaque transformée pour avoir le *minimum* demandé.

La même chose aurait lieu à l'égard des quantités β, si on faisait leur développement au moyen de l'équation dont elles sont des racines réelles. Mais comme cette équation est pour l'ordinaire d'un degré trop élevé, il conviendra mieux de faire ce développement par le moyen d'une valeur approchée de β, et on substituera au lieu de $\frac{p}{q}$, les fractions convergentes qui en résultent (n° 114). D'ailleurs on va voir que le développement de ces quantités ne doit être prolongé que jusqu'à une certaine limite.

REMARQUE III.

(126) Les opérations indiquées sont les mêmes, soit que le *minimum* soit déja déterminé, comme il l'est quand on se propose de résoudre l'équation $at^n + bt^{n-1}u + ct^{n-2}u^2 \ldots + ku^n = \pm 1$, soit qu'on cherche simplement quelle est la moindre valeur dont le premier membre de cette équation est susceptible. Dans le premier cas, on sent bien que le problème ne sera pas toujours possible. Dans le second, il n'y a autre chose à faire que de chercher dans plusieurs séries de nombres connus quel est le plus petit.

Mais dans les deux cas, comme l'opération du développement s'étend à l'infini, et que passé le second degré on ne connaît aucune loi à laquelle soient assujétis les quotients et les transformées successives, il est clair qu'on n'aura déterminé le *minimum* de la fonction $at^n + bt^{n-1}u \ldots + ku^n$ que dans l'hypothèse que t et u n'excèdent pas les plus grands termes des fractions convergentes calculées. On ne pourra donc assurer qu'un *minimum* pareil ou même plus petit (s'il n'est pas déja ± 1) ne puisse avoir lieu au moyen des fractions convergentes ultérieures dont les termes sont plus grands. En effet, on ne voit rien qui empêche que même avec de très-grandes valeurs de p et q, la fonction $ap^n + bp^{n-1}q +$ etc. ne se réduise à l'unité ou à un nombre fort petit; de sorte qu'à cet égard il ne paraît pas qu'on puisse assigner de limite.

Nous observerons cependant que cette grandeur indéfinie des nombres p et q ne peut concerner les fractions convergentes qui résultent du développement de la partie réelle β d'une racine imaginaire $\beta+\gamma\sqrt{-1}$. Car un facteur tel que $(p-\beta q)^2+\gamma^2q^2$ ne peut diminuer que jusqu'à un certain point, savoir, tant que la diminution de la partie $(p-\beta q)^2$ est plus considérable que l'augmentation de l'autre partie $\gamma^2 q^2$; mais bientôt après ces facteurs doivent augmenter rapidement. On voit par cette raison, qu'il n'est pas nécessaire de chercher les équations dont β, β', etc. sont les racines, et qu'on peut se contenter, comme nous l'avons déja dit, d'une valeur approchée de ces quantités.

(127) Supposons que $\frac{p}{q}$ soit une fraction convergente assez approchée de la racine α, pour que la différence $\frac{p}{q}-\alpha$ soit beaucoup plus petite que la différence entre la racine α et chacune des autres racines ou parties de racines α', α'' .... β, β', etc.; alors si l'on fait pour abréger,

$$L=(\alpha-\alpha')(\alpha-\alpha'')\ldots(\overline{\alpha-\beta}^2+\gamma^2)(\overline{\alpha-\beta'}^2+\gamma'^2)^2 \text{ etc.},$$

on aura à très-peu près $F(p,q)=aq^{n-1}(p-\alpha q)L$. Soit z le quotient-complet qui répond à la fraction convergente $\frac{p}{q}$, on aura $p-\alpha q=\pm\frac{1}{qz+q^\circ}$; donc $F(p,q)=\pm aL.\frac{q^{n-2}}{z+\frac{q^\circ}{q}}$.

Dans cette formule, aL étant une quantité constante, on voit que pour que $F(p,q)$ soit un nombre donné, il faut que le quotient z soit en général proportionnel à q^{n-2}.

Ainsi, par exemple, si on veut que $F(p,q)$ se réduise à ± 1, comme cela est nécessaire dans les équations que nous nous sommes proposées, il faut qu'on ait $z=aLq^{n-2}$ à peu près. Telle est la grandeur des quotients auxquels on reconnaîtra les fractions convergentes qui satisfont à la condition du *minimum* $F(p,q)=\pm 1$.

Cette formule sera surtout utile, si le développement d'une racine se fait non par la méthode des transformées successives, mais par le moyen d'une valeur approchée de cette racine (n° 112).

A mesure que l'opération du développement avance, la valeur de q augmente, et par conséquent celle de z (car on suppose ici $n > 2$), de sorte qu'il devient de moins en moins probable qu'on trouvera le quotient z nécessaire pour le *minimum*. Cependant si la racine α est très-peu différente d'une ou de plusieurs autres racines α', α'', etc. ou des quantités 6, $6'$, etc., alors la limite L pourra être extrêmement petite, et il ne faudra plus un quotient aussi considérable z pour répondre au *minimum* de $F(p, q)$. Cette remarque s'accorde avec les propriétés que nous avons déja exposées (n°s 109 et 110.)

Supposons en second lieu que $\frac{p}{q}$ soit l'une des fractions convergentes vers la quantité 6; supposons en même temps que la différence entre $\frac{p}{q}$ et 6 soit beaucoup plus petite que γ, et aussi beaucoup plus petite qu'aucune des quantités $\alpha, \alpha', \alpha'' \ldots 6', 6''$, etc. Cela posé, si l'on fait pour abréger,

$$A = (6 - \alpha)(6 - \alpha')(6 - \alpha'') \ldots [(6 - 6')^2 + \gamma'^2] \text{etc.}.$$

on aura à très-peu près $F(p, q) = a q^n \gamma^2 A$. Donc si on veut que $F(p, q) = \pm 1$, il faudra qu'on ait $q^n = \pm \frac{1}{a\gamma^2 A}$; ainsi q ne peut surpasser $\sqrt[n]{\frac{1}{a\gamma^2 A}}$; d'où l'on voit que le *minimum* ± 1 ne pourra avoir lieu, à l'aide des racines imaginaires, que dans des cas très-limités, lorsque γ ou A seront très-petits, c'est-à-dire lorsqu'il y aura des racines presque égales. En même temps on a la limite du dénominateur q, au-delà de laquelle il est inutile de prolonger le développement de la quantité 6, ainsi que l'essai des fractions convergentes qui en résultent.

Nous avons déja donné dans le paragraphe précédent, des exemples de la résolution des équations indéterminées homogènes dont le second membre ± 1, nous nous contenterons d'ajouter un nouvel exemple où une solution est donnée par la racine réelle, et une par les racines imaginaires.

EXEMPLE.

(128) Soit proposé de trouver le *minimum* de la fonction

$$7t^3 - 110t^2u + 565tu^2 - 941u^3,$$

je considère l'équation $7x^3 - 110x^2 + 565x - 941 = 0$, et je trouve, après quelques essais, qu'elle a une racine réelle entre 3 et 4, et deux racines imaginaires peu différentes entre elles. Voici le développement de la racine réelle en fraction continue :

$7x^3 - 110x^2 + 565x - 941 = 0$	3	1 : 0
$-47z^3 + 94z^2 - 47z + 7 = 0$	1	3 : 1
$7z^3 - 47z - 47 = 0$	2	4 : 1
$-85z^3 + 37z^2 + 42z + 7 = 0$	1	11 : 3
$z^3 - 139z^2 - 218z - 85 = 0$	140	15 : 4
$-11005z^3 + 19662z^2 + 281z + 1 = 0$	1	2111 : 563
$8939z^3 + 6590z^2 - 13353z - 11005 = 0$	1	2126 : 567
$-8829z^3 + 26644z^2 + 33407z + 8939 = 0$	4	4237 : 1130
$3807z^3 - 177233z^2 - 79304z - 8829 = 0$	46	19074 : 5087
$-8123689z^3 + 7782096z^2 + 348133z + 3807 = 0$	1	877404 : 235132
$10347z^3 - 8458742z^2 - 16588971z - 8123689 = 0$	819	896478 : 240219
etc.	2	etc.
	6	
	2	
	etc.	

On voit par les premiers termes des transformées, que le *minimum* $+1$ a lieu lorsque $t = 15$ et $u = 4$, de sorte que ces valeurs satisfont à l'équation

$$7t^3 - 110t^2u + 565tu^2 - 941u^3 = 1.$$

Dans le reste de l'opération, on ne trouve plus de transformées dont le premier terme ait pour coefficient 1, et ainsi on est certain que la première racine ne fournit plus d'autre solution de l'équation précédente, à moins de supposer le nombre u beaucoup plus grand que 819×240219; mais par cette grandeur même, il paraît bien peu probable que l'opération prolongée fournisse de nouvelles valeurs de t et u. Il reste à développer en fraction continue la partie réelle des racines imaginaires. Or comme l'équation n'est que du troisième degré, si on appelle α la racine réelle dont nous venons de trouver des valeurs approchées, la partie réelle β des racines imaginaires sera $\beta = \frac{110}{14} - \frac{1}{2}\alpha$; substituant la valeur connue de α, et développant le résultat en fraction continue, on aura les quotients et les fractions convergentes vers β comme il suit :

Quotients..... 5, 1, 55, 1, 2, 2, 1, 3

Fract. converg. $\frac{1}{0}$, $\frac{5}{1}$, $\frac{6}{1}$, $\frac{335}{56}$, $\frac{341}{57}$, etc.

Or en prenant successivement pour $\frac{t}{u}$ ces diverses fractions convergentes, on trouve que les valeurs $t = 6$, $u = 1$, donnent encore le *minimum* $+1$, et fournissent ainsi une seconde solution de l'équation indéterminée $7t^3 - 110t^2u$ etc. $= 1$. Il serait inutile de prendre pour $\frac{t}{u}$ d'autres fractions convergentes, parce que la limite trouvée ci-dessus $q = \sqrt[*]{\frac{1}{a\gamma^2\Delta}}$ donne à très-peu près $q = 1$.

SECONDE PARTIE.

PROPRIÉTÉS GÉNÉRALES DES NOMBRES.

§ I. *Théorèmes sur les nombres premiers.*

(129) Théorème. « Si c est un nombre premier, et N un nombre « quelconque non divisible par c, je dis que la quantité $N^{c-1}-1$ « sera divisible par c, de sorte qu'on aura $\frac{N^{c-1}-1}{c}=\text{entier}=e$ » (1).

Soit x un nombre entier quelconque, si on considère la formule connue

$$(1+x)^c=1+cx+\frac{c.c-1}{1.2}x^2+\frac{c.c-1.c-2}{1.2.3}x^3+\ldots+cx^{c-1}+x^c,$$

il est aisé de voir que tous les termes de cette suite, à l'exception du premier et du dernier, sont divisibles par c. En effet, soit M le coefficient de x^m, on aura $M=\frac{c.c-1.c-2\ldots\ldots c-m+1}{1.\;2\;.\;3\ldots\ldots\ldots m}$, ou $M.1.2.3\ldots m=c.c-1.c-2\ldots c-m+1$; et puisque le second membre est divisible par c, il faut que le premier le soit aussi. Mais l'exposant m, dans les termes dont il s'agit, ne surpasse pas $c-1$; donc c, qui est supposé un nombre premier, ne peut diviser le pro-

(1) Ce théorème, l'un des principaux de la théorie des nombres, est dû à Fermat; il a été démontré par Euler dans divers endroits des Mémoires de Pétersbourg, et notamment dans le tome I des *Novi commentarii*.

duit $1.2.3\ldots m$; donc il divise nécessairement M pour toute valeur de m depuis 1 jusqu'à $c-1$. Donc la quantité $(1+x)^c-1-x^c$ est divisible par c, quel que soit l'entier x.

Soit maintenant $1+x=N$, la quantité précédente deviendra $N^c-(N-1)^c-1$; et puisqu'elle est divisible par c, si on omet les multiples de c, on aura $N^c-1=(N-1)^c$, ou $N^c-N=(N-1)^c-(N-1)$. Mais en mettant $N-1$ à la place de N, et négligeant toujours les multiples de c, on aura semblablement $(N-1)^c-(N-1)=(N-2)^c-(N-2)$. Continuant ainsi de restes égaux en restes égaux, on parviendra nécessairement au reste $(N-N)^c-(N-N)$, lequel est évidemment zéro. Donc tous les restes précédents le sont; donc N^c-N est divisible par c.

Mais N^c-N est le produit de N par $N^{c-1}-1$, donc puisque N est supposé non divisible par c, il faudra que $N^{c-1}-1$ soit divisible par c; *ce qu'il fallait démontrer.*

Corollaire. Lorsque c est un nombre premier, on satisfera à l'équation $\frac{x^{c-1}-1}{c}=e$, en prenant pour x un nombre quelconque non-divisible par c. Donc si on considère seulement les valeurs de x positives et moindres que c, ces valeurs seront les nombres successifs $1, 2, 3, 4\ldots c-1$; et si on considère les valeurs ou solutions comprises entre $-\frac{1}{2}c$ et $+\frac{1}{2}c$, ces valeurs ou solutions seront $\pm 1, \pm 2, \pm 3\ldots\pm\left(\frac{c-1}{2}\right)$. Dans les deux cas, les solutions de l'équation dont il s'agit, sont au nombre de $c-1$ égal à l'exposant de x.

(130) Théorème. « Si n est un nombre premier, le produit « $1.2.3\ldots(n-1)$ augmenté d'une unité, sera divisible par n. »

En effet, il résulte de la théorie des différences qu'on a, pour tout nombre entier m, l'équation

$$1.2.3\ldots m = m^m - \frac{m}{1}(m-1)^m + \frac{m.m-1}{1.2}(m-2)^m - \frac{m.m-1.m-2}{1.2.3}(m-3)^m + \text{etc.}$$

Si l'on fait $m = n - 1$, et qu'on néglige les multiples de n, on aura suivant le théorème précédent,

$$m^m = 1,\ (m-1)^m = 1,\ (m-2)^m = 1,\ \text{etc.}$$

Donc le produit $1.2.3\ldots m$, en faisant les mêmes omissions, se réduit à $1 - m + \frac{m.m-1}{1.2} - \frac{m.m-1.m-2}{1.2.3} +$ etc., le nombre des termes de cette suite étant m. Mais ces m termes composent la puissance développée $(1-1)^m$ moins son dernier terme, qui est $+1$, parce que m est pair. Donc la somme des termes en question.. $=(1-1)^m - 1 = -1$. Donc la quantité $1.2.3\ldots(n-1)+1$ est divisible par n.

(131) Ce théorème, dont Waring fait mention dans ses *Meditationes Algebraïcæ*, et dont il attribue la découverte à Jean Wilson, a été démontré pour la première fois par Lagrange dans les Mémoires de Berlin, année 1771, et ensuite par Euler dans ses *Opuscula Analytica*, tom. I. Il est surtout remarquable, en ce qu'il n'a lieu que lorsque n est un nombre premier. En effet, si n est composé de deux facteurs quelconques inégaux a et b, ces deux facteurs se trouveront nécessairement tous deux parmi les nombres 1, 2, 3,...$(n-1)$, et la quantité $1.2.3\ldots(n-1)+1$ divisée par n, laissera pour reste $+1$. La même chose aurait lieu, quand même n serait égal au produit des deux facteurs égaux $a \times a$; car alors a et $2a$ se trouveraient dans la suite $1, 2, 3\ldots n-1$. Donc le produit de ces nombres serait divisible par a^2 ou n, et ce produit, augmenté d'une unité, laisserait pour reste 1.

On peut déduire de là une règle générale et infaillible, pour reconnaître si un nombre donné n est premier ou s'il ne l'est pas. Pour cela, il faut ajouter une unité au produit $1.2.3\ldots(n-1)$; si la somme est divisible par n, le nombre n sera premier; si elle ne l'est pas, le nombre n sera composé. Mais quoique cette règle soit très-belle *in abstracto*, elle ne peut avoir aucune utilité dans la pratique, attendu la grandeur énorme à laquelle s'élève bientôt le produit $1.2.3\ldots(n-1)$.

Observons que les nombres $n-1$, $n-2$, $n-3$, etc. considérés comme restes de la division par n, sont équivalents aux restes -1, -2, -3, etc.; d'ailleurs n étant supposé impair, le nombre des facteurs $1, 2, 3 \ldots n-1$ sera pair. Donc le produit $1.2.3\ldots(n-1)$, divisé par n, laissera le même reste que $\pm 1^2.2^2.3^2\ldots\left(\frac{n-1}{2}\right)^2$, le signe ambigu étant $+$ lorsque n est de la forme $4k+1$, et $-$ lorsqu'il est de la forme $4k+3$.

Donc 1° si le nombre premier n est de la forme $4k+1$, la quantité $\left(1.2.3\ldots\frac{n-1}{2}\right)^2+1$ sera divisible par n. On connaît donc ainsi *a priori* une somme de deux carrés a^2+1 dont n doit être diviseur.

2° Si le nombre premier n est de la forme $4k+3$, la quantité $\left(1.2.3\ldots\frac{n-1}{2}\right)^2-1$ sera divisible par n, et par conséquent n doit diviser l'une ou l'autre des deux quantités $1.2.3\ldots\left(\frac{n-1}{2}\right)+1$, $1.2.3\ldots\left(\frac{n-1}{2}\right)-1$.

(132) LEMME. « Soit c un nombre premier, et P un polynome du « degré m dont les coefficients sont entiers, savoir, $P=\alpha x^m+\beta x^{m-1}$ « $+\gamma x^{m-2}\ldots+\omega$; je dis qu'il ne peut y avoir plus de m valeurs « de x, comprises entre $+\frac{1}{2}c$ et $-\frac{1}{2}c$, qui rendent ce polynome « divisible par c. »

Car soit k une première valeur de x qui rende P divisible par c, on pourra faire $P=(x-k)P'+Ac$, et on aura pour P' un polynome en x du degré $m-1$. Soit k' une seconde valeur de x qui rende P divisible par c, il faudra que cette valeur rende $(x-k)P'$ divisible par c. Mais le facteur $x-k$, qui devient $k'-k$, ne peut être divisible par c, puisque k et k' sont supposés chacun plus petits que $\frac{1}{2}c$; donc P ne pourra être divisible une seconde fois par c, à moins que P' ne le soit. Le polynome P du degré m n'admet par conséquent qu'une solution de plus que le polynome P' du degré $m-1$; donc il ne peut y avoir au plus que m valeurs différentes de x, comprises entre $\frac{1}{2}c$ et $-\frac{1}{2}c$, qui rendent P divisible par c.

Nous regarderons comme *solution* ou *racine* de l'équation $\frac{P}{c} = e$, toute valeur de x, comprise entre $+\frac{1}{2}c$ et $-\frac{1}{2}c$, qui rend le premier membre égal à un entier. Le nombre de ces solutions, qu'on pourrait prendre aussi entre o et c, ne doit jamais surpasser l'exposant m, comme il vient d'être démontré; mais d'après une solution telle que $x = k$, on peut faire plus généralement $x = k + cz$, z étant un nombre entier positif ou négatif, et toutes les valeurs de x renfermées dans cette formule, satisferont à l'équation $\frac{P}{c} = e$.

(133) Théorème. « Soit toujours c un nombre premier, et P un « polynome du degré m, lequel soit diviseur du binome $x^{c-1} - 1$; « je dis qu'il y aura toujours m valeurs de x, comprises entre $+\frac{1}{2}c$ « et $-\frac{1}{2}c$, qui rendent ce polynome divisible par c. »

Car soit $x^{c-1} - 1 = PQ$, Q étant un autre polynome du degré $c - 1 - m$. Puisqu'il y a $c - 1$ valeurs de x, savoir ± 1, ± 2, $\pm 3 \ldots \pm \frac{c-1}{2}$, qui rendent le premier membre divisible par c, il faut que chacune de ces valeurs rende P ou Q divisible par c. Parmi ces $c - 1$ valeurs, il ne peut y en avoir plus de m qui rendent P divisible par c, parce que P n'est que du degré m; il ne peut non plus y en avoir moins de m, car alors il y aurait plus de $c - 1 - m$ valeurs de x qui rendraient Q divisible par c; ce qui est impossible, puisque Q n'est que du degré $c - 1 - m$. Donc le nombre de valeurs de x qui rendent P divisible par c, et qui sont comprises entre $+\frac{1}{2}c$ et $-\frac{1}{2}c$, est précisément m.

Remarque. La même proposition aurait lieu, si P était diviseur de $x^{c-1} - 1 + cR$, R étant un polynome d'un degré quelconque.

(134) Théorème. « Si le nombre premier c est diviseur de $x^2 + N$, « N étant un nombre donné positif ou négatif, je dis que la quantité « $(-N)^{\frac{c-1}{2}} - 1$ doit être divisible par c; et réciproquement si cette « condition est remplie, il existera un nombre x (moindre que $\frac{1}{2}c$) « tel que $x^2 + N$ sera divisible par c. (On excepte le cas de $c = 2$, « et celui où N est divisible par c.) »

Car 1° si c est diviseur de x^2+N, on aura, en omettant les multiples de c, $x^2=-N$; donc $x^{c-1}-1=(-N)^{\frac{c-1}{2}}-1$. Le premier membre est divisible par c, donc le second doit l'être également.

2° Si on suppose que $(-N)^{\frac{c-1}{2}}-1$ soit divisible par c, je fais cette quantité $=cr$, ce qui donnera $x^{c-1}-1-cr=x^{c-1}-(-N)^{\frac{c-1}{2}}$. Mais si l'on fait pour un moment $c-1=2b$, $-N=M$, le second membre devient $x^{2b}-M^b$, lequel est divisible par x^2-M ou x^2+N. Donc x^2+N divise également le premier membre $x^{c-1}-1-cr$. Donc (n° 133) il y a nécessairement deux valeurs de x, moindres que $\frac{1}{2}c$, qui rendent x^2+N divisible par c; ces deux valeurs n'en font proprement qu'une, parce qu'elles ne diffèrent que par leur signe.

Remarque. Nous avons démontré que N étant un nombre quelconque, et c un nombre premier qui ne divise pas N, la quantité $N^{c-1}-1$ est toujours divisible par c; cette quantité est le produit des deux facteurs $N^{\frac{c-1}{2}}+1$, $N^{\frac{c-1}{2}}-1$; il faut donc que l'un ou l'autre de ces deux facteurs soit divisible par c; d'où nous conclurons que la quantité $N^{\frac{c-1}{2}}$ divisée par c, laissera toujours le reste $+1$ ou le reste -1.

(135) *Comme les quantités analogues à* $N^{\frac{c-1}{2}}$ *se rencontreront fréquemment dans le cours de nos recherches, nous emploîrons le caractère abrégé* $\left(\frac{N}{c}\right)$ *pour exprimer le reste que donne* $N^{\frac{c-1}{2}}$ *divisée par* c; *reste qui, suivant ce qu'on vient de voir, ne peut être que* $+1$ *ou* -1.

Lorsque $\left(\frac{N}{c}\right)=+1$, on dit que N est un *résidu carré* de c, parce qu'alors $N^{\frac{c-1}{2}}$ divisé par c, laisse le reste $+1$, ce qui est la condition nécessaire pour que c soit diviseur de x^2-N; au contraire, lorsque $\left(\frac{N}{c}\right)=-1$, on dit que N est un *non-résidu carré* de c.

Dans l'expression $\left(\frac{N}{c}\right)$ le nombre N est un nombre quelconque positif ou négatif, mais c est toujours un nombre premier, 2 excepté.

Lorsque c est un nombre premier $4n+1$, l'exposant $\frac{c-1}{2}$ est pair; au contraire cet exposant est impair, lorsque c est de la forme $4n+3$. Dans le premier cas on doit donc avoir $\left(\frac{-N}{c}\right)=\left(\frac{N}{c}\right)$, et dans le second $\left(\frac{-N}{c}\right)=-\left(\frac{N}{c}\right)$.

Une expression telle que $\left(\frac{MN}{c}\right)$ est toujours le produit des deux expressions $\left(\frac{M}{c}\right)$, $\left(\frac{N}{c}\right)$. Car soit $\left(\frac{M}{c}\right)=\mu$ et $\left(\frac{N}{c}\right)=\nu$, le sens de ces expressions indique assez qu'on peut faire $M^{\frac{c-1}{2}}=mc+\mu$, $N^{\frac{c-1}{2}}=nc+\nu$, m et n étant des entiers; de là résulte....... $(MN)^{\frac{c-1}{2}}=(mc+\mu)(nc+\nu)$, et il est visible que le second membre divisé par c laisse le reste $\mu\nu$; donc on a $\left(\frac{MN}{c}\right)=\left(\frac{M}{c}\right)\cdot\left(\frac{N}{c}\right)$, et ainsi pour un plus grand nombre de facteurs.

Dans le cas de deux facteurs égaux, l'expression $\left(\frac{MM}{c}\right)$, qui est la même chose que $\left(\frac{M}{c}\right)\times\left(\frac{M}{c}\right)$, est toujours égale à $+1$, puisque chaque facteur $\left(\frac{M}{c}\right)$ ne peut être que $+1$ ou -1.

(136) N étant un nombre donné, si l'on cherche la puissance N^x telle que N^x-1 soit divisible par le nombre premier c, on voit qu'il suffit de faire $x=c-1$.

Si de plus on veut que N^x-1 soit divisible par la puissance c^m du nombre premier c, il faudra faire $x=c^{m-1}(c-1)$; car soit $N^{c-1}-1=cM$, ou $N^{c-1}=1+cM$, si on élève chaque membre à la puissance c^{m-1}, on aura

$$N^x=(1+cM)^{c^{m-1}}=1+c^mM+\frac{c^{m-1}-1}{2}c^{m+1}M^2$$
$$+\frac{c^{m-1}-1.c^{m-1}-2}{2.3}c^{m+2}M^3+\text{etc.}$$

d'où l'on voit qu'en faisant $x=(c-1)c^{m-1}$, la quantité N^x-1 sera divisible pas c^m.

En général N étant un nombre donné, si on veut que N^x-1 soit divisible par un autre nombre A, premier à N, il faudra décomposer A en ses facteurs premiers a, b, c, etc. de sorte qu'on ait $A=a^\alpha b^\beta c^\gamma$, etc. Alors si l'on prend $x=a^{\alpha-1}(a-1)b^{\beta-1}(b-1)$ $c^{\gamma-1}(c-1)$, etc., il est évident que N^x-1 sera divisible à la fois par a^α, par b^β, par c^γ, etc. Donc il sera divisible par leur produit $A=a^\alpha b^\beta c^\gamma$, etc.

Et parce que $a-1, b-1, c-1$, etc. peuvent avoir un ou plusieurs facteurs communs, si on appelle A' le moindre nombre divisible à la fois par $a-1$, $b-1$, $c-1$, etc., on aura plus simplement $x=A'a^{\alpha-1}b^{\beta-1}c^{\gamma-1}$, etc.

(137) De là on voit qu'on peut avoir une solution directe de toute équation indéterminée du premier degré $py-qz=r$. Il faut pour cela prendre $y=rp^x$, et déterminer x de manière que p^x-1 soit divisible par le nombre donné q premier à p. Car en appelant h le quotient, on aura $z=\frac{r(p^x-1)}{q}=rh$. Ensuite on aura plus généralement $y=rp^x+qX$, $z=rh+pX$, X étant un nombre quelconque positif ou négatif. Mais on voit que cette solution serait le plus souvent beaucoup plus compliquée que celle qu'on obtient par la méthode ordinaire des fractions continues, qui ne suppose point qu'on ait cherché préalablement les facteurs premiers du nombre q. Voyez le tome VIII des *Nov. Com. Petrop.*, an 1760 et 1761.

§ II. *Recherche de la forme qui convient aux diviseurs de la formule* $t^2 + au^2$.

(138) DANS la formule $t^2 + au^2$, nous regarderons a comme un nombre donné positif ou négatif, et nous supposerons que t et u sont deux indéterminées auxquelles on peut attribuer toutes les valeurs possibles en nombres entiers positifs ou négatifs, mais avec la condition essentielle que t et u soient premiers entre eux. En effet, sans cette condition tout nombre pourrait diviser la formule $t^2 + au^2$, et il n'y aurait par conséquent aucune forme particulière qui caractérisât les diviseurs de cette formule. Cela posé, on voit que pour une même valeur de a, la formule $t^2 + au^2$ représentera une infinité de nombres différents, et il s'agit d'examiner la nature des diviseurs de cette formule.

Soit p un diviseur quelconque de la formule $t^2 + au^2$, et soit en conséquence $t^2 + au^2 = \mathrm{P}p$: je dis d'abord que les nombres u et p sont premiers entre eux : car si u^2 et p avaient un commun diviseur θ, il est clair que θ diviserait $\mathrm{P}p - au^2$ ou t^2, et qu'ainsi t et u auraient un commun diviseur, ce qui est contre la supposition. Puis donc que p et u sont premiers entre eux, on pourra (n° 13) trouver deux nombres y et q tels qu'on ait $t = py + qu$. Substituant cette valeur dans l'équation $t^2 + au^2 = \mathrm{P}p$ et divisant tout par p, on aura

$$py^2 + 2qyu + \left(\frac{q^2 + a}{p}\right) u^2 = \mathrm{P}.$$

Mais puisque u n'a aucun diviseur commun avec p, cette équation ne peut subsister à moins que $\frac{q^2 + a}{p}$ ne soit un entier. Donc le nombre p qui divise la formule $t^2 + au^2$, divisera également la formule moins générale $x^2 + a$, en faisant $x = q$.

(139) Non-seulement la formule à deux indéterminées $t^2 + au^2$, n'a pas d'autres diviseurs que la formule à une seule indéterminée $t^2 + a$ ou $x^2 + a$; mais à cet égard la formule $At^2 + Btu + Cu^2$, où A, B, C sont des nombres donnés, n'est pas plus générale que les deux premières. En effet, si on multiplie la dernière par $4A$, et qu'on fasse $2At + Bu = x$, $4AC - B^2 = a$, le produit sera $x^2 + au^2$. Donc les diviseurs de la formule $At^2 + Btu + Cu^2$ sont les mêmes que ceux de la formule plus simple $x^2 + au^2$, ou seulement $x^2 + a$, a étant égale à la quantité constante $4AC - B^2$. Et quoiqu'on ait multiplié par $4A$ la formule proposée, il n'y a pas même exception par rapport aux diviseurs qui ne seraient pas premiers à A, car en faisant $x = B$, la formule $x^2 + a$ devient $B^2 + a$ ou $4AC$; elle est par conséquent divisible par A.

Soit toujours p un diviseur quelconque de la formule $t^2 + au^2$, et supposons que β, γ, δ, etc. soient les nombres premiers qui divisent p, il faudra que chacun de ces nombres divise la formule $x^2 + a$; ainsi, d'après le n° 134 et la notation indiquée n° 135, il faudra qu'on ait les équations

$$\left(\frac{-a}{\beta}\right) = 1, \quad \left(\frac{-a}{\gamma}\right) = 1, \quad \left(\frac{-a}{\delta}\right) = 1, \text{ etc.}$$

Ces conditions seront suffisantes, au moins tant que p et a n'auront pas de commun diviseur.

(140) Revenons à la formule $py^2 + 2qyu + \left(\frac{q^2+a}{p}\right)u^2 = P$, et puisque $\frac{q^2+a}{p}$ est un entier, faisons $\frac{q^2+a}{p} = r$, nous aurons

$$P = py^2 + 2qyu + ru^2.$$

Mais P peut désigner pareillement un diviseur quelconque de la formule $t^2 + au^2$; donc tout diviseur de cette formule indéterminée peut être représenté par la formule de même degré $py^2 + 2qyu + ru^2$, dans laquelle on a $pr - q^2 = a$.

Et comme on est maître de supposer $u = 1$, puisque la formule $t^2 + a$ doit avoir les mêmes diviseurs que la formule $t^2 + au^2$, il s'ensuit qu'on peut aussi représenter l'un quelconque de ces diviseurs par la formule $py^2+2qy+r$, où l'on a également $pr-q^2=a$. Cette forme est plus simple que la précédente; cependant nous préférerons celle-ci, parce que ses coefficients peuvent toujours être renfermés entre des limites connues et dépendantes du seul nombre a.

En effet, nous avons démontré (n° 46) que la formule indéterminée $py^2+2qyu+ru^2$ peut toujours être transformée en une formule semblable, dans laquelle le coefficient moyen $2q$ n'excédera aucun des coefficients extrêmes p, r, et où l'on aura toujours $pr-q^2=a$.

Supposons que cette réduction soit effectuée, et nous serons en droit de conclure, selon que a est positif ou négatif,

1° Que tout diviseur de la formule t^2+cu^2, où c est un nombre positif, peut être représenté par la formule $py^2+2qyz+rz^2$, dans laquelle on a $pr-q^2=c$, $2q<p$ et r, et par conséquent $q<\sqrt{\frac{c}{3}}$;

2° Que tout diviseur de la formule t^2-cu^2, peut être représenté par la formule $py^2+2qyz-rz^2$, où l'on a $pr+q^2=c$, $2q<p$ et r, et par conséquent $q<\sqrt{\frac{c}{5}}$.

(141) Dans les deux cas, il faut se souvenir que les indéterminées y et z doivent être des nombres premiers entre eux, comme le sont les indéterminées t et u de la formule proposée $t^2\pm cu^2$. Avec cette condition, tout nombre P renfermé dans la formule $py^2+2qyz\pm rz^2$ sera nécessairement diviseur de la formule $t^2\pm cu^2$.

Car supposons qu'on ait $P=p\alpha^2+2q\alpha\beta\pm r\beta^2$, et soit $\frac{\alpha^\circ}{\beta^\circ}$ la fraction convergente qui précède $\frac{\alpha}{\beta}$ dans le développement de celle-ci en fraction continue. Si à la place de y et z on met $\alpha y+\alpha^\circ z$ et $\beta y+\beta^\circ z$ dans la formule indéterminée $py^2+2qyz\pm rz^2$, le résultat sera (n° 53) de la forme $Py^2+2Qyz+Rz^2$, où l'on aura $PR=Q^2\pm c$. Donc P est diviseur de $Q^2\pm c$ ou de $t^2\pm cu^2$.

§ III. *Application de la théorie précédente à diverses formules telles que* t^2+u^2, t^2+2u^2, t^2-2u^2, *etc. Conséquences qui en résultent pour les formes générales des nombres premiers.*

(142) Pour avoir les diviseurs de la formule t^2+u^2, il faudra, suivant la méthode du § précédent, faire $c=1$, $pr-q^2=1$, et $q<\sqrt{\frac{1}{3}}$, on aura donc $q=0$, $pr=1$, $p=r=1$, et le diviseur $py^2+2qyz+rz^2$ se réduit à y^2+z^2. Donc « tout diviseur de la « formule t^2+u^2, composée de deux carrés premiers entre eux, est « également la somme de deux carrés premiers entre eux. »

Ce théorème étant d'un très-grand usage dans la théorie des nombres, nous croyons devoir en donner une seconde démonstration fondée sur d'autres principes.

Soit N un nombre quelconque qui divise la somme de deux carrés premiers entre eux t^2+u^2, on pourra supposer que les nombres t et u ne surpassent pas $\frac{1}{2}$N; car puisque N divise t^2+u^2, il divisera également $(t-\alpha N)^2+(u-\beta N)^2$; or les nombres α et β peuvent toujours être pris de manière que $t-\alpha N$ et $u-\beta N$ n'excèdent pas $\frac{1}{2}$N.

Cette préparation étant supposée faite, la quantité t^2+u^2 sera moindre que $\frac{1}{2}N^2$, ainsi en faisant $t^2+u^2=NN'$, on aura $N'<\frac{1}{2}N$.

Et d'abord si on avait $N'=1$, le nombre N serait égal à t^2+u^2, et la proposition serait vérifiée.

Soit donc $N'>1$; puisque N' divise t^2+u^2, il divisera aussi $(t-\alpha N')^2+(u-\beta N')^2$; or on peut prendre α et β de manière que $t-\alpha N'$ et $u-\beta N'$ n'excèdent pas $\frac{1}{2}N'$. Si l'on fait donc dans cette hypothèse

$$(t-\alpha N')^2+(u-\beta N')^2=N'N''.$$

on aura $N'' < \frac{1}{2} N'$. Multipliant cette équation membre à membre par l'équation $t^2 + u^2 = NN'$, on trouvera que le produit peut être mis sous la forme

$$(t^2 + u^2 - \alpha t N' - 6 u N')^2 + (\alpha u N' - 6 t N')^2 = N N'^2 N''.$$

Substituant dans le premier membre NN' au lieu de $t^2 + u^2$, et divisant tout par N'^2, on aura

$$(N - \alpha t - 6 u)^2 + (\alpha u - 6 t)^2 = N N''.$$

Si dans ce nouveau résultat, on avait $N'' = 1$, le nombre N serait égal à la somme de deux carrés, et la proposition serait démontrée.

Soit donc encore $N'' > 1$, alors, en suivant la même marche, on déduira du produit NN'' un nouveau produit NN''' où l'on aura $N''' < \frac{1}{2} N''$, et qui sera exprimé pareillement par la somme de deux carrés.

Mais la suite des nombres entiers N, N', N'', N''', etc. dans laquelle chaque terme est moindre que la moitié du précédent, ne saurait aller à l'infini; on parviendra donc nécessairement à un terme égal à l'unité, et alors le nombre N sera égal à la somme de deux carrés.

(143) Revenons à la méthode générale, et proposons-nous de déterminer les diviseurs de la formule $t^2 + 2u^2$. On aura, dans ce cas, $c = 2$, $pr - q^2 = 2$, $q < \sqrt{\frac{2}{3}}$; donc il faut faire encore $q = 0$, ce qui donne $pr = 2$, et par conséquent $p = 1$, $r = 2$. Donc le diviseur $py^2 + 2qyz + rz^2$ sera toujours de la forme $y^2 + 2z^2$ semblable à la formule dividende $t^2 + 2u^2$.

Soit encore la formule $t^2 - 2u^2$, dont nous représenterons un diviseur quelconque par $py^2 + 2qyz - rz^2$, on aura $c = 2$, $pr + q^2 = 2$, $q < \sqrt{\frac{2}{5}}$. Il en résulte $q = 0$ et $pr = 2$, ce qui donne $p = 1$, $r = 2$, ou $p = 2$, $r = 1$. Donc tout diviseur de la formule $t^2 - 2u^2$ peut être représenté, soit par $y^2 - 2z^2$, soit par $2y^2 - z^2$. Ces deux formes, au reste, se réduisent à une seule, car nous avons déja observé qu'on a

$$y^2 - 2z^2 = 2(y - z)^2 - (y - 2z)^2.$$

On trouvera de la même manière, que la formule t^2+3u^2 ne peut avoir pour diviseur impair qu'un nombre de forme semblable y^2+3z^2, et aussi que la formule t^2-5u^2 ne peut avoir pour diviseur impair que l'une ou l'autre des deux formes y^2-5z^2, $5y^2-z^2$. Or il est aisé de voir que ces deux formes se réduisent encore à une seule, puisqu'on a

$$y^2-5z^2=5(y-2z)^2-(2y-5z)^2.$$

Donc en général « tout nombre compris dans l'une des formes « t^2+u^2, t^2+2u^2, t^2-2u^2, t^2+3u^2, t^2-5u^2, t et u étant premiers « entre eux, ne peut avoir pour diviseur qu'une nombre de même « forme. Il faut excepter seulement, à l'égard des deux dernières « formules t^2+3u^2, t^2-5u^2, les diviseurs doubles d'un impair. « lesquels ne pourraient être des formes y^2+3z^2, y^2-5z^2. »

Ces diverses formes, qui ont l'avantage de se reproduire dans leurs diviseurs, ne sont point incompatibles entre elles; elles se trouvent au contraire réunies assez souvent, deux ou plusieurs, dans le même nombre. Ainsi on a $89=8^2+5^2=9^2+2.2^2$; $241=15^2+4^2=13^2+2.6^2=21^2-2.10^2=7^2+3.8^2=31^2-5.12^2$.

(144) C'est ici le lieu de développer quelques-unes des propriétés des nombres fondées sur la combinaison des carrés pairs et impairs; et d'abord observons qu'un carré pair $(2x)^2$ est toujours de la forme $4n$, et un carré impair $(2x+1)^2$ de la forme $8n+1$. En effet on a $4x^2+4x+1=8\left(\frac{x^2+x}{2}\right)+1$; or $\frac{x^2+x}{2}$ est toujours un entier, et de plus, cet entier est un nombre triangulaire (1).

---

(1) Voici les différentes séries des nombres auxquels on a donné le nom de *nombres figurés* :

A	1, 2, 3, 4, 5, 6........	n
B	1, 3, 6, 10, 15, 21........	$\frac{n.n+1}{1.2}$
C	1, 4, 10, 20, 35, 56........	$\frac{n.n+1.n+2}{1.2.3}$
D	1, 5, 15, 35, 70, 126......	$\frac{n.n+1.n+2.n+3}{1.2.3.4}$
etc.	etc., etc.	

Puisque y^2 et z^2 ne peuvent être que de l'une des formes $4n$, $8n+1$, on établira immédiatement les trois propositions suivantes :

1° « Tout nombre impair représenté par la formule y^2+z^2 est « de la forme $4n+1$. »

2° « Tout nombre impair représenté par la formule y^2+2z^2 est « de l'une des formes $8n+1$, $8n+3$. »

3° « Tout nombre impair représenté par la formule y^2-2z^2 est « de l'une des formes $8n+1$, $8n+7$. »

De ces trois propositions résultent, par voie d'exclusion, ces trois autres :

4° « Aucun nombre de la forme $4n+3$ ne peut être représenté « par y^2+z^2. »

La première série A est celle des *nombres naturels* dont le terme général est n; la seconde série B est celle des *nombres triangulaires*, son terme général est $\frac{n.n+1}{2}$. Si de ce terme général, qui est le $n^{ième}$ terme de la série B, on retranche le terme précédent de la même série, lequel est $\frac{n-1.n}{2}$, le reste sera n, qui est le terme général ou $n^{ième}$ terme de la série A. Donc on formera le $n^{ième}$ terme de la série B, en ajoutant le $(n-1)^{ième}$ terme de la même série avec le $n^{ième}$ de la série A.

La troisième série C est celle des *nombres pyramidaux*, dont le terme général est $\frac{n.n+1.n+2}{1.2.3}$; si de ce terme on retranche le précédent $\frac{n-1.n.n+1}{1.2.3}$ de la même série, la différence sera $\frac{n.n+1}{1.2}$, qui est le $n^{ième}$ terme de la série B. Donc on peut former la série C au moyen de la série B, comme on a formé celle-ci au moyen de la série A.

Il en est de même de la quatrième série D, qui est celle des *nombres triangulo-triangulaires*, et dont le terme général est $\frac{n.n+1.n+2.n+3}{1.2.3.4}$, et ainsi des autres.

Les termes généraux que nous donnons ici comme définitions, et d'où nous déduisons la loi de formation successive, renferment toute la théorie des nombres figurés, et offrent immédiatement la démonstration d'une proposition générale dont Fermat fait mention dans ses notes sur Diophante, pag. 16, et qu'il regardait comme une de ses principales découvertes.

5° « Aucun nombre des formes $8n+5$, $8n+7$ ne peut être « représenté par y^2+2z^2. »

6° « Aucun nombre des formes $8n+3$, $8n+5$ ne peut être re- « présenté par y^2-2z^2. »

Cela posé, il sera facile de démontrer les quatre théorèmes suivants, qui sont d'une grande importance dans la théorie des nombres.

(145) THÉORÈME I. « Tout nombre premier $4n+1$ est la somme « de deux carrés. »

Soit ce nombre premier $c=4n+1$, on aura $x^{c-1}-1=x^{4n}-1$ $=(x^{2n}+1)(x^{2n}-1)$; donc (n° 133) il y aura $2n$ valeurs de x, comprises entre $+\frac{1}{2}c$ et $-\frac{1}{2}c$, qui rendront $x^{2n}+1$ divisible par c. Mais $x^{2n}+1$ est la somme de deux carrés premiers entre eux, donc (n° 142) son diviseur c est également la somme de deux carrés premiers; donc on pourra toujours supposer $c=y^2+z^2$ (1).

Remarque. La forme $4n+1$ renferme les deux formes $8n+1$, $8n+5$; donc tout nombre premier soit de la forme $8n+1$, soit de la forme $8n+5$, est la somme de deux carrés.

(146) THÉORÈME II. « Tout nombre premier $8n+1$ est à-la-fois des trois formes y^2+z^2, y^2+2z^2, y^2-2z^2.

Soit ce nombre premier $c=8n+1$, on a déja prouvé qu'il doit être de la forme y^2+z^2, ainsi il reste à démontrer qu'il est en même temps des deux autres formes y^2+2z^2, y^2-2z^2. Or on a $x^{c-1}-1=x^{8n}-1=(x^{4n}-1)(x^{4n}+1)$; donc (n° 133) il y a $4n$ valeur de x comprises entre $+\frac{1}{2}c$ et $-\frac{1}{2}c$, qui rendent le binome $x^{4n}+1$ divisible par c. Mais d'abord le binome $x^{4n}+1$ peut se mettre sous la forme $(x^{2n}-1)^2+2.x^{2n}$, laquelle est comprise dans la formule t^2+2u^2, t et u étant premiers entre eux; donc son diviseur c est de la forme y^2+2z^2.

---

(1) Cette proposition a été démontrée ci-dessus (n° 52) d'une manière encore plus directe, et elle résulte également de ce que l'équation $x^2-cy^2=-1$, étant toujours possible dans ce cas (n° 43), c doit être diviseur de x^2+1.

En second lieu, le binome $x^{4n}+1$ peut aussi se mettre sous la forme $(x^{2n}+1)^2-2x^{2n}$, laquelle revient à t^2-2u^2; donc son diviseur c doit être également de la forme y^2-2z^2.

Donc tout nombre premier $8n+1$ est à-la-fois des trois formes $y^2+z^2, y^2+2z^2, y^2-2z^2$. Et pour en donner un exemple, $73=8^2+3^2$ $=1^2+2.6^2=9^2-2.2^2$.

(147) Théorème III. « Tout nombre premier $8n+3$ est de la « forme y^2+2z^2. »

Car en faisant $c=8n+3$, et prenant en particulier $x=2$, la formule $x^{c-1}-1$ devient $2^{8n+2}-1=(2^{4n+1}-1)(2^{4n+1}+1)$; donc il faut que l'un de ces facteurs binomes soit divisible par c. Mais si le premier facteur, qui est de la forme $2t^2-u^2$, était divisible par c, le nombre c lui-même serait de la forme $2y^2-z^2$ ou y^2-2z^2, laquelle, comme on l'a vu n° 144, ne peut convenir à aucun nombre $8n+3$. Donc c divise nécessairement le second facteur $2.2^{4n}+1$, lequel est de la forme t^2+2u^2, donc c est de la même forme y^2+2z^2 (1).

(148) Théorème IV. « Tout nombre premier $8n+7$ est de la « forme y^2-2z^2. »

Car en faisant $c=8n+7$, et prenant encore $x=2$, on aura $x^{c-1}-1=(2^{4n+3}+1)(2^{4n+3}-1)$; le premier membre (n° 129) doit être divisible par c, donc il faut que c divise l'un des facteurs du second membre. Mais en doublant ces facteurs, et faisant $2^{2n+2}=k$, ils deviennent k^2+2, k^2-2; or si c divisait k^2+2, il serait de la forme y^2+2z^2, laquelle (n° 144) ne peut convenir à aucun nombre $8n+7$. Donc c divise nécessairement l'autre facteur k^2-2, donc il est de la forme y^2-2z^2 (2).

---

(1) On a démontré ci-dessus, n° 44, que c étant un nombre premier $8n+3$, il est toujours possible de satisfaire à l'équation $x^2-cy^2=-2$: de là il résulte fort directement que c est diviseur de x^2+2, et qu'ainsi c est de la forme y^2+2z^2.

(2) C'est encore ce qu'on peut déduire immédiatement de la proposition du

COROLLAIRE GÉNÉRAL.

(149) Il suit de ces quatre théorèmes, que les nombres premiers impairs étant distribués en quatre classes ou espèces $8n+1, 8n+3, 8n+5, 8n+7$, on peut établir les propriétés suivantes qui distinguent deux espèces de deux autres :

1° « Les nombres premiers $8n+1, 8n+5$, sont, exclusivement « à tous autres, de la forme y^2+z^2. »

2° « Les nombres premiers $8n+1, 8n+3$, sont, exclusivement « à tous autres, de la forme y^2+2z^2. »

3° « Les nombres premiers $8n+1, 8n+7$, sont, exclusivement « à tous autres, de la forme y^2-2z^2. »

D'où l'on voit que la seule espèce $8n+1$, dans laquelle l'unité est comprise, réunit les trois propriétés, et que chacune des trois autres espèces ne jouit que d'une seule de ces mêmes propriétés.

A l'aide de ces théorèmes, il est facile d'évaluer l'expression $\left(\frac{2}{c}\right)$ selon les diverses formes du nombre premier c. On se souviendra (n° 135) que cette expression désigne le reste de $2^{\frac{c-1}{2}}$ divisé par c, reste qui ne peut être que $+1$ ou -1.

(150) THÉORÈME V. « L'expression $\left(\frac{2}{c}\right)$ sera égale à $+1$, si le « nombre premier c est de forme $8n+1$ ou $8n+7$; elle sera égale « à -1, si le nombre premier c, est de l'une des deux autres formes « $8n+3, 8n+5$. »

---

n° 45 ; car puisque, suivant cette proposition, l'équation $x^2-cy^2=2$ est toujours possible, il s'ensuit que c divise x^2-2, et qu'ainsi c est de la forme y^2-2z^2.

Ces quatre théorèmes, et quelques autres semblables, ont été découverts par Fermat; mais les démonstrations de ce savant ne nous ont point été transmises. Euler a démontré le premier et le second dans les nouveaux Comment. de Pétersbourg; Lagrange a démontré les autres dans les Mém. de Berlin, ann. 1775.

Car 1° si c est de l'une des formes $8n+1$, $8n+7$, on pourra faire $c=y^2-2z^2$, ou $2z^2=y^2-c$. Élevant chaque membre à la puissance $\frac{c-1}{2}$ et négligeant les multiples de c, on aura $2^{\frac{c-1}{2}}z^{c-1}=y^{c-1}$; mais en omettant ces mêmes multiples, on aura (n° 129) $y^{c-1}=1$, $z^{c-1}=1$. Donc $2^{\frac{c-1}{2}}=1$, ou suivant notre notation abrégée, $\left(\frac{2}{c}\right)=1$.

2° Si c est de la forme $8n+3$, on pourra faire $c=y^2+2z^2$, ou $2z^2=c-y^2$. Élevant chaque membre à la puissance $\frac{c-1}{2}$ et observant que $\frac{c-1}{2}$ est impair, on aura, en négligeant toujours les multiples de c, $2^{\frac{c-1}{2}}z^{c-1}=-y^{c-1}$, ou $2^{\frac{c-1}{2}}=-1$, ou enfin $\left(\frac{2}{c}\right)=-1$.

3° Si c est de la forme $8n+5$, c ne pourra être de la forme y^2-2z^2, donc c ne pourra diviser un nombre de la forme t^2-2u^2. Mais si c divisait un nombre de cette forme, on aurait (en vertu du n° 134) $\left(\frac{2}{c}\right)=1$; donc puisqu'on ne peut avoir $\left(\frac{2}{c}\right)=1$, on aura nécessairement $\left(\frac{2}{c}\right)=-1$.

Ce théorème, joint aux observations contenues dans le n° 135, formera une sorte d'algorithme très-utile pour le calcul des quantités $\left(\frac{N}{c}\right)$.

§ IV. *Où l'on prouve que tout nombre entier est composé de quatre ou d'un moindre nombre de carrés.*

Nous commencerons par démontrer la proposition suivante, qui n'est pas seulement subsidiaire pour l'objet que nous avons en vue, mais qui contient une propriété très-remarquable des nombres premiers.

(151) Théorème. « Étant donné un nombre premier A et deux « autres nombres quelconques B et C, positifs ou négatifs, mais non « divisibles par A, je dis qu'on peut toujours trouver deux nom- « bres t et u, tels que la quantité $t^2 - Bu^2 - C$ soit divisible par A.» (Lagrange, Mém. de Berlin, 1770.)

Car 1° si l'on peut trouver un nombre u tel que $Bu^2 + C$ soit divisible par A, on prendra pour t un multiple de A, et la formule $t^2 - Bu^2 - C$ sera divisible par A.

2° S'il n'y a aucun nombre qui remplisse cette condition, faisons, pour abréger, $A = 2a + 1$, $Bu^2 + C = V$, la quantité dont il s'agit $t^2 - Bu^2 - C$ ou $t^2 - V$ étant un diviseur de $t^{2a} - V^a$, on pourra faire le quotient

$$t^{2a-2} + Vt^{2a-4} + V^2t^{2a-6} \ldots\ldots + V^{a-1} = P,$$

et on aura

$$(t^2 - V)P = t^{2a} - V^a = t^{2a} - 1 - (V^a - 1).$$

Soit $Q = V^a + 1$, et en multipliant de part et d'autre par Q, on aura

$$(t^2 - V)PQ = Q(t^{2a} - 1) - (V^{2a} - 1).$$

Mais d'après le théorème de Fermat (n° 129), on sait que le second membre est divisible par A, pourvu que t et V soient premiers à

A. Donc si, outre ces deux conditions, on peut faire en sorte que A ne divise ni P ni Q, on en conclura avec certitude que $t^2 - V$ est divisible par A, ce qui est l'objet de notre démonstration.

Mais d'abord on a supposé que V n'est jamais divisible par A; et pour que t ne le soit pas, il suffit de prendre pour t l'un des nombres 1, 2, 3....A — 1. Ainsi les deux premières conditions se remplissent d'elles-mêmes, et il ne s'agit plus que de satisfaire aux deux autres, c'est-à-dire de faire en sorte que A ne divise ni P ni Q.

Or 1° la quantité $Q = V^a + 1 = (Bu^2 + C)^a + 1$ étant développée, donne

$$Q = 1 + B^a u^{2a} + aB^{a-1}Cu^{2a-2} + \frac{a.a-1}{1.2}B^{a-2}C^2u^{2a-4} + \text{etc.}$$
$$+ C^a \quad + aBC^{a-1}u^2 \quad + \frac{a.a-1}{1.2}B^2C^{a-2}u^4 \quad + \text{etc.}$$

Et il faut de deux choses l'une (n° 134), ou que $C^a - 1$ soit divisible par A, ou que $C^a + 1$ le soit. Si le premier cas a lieu, ou en d'autres termes, si l'on a $\left(\frac{C}{A}\right) = 1$, on pourra faire $u = 0$, et la quantité Q sera non-divisible par A. Ce cas, au reste, est évident par lui-même, puisque indépendamment du terme Bu^2 qu'on peut faire zéro ou multiple de A, la partie $t^2 - C$ est divisible par A, en vertu de la condition $\left(\frac{C}{A}\right) = 1$.

Si le second cas a lieu, ou si l'on a $\left(\frac{C}{A}\right) = -1$, alors en séparant dans Q la partie $C^a + 1$ qui est divisible par A, et divisant le reste par u^2, nous aurons le quotient

$$Q' = B^a u^{2a-2} + aB^{a-1}Cu^{2a-4} + \ldots + aBC^{a-1}.$$

Cette fonction, considérée par rapport à u, n'étant que du degré $2a - 2$ ou $A - 3$, il ne peut y avoir au plus que $A - 3$ valeurs de u, qui rendent Q' divisible par A; donc il y aura au moins deux valeurs de u qui rendront Q', et par conséquent Q non divisible par A.

2° u étant ainsi déterminé, la fonction P ne contient plus que la variable t, et comme relativement à cette variable, elle n'est que du degré $2a-2$ ou $A-3$, il ne peut y avoir au plus que $A-3$ valeurs de t, entre o et A, qui rendent P divisible par A; donc il y aura au moins deux valeurs de t, toujours entre o et A, qui rendront P non-divisible par A.

Donc il sera toujours possible de satisfaire aux deux conditions exigées, de manière que la quantité t^2-Bu^2-C sera divisible par le nombre premier A.

Corollaire. Si l'on fait $B=C=-1$, on conclura de cette proposition, que tout nombre premier A est diviseur de la formule t^2+u^2+1. C'est ce qu'Euler a démontré le premier dans le tom. V des nouveaux Commentaires de Pétersbourg.

(152) LEMME. « Le produit d'une somme de quatre carrés par une « somme de quatre carrés, est semblablement la somme de quatre « carrés. »

Il suffit, pour s'en assurer, de développer la formule suivante. qu'on trouvera être identique :

$$\begin{aligned}&(p^2+q^2+r^2+s^2)(p'^2+q'^2+r'^2+s'^2)\\&=(pp'+qq'+rr'+ss')^2+(pq'-qp'+rs'-sr')^2\\&+(pr'-qs'-rp'+sq')^2+(ps'+qr'-rq'-sp')^2.\end{aligned}$$

Dans cette formule, on peut changer à volonté le signe de chacune des lettres qui y entrent, ce qui donnera plusieurs manières de décomposer en quatre carrés le produit dont il s'agit (1).

(1) On peut s'assurer qu'il n'existe aucune formule semblable pour trois carrés, c'est-à-dire que le produit d'une somme de trois carrés par une somme de trois carrés, ne peut pas être exprimée généralement par une somme de trois carrés. Car si cela était possible, le produit $(1+1+1)(16+4+1)$, qui est 63, pourrait se décomposer en trois carrés. Or cela n'a lieu (n° 155), ni pour le nombre 63, ni pour aucun nombre $8n+7$.

Par la même raison, ou par l'exemple de $(1+4+2.4)(0+4+2.1)$, on démontrerait que le produit de deux formules telles que $p^2+q^2+2r^2$, $p'^2+q'^2+2r'^2$ ne peut généralement être égal à une formule semblable $x^2+y^2+2z^2$.

Remarque. Ce beau théorème d'algèbre est encore dû à Euler; il a été généralisé depuis par Lagrange dans les termes suivants : (Mémoires de Berlin, année 1770.)

$$\begin{aligned}&(p^2 - Bq^2 - Cr^2 + BCs^2)(p'^2 - Bq'^2 - Cr'^2 + BCs'^2)\\ &= (pp' + Bqq' \pm Crr' \pm BCss')^2 - B(pq' + p'q \pm Crs' \pm Cr's)^2\\ &- C(pr' - Bqs' \pm rp' \mp Bsq')^2 + BC(qr' - ps' \pm ps' \mp rq')^2.\end{aligned}$$

On voit par cette formule, que deux fonctions de la forme.... $x^2 - By^2 - Cz^2 + BCu^2$, B et C étant des coefficients constants, donnent pour leur produit une fonction semblable. Donc un nombre quelconque de semblables fonctions multipliées entre elles, donneraient pour leur produit une fonction semblable.

(153) Théorème. « Tout nombre premier A est de la forme « $p^2 + q^2 + r^2 + s^2$. »

On a prouvé (n° 151) qu'il existe toujours deux nombres t et u, tels que $t^2 + u^2 + 1$ est divisible par A. Mais si à la place de t et u on met $t - A\alpha$ et $u - A\beta$, le résultat $(t - A\alpha)^2 + (u - A\beta)^2 + 1$ sera encore divisible par A; on peut donc supposer que les premières valeurs de t et u sont moindres que $\frac{1}{2}A$, ou qu'elles ont été rendues telles en en retranchant des multiples de A. Cela posé, si l'on fait

$$AA' = t^2 + u^2 + 1,$$

on aura $AA' < \frac{1}{4}A^2 + \frac{1}{4}A^2 + 1$, ou $A' < \frac{1}{2}A + \frac{1}{A}$.

Considérons plus généralement l'équation

$$AA' = p^2 + q^2 + r^2 + s^2,$$

dans laquelle chacun des nombres p, q, r, s, sera supposé moindre que $\frac{1}{2}A$, on aura $A'A < \frac{4}{4}A^2$, ou $A' < A$. Et d'abord si on avait $A' = 1$, il est clair que A serait égal à la somme de quatre carrés, et la proposition serait démontrée.

Soit donc $A' > 1$, et parce que A' est diviseur de $p^2 + q^2 + r^2 + s^2$, il sera aussi diviseur de la quantité $(p - \alpha A')^2 + (q - \beta A')^2 + (r - \gamma A')^2 + (s - \delta A')^2$, α, β, γ, δ étant pris à volonté. Supposons qu'on prenne ces indéterminées de manière qu'aucun des termes $p-\alpha A'$, $q-6A'$, etc. n'excède $\frac{1}{2}A'$; alors si l'on fait

$$A'A''=(p-\alpha A')^2+(q-6A')^2+(r-\gamma A')^2+(s-\delta A')^2,$$

on aura $A'A''<\frac{4}{4}A'A'$ ou $A''<A'$. Maintenant si au moyen de la formule du n° 150 on multiplie la valeur de AA' par celle de $A'A''$, on trouvera pour produit une somme de quatre carrés dont chacun est divisible par $A'A'$; de sorte qu'en divisant tout par A'^2, on aura

$$\begin{aligned} AA''= \quad & (A-\alpha p-6q-\gamma r-\delta s)^2+(\alpha q-6p+\gamma s-\delta r)^2 \\ & +(\alpha r-\gamma p+\delta q-6s)^2+(\alpha s-\delta p+6r-\gamma q)^2. \end{aligned}$$

Cela posé, si on a $A''=1$, la proposition sera démontrée; mais si on a $A''>1$, on procédera de la même manière pour obtenir un nouveau produit AA''' exprimé par quatre carrés, et dans lequel on aura $A'''<A''$. Continuant ainsi la suite des entiers décroissants A, A', A'', A''', etc., on parviendra nécessairement à un terme égal à l'unité; donc alors le nombre premier A sera exprimé par la somme de quatre carrés.

(154) Théorème. « Un nombre quelconque est la somme de quatre « ou d'un moindre nombre de carrés (1). »

C'est une conséquence immédiate de la proposition qu'on vient de démontrer, et du lemme qui la précède; car un nombre quelconque étant le produit de plusieurs nombres premiers égaux ou inégaux, et chacun des facteurs étant de la forme $p^2+q^2+r^2+s^2$, si on multiplie deux facteurs entre eux, puis le produit des deux par un troisième, puis le produit des trois par un quatrième, etc. jusqu'à ce que tous les facteurs soient employés, il est clair que les produits successifs seront toujours la somme de quatre carrés. Donc le produit final, qui est le nombre proposé, sera aussi la somme

---

(1) Lagrange est le premier qui ait donné la démonstration de ce beau théorème (Mém. de Berlin, 1770) : cette démonstration a été ensuite beaucoup simplifiée par Euler dans les *Acta Petrop.*, an. 1777.

de quatre carrés, et pourra être représenté par $p^2+q^2+r^2+s^2$. Rien n'empêche d'ailleurs qu'un ou plusieurs des carrés p^2, q^2, r^2, s^2 ne soient zéro; donc un nombre quelconque est égal à la somme de quatre ou d'un moindre nombre de carrés.

Nous remarquerons ici qu'une formule tirée de la théorie des fonctions elliptiques, fournirait un moyen très-simple et très-direct de démontrer la même proposition. On voit, en effet, dans le Traité des fonctions elliptiques, t. III, p. 133, que le développement de la puissance $(q^1+q^9+q^{25}+q^{49}+\text{etc.})^4$, donne la suite

$$\frac{q^4}{1-q^8}+\frac{3q^{12}}{1-q^{24}}+\frac{5q^{20}}{1-q^{40}}+\frac{7q^{28}}{1-q^{56}}+\text{etc.}$$

Il en résulte immédiatement que tout nombre $8n+4$ est la somme de quatre carrés impairs, d'où il est facile de conclure qu'un nombre quelconque est la somme de quatre carrés. L'identité dont il s'agit peut sans doute se démontrer par des considérations purement analytiques, et on obtiendrait ainsi la démonstration la plus simple qu'il soit possible de notre proposition.

(155) Il n'est point de nombre entier qui ne soit compris dans la formule $p^2+q^2+r^2+s^2$, mais ils peuvent, pour la plus grande partie, être représentés par la formule plus simple $p^2+q^2+r^2$. En général, on peut affirmer que « tout nombre impair est de la forme « $p^2+q^2+r^2$, excepté seulement les nombres $8n+7$. »

On excepte les nombres $8n+7$, parce que si des trois termes p, q, r, deux sont pairs et le troisième impair, la formule $p^2+q^2+r^2$ sera de la forme $4n+1$, et si les trois nombres p, q, r sont impairs, la formule $p^2+q^2+r^2$ sera de la forme $8n+3$. Donc aucun nombre $8n+7$ ne peut être la somme de trois carrés.

Si dans la formule $p^2+q^2+r^2+s^2$ on suppose deux termes égaux, on aura une nouvelle formule $p^2+q^2+2r^2$, laquelle est encore très-générale; car on peut affirmer que « tout nombre im- « pair, sans exception, est de la forme $p^2+q^2+2r^2$. »

Ces propositions seront mises ci-après dans un plus grand jour: observons quant à présent, que les deux formes $p^2+q^2+r^2$,

$p^2+q^2+2r^2$ dont il est question dans ces théorèmes, ont entre elles cette relation, que le double de l'une reproduit l'autre. C'est ce qu'on voit par les formules

$$2(p^2+q^2+r^2)=(p+q)^2+(p-q)^2+2r^2$$
$$2(p^2+q^2+2r^2)=(p+q)^2+(p-q)^2+(2r)^2.$$

(156) La proposition que nous avons démontrée dans ce paragraphe, fait partie d'une propriété générale des nombres polygones découverte par Fermat, et dont nous ne pouvons nous dispenser de faire mention. Mais d'abord il faut, en faveur de quelques lecteurs, expliquer ce qu'on entend par nombres polygones.

Si on considère différentes progressions arithmétiques qui commencent toutes par l'unité, et dont les raisons soient successivement 1, 2, 3, 4, etc.; si ensuite, par l'addition des termes de chaque progression, on forme une suite correspondante, ces différentes suites composeront ce qu'on appelle *les nombres polygones;* elles sont comprises dans le tableau suivant :

Progressions arithmétiques.	*Suite des nombres polygones.*
1, 2, 3, 4, 5............. n	1, 3, 6, 10, 15........... $\frac{n.\overline{n+1}}{2}$
1, 3, 5, 7, 9....... $2n-1$	1, 4, 9, 16, 25............... n^2
1, 4, 7, 10, 13...... $3n-2$	1, 5, 12, 22, 35......... $\frac{n(3n-1)}{2}$
1, 5, 9, 13, 17...... $4n-3$	1, 6, 15, 28, 45........ $n(2n-1)$
.	.
.	.
.	.
1, $\alpha+1$, $2\alpha+1$,.. $n\alpha-\alpha+1$	1, $\alpha+2$, $3\alpha+3$,.... $\frac{n(n-1)}{2}\alpha+n$.

La première suite 1, 3, 6, etc. est celle des nombres triangulaires, la seconde 1, 4, 9, etc. celle des carrés, la troisième 1, 5, 12, etc. celle des nombres pentagones, et ainsi de suite.

Voici maintenant la proposition dont nous voulons parler, telle qu'elle est énoncée par Fermat dans une de ses notes sur Diophante, page 180.

« *Imo propositionem pulcherrimam et maxime generalem nos primi deteximus. Nempe omnem numerum vel esse triangulum vel ex duobus aut tribus triangulis compositum ; esse quadratum vel ex duobus tribus aut quatuor quadratis compositum ; esse pentagonum vel ex duobus tribus quatuor aut quinque pentagonis compositum et sic deinceps in infinitum in hexagonis, heptagonis et polygonis quibuslibet, enuntianda videlicet pro numero angulorum generali et mirabili propositione. Ejus autem demonstrationem quæ ex multis variis et abstrusissimis numerorum mysteriis derivatur hic apponere non licet, opus enim et librum integrum huic operi destinare decrevimus et Arithmeticen hac in parte ultra veteres et notos terminos mirum in modum promovere.* »

Nous avons rapporté les propres expressions de l'auteur, parce que c'est surtout dans ce passage qu'on voit que Fermat s'occupait d'un grand ouvrage qui devait contenir, comme il le dit lui-même, beaucoup de belles propriétés des nombres. Les géomètres regretteront long-temps que ce savant illustre n'ait pas réalisé son projet, ou que du moins ses parents ou amis, devenus dépositaires de ses manuscrits, n'en aient pas fait part au public. On y aurait trouvé sans doute, outre les démonstrations encore inconnues de plusieurs de ses théorèmes, des méthodes dignes de la sagacité de l'auteur ; méthodes qui jointes aux découvertes postérieures, auraient contribué beaucoup à perfectionner cette partie très-difficile des sciences exactes.

Pour revenir à la proposition citée, si on considère qu'un moindre nombre de termes polygones est toujours contenu dans un plus grand, parce que zéro peut être mis à la place des termes qui manquent, et qu'en effet zéro est un terme de chaque suite des nombres polygones ; on pourra énoncer plus briévement la proposition dont il s'agit, en ces termes :

« Un nombre quelconque peut être formé par l'addition de trois « nombres triangulaires ; il peut être formé également par l'addition

« de quatre carrés, par celle de cinq nombres pentagones, par celle « de six hexagones, et ainsi à l'infini. »

(157) Soit donc A un nombre donné, et x, y, z, etc. des nombres indéterminés, les différentes parties du théorème général pourront se détailler de la manière suivante :

1° « Quel que soit le nombre donné A, on pourra toujours satis« faire à l'équation $A = \frac{x^2+x}{2} + \frac{y^2+y}{2} + \frac{z^2+z}{2}$, ou, ce qui revient « au même, à l'équation $8A + 3 = (2x+1)^2 + (2y+1)^2 + (2z+1)^2$. »

Cette première partie, si elle était démontrée, prouverait que tout nombre de forme $8n + 3$ est la somme de trois carrés. Réciproquement, s'il était prouvé que tout nombre $8n + 3$ est la somme de trois carrés, il s'ensuivrait immédiatement que tout nombre entier est la somme de trois triangulaires.

2° « Quel que soit le nombre donné A, on pourra satisfaire à « l'équation $A = x^2 + y^2 + z^2 + u^2$. »

Cette seconde partie a été démontrée ci-dessus d'une manière qui ne laisse rien à désirer : cependant il ne sera pas inutile de faire voir que la première partie a une liaison nécessaire avec la seconde. En effet, s'il était démontré qu'on peut toujours satisfaire à l'équation

$$8A + 3 = x^2 + y^2 + z^2,$$

on tirerait de là $8A + 4 = x^2 + y^2 + z^2 + 1$. Mais les quatre carrés du second membre ne pouvant être qu'impairs, les nombres $x + y$, $x - y$, $z + 1$, $z - 1$, seront pairs, ainsi on aura en nombres entiers :

$$4A + 2 = \left(\frac{x+y}{2}\right)^2 + \left(\frac{x-y}{2}\right)^2 + \left(\frac{z+1}{2}\right)^2 + \left(\frac{z-1}{2}\right)^2,$$

ou pour abréger,

$$4A + 2 = x'^2 + y'^2 + z'^2 + u'^2.$$

Or de ces quatre nouveaux carrés deux doivent être pairs et deux impairs, sans quoi la somme ne pourrait être $4A + 2$, on aura donc

$$4A + 2 = 4a^2 + 4b^2 + (2c+1)^2 + (2d+1)^2;$$

d'où l'on déduira

$$2A + 1 = (a+b)^2 + (a-b)^2 + (c+d+1)^2 + (c-d)^2.$$

Donc la première partie de la proposition générale, celle qui concerne les nombres triangulaires, étant supposée, il s'ensuit, comme conséquence immédiate, que tout nombre impair $2A+1$ est la somme de quatre carrés. Mais si un nombre est la somme de quatre carrés $m^2 + n^2 + p^2 + q^2$, son double sera aussi une semblable somme, puisqu'on a

$$2(m^2+n^2+p^2+q^2) = (m+n)^2 + (m-n)^2 + (p+q)^2 + (p-q)^2.$$

Donc un nombre quelconque est la somme de quatre carrés.

On voit par là que la première partie du théorème de Fermat renferme implicitement la seconde, et puisque celle-ci est démontrée rigoureusement par une autre voie, on doit regarder la première comme déja pourvue d'un grand degré de probabilité.

3° La troisième partie du théorème général donne

$$A = \frac{3x^2-x}{2} + \frac{3y^2-y}{2} + \frac{3z^2-z}{2} + \frac{3t^2-t}{2} + \frac{3u^2-u}{2},$$

ou

$$24A + 5 = (6x-1)^2 + (6y-1)^2 + (6z-1)^2 + (6t-1)^2 + (6u-1)^2;$$

de sorte que l'énoncé de cette proposition particulière revient à celui-ci : « tout nombre de la forme $24A+5$ est composé de cinq « carrés dont les côtés sont de la forme $6m-1$. »

4° La quatrième partie donne

$$A = x(2x-1) + y(2y-1) + z(2z-1) + s(2s-1) + t(2t-1) \\ + u(2u-1),$$

ou

$$8A + 6 = (4x-1)^2 + (4y-1)^2 + (4z-1)^2 + (4s-1)^2 + (4t-1)^2 \\ + (4u-1)^2.$$

Il faut donc que « tout nombre $8A+6$ se décompose en six carrés « dont les côtés sont de forme $4m-1$. »

En général, la proposition dont il s'agit se réduit toujours à la décomposition d'un nombre donné en carrés, et toutes les propositions partielles sont contenues dans cette formule générale :

$$8\alpha A+(\alpha+2)(\alpha-2)^2=(2\alpha x-\alpha+2)^2+(2\alpha y-\alpha+2)^2+\text{etc.}.$$

le nombre des termes du second membre étant $\alpha+2$.

§ V. *De la forme linéaire qui convient aux diviseurs de la formule binome* $a^n \pm 1$, *a et n étant des nombres donnés.*

(158) Il ne serait pas plus général de considérer la formule $a^n \pm b^n$, a et b étant des nombres premiers entre eux ; car si cette formule est divisible par le nombre premier p, on pourra toujours faire $a = bx + py$, et il faudra que $x^n \pm 1$ soit aussi divisible par p. Cela posé, nous examinerons successivement les deux formules $a^n + 1$, $a^n - 1$.

Soit proposé d'abord de trouver la condition nécessaire pour que le nombre premier p divise la formule $a^n + 1$.

Quel que soit p, on peut toujours supposer $p = 2nx + \pi$, x étant une indéterminée et π un nombre positif moindre que $2n$. On aura donc, en rejetant les multiples de p, $a^n = -1$; on aura aussi, par le théorème de Fermat, et parce que a ne saurait être divisible par p, $a^{p-1} = +1$, ou $a^{2nx+\pi-1} = 1$. Mais à cause de $a^n = -1$, on a $a^{2nx} = 1$, et ainsi l'équation précédente devient $a^{\pi-1} = 1$; de sorte que nous avons à satisfaire aux deux conditions

$$a^n = -1, \quad a^{\pi-1} = 1.$$

La seconde sera remplie d'elle-même, si on a $\pi = 1$, et alors la forme du diviseur deviendra $p = 2nx + 1$.

Si on a $\pi > 1$, soit ω le plus grand commun diviseur de n et de $\pi - 1$, on pourra faire $n = n'\omega$, et $\pi - 1 = \pi'\omega$, ce qui donnera

$$a^{n'\omega} = -1, \quad a^{\pi'\omega} = 1.$$

Mais puisque n' et π' sont premiers entre eux, on pourra toujours trouver deux nombres entiers f et g, tels que $fn' - g\pi' = 1$.

De là je tire $(-1)^f = a^{fn'\omega} = a^{g\pi'\omega + \omega} = a^\omega$, ou $a^\omega = (-1)^f$, et cette valeur étant substituée dans les deux équations $a^{n'\omega} = -1$. $a^{\pi'\omega} = 1$, il en résulte les deux conditions

$$(-1)^{fn'} = -1, \quad (-1)^{\pi' f} = 1.$$

La première fait voir que f et n' doivent être des nombres impairs; la seconde que π' est un nombre pair. Celle-ci, au reste, renferme la première; car si π' est pair, il faudra bien, d'après l'équation $fn' = g\pi' + 1$, que f et n' soient impairs.

Cela posé, on aura $a^\omega = -1$, c'est-à-dire que $a^\omega + 1$ sera divisible par p.

Et comme les seules suppositions à faire sont celles de $\pi = 1$ et de $\pi > 1$, on peut établir le théorème général qui suit :

(159) « Tout nombre premier p qui divise la formule $a^n + 1$, « doit être ou de la forme $2nx + 1$, ou tout au moins de la forme « nécessaire pour diviser une autre formule $a^\omega + 1$ dans laquelle « l'exposant ω est le quotient de n divisé par un nombre impair. »

Ce théorème s'appliquera de même aux diviseurs de $a^\omega + 1$, et fera connaître ainsi, de proche en proche, toutes les formes dont sont susceptibles les diviseurs de la formule proposée $a^n + 1$. Voici quelques corollaires principaux qu'on en déduit immédiatement, et qu'il suffira d'énoncer.

1° Si l'exposant n est un nombre premier impair, tout nombre premier qui divise la formule $a^n + 1$ doit être de la forme $2nx + 1$, ou au moins il divisera $a + 1$.

2° Si l'exposant n est une puissance de 2, la formule $a^n + 1$ ne pourra avoir pour diviseurs que les nombres premiers compris dans la forme $2nx + 1$.

Ainsi si l'on veut chercher les diviseurs premiers de $2^{32} + 1 = 4\,294\,967\,297$, ils doivent être contenus dans la formule $64x + 1$; on essaiera donc successivement 193, 257, 449, 577, 641. La division réussit par 641, et on trouve le quotient 6700417. Pour trouver les diviseurs de celui-ci, il faut essayer de même tous les nombres premiers de la forme $64x+1$, plus grands que 641, et moindres que $2588=\sqrt{6700417}$; ce sont 769, 1153, 1217, 1409, 1601, 2113. Et comme aucun de ces nombres ne divise 6700417, on en conclura, avec assurance, que 6700417 est un nombre premier.

3° Si on a $n=\lambda\nu$, λ étant un terme de la progression 2, 4, 8, 16, etc., et ν un nombre premier, le diviseur premier de la formule a^n+1 sera de la forme $2nx+1$, ou tout au moins il divisera la formule $a^\lambda+1$, et alors il sera de la forme $2\lambda x+1$.

4° Si on a $n=\mu\nu$, μ et ν étant deux nombres premiers impairs, le diviseur premier de la formule a^n+1 sera de la forme $2nx+1$, ou bien il divisera la formule $a^\mu+1$ et sera de la forme $2\mu x+1$, ou bien il divisera la formule $a^\nu+1$ et sera de la forme $2\nu x+1$, ou enfin il divisera la formule $a+1$. Ces cas ne s'excluent pas mutuellement; car, par exemple, il est clair que le nombre premier qui divise la formule $a+1$, divisera toutes les autres formules $a^\nu+1$, $a^\mu+1$, etc., et de même le nombre premier qui divise $a^\nu+1$, divisera nécessairement a^n+1.

(160) Il est inutile d'étendre ces corollaires à un plus grand nombre de cas. Observons seulement que lorsqu'il s'agira de trouver les diviseurs d'une formule proposée a^n+1, on cherchera successivement ceux de toutes les formules inférieures $a^\omega+1$, en commençant par celles où l'exposant de a est le plus petit, et il ne restera plus à chercher, d'après la forme $2nx+1$, que les diviseurs qui ne sont pas donnés par les formules inférieures à a^n+1.

On observera encore que lorsque n est un nombre impair, la formule a^n+1, multipliée par a, devient de la forme x^2+a, elle ne peut donc avoir pour diviseurs que les nombres premiers qui divisent x^2+a. Cette condition servira à exclure la moitié des nombres premiers renfermés dans la formule $2nx+1$; mais pour cet effet, il faut consulter ce qu'on démontrera ci-après sur les diviseurs de x^2+a. On peut voir dès-à-présent que si a était 2, les diviseurs de x^2+2 ne peuvent être que des formes $8m+1$, $8m+3$; d'où il arrive que les deux autres formes générales $8m+5$, $8m+7$, sont exclues et ne diviseront jamais la formule 2^n+1, n étant impair. Une semblable exclusion aura également lieu pour d'autres valeurs de a.

EXEMPLE.

(161) Proposons-nous de trouver tous les diviseurs du nombre $549\,755\,813\,889 = 2^{39}+1 = A$.

Je considère d'abord les formules inférieures $2^{13}+1$, 2^3+1, 2^1+1: la dernière donne 3 pour diviseur de toutes les formules précédentes.

La formule $2^3+1=9$ ne donne encore que 3 pour diviseur premier; elle apprend de plus que A sera divisible par 9.

La formule $2^{13}+1=8193=3.2731$, si elle a un autre diviseur que 3, ne peut en avoir que dans la forme $26x+1$; mais comme le moindre nombre premier compris dans la forme $26x+1$, est 53 déja trop grand, puisqu'il excède la racine de 2731, il s'ensuit que 2731 est un nombre premier, et qu'ainsi $2^{13}+1$ n'a pas d'autres facteurs que 3 et 2731.

Cela posé, le nombre A doit être divisible par 9.2731; si on le divise d'abord par 3.2731, qui est la même chose que $2^{13}+1$, le quotient sera $2^{26}-2^{13}+1$, ou 67 100 673, et celui-ci étant divisé par 3, on aura $A=3^2.2731.22\,366\,891$.

Il ne reste donc plus qu'à chercher les diviseurs du nombre.. $B=22\,366\,891$; ces diviseurs doivent être de la forme $78x+1$, et puisqu'ils doivent aussi diviser la formnle t^2+2, ils ne peuvent être que de l'une des formes $8n+1$, $8n+3$. Mais la forme $78x+1$ en comprend quatre autres, selon que x est égal à l'un des nombres $4y$, $4y+1$, $4y+2$, $4y+3$; ces quatre formes sont:

$$312y+1,\quad 312y+79,\quad 312y+157,\quad 312y+235.$$

La seconde et la troisième doivent être exclues comme étant comprises dans $8n+7$ et $8n+5$; ainsi tout nombre premier qui divisera B doit être renfermé dans l'une des deux formes

$$312y+1, \quad 321y+235.$$

Les nombres premiers compris dans ces formes, et en même temps moindres que $\sqrt{B}$, qui est environ 4620, sont : 313, 547, 859, 937, 1171, 1249, 1483, 1873, 2731, 3121, 3433, 4057, 4603. Si on essaie successivement ces treize nombres, ou seulement douze (car il est inutile d'essayer 2731), on trouvera qu'aucun d'eux ne divise B; d'où l'on conclura que 22 366 891 est un nombre premier.

Le nombre B étant diviseur de t^2+2, doit être de la forme p^2+2q^2; si on veut réellement mettre B sous cette forme, on le pourra sans tâtonnement à l'aide de la formule suivante :

$$\frac{4m^4-2m^2+1}{3} = \left(\frac{2m^2\pm 2m-1}{3}\right)^2 + 2\left(\frac{2m^2\mp m-1}{3}\right)^2.$$

Or on a $B=\frac{2^{26}-2^{13}+1}{3}$; donc si on fait $m=2^6$, on trouvera

$$B=(2773)^2+2(2709)^2.$$

(162) Venons maintenant à la seconde question, et proposons-nous de trouver la forme que doivent avoir les diviseurs premiers du nombre donné a^n-1.

Quel que soit le nombre premier p qui divise cette formule, on peut le supposer de la forme $p=nx+\pi$, π étant un nombre positif moindre que n. On aura donc, en rejetant les multiples de p, $a^n=1$, et $a^{p-1}=1$, d'où résulte $a^{\pi-1}=1$. Dans cette dernière équation, on ne peut supposer que $\pi=1$, ou $\pi>1$.

1° Si on a $\pi=1$, la forme du diviseur est $p=nx+1$; elle restera ainsi tant que n sera pair; mais si n est impair, il faudra nécessairement que x soit pair, et ainsi on aura $p=2nz+1$.

2° Si on a $\pi>1$, soit ω le plus grand commun diviseur de n et de $\pi-1$, (ω devant être 1 lorsqu'il n'y a pas d'autre mesure commune) on pourra toujours trouver deux entiers f et g, tels que $fn - g(\pi - 1) = \omega$. Or les deux équations $a^n = 1$, $a^{\pi - 1} = 1$, donnent $1 = a^{fn} = a^{g(\pi - 1) + \omega} = a^\omega$, ou $a^\omega = 1$, donc p sera diviseur de $a^\omega - 1$; et ici il n'y a aucune restriction à apporter au résultat $a^\omega = 1$, parce que l'équation $a^\omega = 1$ satisfait aux deux $a^n = 1$, $a^{\pi - 1} = 1$.

Cela posé, toute la théorie des diviseurs de la quantité $a^n - 1$ est comprise dans le théorème suivant.

(163) « Tout nombre premier p qui divise la formule $a^n - 1$, « doit être compris dans la forme $p = nx + 1$, ou au moins peut « être diviseur de la formule $a^\omega - 1$, dans laquelle ω est un sous-« multiple de n. »

Ajoutons que si n est impair, auquel cas la forme $nx + 1$ devient $2nz + 1$, le diviseur p doit encore être compris dans les formes qui conviennent aux diviseurs de la formule $x^2 - a$.

Le même théorème s'appliquant à la formule $a^\omega - 1$, ou à telle autre qui résulte immédiatement des diviseurs de n, on aura, par la combinaison des résultats, tous les diviseurs de la formule proposée. Voici quelques corollaires généraux qui en résultent.

1° Si le nombre n est premier, tous les diviseurs de la formule $a^n - 1$ seront compris dans la forme $2nz + 1$, il faut seulement en excepter ceux qui peuvent diviser $a - 1$.

2° Si le nombre n est le produit de deux nombres premiers μ et ν (2 excepté), le diviseur premier p de la formule $a^n - 1$ sera de la forme $2nz + 1$; ou bien il divisera $a^\mu - 1$, et sera de la forme $2\mu z + 1$, ou bien il divisera $a^\nu - 1$ et sera de la forme $2\nu z + 1$: ou enfin il divisera $a - 1$ et sera de la forme $2z + 1$, laquelle convient à tous les nombres premiers. En effet, lorsque n est impair, il est évident que $a - 1$ divise $a^n - 1$; donc tout diviseur de la première quantité doit être diviseur de la seconde.

3° Si le nombre n est une puissance de 2, et qu'on fasse $\alpha = \frac{1}{2}n$,

$\beta = \frac{1}{2}\alpha$, $\gamma = \frac{1}{2}\beta$, etc. le diviseur p de la formule $a^n - 1$ sera de la forme $nx + 1$, ou bien il sera de la forme $\alpha x + 1$ et divisera la formule $a^\alpha - 1$, ou bien il sera de la forme $\beta x + 1$ et divisera la formule $a^\beta - 1$, ainsi de suite jusqu'à la forme $2x + 1$ qui divisera la formule $a^2 - 1$.

Exemple I.

(164) Pour avoir tous les diviseurs du nombre $A = 2^{32} - 1$, nous formerons le tableau suivant, où l'on voit la formule proposée et celles qui s'en déduisent, avec les formes correspondantes du diviseur :

$$\begin{array}{ll}
p = 32x + 1 \ldots\ldots\ldots & A = 2^{32} - 1 = (2^{16} + 1)B \\
p = 16x + 1 & B = 2^{16} - 1 = (2^8 + 1)C \\
p = 8x + 1 & C = 2^8 - 1 = (4^4 + 1)D \\
p = 4x + 1 & D = 2^4 - 1 = (2^2 + 1)E \\
p = 2x + 1 & E = 2^2 - 1 = 3.
\end{array}$$

Le dernier nombre E, qui se réduit à 3, doit diviser tous les précédents, et d'abord on a $D = (2^2 + 1).3 = 3.5$; ensuite...... $C = (2^4 + 1)D = 3.5.17$. Le nombre B contient les mêmes diviseurs que C, et de plus $2^8 + 1 = 257$, lequel est un nombre premier. Enfin A est le produit de B par $2^{16} + 1 = 65537$. Or comme $2^{16} + 1$ ne peut avoir aucun diviseur commun avec $2^{16} - 1$, il s'ensuit que $2^{16} + 1$ ou 65537 ne peut avoir pour diviseurs que des nombres premiers de la forme $32x + 1$. Mais les nombres premiers contenus dans cette forme et moindres que $\sqrt{65537}$ sont 97 et 193, lesquels ne divisent point 65537. Donc 65537 est un nombre premier, donc le nombre A décomposé en ses facteurs premiers $= 3.5.17.257.65537$. Si on multiplie cette valeur par celle qu'on a trouvée (page 12) pour $2^{32} + 1$. on aura la valeur décomposée de $2^{64} - 1$.

Exemple II.

(165) Soit encore proposé le nombre $A = 2^{31} - 1$; comme l'ex-

posant 31 est un nombre premier, les diviseurs de A ne pourront être que de la forme $62x+1$, et il n'y aura aucune exception, attendu que $a-1$ se réduit dans ce cas à $2-1=1$. Si l'on considère en même temps que le nombre $2A$ est de la forme t^2-2, et qu'en conséquence les diviseurs de A doivent être de l'une des formes $8n+1$, $8n+7$, on trouvera, en combinant ces dernières formes avec la première $62x+1$, que tout diviseur premier de A est nécessairement de l'une des formes $248z+1$, $248z+63$. Or Euler nous apprend (Mém. de Berlin, ann. 1772, pag. 36) qu'après avoir essayé tous les nombres premiers contenus dans ces formes, jusqu'à 46339, racine du nombre A, il n'en a trouvé aucun qui fût diviseur de A; d'où il faut conclure, conformément à une assertion de Fermat, que le nombre $2^{31}-1=2\,147\,483\,647$ est un nombre premier. C'est le plus grand de ceux qui aient été vérifiés jusqu'à présent.

Nous ne terminerons pas ce paragraphe, sans observer qu'Euler est auteur des principaux théorèmes qui y sont contenus. Voyez le tom. I des *Novi Comment. Petrop.*

§ VI. *Théorème contenant une loi de réciprocité qui existe entre deux nombres premiers quelconques.*

(166) Nous avons vu (n° 135) que si m et n sont deux nombres premiers quelconques impairs et inégaux, les expressions abrégées $\left(\frac{m}{n}\right)$, $\left(\frac{n}{m}\right)$ représentent l'une le reste de $m^{\frac{n-1}{2}}$ divisé par n, l'autre le reste de $n^{\frac{m-1}{2}}$ divisé par m; on a prouvé en même temps que l'un et l'autre restes ne peuvent jamais être que $+1$ ou -1. Cela posé, il existe une telle relation entre les deux restes $\left(\frac{m}{n}\right)$, $\left(\frac{n}{m}\right)$, que l'un étant connu, l'autre est immédiatement déterminé. Voici le théorème général qui contient cette relation.

« Quels que soient les nombres premiers m et n, s'ils ne sont pas « tous deux de la forme $4x+3$, on aura toujours $\left(\frac{n}{m}\right)=\left(\frac{m}{n}\right)$, et « s'ils sont tous deux de la forme $4x+3$, on aura $\left(\frac{n}{m}\right)=-\left(\frac{m}{n}\right)$. « Ces deux cas généraux sont compris dans la formule

$$\left(\frac{n}{m}\right)=(-1)^{\frac{m-1}{2}\cdot\frac{n-1}{2}}\cdot\left(\frac{m}{n}\right). \text{ »}$$

Pour développer les différents cas de ce théorème, il est nécessaire de distinguer, par des lettres particulières, les nombres premiers de la forme $4x+1$, et ceux de la forme $4x+3$. Nous désignerons dans le cours de cette démonstration, les premiers par les lettres A, a, α; les seconds par les lettres B, b, β. Cela entendu, le théorème que nous venons d'énoncer renferme les huit cas suivants :

I. Si l'on a $\left(\frac{a}{b}\right) = -1$, il s'ensuit $\left(\frac{b}{a}\right) = -1$.

II. Si l'on a $\left(\frac{b}{a}\right) = +1$, il s'ensuit $\left(\frac{a}{b}\right) = +1$.

III. Si l'on a $\left(\frac{B}{b}\right) = +1$, il s'ensuit $\left(\frac{b}{B}\right) = -1$.

IV. Si l'on a $\left(\frac{B}{b}\right) = -1$, il s'ensuit $\left(\frac{b}{B}\right) = +1$.

V. Si l'on a $\left(\frac{a}{A}\right) = +1$, il s'ensuit $\left(\frac{A}{a}\right) = +1$.

VI. Si l'on a $\left(\frac{a}{A}\right) = -1$, il s'ensuit $\left(\frac{A}{a}\right) = -1$.

VII. Si l'on a $\left(\frac{a}{b}\right) = +1$, il s'ensuit $\left(\frac{b}{a}\right) = +1$.

VIII. Si l'on a $\left(\frac{b}{a}\right) = -1$, il s'ensuit $\left(\frac{a}{b}\right) = -1$.

Démonstration des cas I *et* II.

(167) J'observe d'abord que l'équation $x^2 + ay^2 = bz^2$, ou plus généralement l'équation $(4f+1)x^2 + (4g+1)y^2 = (4n+3)z^2$ est impossible; car x et y étant supposés premiers entre eux, le premier membre sera toujours compris dans les formes $4k+1$ et $4k+2$, tandis que le second ne peut l'être que dans les formes $4k$ et $4k+3$.

Mais suivant le n° 27, l'équation $x^2 + ay^2 = bz^2$ serait résoluble, si on pouvait trouver deux entiers λ et μ tels que $\frac{\lambda^2 + a}{b}$ et $\frac{\mu^2 - b}{a}$ fussent des entiers. D'un autre côté, la condition pour que b soit diviseur de $\lambda^2 + a$ est $\left(\frac{-a}{b}\right) = 1$, ou $\left(\frac{a}{b}\right) = -1$, et la condition pour que a divise $\mu^2 - b$ est $\left(\frac{b}{a}\right) = +1$. Donc on ne saurait avoir à-la-fois $\left(\frac{a}{b}\right) = -1$ et $\left(\frac{b}{a}\right) = +1$; d'ailleurs chacune de ces expressions ne peut être que $+1$ ou -1; donc

(I) si l'on a $\left(\frac{a}{b}\right) = -1$, il s'ensuit $\left(\frac{b}{a}\right) = -1$,

(II) et si l'on a $\left(\frac{b}{a}\right) = +1$, il s'ensuit $\left(\frac{a}{b}\right) = +1$.

Au reste ces deux propositions sont liées entre elles, de sorte que l'une n'est qu'une conséquence de l'autre; car la première étant posée soit $\left(\frac{b}{a}\right) = +1$, on ne pourra avoir $\left(\frac{a}{b}\right) = -1$, puisqu'il s'ensuivrait $\left(\frac{b}{a}\right) = -1$, contre la supposition; donc on aura $\left(\frac{a}{b}\right) = +1$.

Démonstration des cas III *et* IV.

(168) B et b étant deux nombres premiers $4n+3$, on a démontré (nº 47) qu'il est toujours possible de satisfaire à l'une des équations $Bx^2 - by^2 = +1$, $Bx^2 - by^2 = -1$.

Soit 1° $\left(\frac{B}{b}\right) = +1$, l'équation $Bx^2 - by^2 = -1$ ne pourra avoir lieu, car si elle était satisfaite b serait diviseur de $Bx^2 + 1$, ou de $z^2 + B$; partant on aurait $\left(\frac{-B}{b}\right) = 1$, ou $\left(\frac{B}{b}\right) = -1$, contre la supposition. L'une des deux équations étant ainsi exclue, l'autre.. $Bx^2 - by^2 = +1$ a lieu nécessairement; or par celle-ci on voit que B est diviseur de $by^2 + 1$ ou de $z^2 + b$; donc on a $\left(\frac{-b}{B}\right) = +1$, ou $\left(\frac{b}{B}\right) = -1$.

Soit 2° $\left(\frac{B}{b}\right) = -1$, on prouvera semblablement que l'équation $Bx^2 - by^2 = +1$ est impossible; donc alors l'autre équation... $Bx^2 - by^2 = -1$ a lieu nécessairement, donc B est diviseur de $by^2 - 1$ ou de $z^2 - b$, ce qui donne $\left(\frac{b}{B}\right) = +1$. Donc

(III) si l'on a $\left(\frac{B}{b}\right) = +1$, il s'ensuit $\left(\frac{b}{B}\right) = -1$,

(IV) et si l'on a $\left(\frac{B}{b}\right) = -1$, il s'ensuit $\left(\frac{b}{B}\right) = +1$;

d'où l'on voit que $\left(\frac{B}{b}\right)$ et $\left(\frac{b}{B}\right)$ sont toujours de signes contraires.

Démonstration des cas V *et* VI.

(169) Soit $\left(\frac{a}{A}\right) = +1$, je dis qu'il en résultera également... $\left(\frac{A}{a}\right) = +1$. En effet, soit β un nombre premier $4n+3$ qui divise la formule $x^2 + a$; il faudra qu'on ait $\left(\frac{a}{\beta}\right) = -1$, et en conséquence d'après le cas I, $\left(\frac{\beta}{a}\right) = -1$. Considérons l'équation impossible $x^2 + ay^2 = A\beta z^2$; cette équation aurait lieu (n° 27), si on pouvait trouver deux entiers λ et μ tels que $\frac{\lambda^2 + a}{A\beta}$ et $\frac{\mu^2 - A\beta}{a}$ fussent des entiers. La première condition est remplie d'elle-même, car pour que $\lambda^2 + a$ soit divisible par A, il faut qu'on ait $\left(\frac{-a}{A}\right) = 1$ ou $\left(\frac{a}{A}\right) = 1$, ce qui a lieu par hypothèse; et pour que $\lambda^2 + a$ soit divisible par β, il faut qu'on ait $\left(\frac{-a}{\beta}\right) = 1$ ou $\left(\frac{a}{\beta}\right) = -1$, ce qui a encore lieu.

La seconde condition exigerait qu'on eût $\left(\frac{A\beta}{a}\right) = +1$ ou $\left(\frac{A}{a}\right)\cdot\left(\frac{\beta}{a}\right) = +1$; mais on a déja $\left(\frac{\beta}{a}\right) = -1$, donc il faudrait qu'on eût $\left(\frac{A}{a}\right) = -1$. Cette seconde condition ne peut pas être remplie, puisque l'équation proposée est impossible; donc on a $\left(\frac{A}{a}\right) = +1$. Donc

(V) si l'on a $\left(\frac{a}{A}\right) = +1$, il s'ensuit $\left(\frac{A}{a}\right) = +1$.

Soit maintenant $\left(\frac{a}{A}\right) = -1$; on ne pourra avoir $\left(\frac{A}{a}\right) = +1$; car de celle-ci résulterait, par le cas qu'on vient de démontrer, $\left(\frac{a}{A}\right) = +1$, contre la supposition. Donc on aura $\left(\frac{A}{a}\right) = -1$. Donc

(VI) si l'on a $\left(\frac{a}{A}\right) = -1$, il s'ensuit $\left(\frac{A}{a}\right) = -1$.

On a trouvé ci-dessus n° 18 que a et A étant deux nombres premiers $4n+1$, il est toujours possible de satisfaire à l'une des équations $Ax^2-ay^2=\pm 1$, $x^2-Aay^2=-1$. La première exige qu'on ait $\left(\frac{A}{a}\right)=+1$ et $\left(\frac{a}{A}\right)=+1$; donc si l'on a $\left(\frac{A}{a}\right)=-1$ et $\left(\frac{a}{A}\right)=-1$, conditions qui dérivent toujours l'une de l'autre, ainsi qu'on vient de le démontrer, la seconde équation sera la seule possible, et aura lieu nécessairement; d'où résulte ce théorème :

« A et a étant deux nombres premiers $4n+1$, si on a $\left(\frac{A}{a}\right)=-1$, « ou $\left(\frac{a}{A}\right)=-1$, l'équation $x^2-Aay^2=-1$ sera toujours possible. »

Démonstration des cas VII *et* VIII.

(170) Soit $\left(\frac{a}{b}\right)=+1$, je dis qu'il en résultera $\left(\frac{b}{a}\right)=+1$. En effet, soit encore β un nombre premier $4n+3$ qui divise la formule x^2+a, en sorte qu'on ait $\left(\frac{a}{\beta}\right)=-1$ et par suite $\left(\frac{\beta}{a}\right)=-1$; on a déja vu (n° 49) qu'il est toujours possible de satisfaire à l'une des trois équations suivantes, pourvu qu'on prenne convenablement le signe du premier membre

$$\pm 1=ax^2-b\beta y^2$$
$$\pm 1=bx^2-a\beta y^2$$
$$\pm 1=\beta x^2-aby^2;$$

or ayant supposé $\left(\frac{a}{b}\right)=+1$, $\left(\frac{a}{\beta}\right)=-1$ et par suite $\left(\frac{\beta}{a}\right)=-1$, on trouve que de ces trois équations qui en représentent six, il y en a quatre qui ne peuvent avoir lieu, savoir :

1° L'équation $+1=\beta x^2-aby^2$ qui suppose $\left(\frac{\beta}{a}\right)=+1$;

2° L'équation $-1=\beta x^2-aby^2$ qui suppose $\left(\frac{\beta}{a}\right)=+1$;

3° L'équation $-1=ax^2-b\beta y^2$ qui suppose $\left(\frac{a}{b}\right)=-1$;

4° L'équation $+1=ax^2-b\beta y^2$ qui suppose $\left(\frac{a}{\beta}\right)=+1$.

Il ne nous reste donc plus que les deux équations

$$+1 = bx^2 - a\beta y^2$$
$$-1 = bx^2 - a\beta y^2,$$

dont l'une doit avoir lieu nécessairement. Or elles exigent toutes deux qu'on ait $\left(\frac{b}{a}\right) = +1$, puisque par la première a est diviseur de $b^2x^2 - b$ ou de $z^2 - b$, et par la seconde a est diviseur de $b^2x^2 + b$ ou de $z^2 + b$. Donc

(VII) si l'on a $\left(\frac{a}{b}\right) = +1$, il s'ensuit $\left(\frac{b}{a}\right) = +1$.

Soit en second lieu $\left(\frac{b}{a}\right) = -1$, je dis qu'il en résultera $\left(\frac{a}{b}\right) = -1$; car si on avait $\left(\frac{a}{b}\right) = +1$, il s'ensuivrait, par le cas qui vient d'être démontré, $\left(\frac{b}{a}\right) = +1$, contre la supposition. Donc enfin

(VIII) si l'on a $\left(\frac{b}{a}\right) = -1$, il s'ensuit $\left(\frac{a}{b}\right) = -1$.

(171) On peut remarquer que les quatre premiers cas sont démontrés d'une manière complète et qui ne laisse rien à désirer. Les quatre autres supposent qu'étant donné le nombre a de forme $4n + 1$, il est toujours possible de trouver un nombre premier β de forme $4n + 3$, tel que β divise la formule $x^2 + a$, et qu'en conséquence on ait $\left(\frac{a}{\beta}\right) = -1$.

L'existence de cet auxiliaire se prouve immédiatement lorsque a est de la forme $8n + 5$, car faisant $x = 1$, le nombre $x^2 + a$ qui devient $1 + a$, est de la forme $8n + 6$, il est donc divisible par un nombre de la forme $4n + 3$ et par conséquent par un nombre premier de cette même forme, lequel pourra être pris pour β.

Lorsque a est de la forme $8n + 1$, on peut observer que cette forme, considérée par rapport aux multiples de 3, se divise en deux autres qui sont $24n + 1$ et $24n + 17$. A l'égard de cette dernière, il suffit encore de faire $x = 1$, et $x^2 + a$ qui devient $24n + 18$,

30.

étant divisible par 3, on pourra prendre $\beta=3$, et la condition $\left(\frac{a}{\beta}\right)=-1$ sera satisfaite pour tout nombre premier a de forme $24n+17$.

Reste donc à prouver que pour tout nombre premier a de forme $24n+1$, excepté l'unité, on trouvera toujours un nombre premier β de forme $4n+3$ qui sera diviseur de z^2+a ou qui satisfera à la condition $\left(\frac{a}{\beta}\right)=-1$.

On prouve d'abord aisément, par une simple substitution, que tout nombre premier $24n+1$, compris dans l'une des six formes

$$a=168x+17,\ 41,\ 73,\ 89,\ 97,\ 145,$$

est tel qu'en prenant les valeurs correspondantes :

$$z=2,\ 1,\ 2,\ 3,\ 1,\ 3,$$

la formule z^2+a sera divisible par 7, de sorte que la valeur $\beta=7$ satisfera, pour tous les nombres premiers compris dans ces formules, à la condition $\left(\frac{a}{\beta}\right)=-1$.

On prouvera de même que tout nombre premier $24n+1$ compris dans l'une des dix formes

$$a=264x+17,\ 41,\ 65,\ 73,\ 145,\ 161,\ 193,\ 217,\ 233,\ 241,$$

est tel qu'en prenant les valeurs correspondantes :

$$z=4,\ 5,\ 1,\ 2,\ 3,\ 2,\ 4,\ 5,\ 3,\ 1,$$

la formule z^2+a sera divisible par 11 ; ainsi faisant $\beta=11$, on satisfera pour tous les nombres premiers a, à la condition $\left(\frac{a}{\beta}\right)=-1$.

Les nombres premiers $24n+1$, continués jusqu'à la limite 1009, sont au nombre de 15, savoir :

$$73,\ 97,\ 193,\ 241,\ 313,\ 337,\ 409,\ 433,\ 457,\ 577,\ 601,\ 673,\ 769,\ 937,\ 1009\,;$$

de ces quinze nombres, dix satisfont à la condition $\left(\frac{a}{7}\right) = -1$, savoir :

$$a = 73, 97, 241, 313, 409, 433, 577, 601, 769, 937;$$

et les cinq autres à la condition $\left(\frac{a}{11}\right) = -1$, savoir :

$$a = 193, 337, 457, 673, 1009.$$

Notre hypothèse est donc vérifiée jusqu'à la limite $a = 1009$; elle l'est en même temps pour une infinité de nombres premiers compris dans les formules précédentes; mais il importe de faire voir qu'elle est vraie généralement pour tout nombre premier a de forme $8n + 1$, autre que l'unité.

Lorsque le nombre premier a est de forme $8n + 1$, on sait qu'il est toujours possible de satisfaire à l'équation $a = 2f^2 - g^2$, et qu'ainsi $2fy^2 + 2gyz + fz^2$ est un diviseur quadratique de la formule $t^2 + au^2$.

Si f a pour diviseur un nombre premier 6 de forme $4n + 3$ (ce qui arrivera toujours si f est de cette forme), il est visible que ce nombre divisera $z^2 + a$, qui devient $2f^2$ en faisant $z = g$; ainsi 6 satisfera à la question.

En général, quel que soit f, il faudra que parmi les nombres représentés par $2fy^2 + 2gyz + fz^2$, et dont la multitude est infinie, il y en ait un ou plusieurs divisibles par un nombre premier de forme $4n + 3$.

En effet, si tous les nombres représentés par $2fy^2 + 2gyz + fz^2$ n'admettaient que des diviseurs premiers de forme $4n + 1$, chacun de ces diviseurs devant être alors de la forme $p^2 + q^2$, le produit de tous, en y joignant même le facteur 2, serait de la même forme. Ainsi, quels que fussent les nombres y et z premiers entre eux, il faudrait qu'on pût toujours satisfaire à l'équation

$$t^2 + u^2 = 2fy^2 + 2gyz + fz^2.$$

La manière la plus générale de satisfaire à cette équation est de prendre des indéterminées A, B, M, N, pour en composer les valeurs $t = Ay + Bz$, $u = My + Nz$; alors on devrait avoir l'équation identique

$$(Ay + Bz)^2 + (My + Nz)^2 = 2fy^2 + 2gyz + fz^2,$$

d'où résultent les trois équations

$$A^2 + M^2 = 2f, \quad AB + MN = g, \quad B^2 + N^2 = f.$$

Multipliant la première par la troisième et retranchant du produit le carré de la seconde, on aura

$$(AN - BM)^2 = 2f^2 - g^2 = a.$$

Donc il faudrait que a fût un carré; ce qui n'a pas lieu, puisque a est un nombre premier et que le cas de $a = 1$ est excepté.

Donc les diviseurs premiers de la formule $2fy^2 + 2gyz + fz^2$ ne peuvent pas être tous de la forme $4n + 1$; donc il y en aura un ou plusieurs de la forme $4n + 3$; soit β ce diviseur ou l'un de ces diviseurs, on pourra supposer $\beta P = 2fy^2 + 2gyz + fz^2$, ou.. $\beta fP = (fz + gy)^2 + ay^2$. Donc β sera diviseur de $x^2 + a$.

Au reste le théorème général auquel nous avons donné le nom de *loi de réciprocité entre deux nombres premiers*, étant la proposition la plus remarquable et la plus féconde de la théorie des nombres, nous en donnerons ci-après une seconde démonstration fondée sur d'autres principes.

(172) C'est ici le lieu de placer quelques théorèmes assez importants dont plusieurs ne peuvent se démontrer qu'à l'aide de la loi de réciprocité qu'on vient d'établir.

« Tout nombre premier $4n + 1$ divise à la fois les deux formules « $t^2 + cu^2$, $t^2 - cu^2$, ou ne divise ni l'une ni l'autre. »

Soit a le nombre premier dont il s'agit; si l'on a $\left(\frac{c}{a}\right) = +1$, a divisera les deux formules $t^2 + cu^2$, $t^2 - cu^2$, où c est un nombre quelconque : si l'on a $\left(\frac{c}{a}\right) = -1$, il ne divisera ni l'une ni l'autre, c'est ce qui résulte immédiatement des nos 134 et 135.

(173) « Tout nombre premier $4n + 3$ qui divise $t^2 + cu^2$, ne peut « être diviseur de $t^2 - cu^2$, et réciproquement. »

Car soit ce nombre premier $= b$, la condition pour que b divise $t^2 + cu^2$ est $\left(\frac{-c}{b}\right) = 1$, ou $\left(\frac{c}{b}\right) = -1$, et la condition pour qu'il divise $t^2 - cu^2$ est $\left(\frac{c}{b}\right) = +1$; or ces deux conditions s'excluent mutuellement.

Corollaire. Tout nombre premier b de forme $4n + 3$ divise nécessairement l'une des deux formules $t^2 + cu^2$, $t^2 - cu^2$; car on a toujours ou $\left(\frac{c}{b}\right) = +1$, ou $\left(\frac{c}{b}\right) = -1$. On fait abstraction dans ce théorème et dans le précédent, du cas où b serait diviseur de c ; alors en effet on ne mettrait plus en question si b divise $t^2 + cu^2$ ou $t^2 - cu^2$.

(174) « Si le nombre premier c divise les deux formules $t^2 - au^2$, « $t^2 - bu^2$, il divisera également la formule $t^2 - abu^2$. »

Car ayant par hypothèse $\left(\frac{a}{c}\right) = 1$ et $\left(\frac{b}{c}\right) = 1$, il s'ensuit que $\left(\frac{ab}{c}\right) = 1$, et qu'ainsi c est diviseur de $t^2 - abu^2$.

Le même résultat aurait lieu pour un plus grand nombre de facteurs.

(175) « Si le nombre premier c ne divise ni la formule $t^2 - au^2$, « ni la formule $t^2 - bu^2$, il divisera nécessairement la formule « $t^2 - abu^2$. »

Car ayant par hypothèse $\left(\frac{a}{c}\right) = -1$ et $\left(\frac{b}{c}\right) = -1$, il s'ensuit $\left(\frac{ab}{c}\right) = +1$, donc c est diviseur de $t^2 - abu^2$.

(176) « Soient a et A des nombres premiers, tous deux de la « forme $4n + 1$, je dis que si a divise la formule $t^2 + Au^2$, récipro- « quement A divisera la formule $t^2 + au^2$; et si a ne divise point la

« formule $t^2 + Au^2$, réciproquement A ne divisera pas la formule « $t^2 + au^2$. »

Car dans le premier cas on a $\left(\frac{-A}{a}\right) = 1$, c'est-à-dire $\left(\frac{A}{a}\right) = 1$; donc réciproquement $\left(\frac{a}{A}\right) = 1$; donc A est diviseur de $t^2 + au^2$.

Dans le second cas, on aurait $\left(\frac{A}{a}\right) = -1$; d'où résulte également $\left(\frac{a}{A}\right) = -1$; donc A n'est point diviseur de $t^2 + au^2$.

(177) « Soit a un nombre premier $4n + 1$, et soient A et B deux « nombres premiers quelconques tous deux diviseurs, ou tous deux « non-diviseurs de la formule $t^2 - au^2$, je dis que a sera diviseur de « la formule $t^2 - ABu^2$. »

Car 1° si A et B sont diviseurs de la formule $t^2 - au^2$, on aura $\left(\frac{a}{A}\right) = 1$, $\left(\frac{a}{B}\right) = 1$; donc réciproquement $\left(\frac{A}{a}\right) = 1$, $\left(\frac{B}{a}\right) = 1$; donc $\left(\frac{AB}{a}\right) = 1$, donc a est diviseur de $t^2 - ABu^2$.

2° Si A et B sont non-diviseurs de la formule $t^2 - au^2$, on aura $\left(\frac{a}{A}\right) = -1$, $\left(\frac{a}{B}\right) = -1$; d'où résulte $\left(\frac{A}{a}\right) = -1$, $\left(\frac{B}{a}\right) = -1$; donc on a encore $\left(\frac{AB}{a}\right) = +1$; donc a est diviseur de $t^2 - ABu^2$.

(178) « Soit a un nombre premier $4n + 1$, et b un nombre pre- « mier $4n + 3$ qui ne soit pas diviseur de $t^2 + au^2$, je dis que a « sera au contraire diviseur de $t^2 + bu^2$. »

Car ayant par hypothèse $\left(\frac{-a}{b}\right) = -1$, ou $\left(\frac{a}{b}\right) = +1$, il s'ensuit $\left(\frac{b}{a}\right) = 1$; donc a est diviseur de $t^2 + bu^2$.

En général, si on a plusieurs nombres premiers b, b', b'', tous de la forme $4n + 3$, et non-diviseurs de $x^2 + a$, a sera diviseur de la formule $t^2 + bb'b''u^2$.

(179) « Tout nombre premier c de la forme $8n + 1$ ou $8n + 7$, « divise à-la-fois les deux formules $t^2 + au^2$, $t^2 + 2au^2$, ou ne divi- « sera ni l'une ni l'autre. »

Car la valeur de $\left(\frac{-a}{c}\right)$ est la même que celle de $\left(\frac{-2a}{c}\right)$, puisque le nombre c étant de l'une des deux formes mentionnées, on a toujours $\left(\frac{2}{c}\right)=1$ (n° 146).

(180) « Tout nombre premier c de la forme $8n+3$ ou $8n+5$ « divise toujours l'une des deux formules t^2+au^2, t^2+2au^2, mais « n'en peut diviser qu'une. »

Car dans les formes mentionnées on a $\left(\frac{2}{c}\right)=-1$; donc les deux quantités $\left(\frac{-a}{c}\right)$ et $\left(\frac{-2a}{c}\right)$ sont de signes contraires. Donc il faut que l'une de ces quantités soit $+1$ et l'autre -1 ; d'où il suit que c divise l'une des deux formules dont il s'agit, et ne divise pas l'autre.

Remarquez que dans ce théorème, ainsi que dans le précédent, a est un nombre quelconque positif ou négatif.

(181) Nous ne nous arrêterons pas à multiplier davantage ces sortes de théorèmes, mais nous croyons que les géomètres verront avec plaisir l'application de notre loi de réciprocité à la démonstration de deux conclusions générales auxquelles Euler est parvenu, par voie d'induction, dans ses *Opuscula analytica*, tom. I, et qui sont la base d'une théorie importante. La première est conçue à peu près en ces termes : (Voyez l'ouvrage cité, page 276.)

« Si tous les carrés successifs 1, 4, 9, 16, etc. sont divisés par un « même nombre premier $4n+1$, les restes des divisions compren- « dront non-seulement tous les nombres contenus dans les formules « $n-qq-q$ et $qq+q-n$, mais encore tous les facteurs pre- « miers dont ces nombres sont composés. »

D'abord il est facile de voir, que puisque $c=4n+1$, on satisfera à l'équation $\frac{xx+n-qq-q}{c}=e$, en prenant $2x=2q+1\pm c$. D'ailleurs c étant de la forme $4n+1$, si l'équation $\frac{x^2+a}{c}=e$ est possible, l'équation $\frac{y^2-a}{c}=e$ l'est également ; donc, en effet, tout nombre compris, soit dans la formule $n-qq-q$, soit dans la formule $qq+q-n$, ou ce nombre diminué d'un multiple de c, peut être regardé comme le reste d'un carré divisé par c. Cette première partie du théorème ne souffre aucune difficulté, ainsi qu'Euler lui-même l'a fait voir. Venons à la seconde, qui exige l'emploi de la loi de réciprocité.

Soit α un nombre premier qui divise $n-qq-q$ ou $qq+q-n$, on pourra faire $qq+q-n=\pm\alpha A$; donc en multipliant par 4, puis mettant au lieu de $4n$ sa valeur $c-1$, on aura

$$(2q+1)^2-c=\pm 4\alpha A.$$

De là, en omettant les multiples de α, on tire $c=(2q+1)^2$; donc $c^{\frac{\alpha-1}{2}}$, ou suivant notre notation $\left(\frac{c}{\alpha}\right)=(2q+1)^{\alpha-1}=1$. Mais de ce que $\left(\frac{c}{\alpha}\right)=1$, il s'ensuit par la loi de réciprocité $\left(\frac{\alpha}{c}\right)=1$; donc c est diviseur de la formule $x^2-\alpha$. Donc α doit se trouver parmi les restes des carrés divisés par le nombre premier c, ce qui est la proposition d'Euler.

(182) La seconde conclusion générale (Voyez l'ouvrage cité, page 281) est celle-ci :

« Si l'on divise les carrés 1, 4, 9, 16, etc. par le nombre premier « $4n-1$, les restes des divisions comprendront non-seulement tous « les nombres représentés par la formule $n+qq+q$, mais encore « tous les facteurs premiers dont ces nombres sont composés. »

Pour satisfaire à la première partie, il faut trouver un nombre x tel que $x^2-(n+qq+q)$ soit divisible par le nombre premier $c=4n-1$; or c'est ce que l'on obtiendra immédiatement, en prenant $2x=2q+1\pm c$. Donc le nombre $n+qq+q$, ou ce nombre diminué d'un multiple de c, est toujours le reste d'un carré x^2 divisé par c.

Soit en second lieu α un nombre premier qui divise $n+qq+q$, si l'on fait $n+qq+q=\alpha A$, on en déduira comme ci-dessus, $(2q+1)^2+c=4\alpha A$. Donc en omettant les multiples de α, on a

$c = -(2q+1)^2$; donc $\left(\frac{-c}{\alpha}\right) = 1$. Cela posé, il y a deux cas à distinguer.

1° Si α est de la forme $4m+1$, l'équation $\left(\frac{-c}{\alpha}\right) = 1$ est la même que $\left(\frac{c}{\alpha}\right) = 1$, et on en déduit par la loi de réciprocité $\left(\frac{\alpha}{c}\right) = 1$; donc c est diviseur de $x^2 - \alpha$.

2° Si α est de la forme $4m-1$, l'équation $\left(\frac{-c}{\alpha}\right) = 1$ donne $\left(\frac{c}{\alpha}\right) = -1$, et on en déduit par la loi de réciprocité $\left(\frac{\alpha}{c}\right) = 1$; donc c est encore diviseur de $x^2 - \alpha$.

Donc, dans tous les cas, le nombre premier α, ou ce nombre diminué d'un multiple de c, est le reste d'un carré divisé par c, et par conséquent doit se trouver parmi les restes que donnent les différents termes de la suite 1, 4, 9, 16, etc. divisés par c.

§ VII. *Usage du théorème précédent pour connaître si un nombre premier* c *divise la formule* $x^2 + a$. *Des cas où l'on peut déterminer* a priori *le nombre* x.

(183) Lorsque c est un nombre un peu grand, et qu'on a besoin de savoir si c est diviseur de $x^2 + a$, il peut être fort long d'élever a à la puissance $\frac{c-1}{2}$, même en abrégeant l'opération autant qu'il est possible, et en ayant soin d'omettre les multiples de c à mesure qu'ils se présentent. Voici un procédé que fournit le théorème précédent, et qui conduit très-promptement à la valeur cherchée de $\left(\frac{a}{c}\right)$.

1° Si a est plus grand que c, on mettra, au lieu de a, le reste de la division de a par c; ainsi on pourra toujours supposer que a est plus petit que c. En effet, on voit bien que $(mc + \alpha)^{\frac{c-1}{2}}$ divisé par c, laissera le même reste que $\alpha^{\frac{c-1}{2}}$.

2° Si le nombre a ainsi réduit est un nombre premier, l'expression $\left(\frac{a}{c}\right)$ se changera suivant le théorème, soit en $\left(\frac{c}{a}\right)$, soit en $-\left(\frac{c}{a}\right)$, ce dernier cas n'ayant lieu que lorsque a et c sont tous deux de la forme $4n + 3$. Mais puisque c est $> a$, on peut, au lieu de c, prendre le reste de la division de c par a; soit ce reste c', on aura donc $\left(\frac{c}{a}\right) = \left(\frac{c'}{a}\right)$; ainsi la recherche de la valeur de $\left(\frac{a}{c}\right)$ est réduite à celle de l'expression $\left(\frac{c'}{a}\right)$ qui est composée de plus petits nombres; la résolution se fera donc ultérieurement, tant par ce qui a été déja dit que par ce que nous allons ajouter.

3° Si a n'est pas premier, décomposez a en ses facteurs premiers α, β, γ.... parmi lesquels 2 peut être compris, vous aurez $\left(\frac{a}{c}\right)=$ au produit des expressions $\left(\frac{\alpha}{c}\right)\left(\frac{\beta}{c}\right)\left(\frac{\gamma}{c}\right)$, etc. Omettez parmi les facteurs α, β, γ, ceux qui sont carrés, car en général..... $\left(\frac{\alpha^2}{c}\right)=\left(\frac{\alpha}{c}\right)\left(\frac{\alpha}{c}\right)=+1$; observez de plus, que suivant le n° 150 on a $\left(\frac{2}{c}\right)=+1$, si c est de la forme $8n\pm1$, et $\left(\frac{2}{c}\right)=-1$, si c est de la forme $8n\pm3$.

Au moyen de ces préceptes et des renversements donnés par le théorème du paragraphe précédent, on trouvera bientôt la valeur de l'expression proposée $\left(\frac{a}{c}\right)$. Et l'opération, assez semblable à celle par laquelle on cherche le plus grand commun diviseur de deux nombres, sera à peu près aussi expéditive.

Exemple I.

(184) Pour avoir la valeur de l'expression $\left(\frac{601}{1013}\right)$ j'observe que ces deux nombres sont premiers, et j'aurai, en vertu du théorème, $\left(\frac{601}{1013}\right)=\left(\frac{1013}{601}\right)$; la division de 1013 par 601 donne 412 de reste, et 412 étant le produit de 4 par 103, on peut omettre le facteur carré 4, ce qui donnera $\left(\frac{601}{1013}\right)=\left(\frac{103}{601}\right)$. Mais 103 étant encore un nombre premier, on a par le théorème, $\left(\frac{103}{601}\right)=\left(\frac{601}{103}\right)=$ (en divisant 601 par 103 et ne conservant que le reste) $\left(\frac{86}{103}\right)=\left(\frac{-17}{103}\right)=-\left(\frac{17}{103}\right)$ $=-\left(\frac{103}{17}\right)=-\left(\frac{1}{17}\right)=-1$. Donc $\left(\frac{601}{1013}\right)=-1$. Donc 1013 n'est pas diviseur de x^2+601.

Pour faire la même vérification par la voie ordinaire, il aurait fallu élever 601 à la puissance 506, en rejetant les multiples de 1013 à mesure qu'ils se présentent. Or 506 exprimé en chiffres de l'arithmétique binaire (1) est 111 111 010, c'est-à-dire en d'autres termes que 506 est la somme des puissances de 2, dont les exposants sont 8, 7, 6, 5, 4, 3, 1. Pour former les puissances de 601 qui ont ces puissances de 2 pour exposants, il faut faire huit multiplications ou élévations au carré; ensuite, pour multiplier entre elles les diverses puissances de 601 dont les exposants sont $2^8, 2^7, 2^6, 2^5, 2^4, 2^3, 2^1$, il faut encore six multiplications; de sorte qu'il faut en tout quatorze multiplications, et autant de divisions par 1013 pour arriver au résultat final. Voici au reste le détail de l'opération, afin qu'on puisse mieux comparer les deux méthodes; on n'a mis que les restes des divisions par 1013.

$(601)^2 = 573$
$(601)^4 = (573)^2 = 117$
$(601)^8 = (117)^2 = 520$
$(601)^{16} = (520)^2 = -71$
$(601)^{32} = (71)^2 = -24$
$(601)^{64} = (24)^2 = -437$
$(601)^{128} = (437)^2 = 525$
$(601)^{256} = (525)^2 = 89$

$(601)^{384} = 89 \times 525 = 127$
$(601)^{448} = 127 \times -437 = +216$
$(601)^{480} = +216 \times -24 = -119$
$(601)^{496} = -119 \times -71 = 345$
$(601)^{504} = 345 \times 520 = 99$
$(601)^{506} = 99 \times 573 = -1.$

Donc en effet $\left(\frac{601}{1013}\right) = -1.$

EXEMPLE II.

(185) On demande la valeur de $\left(\frac{402}{929}\right)$?

Pour cela je décompose 402 en ses trois facteurs 2.3.67, et j'ai $\left(\frac{402}{929}\right) = \left(\frac{2}{929}\right) \cdot \left(\frac{3}{929}\right) \cdot \left(\frac{67}{929}\right)$. Or on a

---

(1) Voici un moyen très-court d'exprimer un nombre un peu grand en caractères binaires. Soit par exemple le nombre 11183445 dont il sera question dans l'exemple III, je divise ce nombre par 64, j'ai le reste 21 et le quotient 174741; celui-ci, divisé par 64, donne le reste 21 et le quotient 2730; enfin 2730 divisé par 64, donne le reste 42 et le quotient 42 : mais 21 s'exprime en chiffres binaires par 10101 et 42 par 101010. Donc le nombre proposé s'exprimera par 101010 101010 010101 010101.

$$\left(\frac{2}{929}\right)=1$$

$$\left(\frac{3}{929}\right)=\left(\frac{929}{3}\right)=\left(\frac{2}{3}\right)=-1$$

$$\left(\frac{67}{929}\right)=\left(\frac{929}{67}\right)=\left(\frac{-9}{67}\right)=-\left(\frac{1}{67}\right)=-1\,;$$

et le produit de ces trois résultats est $+1$, donc $\left(\frac{402}{929}\right)=+1$: donc 929 est diviseur de $t^2\pm402u^2$, ou de $x^2\pm402$.

Exemple III.

(186) Prenons un nombre premier très-grand, tel que 22 366 891. et cherchons si ce nombre est diviseur de x^2+1459?

Il faut donc avoir la valeur de $\left(\frac{1459}{22\,366\,891}\right)$; et parce que 1459 est également un nombre premier $4n+3$, cette valeur......

$$=-\left(\frac{22\,366\,891}{1459}\right)=-\left(\frac{421}{1459}\right)=-\left(\frac{1459}{421}\right)=-\left(\frac{196}{421}\right)=-1,$$

(parce que 196 est un carré). Donc la valeur cherchée est -1. Donc 22 366 891 est diviseur de x^2+1459.

C'est ce qu'on n'aurait pu trouver par la voie ordinaire, qu'en faisant 34 multiplications et autant de divisions très-laborieuses, puisque le diviseur serait 22 366 891.

(187) Après s'être assuré que le nombre premier c est diviseur de x^2+a, il reste à déterminer la valeur de x qui rend la division possible. C'est ce qu'on peut faire *a priori* dans quelques cas généraux que nous allons indiquer.

1° Lorsque $c=4n+3$, la condition de possibilité donne... $(-a)^{2n+1}-1$ divisible par c; donc $a^{2n+2}+a$ est divisible par c; donc si on prend $x=a^{n+1}$ ou égal au reste de a^{n+1} divisé par c, on sera sûr que $\frac{x^2+a}{c}$ est un entier. Ce premier cas très-général comprend déja la moitié de tous les cas possibles. Il ne reste donc plus à examiner que le cas de $c=4n+1$. lequel comprend les deux formes $8n+1$, $8n+5$.

2° Lorsque $c=8n+5$, la condition de possibilité exige que $a^{4n+2}-1$ soit divisible par c; mais cette quantité est le produit des deux facteurs $a^{2n+1}+1$, $a^{2n+1}-1$, il faut donc que l'un de ces facteurs soit divisible par c. Si le facteur $a^{2n+1}+1$ est divisible par c, faites $x=a^{n+1}$, et vous aurez $\frac{x^2+a}{c}=e$. Si c'est l'autre facteur qui est divisible par c, faites de même $\theta=a^{n+1}$, et vous aurez $\frac{\theta^2-a}{c}=e$; dans ce dernier cas, il ne reste plus qu'à satisfaire à l'équation $\frac{x^2+\theta^2}{c}=e$. Or puisque c est de la forme $4m+1$, on peut supposer $c=f^2+g^2$; cherchant ensuite les indéterminées p et q d'après l'équation

$$\theta=fp+gq,$$

on en conclura $x=fq-gp$; car de là résulte $x^2+\theta^2=(f^2+g^2)(p^2+q^2)$; donc $x^2+\theta^2$, et par suite x^2+a est divisible par c.

3° Le dernier cas à considérer, est celui de $c=8n+1$, mais alors on ne peut pas toujours satisfaire à l'équation $\frac{x^2+a}{c}=e$ d'une manière directe et sans tâtonnement. Si l'on a $n=\alpha\beta$, β étant un nombre impair et α une puissance de 2, la condition de possibilité exigeant que $a^{4\alpha\beta}-1$ soit divisible par c, il pourra arriver que $a^{\beta}\pm 1$ soit divisible par c, et alors à cause de β impair, on trouvera la valeur de x de la même manière qu'on l'a trouvée lorsque $c=8n+5$.

Si $a^{\beta}\pm 1$ n'est pas divisible par c, on ne trouve pas de solution *a priori*; ainsi pour résoudre l'équation $\frac{x^2+a}{c}=e$, il faudra calculer les différents termes de la suite $c-a$, $2c-a$, $3c-a$, $4c-a$, etc., jusqu'à ce qu'on en trouve un qui soit un carré parfait et qui donnera la valeur de x^2; cette suite, au reste, contiendra nécessairement le carré qu'on cherche, carré qui doit être moindre que $\frac{1}{4}c^2$, ainsi le nombre des termes à calculer ne peut excéder $\frac{1}{4}c$.

Par exemple, soit proposée l'équation $\frac{x^2+229}{641}=e$, dont la possibilité est déja établie par la condition $\left(\frac{229}{641}\right)=1$; il faudra former les différents termes de la progression arithmétique dont le terme général est $641e-229$. Cette progression est 412, 1053, 1694, 2335, etc.; mais il faut la continuer jusqu'au 94ème terme avant qu'on trouve le carré 60025 dont la racine $245=x$. Il est vrai qu'on peut passer sur beaucoup de termes, lorsqu'on prévoit que le chiffre qui les termine n'est pas un de ceux qui conviennent aux carrés (1). Mais le travail est encore assez long par cette voie, lorsque le nombre cherché x n'est pas beaucoup plus petit que $\frac{1}{2}c$.

(188) Pour rendre cette détermination moins laborieuse, on pourra avoir recours aux propriétés des diviseurs qui seront démontrées ci-après. En vertu de ces propriétés, tout diviseur de la formule t^2+au^2 est lui-même de la forme y^2+az^2, ou au moins il devient de cette forme, en le multipliant par un nombre p moindre que $2\sqrt{\frac{a}{3}}$. Supposons donc qu'on a trouvé $pc=f^2+ag^2$, on cherchera x d'après l'équation

$$f=gx+cy,$$

et la valeur de x sera telle, que x^2+a est divisible par c.

Ainsi, dans l'exemple précédent, on reconnaît bientôt que 641 n'est pas de la forme f^2+229g^2; mais il le devient, étant multiplié

(1) Le carré de $10m+n$ est $100m^2+20mn+n^2$, donc le chiffre qui termine le carré de $10m+n$, est le même que celui qui termine le carré de n. Mais les nombres 0, 1, 2, 3...9 ont leurs carrés terminés par l'un des chiffres 0, 1, 4, 5, 6, 9; donc aucun carré ne peut être terminé par 2, 3, 7, 8. On peut ajouter à cette observation, 1° que si le dernier chiffre d'un carré est 0, il faut que les deux derniers soient deux zéros. 2° Que si le dernier chiffre est 5, les deux derniers doivent être 25. 3° Que si le dernier chiffre est impair, l'avant-dernier doit être pair. 4° Que si le dernier chiffre est 4, l'avant-dernier doit être pair, afin que tout le nombre soit divisible par 4. 5° Que si le dernier chiffre est 6, l'avant-dernier doit être impair par la même raison.

par 14, car on a $641 \times 14 = 8974 = 57^2 + 229.5^2$; faisant donc $57 = 5x + 641y$, on trouvera $x = -245$. Cette méthode peut faire éviter beaucoup de tâtonnement; et elle sera surtout utile lorsque le nombre a est peu considérable; car les Tables feront connaître, d'après la forme $4az + a$ du nombre c, quel est le multiplicateur p qui peut rendre le produit pc de la forme $f^2 + ag^2$.

§ VIII. *De la manière de déterminer* x *pour que* x^2+a *soit divisible par un nombre composé quelconque* N.

(189) Soit c un nombre premier, et a un nombre quelconque non-divisible par c, si l'on demande la valeur de x telle que x^2+a soit divisible par c^m, cherchez d'abord par ce qui précède la valeur de θ qui rend θ^2+a divisible par c; faites ensuite $(\theta+\sqrt{-a})^m = p+q\sqrt{-a}$; vous aurez de même $(\theta-\sqrt{-a})^m=p-q\sqrt{-a}$, et le produit de ces deux équations donnera $(\theta^2+a)^m=p^2+aq^2$, donc p^2+aq^2 est divisible par c^m. Dans ce résultat, q et c sont premiers entre eux; ainsi on pourra supposer $p=qx+c^m y$, et x^2+a sera divisible par c^m, ce qui est la question proposée.

Nous venons de supposer que q n'est point divisible par c; car s'il l'était, p le serait aussi en vertu de l'équation $(\theta^2+a)^m=p^2+aq^2$ dont le premier membre est divisible par c^m. Mais on a

$$p=\theta^m-\frac{m.m-1}{1.2}\theta^{m-2}a+\frac{m.m-1.m-2.m-3}{1.2.3.4}\theta^{m-4}a^2-\text{etc.}$$

et puisque θ^2+a est divisible par c, on peut mettre $-\theta^2+Ac$ à la place de a, ce qui donnera p de cette forme

$$p=\theta^m\left(1+\frac{m.m-1}{1.2}+\frac{m.m-1.m-2.m-3}{1.2.3.4}+\text{etc.}\right)+Bc,$$

ou $p=2^{m-1}\theta^m+Bc$; mais θ n'est point divisible par c, donc p ne peut l'être, ni par conséquent q.

Si le nombre a est divisible par c, la quantité x^2+a sera divisible par c, en prenant $x=0$ ou un multiple de c; mais il sera souvent impossible que x^2+a soit divisible par c^2 ou par une puissance plus élevée de c; par exemple, si a est divisible par c et non par c^2, il est évident que jamais x^2+a ne sera divisible par c^2.

32.

(190) Il est facile maintenant de trouver, lorsque cela est possible, la valeur de x, telle que x^2+a soit divisible par un nombre composé quelconque N.

1° Si N et a sont premiers entre eux, on décomposera N en ses facteurs premiers impairs $\alpha^\lambda \beta^\mu \gamma^\nu$, etc., et on cherchera par la méthode qui précède les nombres A, B, C, etc. tels que les quantités

$$\frac{A^2+a}{\alpha^\lambda},\quad \frac{B^2+a}{\beta^\mu},\quad \frac{C^2+a}{\gamma^\nu},\ \text{etc.}$$

soient des entiers; il faudra ensuite satisfaire aux équations indéterminées

$$x=A+\alpha^\lambda y=\pm B+\beta^\mu z=\pm C+\gamma^\nu u=\text{etc.}$$

Et il est facile de voir que x^2+a étant divisible par chacun des facteurs α^λ, β^μ, γ^ν, etc., sera divisible par leur produit $\alpha^\lambda \beta^\mu \gamma^\nu$, etc.

2° Si les nombres N et a ne sont pas premiers entre eux, soit $\psi^2\omega$ leur plus grand commun diviseur, ψ^2 étant le plus grand carré qui divise $\psi^2\omega$, et par conséquent ω ne pouvant plus avoir que des facteurs simples; alors il faudra faire $N=\psi^2\omega N'$, $a=\psi^2\omega a'$, $x=\psi\omega x'$, et l'équation à résoudre $\frac{x^2+a}{N}=e$, deviendra $\frac{\omega x'^2+a'}{N'}=e$. Dans celle-ci ω et N′ doivent être premiers entre eux, car s'ils avaient un commun diviseur π, il faudrait que a' fût aussi divisible par π (sans quoi l'équation à résoudre serait impossible); donc $\omega\psi^2$ ne serait pas le plus grand commun diviseur de a et N, contre la supposition.

Puisque ω et N′ sont premiers entre eux, on pourra trouver deux entiers f et g tels qu'on ait $f\omega-gN'=1$; multipliant donc par f l'équation $\frac{\omega x'^2+a'}{N'}=e$, et mettant $gN'+1$ à la place de $f\omega$, cette équation deviendra $\frac{x'^2+fa'}{N'}=e$; ainsi la question est ramenée au cas précédent où N et a sont premiers entre eux.

(191) Si, outre les facteurs impairs α^λ, β^μ, etc. que nous avons

considérés dans les deux cas précédents, N contient le facteur 2^m, il faudra combiner les valeurs trouvées pour chaque facteur impair avec celle qui résulte de l'équation $\frac{x^2+a}{2^m}=e$, dont nous allons nous occuper.

Lorsque a est divisible par 4 ou par une puissance plus élevée de 2, telle que 2^{2i} ou 2^{2i+1}, il faudra faire $x=2^i x'$, et la question sera ramenée immédiatement au cas où a est impair ou double d'un impair.

Si a est double d'un impair, il est visible que l'équation $x^2+a=2^m y$ n'est résoluble que dans le seul cas où $m=1$, ainsi on peut faire abstraction de ce cas.

Soit donc a impair et $m>1$, il faudra que x soit impair, et comme alors x^2 est de la forme $8n+1$, on aura suivant les différentes formes de $a=\pm c$, les formes correspondantes de $x^2\pm c$ comme il suit :

$$\begin{array}{lll} c=8n+1, & x^2+c=8n+2, & x^2-c=8n \\ c=8n+3, & x^2+c=8n+4, & x^2-c=8n+6 \\ c=8n+5, & x^2+c=8n+6, & x^2-c=8n+4 \\ c=8n+7, & x^2+c=8n \quad , & x^2-c=8n+2. \end{array}$$

Écartant donc les cas qui ne permettent pas que $x^2\pm c$ soit divisible par une puissance de 2 supérieure à la première, les cas qui restent sont les quatre suivants :

$$\begin{array}{l} c=8n+1\ldots\ldots x^2-c=8n \\ c=8n+3\ldots\ldots x^2+c=8n+4 \\ c=8n+5\ldots\ldots x^2-c=8n+4 \\ c=8n+7\ldots\ldots x^2+c=8n. \end{array}$$

Le second et le troisième ne sont résolubles que pour la seule valeur $m=2$, et alors la solution est simplement $x=1$.

Les deux autres cas où l'on a $a=-1\pm 8\alpha$ sont résolubles pour des valeurs quelconques de l'exposant m, et on peut aisément parvenir à la solution par des substitutions successives. Par exemple, soit proposée l'équation relative au quatrième cas

$$\frac{x^2+15}{2^{10}}=y.$$

En faisant $x=1$, on a $x^2+15=2^4$; soit donc $x=1+2^3x'$, la substitution donnera $1+x'+2^2x'^2=2^6y$. Celle-ci fait voir que $1+x'$ doit être divisible par 4. Faisant donc $x'=-1+4x''$, on aura

$$\frac{1-7x''}{16}=e,$$

d'où $x''=7$, $x'=27$ et $x=217$.

Aussitôt qu'on connaît une solution particulière $x=\theta$, on en déduit la solution générale $x=2^{m-1}x'\pm\theta$, laquelle satisfait à l'équation proposée $x^2+a=2^my$, puisqu'on a $m>1$. Cette valeur devra ensuite être combinée avec celles qui expriment que x^2+a est divisible par les différents facteurs impairs de N.

Il faut maintenant examiner combien l'équation $\frac{x^2+a}{N}=e$ pourra avoir de solutions, mais nous nous bornerons aux cas où N est impair ou double d'un impair.

(192) « Si N est impair et premier à a, le nombre de solutions « de l'équation $\frac{x^2+a}{N}=e$, sera 2^{i-1}, i étant le nombre des facteurs « premiers différents qui divisent N. »

Soit d'abord $N=\alpha^\lambda$, α étant un nombre premier, je dis qu'il n'y aura qu'une manière de satisfaire à l'équation $\frac{x^2+a}{N}=e$. Car s'il y avait deux solutions désignées par x et x', il faudrait que $x^2-x'^2$ fût divisible par α^λ; et comme aucun des facteurs $x+x'$, $x-x'$ n'est divisible par α^λ, puisque x et x' sont supposés inégaux et plus petits que $\frac{1}{2}\alpha^\lambda$, il faudra que ces facteurs $x+x'$, $x-x'$ soient tous deux divisibles par α, donc leur somme $2x$ serait également divisible par α; mais si x était divisible par α, il faudrait que a le fût aussi d'après l'équation $\frac{x^2+a}{\alpha^\lambda}=e$. Donc puisque a et N sont premiers entre eux, l'équation $\frac{x^2+a}{\alpha^\lambda}=e$ ne pourra avoir qu'une solution moindre que $\frac{1}{2}\alpha^\lambda$.

Soit en second lieu $N=\alpha^\lambda \beta^\mu$, et soient A et B les valeurs de x qui satisfont aux équations $\frac{x^2+a}{\alpha^\lambda}=e$, $\frac{x^2+a}{\beta^\mu}=e$; si on combine ensemble (n° 14) les deux valeurs $x=A+\alpha^\lambda y$, $y=\pm B+\beta^\mu z$, il est clair qu'on aura, à cause du signe $\pm$, deux valeurs de x de la forme $x=K+\alpha^\lambda \beta^\mu x'=K+Nx'$, chacune desquelles peut être rendue moindre que $\frac{1}{2}N$ en prenant pour x' la valeur convenable. Donc dans le cas des deux facteurs inégaux α, β, l'équation proposée aura deux solutions.

S'il y a un troisième facteur γ^ν, il faudra combiner la valeur trouvée $x=K+\alpha^\lambda \beta^\mu x'$, avec une troisième formule $x=\pm C+\gamma^\nu z$, et il est évident que l'on aura quatre solutions de la forme $K'+\alpha^\lambda \beta^\mu \gamma^\nu x''$, ou $K'+Nx''$, lesquelles pourront être rendues moindres que $\frac{1}{2}N$.

En général, chaque nouveau facteur double le nombre des solutions obtenues par les facteurs précédents. Donc on aura en tout 2^{i-1} solutions, i étant le nombre des facteurs α^λ, β^μ, γ^ν, etc. dont N est composé.

Remarque. Si N est double d'un impair, l'équation $\frac{x^2+a}{N}=e$ aura également 2^{i-1} solutions. Car si θ est une valeur de x qui rend x^2+a divisible par $\frac{1}{2}N$, cette valeur θ, ou au moins $\frac{1}{2}N-\theta$, rendra x^2+a divisible par N.

(193) « Soit N impair ou double d'un impair; si les deux nom-
« bres N et a ont un commun diviseur ω, lequel ne soit divisible
« par aucun carré, je dis que l'équation $\frac{x^2+a}{N}=e$ aura toujours
« 2^{i-1} solutions, i étant le nombre des facteurs premiers impairs
« et inégaux qui divisent N sans diviser a. »

En effet, soit $N = \omega N'$, $a = \omega a'$, $x = \omega x'$, l'équation proposée deviendra $\frac{\omega x'^2 + a'}{N'} = e$, et parce que ω et N' n'ont pas de commun diviseur, on peut faire $f\omega - gN' = 1$, ce qui donnera l'équation réduite $\frac{x'^2 + fa'}{N'} = e$. Or celle-ci, où N' et fa' sont premiers entre eux, admet autant de solutions qu'il y a d'unités dans 2^{i-1}, i étant le nombre de facteurs premiers impairs et inégaux qui divisent N'; et si l'on fait en général $x' = \theta + N'x''$, on aura $x = \omega\theta + \omega N'x'' = \omega\theta + Nx''$. Donc il y aura autant de valeurs de x moindres que $\frac{1}{2}N$ qu'il y a de valeurs de x' moindres que $\frac{1}{2}N'$; donc le nombre de ces valeurs est égal à 2^{i-1}.

(194) « Si le nombre N, impair ou double d'un impair, a un « commun diviseur quelconque avec a, et que ce diviseur soit repré- « senté par $\omega\psi^2$, en sorte qu'on ait $N = \psi^2\omega N'$, ω n'étant divisible « par aucun carré, je dis que l'équation $\frac{x^2 + a}{N} = e$ aura autant de « solutions qu'il y a d'unités dans $\psi . 2^{i-1}$, i étant le nombre de fac- « teurs premiers impairs et inégaux qui divisent N'. »

Car dans ce cas, on a $a = \psi^2\omega a'$, $x = \psi\omega x'$, et l'équation à résoudre devient $\frac{\omega x'^2 + a'}{N'} = e$, laquelle, comme on a vu dans le n° précédent, donne 2^{i-1} valeurs de x' moindres que $\frac{1}{2}N'$. Soit en général $x' = \theta + N'x''$, on aura donc $x = \psi\omega\theta + \psi\omega N'x''$; or comme il suffit que les valeurs de x soient moindres ou non plus grandes que $\frac{1}{2}N = \frac{1}{2}\psi^2\omega N'$, il est clair qu'on peut donner à x'' les valeurs successives 0, ± 1, ± 2, etc. jusqu'à $\pm\frac{1}{2}(\psi - 1)$. Le nombre de ces valeurs est évidemment ψ; donc chaque valeur de x' moindre que $\frac{1}{2}N'$, donnera ψ valeurs de x moindres que $\frac{1}{2}N$; donc le nombre de toutes les valeurs de x sera $\psi . 2^{i-1}$.

Remarque. Cette formule est vraie, même lorsque $i = 0$, c'est-à-dire lorsque le nombre N ou au moins sa moitié est diviseur de a; alors elle se réduit à $\frac{1}{2}\psi$, mais il faudra compter comme entier la fraction contenue dans $\frac{1}{2}\psi$, de sorte que si $\psi = 2h + 1$, on prendra $h + 1$ pour $\frac{1}{2}\psi$.

§ IX. *Résolution des équations symboliques* $\left(\frac{x}{c}\right)=1$, $\left(\frac{x}{c}\right)=-1$, c *étant un nombre premier.*

(195) Soit c un nombre premier quelconque, et soit proposé de trouver toutes les valeurs de x qui satisfont à l'équation $\left(\frac{x}{c}\right)=1$, ou $\frac{x^{\frac{c-1}{2}}-1}{c}=e$. Il est aisé de voir qu'on peut faire $x=y^2$, y étant un nombre quelconque non-divisible par c; les différentes valeurs de x seront donc 1, 4, 9, 16.... jusqu'à $\left(\frac{c-1}{2}\right)^2$ inclusivement. Ces valeurs peuvent être abaissées toutes au-dessous de c, en retranchant les multiples de c qui y sont compris, et leur nombre est, comme on voit, $\frac{c-1}{2}$; il ne peut être plus grand, parce que l'exposant de x n'est que $\frac{c-1}{2}$; il n'est pas moindre non plus, car si deux carrés m^2, n^2, chacun moindre que $\left(\frac{c-1}{2}\right)^2$, laissaient le même reste ou la même valeur de x, il faudrait que m^2-n^2 fût divisible par c, ce qui ne peut être, parce que $m-n$ et $m+n$ sont tous les deux moindres que c. Nous connaissons donc les $\frac{c-1}{2}$ solutions de l'équation $\left(\frac{x}{c}\right)=1$, ces solutions étant comprises entre 0 et c; mais comme il s'agit seulement des solutions en nombres impairs, parmi les valeurs de x on conservera les nombres impairs, et on ajoutera c aux nombres pairs, ce qui fera encore $\frac{c-1}{2}$ solutions impaires comprises depuis 1 jusqu'à $2c-1$.

Pour parvenir immédiatement à ces solutions, on formera, par le moyen des différences, la suite des carrés impairs, comme on le voit ici :

Différ.		8	16	24	32	40	48	56
Quar.	1,	9,	25,	49,	81,	121,	169,	225, etc.

On retranchera, tant dans les différences que dans les carrés, les multiples de $2c$ à mesure qu'ils se présenteront, et la suite des carrés, ou plutôt de leurs résidus, continuée jusqu'à $\frac{c-1}{2}$ termes, contiendra toutes les solutions de l'équation $\left(\frac{x}{c}\right)=1$, impaires, positives et moindres que $2c$. Ensuite ces solutions pourront être augmentées d'un multiple quelconque de $2c$, ce qui donnera.. $x=2cz+b$, b ayant $\frac{c-1}{2}$ valeurs différentes.

Connaissant ainsi toutes les solutions de l'équation $\left(\frac{x}{c}\right)=1$, on aura par voie d'exclusion toutes celles de l'équation $\left(\frac{x}{c}\right)=-1$. Car les nombres moindres que $2c$, qui ne sont pas compris dans les solutions de l'équation $\left(\frac{x}{c}\right)=1$, satisferont nécessairement à l'équation $\left(\frac{x}{c}\right)=-1$; et le nombre de ces derniers sera encore $\frac{c-1}{2}$; car le nombre des termes de la progression $1, 3, 5, 7 \ldots 2c-1$ étant c, si on exclut le terme c qui ne satisfait ni à l'une ni à l'autre de ces équations, il restera $c-1$ termes dont la moitié satisfait à l'équation $\left(\frac{x}{c}\right)=1$, et l'autre moitié à l'équation $\left(\frac{x}{c}\right)=-1$. Il est inutile d'ajouter que les solutions de cette dernière équation peuvent être aussi augmentées d'un multiple quelconque de $2c$.

(196) *Exemple I.* Soit $c=41$, on formera, au moyen des différences, la suite des carrés impairs, et on retranchera, tant des différences que des carrés, les multiples de 82 à mesure qu'ils se présentent. Voici l'opération :

Différ. 8 16 24 32 40 48 56 64 72 80
Quar. 1, 9, 25, 49, 81, 121=39, 87=5, 61, 125=43, 115=33,
Différ. 88=6 14, 22, 30, 38 46 54 62
Quar. 113=31, 37, 51, 73, 103=21, 59, 105=23, 77,
Différ. 70 78 86=4
Quar. 139=57, 127=45, 123=41 = c.

Les vingt premiers termes rangés par ordre de grandeur, donneront la formule suivante, qui renferme toutes les solutions de l'équation $\left(\frac{x}{41}\right)=1$:

$$x=82z+\left\{\begin{matrix} 1, & 5, & 9, & 21, & 23, & 25, & 31, & 33, & 37, & 39, \\ 81, & 77, & 73, & 61, & 59, & 57, & 51, & 49, & 45, & 43. \end{matrix}\right.$$

On remarquera que les vingt valeurs numériques qui suivent $82z$, et qui sont proprement les solutions de l'équation proposée, sont telles que chaque valeur b est accompagnée de son complément $2c-b$, les deux ensemble faisant constamment $2c$. C'est ce qui aura lieu généralement toutes les fois que le nombre c sera de la forme $4m+1$; en effet, si $b^{2m}-1$ est divisible par c, il est clair que $(2c-b)^{2m}-1$ est également divisible par c. Donc alors la solution ou racine b est toujours accompagnée de la racine $2c-b$. Il n'en serait pas de même si c était de la forme $4m+3$, et on voit, au contraire, que si b satisfait à l'équation $\left(\frac{x}{c}\right)=1$, son complément $2c-b$ satisfera à l'équation $\left(\frac{x}{c}\right)=-1$.

(197) *Exemple II.* Soit $c=59$, $2c=118$, on procédera ainsi :

Différ. 8 16 24 32 40 48 56 64 72 80 88 96
Quar. 1, 9, 25, 49, 81, 121=3, 51, 107, 171=53, 125=7, 87, 175=57.
Différ. 104 112 120=2 10 18 26 34 42 50
Quar. 153=35, 139=21, 133=15, 17, 27, 45, 71, 105, 147=29.
Différ. 58 66 74 82 90 98 106 114
Quar. 79, 137=19, 85, 159=41, 123=5, 95, 193=75, 181=63.
33.

Rassemblant par ordre ces 29 résultats, on aura la formule suivante, qui contient toutes les solutions de l'équation $\left(\frac{x}{59}\right) = 1$:

$$x = 118z + 1, 3, 5, 7, 9;\ 15, 17, 19, 21, 25;\ 27, 29, 35, 41, 45;\ 49, 51, 53, 57, 63;\ 71, 75, 79, 81, 85;\ 87, 95, 105, 107.$$

Par conséquent les solutions de l'équation $\left(\frac{x}{59}\right) = -1$, seront :

$$x = 118z + 11, 13, 23, 31, 33;\ 37, 39, 43, 47, 55;\ 61, 65, 67, 69, 73;\ 77, 83, 89, 91, 93;\ 97, 99, 101, 103, 109;\ 111, 113, 115, 117.$$

§ X. *Recherche des formes linéaires qui conviennent aux diviseurs de la formule* $t^2 + cu^2$.

Nous examinerons d'abord le cas où c est un nombre prémier, ce qui fournira deux théorèmes principaux.

(198) Théorème. « Soit c un nombre premier $4n+1$, et A un « diviseur impair quelconque de la formule $x^2 + c$ ou $t^2 + cu^2$, je « dis qu'on aura $\left(\frac{A}{c}\right) = 1$ si A est de la forme $4n+1$, et $\left(\frac{A}{c}\right) = -1$ « si A est de la forme $4n+3$. »

Car soit α un nombre premier $4n+1$, et 6 un nombre premier $4n+3$, tous deux diviseurs de x^2+c, on aura, suivant le n° 134, $\left(\frac{-c}{\alpha}\right) = 1$ et $\left(\frac{-c}{6}\right) = 1$, ou $\left(\frac{c}{\alpha}\right) = 1$ et $\left(\frac{c}{6}\right) = -1$. De là on conclut, par la loi de réciprocité, $\left(\frac{\alpha}{c}\right) = 1$ et $\left(\frac{6}{c}\right) = -1$. Mais le nombre A, s'il est de la forme $4n+1$, est le produit d'un nombre quelconque de facteurs α par un nombre pair de facteurs 6, donc dans ce cas $\left(\frac{A}{c}\right) = 1$; et si le nombre A est de la forme $4n+3$, il résulte du produit d'un nombre quelconque de facteurs α par un nombre impair de facteurs 6, donc dans ce second cas on a.. $\left(\frac{A}{c}\right) = -1$.

Corollaire. Donc si on désigne par b l'un des $\frac{c-1}{2}$ nombres impairs moindres que $2c$ qui satisfont à l'équation $\left(\frac{x}{c}\right) = 1$, on aura $A = 2cz + b$. Mais parmi les nombres b, on peut conserver ceux qui sont de la forme $4n+1$, et ajouter $2c$ à ceux qui sont de la forme $4n+3$; on aura par ce moyen $\frac{c-1}{2}$ nombres de la forme

$4n+1$, moindres que $4c$. Soit a un de ces nombres, on aura $A=4cz+a$, ce qui donnera $\frac{c-1}{2}$ formes linéaires des diviseurs $4n+1$ de la formule t^2+cu^2.

Pareillement, si on réduit à la forme $4n+3$ toutes les solutions de l'équation $\left(\frac{x}{c}\right)=-1$, ce qui se fera, en conservant les nombres $4n+3$, et ajoutant $2c$ à ceux qui sont de la forme $4n+1$, on aura $\frac{c-1}{2}$ nombres de la forme $4n+3$, et moindres que $4c$; soit a l'un quelconque de ces nombres, et l'expression $4cz+a$ sera la forme générale des diviseurs $4n+3$ de la formule t^2+cu^2.

Ainsi, par exemple, les diviseurs $4n+1$ de la formule t^2+41u^2 seront compris dans la formule

$$A=164z+1,5,9,21,25;33,37,45,49,57;61,73,77,\\ 81,105;113,121,125,133,141.$$

Et les diviseurs $4n+3$ de la même formule seront compris dans la formule

$$A=164z+3,7,11,15,19;27,35,47,55,63;\\ 67,71,75,79,95;99,111,135,147,151.$$

On conclura de là, par voie d'exclusion, les diverses formes, soit $4n+1$, soit $4n+3$, qui ne divisent point t^2+41u^2. En général il est aisé de voir qu'il y aura toujours autant de formes pour les non-diviseurs que pour les diviseurs, ce nombre étant égal à $\frac{c-1}{2}$, soit dans la forme $4n+1$, soit dans la forme $4n+3$.

Remarque. Tout nombre premier contenu dans les formes linéaires des diviseurs de t^2+cu^2 est nécessairement diviseur de t^2+cu^2. Car soit A ce nombre premier, s'il est de la forme $4n+1$, on aura $\left(\frac{A}{c}\right)=1$, donc $\left(\frac{c}{A}\right)=1$, donc A est diviseur de t^2+cu^2.

Si A est de la forme $4n+3$, on aura $\left(\frac{A}{c}\right)=-1$, donc $\left(\frac{c}{A}\right)=-1$, donc A est diviseur de t^2+cu^2.

Cette remarque est le fondement d'un grand nombre de propriétés des nombres premiers; car puisqu'étant donné c on peut déterminer *a priori* toutes les formes linéaires $4cz+b$ dont sont susceptibles les diviseurs de la formule t^2+cu^2, et que d'un autre côté on peut aussi déterminer toutes les formes quadratiques $py^2+2qyz+rz^2$ qui conviennent à ces mêmes diviseurs, il s'ensuit que tout nombre premier renfermé dans l'une des formes linéaires $4cz+b$, doit être de l'une des formes quadratiques $py^2+2qyz+rz^2$. Proposition très-féconde, et dont le développement pour les différentes valeurs du nombre premier c, fournit une multitude de théorèmes intéressants sur les nombres premiers.

Lorsque A est un nombre composé, il ne suffit pas qu'il soit compris dans les formes $4cz+b$ qui conviennent aux diviseurs de t^2+cu^2, et malgré cette condition, il pourrait bien n'être pas diviseur de cette formule. Par exemple, lorsque $c=41$, la forme $164z+57$ contient le nombre $221=13.17$, lequel n'est point diviseur de t^2+41u^2, car t^2+41u^2 n'est divisible ni par 13 ni par 17.

(199) Théorème. « Soit c un nombre premier $4n+3$, et A un « diviseur impair quelconque de la formule t^2+cu^2, je dis qu'on « aura toujours $\left(\frac{A}{c}\right)=1$. »

Car soit α un nombre premier $4n+1$, et β un nombre premier $4n+3$, tous deux diviseurs de t^2+cu^2, on aura $\left(\frac{-c}{\alpha}\right)=1$, $\left(\frac{-c}{\beta}\right)=1$. ou $\left(\frac{c}{\alpha}\right)=1$, $\left(\frac{c}{\beta}\right)=-1$; donc réciproquement $\left(\frac{\alpha}{c}\right)=1$, $\left(\frac{\beta}{c}\right)=1$. Donc tout diviseur A composé du produit de plusieurs nombres premiers α et β, donnera $\left(\frac{A}{c}\right)=1$.

Corollaire. Tout diviseur impair de la formule t^2+cu^2 peut être représenté par $2cz+a$, a étant l'un des $\frac{c-1}{2}$ nombres impairs et moindres que $2c$ qui satisfont à l'équation $\left(\frac{x}{c}\right)=1$.

Par exemple, si $c=59$, tout diviseur impair de la formule t^2+59u^2

pourra être représenté par la formule

$$A = 118z + 1, 3, 5, 7, 9; 15, 17, 19, 21, 25; 27, 29, 35, 41, 45; \\ 49, 51, 53, 57, 63; 71, 75, 79; 81, 85; 87, 95, 105, 107.$$

On démontrera aussi, comme dans le cas précédent, que tout nombre premier compris dans la forme linéaire $2cz + a$ est nécessairement diviseur de $t^2 + cu^2$.

Remarque. On trouverait de même, à l'égard des diviseurs de la formule $t^2 - cu^2$, les théorèmes suivants :

1° Soit c un nombre premier $4n + 1$ et A un diviseur impair quelconque de la formule $t^2 - cu^2$, on aura $\left(\frac{A}{c}\right) = 1$; donc A sera toujours de la forme $2cz + a$, a étant l'une des $\frac{c-1}{2}$ solutions de l'équation $\left(\frac{x}{c}\right) = 1$, et réciproquement tout nombre premier compris dans les formes $2cz + a$ sera diviseur de la formule $t^2 - cu^2$.

2° Soit c un nombre premier $4n + 3$ et A un diviseur impair quelconque de la formule $t^2 - cu^2$; si A est de la forme $4n + 1$, on aura $\left(\frac{A}{c}\right) = 1$, et si A est de la forme $4n + 3$, on aura $\left(\frac{A}{c}\right) = -1$; de là on tirera aisément les formes linéaires qui conviennent au diviseur A. Réciproquement tout nombre premier contenu dans ces formes sera diviseur de la formule $t^2 - cu^2$.

(200) Considérons maintenant les diviseurs de la formule $t^2 + 2cu^2$, c étant un nombre premier.

Soit d'abord $c = 4n + 1$ et soient a, a', a'', a''', des nombres premiers respectivement des formes $8m + 1$, $8m + 3$, $8m + 5$, $8m + 7$, tous diviseurs de $t^2 + 2cu^2$, on aura dans ces différents cas (n° 134) :

$$\left(\frac{2c}{a}\right) = 1, \quad \left(\frac{2c}{a'}\right) = -1, \quad \left(\frac{2c}{a''}\right) = 1, \quad \left(\frac{2c}{a'''}\right) = -1.$$

Mais on a en même temps (n° 150)

$$\left(\frac{2}{a}\right)=1,\quad \left(\frac{2}{a'}\right)=-1,\quad \left(\frac{2}{a''}\right)=-1,\quad \left(\frac{2}{a'''}\right)=1;$$

donc $\left(\frac{c}{a}\right)=1$, $\left(\frac{c}{a'}\right)=1$, $\left(\frac{c}{a''}\right)=-1$, $\left(\frac{c}{a'''}\right)=-1$, donc réciproquement $\left(\frac{a}{c}\right)=1$, $\left(\frac{a'}{c}\right)=1$, $\left(\frac{a''}{c}\right)=-1$, $\left(\frac{a'''}{c}\right)=-1$.

Soit maintenant A un nombre quelconque de l'une des deux formes $8n+1$, $8n+3$, et soit B un nombre de l'une des deux autres formes $8n+5$, $8n+7$; le nombre A résultera nécessairement du produit d'un nombre quelconque de facteurs a, a', par un nombre pair de facteurs a'', a''', et ainsi on aura toujours $\left(\frac{A}{c}\right)=1$; de même le nombre B résultera du produit d'un nombre quelconque de facteurs a, a', par un nombre impair de facteurs a'', a''', et ainsi on aura $\left(\frac{B}{c}\right)=-1$.

Soit en second lieu $c=4n+3$, et soient toujours a, a', etc. des nombres premiers des formes $8n+1$, $8n+3$, etc. lesquels divisent la formule t^2+2cu^2, on aura, comme ci-dessus,

$$\left(\frac{c}{a}\right)=1,\quad \left(\frac{c}{a'}\right)=1,\quad \left(\frac{c}{a''}\right)=-1,\quad \left(\frac{c}{a'''}\right)=-1;$$

donc réciproquement $\left(\frac{a}{c}\right)=1$, $\left(\frac{a'}{c}\right)=-1$, $\left(\frac{a''}{c}\right)=-1$, $\left(\frac{a'''}{c}\right)=1$.

Soient A et B deux nombres composés, le premier $8n+1$ ou $8n+7$, le second $8n+3$ ou $8n+5$; il est aisé de voir que le nombre A résulte du produit d'un nombre quelconque de facteurs a, a''', par un nombre pair des facteurs a', a'', et ainsi on aura toujours $\left(\frac{A}{c}\right)=1$. A l'égard du nombre B, il peut être censé formé du produit d'un nombre A par l'un des facteurs a', a''; donc on aura $\left(\frac{B}{c}\right)=-1$.

Nous pouvons donc établir ces deux théorèmes :

I. « A étant un diviseur quelconque $8n+1$ ou $8n+3$, et B un « diviseur $8n+5$ ou $8n+7$ de la formule t^2+2cu^2, dans laquelle

« c est un nombre premier $4n + 1$, on aura toujours $\left(\frac{A}{c}\right) = 1$ et « $\left(\frac{B}{c}\right) = -1$. »

II. « A étant un diviseur $8n + 1$ ou $8n + 7$, et B un diviseur « $8n + 3$ ou $8n + 5$ de la formule $t^2 + 2cu^2$, dans laquelle c est « un nombre premier $4n + 3$, on aura toujours $\left(\frac{A}{c}\right) = 1$ et « $\left(\frac{B}{c}\right) = -1$. »

(201) De là on voit qu'on peut déterminer *a priori* toutes les formes linéaires $8cx + b$ qui conviennent, soit aux diviseurs A, soit aux diviseurs B de la formule $t^2 + 2cu^2$.

Par exemple, soit $c = 29$, les solutions de l'équation $\left(\frac{A}{c}\right) = 1$ étant

$$A = 58z + 1, 5, 7, 9, 13; 23, 25, 33, 35, 45; 49, 51, 53, 57,$$

si on concilie ces solutions avec les formes $8n + 1$ et $8n + 3$, on aura toutes les formes des diviseurs $8n + 1$, $8n + 3$ de la formule $t^2 + 58u^2$, lesquelles sont :

$$A = 232z + 1, 9, 25, 33, 35; 49, 51, 57, 59, 65; 67, 81, 83, 91, 107; \\ 115, 121, 123, 129, 139; 161, 169, 179, 187, 209; 219, 225, 227.$$

On trouvera de même les formes des diviseurs $8n + 5$, $8n + 7$, de la même formule, lesquelles sont :

$$B = 232z + 15, 21, 31, 37, 39; 47, 55, 61, 69, 77; 79, 85, 95, 101, 119; \\ 127, 133, 135, 143, 157; 159, 189, 191, 205, 213; 215, 221, 229.$$

Soit encore $c = 11$, l'équation $\left(\frac{x}{11}\right) = 1$ ayant pour solutions $x = 22z + 1, 3, 5, 9, 15$, si on ramène chaque solution aux formes $8n + 1$ et $8n + 7$, on aura toutes les formes des diviseurs $8n + 1$ et $8n + 7$ de la formule $t^2 + 22u^2$, lesquelles seront :

$$A = 88z + 1, 9, 15, 23, 25; 31, 47, 49, 71, 81.$$

De même les solutions de l'équation $\left(\frac{x}{11}\right) = -1$ étant $x = 22z + 7$, 13, 17, 19, 21, si on les réduit aux formes $8n + 3, 8n + 5$, on aura toutes les formes des diviseurs $8n + 3, 8n + 5$ de la formule $t^2 + 22u^2$, lesquelles seront :

$$B = 88z + 13, 19, 21, 29, 35; 43, 51, 61, 83, 85.$$

(202) Ayant déterminé les diverses formes linéaires $8cx + b$ qui conviennent aux diviseurs de la formule $t^2 + 2cu^2$, on peut démontrer que tout nombre premier compris dans ces formes est nécessairement diviseur de $t^2 + 2cu^2$; car si, par exemple, A est de la forme $8n + 3$, et c de la forme $4n + 1$, on aura (n° 200), $\left(\frac{A}{c}\right) = 1$; de là, on déduit $\left(\frac{c}{A}\right) = 1$; d'ailleurs on a, par la forme du nombre A, $\left(\frac{2}{A}\right) = -1$, donc $\left(\frac{-2c}{A}\right) = 1$, donc A est diviseur de $t^2 + 2cu^2$. Les autres cas se démontreront de la même manière.

Remarque. Il est essentiel d'observer que, quel que soit le nombre c, premier ou non, positif ou négatif, les diviseurs linéaires de la formule $t^2 + cu^2$ seront les mêmes, soit que ces diviseurs soient supposés des nombres premiers, soit qu'ils soient des nombres composés quelconques.

En effet, si on considère seulement parmi les diviseurs de la formule $t^2 + cu^2$, ceux qui sont premiers à c (et il est inutile d'en considérer d'autres, parce qu'on sait bien que tout diviseur de c divisera la formule $t^2 + cu^2$), et qu'on représente par $2cz + b$ l'un des diviseurs linéaires dont il s'agit, b sera premier par rapport à c, de sorte que la formule $2cz + b$ contiendra nécessairement des nombres premiers, et en contiendra même une infinité (Voyez ci-après IVe partie). Donc la forme $2cz + b$ sera comprise parmi toutes les formes possibles des nombres premiers qui divisent la formule $t^2 + cu^2$; donc il suffit de chercher toutes les formes linéaires des diviseurs premiers, et celles-ci comprendront absolument toutes les formes possibles, tant des diviseurs simples que des diviseurs composés.

Cette remarque abrégera singulièrement les calculs nécessaires pour déterminer *a priori* les formes linéaires des diviseurs de la formule t^2+cu^2, c étant un nombre composé. Nous allons appliquer cette méthode à quelques cas généraux ; ensuite nous indiquerons une autre méthode moins directe, mais beaucoup plus expéditive pour remplir le même objet.

(203) PROBLÈME. « Soit $c=\alpha\beta$, α et β étant des nombres premiers quelconques, 2 excepté, on demande quelle doit être la forme « du nombre premier A, pour que A divise la formule $t^2+\alpha\beta u^2$. »

Il faut en général qu'on ait $\left(\frac{-\alpha\beta}{A}\right)=1$; mais pour satisfaire à cette équation, nous distinguerons deux cas, selon que A est de la forme $4n+1$, ou de la forme $4n+3$.

1° Si A est un nombre premier $4n+1$, l'équation à résoudre sera $\left(\frac{\alpha}{A}\right)\cdot\left(\frac{\beta}{A}\right)=1$, et on n'y peut satisfaire que de deux manières, l'une en supposant $\left(\frac{\alpha}{A}\right)=1$, $\left(\frac{\beta}{A}\right)=1$, l'autre en supposant $\left(\frac{\alpha}{A}\right)=-1$, $\left(\frac{\beta}{A}\right)=-1$.

Dans le premier cas, on aura, par la loi de réciprocité, $\left(\frac{A}{\alpha}\right)=1$, $\left(\frac{A}{\beta}\right)=1$. La première équation étant résolue, comme il a été expliqué ci-dessus, et les solutions étant toutes réduites à la forme $4n+1$, on aura $\frac{\alpha-1}{2}$ valeurs de A de la forme $4\alpha z+\alpha'$; la seconde équation donnera pareillement $\frac{\beta-1}{2}$ valeurs de A de la forme $4\beta z+\beta'$. Donc si on fait accorder chacune des formules $4\alpha z+\alpha'$ avec chacune des formules $4\beta z+\beta'$, on aura en tout $\frac{\alpha-1}{2}\cdot\frac{\beta-1}{2}$ formules de cette sorte $A=4\alpha\beta z+\gamma$.

Dans le second cas, on aura semblablement les équations $\left(\frac{A}{\alpha}\right)=-1$, $\left(\frac{A}{\beta}\right)=-1$, lesquelles étant résolues séparément, puis combinées entre elles, fourniront de même $\frac{\alpha-1}{2}\cdot\frac{\beta-1}{2}$ formules de la forme $A=4\alpha\beta z+\gamma$.

2° Si A est un nombre premier $4n+3$, la condition à remplir sera $\left(\frac{\alpha 6}{A}\right)=-1$, ou $\left(\frac{\alpha}{A}\right)\cdot\left(\frac{6}{A}\right)=-1$. On n'y peut satisfaire que de deux manières, soit en supposant $\left(\frac{\alpha}{A}\right)=1$, $\left(\frac{6}{A}\right)=-1$, soit en supposant $\left(\frac{\alpha}{A}\right)=-1$, $\left(\frac{6}{A}\right)=1$.

La seconde manière donne, d'après la loi de réciprocité (n° 166) $\left(\frac{A}{\alpha}\right)=(-1)^{\frac{\alpha+1}{2}}$, $\left(\frac{A}{6}\right)=(-1)^{\frac{6-1}{2}}$; et comme ces équations rentrent toujours dans l'une ou l'autre des deux équations $\left(\frac{x}{c}\right)=+1$, $\left(\frac{x}{c}\right)=-1$, c étant un nombre premier, il sera facile d'avoir la valeur de A qui satisfait à chacune de ces équations. Ensuite la combinaison des valeurs donnera un nombre $\frac{\alpha-1}{2}\cdot\frac{6-1}{2}$ de solutions, toutes de la forme $4\alpha 6 z+a$.

La première manière de satisfaire à la question, donnera... $\left(\frac{A}{\alpha}\right)=(-1)^{\frac{\alpha-1}{2}}$, $\left(\frac{A}{6}\right)=(-1)^{\frac{6+1}{2}}$, et on en tirera des conséquences analogues. Il y aura donc en tout quatre formules générales $4\alpha 6z+a$, contenant chacune pour a un nombre de valeurs $\frac{\alpha-1}{2}\cdot\frac{6-1}{2}$.

(204) Si on suppose $c=\alpha 6\gamma$, α, 6, γ étant trois nombres premiers inégaux, 2 excepté, on s'y prendra d'une manière semblable pour trouver la forme des différents nombres premiers qui peuvent diviser la formule t^2+cu^2.

Soit A l'un de ces nombres, il faudra en général qu'on ait.. $\left(\frac{-\alpha 6\gamma}{A}\right)=1$. Supposons d'abord A de la forme $4n+1$, cette équation deviendra $\left(\frac{\alpha}{A}\right)\cdot\left(\frac{6}{A}\right)\cdot\left(\frac{\gamma}{A}\right)=1$, et on ne pourra y satisfaire que de ces quatre manières :

$$1^\circ\ \left(\frac{\alpha}{A}\right)=1,\quad \left(\frac{6}{A}\right)=1,\quad \left(\frac{\gamma}{A}\right)=1$$

$$2^\circ\ \left(\frac{\alpha}{A}\right)=1,\quad \left(\frac{6}{A}\right)=-1,\quad \left(\frac{\gamma}{A}\right)=-1$$

$$3^\circ\ \left(\frac{\alpha}{A}\right)=-1,\quad \left(\frac{6}{A}\right)=1,\quad \left(\frac{\gamma}{A}\right)=-1$$

$$4^\circ\ \left(\frac{\alpha}{A}\right)=-1,\quad \left(\frac{6}{A}\right)=-1,\quad \left(\frac{\gamma}{A}\right)=1.$$

Dans le premier cas, on aura, par la loi de réciprocité $\left(\frac{A}{\alpha}\right)=1$, $\left(\frac{A}{6}\right)=1$, $\left(\frac{A}{\gamma}\right)=1$; or les valeurs qui satisfont à ces équations sont de la forme $A=4\alpha z+\alpha'$, $A=46z+6'$, $A=4\gamma z+\gamma'$, α' ayant $\frac{\alpha-1}{2}$ valeurs moindres que 4α, $6'$ ayant $\frac{6-1}{2}$ valeurs moindres que 46, et γ' ayant $\frac{\gamma-1}{2}$ valeurs moindres que 4γ. Donc si on fait accorder les trois valeurs $4\alpha z+\alpha'$, $46z+6'$, $4\gamma z+\gamma'$, suivant toutes les combinaisons possibles, on aura une nouvelle formule $A=4\alpha6\gamma z+a$, dans laquelle a aura un nombre de valeurs $\frac{\alpha-1}{2}\cdot\frac{6-1}{2}\cdot\frac{\gamma-1}{2}$.

Il y aura une formule semblable pour chacun des quatre cas qui sont à considérer lorsque A est de la forme $4n+1$. Il y en aura quatre pareilles pour représenter les valeurs de A lorsque A est de la forme $4n+3$. Donc on aura en tout huit formules, chacune renfermant $\frac{\alpha-1}{2}\cdot\frac{6-1}{2}\cdot\frac{\gamma-1}{2}$ formes différentes.

Il n'est pas difficile de voir que si c contenait un quatrième facteur δ, le nombre des formules deviendrait double, et le nombre des formes contenues dans chacune serait $\frac{\alpha-1}{2}\cdot\frac{6-1}{2}\cdot\frac{\gamma-1}{2}\cdot\frac{\delta-1}{2}$. On peut donc établir cette conclusion générale.

« Si on désigne par m le nombre des facteurs premiers $\alpha, 6, \gamma$, « etc. qui composent le nombre c, les diviseurs impairs de la for- « mule t^2+cu^2 seront représentés par 2^m formules $A=4cz+a$, « dans chacune desquelles a aura un nombre de valeurs....... « $\frac{\alpha-1}{2}\cdot\frac{6-1}{2}\cdot\frac{\gamma-1}{2}\cdot\frac{\delta-1}{2}$, etc., de sorte que le nombre de toutes les

« formes linéaires contenues dans ces formules sera $(\alpha-1)(\beta-1)$ « $(\gamma-1)$, etc. »

Il pourra arriver que les formes $4n+1$, $4n+3$, soient confondues dans une même formule, laquelle serait $2cz+a$, au lieu de $4cz+a$ que nous venons de trouver; mais alors il y aurait deux fois moins de formules, ce qui reviendrait au même.

(205) Si on a $c=2d$, d étant un nombre impair résultant du produit des m nombres premiers α, β, γ, etc., il faudra considérer, à l'égard du diviseur A, les quatre formes $8n+1$, $8n+3$, $8n+5$, $8n+7$, chacune desquelles donne une valeur déterminée pour $\left(\frac{2}{A}\right)$, de sorte qu'il ne faudra plus que satisfaire à l'une ou l'autre des équations $\left(\frac{d}{A}\right)=1$, $\left(\frac{d}{A}\right)=-1$, selon les cas.

Cette équation, traitée toujours de la même manière, donnera 2^{m-1} valeurs de A, chacune de la forme $8dz+a$, dans laquelle a aura un nombre de valeurs $\frac{\alpha-1}{2} \cdot \frac{\beta-1}{2} \cdot \frac{\gamma-1}{2}$. etc. La même chose ayant lieu pour chacune des quatre formes $8n+1$, $8n+3$, etc., on aura donc en tout 2^{m+1} formules $A=8dz+a$, ou $A=4cz+a$, dans chacune desquelles a aura un nombre de valeurs $\frac{\alpha-1}{2} \cdot \frac{\beta-1}{2} \cdot \frac{\gamma-1}{2}$. etc., et le nombre total des formes linéaires sera par conséquent $2(\alpha-1)(\beta-1)(\gamma-1)$. etc.

Si le nombre c contenait un facteur carré, on pourrait le diviser par ce facteur, car la formule $t^2+c\theta^2u^2$ n'est pas plus générale que t^2+cu^2, et n'admet pas d'autres diviseurs premiers à c. Ainsi on peut toujours supposer que c est le produit de plusieurs nombres premiers inégaux, sans en excepter 2; de sorte que les deux cas généraux que nous venons d'examiner renferment absolument tous les cas possibles. Enfin, quoique nous n'ayons considéré jusqu'à présent que le cas de c positif, la formule t^2-cu^2 se traiterait de la même manière; et on aurait les mêmes résultats quant au nombre des formes $4cz+a$, qui conviennent aux diviseurs de cette formule. Mais dans tous les cas, on peut trouver ces différentes formes linéaires, par un procédé plus simple, et qui conduit à de nouvelles propriétés.

(206) On déja vu (n° 140) que les différents diviseurs d'une formule telle que $t^2 \pm cu^2$ peuvent toujours se réduire à la forme

$$A = py^2 + 2qyz \pm rz^2,$$

dans laquelle on a $pr \mp q^2 = c$, et où l'on peut supposer $2q$ non plus grand que p et r. Au moyen de ces conditions, il est facile de déterminer *a priori* toutes les formes des diviseurs qui répondent à un nombre donné c. Les formes $py^2 + 2qyz \pm rz^2$, contenant des indéterminées au second degré, sont ce que nous avons appelé des formes quadratiques, pour les distinguer des formes linéaires $4cx + a$, dont nous nous sommes occupés dans ce paragraphe et dans le précédent.

Supposons donc qu'étant donné le nombre c on a déterminé d'abord toutes les formes quadratiques qui conviennent aux diviseurs de la formule proposée $t^2 \pm cu^2$, il ne restera plus qu'à développer ces formes quadratiques en formes linéaires; on aura ainsi toutes les formes linéaires qui conviennent aux diviseurs de cette formule, on aura de plus l'avantage de connaître la correspondance qu'il y a entre les formes quadratiques et les formes linéaires.

Tout se réduit par conséquent à voir ce que devient la formule $py^2 + 2qyz \pm rz^2$, lorsqu'on y substitue, au lieu de y et z, des nombres quelconques déterminés, et qu'on met les résultats sous la forme $4cx + a$, où l'on peut négliger les multiples de $4c$, et ne conserver que le résultat positif et moindre que $4c$.

Or il n'est pas nécessaire, dans cette substitution, de faire y ni z plus grands que $2c$; car si à la place de y et z on substitue $2c + y$ et $2c + z$, la formule $py^2 + 2qyz \pm rz^2$ deviendra

$$p(2c + y)^2 + 2q(2c + y)(2c + z) \pm r(2c + z)^2,$$

quantité qui se réduit à $py^2 + 2qyz \pm rz^2 + 4cM$, $4cM$ étant un multiple de $4c$; de sorte que ces valeurs $2c + y$, $2c + z$ donneront la même forme linéaire $4cx + a$ qu'avaient donnée y et z.

Il faut éviter également de donner à y et z des valeurs qui rendraient $py^2 + 2qyz \pm rz^2$ pair, car nous ne considérons ici que les diviseurs impairs, et de plus, les diviseurs premiers à c.

Pour remplir plus sûrement cette condition, il sera bon de préparer le diviseur quadratique $py^2 + 2qyz \pm rz^2$, de manière que r soit pair, car alors p étant impair, on donnera à y des valeurs impaires quelconques, et à z des valeurs paires ou impaires à volonté. Si r n'est pas déja pair dans le diviseur, il suffira de mettre $y \pm z$ à la place de y, et la transformée aura son dernier terme pair. Nous aurons occasion aussi, dans certains cas, de donner aux diviseurs quadratiques la forme $py^2 + qyz + rz^2$, dans laquelle les trois coefficients sont impairs. Alors il faudra supposer successivement $z = 2u$, $y = 2u$, $z + y = 2u$, ce qui donnera trois formules ayant la condition requise; mais on verra que le développement d'une de ces formules suffit.

(207) Considérons donc la formule $A = py^2 + 2qyz \pm 2mz^2$, où l'on a $2mp \mp q^2 = c$, et dans laquelle y doit être impair, ainsi que p. Si on suppose q et c premiers entre eux, p et c seront aussi premiers entre eux. Cela posé, si l'on fait $y = 1$, je dis que la formule $p + 2q\psi \pm 2m\psi^2$, où il ne reste plus que ψ d'indéterminé, contiendra toutes les formes linéaires $4cx + a$, qui sont comprises dans la formule proposée $py^2 + 2qyz \pm 2mz^2$.

Il faut prouver pour cela que, quelles que soient y et z, on pourra toujours trouver une indéterminée ψ telle que

$$\frac{p + 2q\psi \pm 2m\psi^2 - py^2 - 2qyz \mp 2mz^2}{4c}$$

soit un entier. En effet, puisque p et $4c$ sont premiers entre eux, la quantité précédente sera un entier, si son produit par p en est un, c'est-à-dire si l'on a

$$\frac{(p+q\psi)^2 - (py+qz)^2 \pm c(\psi^2 - z^2)}{4c} = e.$$

Soit d'abord $\psi = z + 2\lambda$, et il suffira de satisfaire à la condition

$$\frac{(p+qz+2q\lambda)^2-(py+qz)^2}{4c}=e.$$

C'est ce qu'on peut obtenir, en prenant une nouvelle indéterminée θ, telle que

$$p+qz+2q\lambda=py+qz+2c\theta;$$

or cette équation sera toujours résoluble, puisqu'elle peut être mise sous la forme

$$q\lambda-c\theta=p\left(\frac{y-1}{2}\right),$$

où c et q sont premiers entre eux, et où d'ailleurs le second membre est un entier.

Donc pour déterminer toutes les formes linéaires de la formule $A=py^2+2qyz\pm 2mz^2$, il suffira de déterminer celles de la formule plus simple

$$A=p+2q\psi\pm 2m\psi^2;$$

ce qui se fera, en donnant à ψ les valeurs successives 0, 1, 2, 3, etc. jusqu'à $2c-1$, ou seulement jusqu'à $c-1$ si $q=0$. Les valeurs de A se calculent aisément par le moyen de leurs différences, et en omettant les multiples de $4c$ à mesure qu'ils se présentent. Ensuite on rejettera parmi tous les résultats ceux qui sont identiques avec d'autres, et ceux qui ont un commun diviseur avec c.

(208) Si q et c ne sont pas premiers entre eux, il sera toujours facile de transformer la formule $py^2+2qyz\pm 2mz^2$ en une autre semblable, dans laquelle q soit premier à c; de sorte qu'on doit regarder comme absolument général le procédé qu'on vient d'indiquer. Cependant nous dirons encore deux mots du cas particulier où la formule proposée est $y^2\pm cz^2$ ou $ay^2\pm bz^2$.

Si l'on a $A=y^2\pm cz^2$, il faudra distinguer deux cas, selon que c est pair ou impair.

1° Si c est impair, on supposera d'abord y impair et z pair, ce qui, en rejetant les multiples de $4c$, réduit la valeur de A au seul terme y^2, d'où résulte $A=1, 9, 25$, etc.; on supposera ensuite y pair et z impair, ce qui donnera $A=4u^2\pm c$, et ainsi on formera la suite $4 \pm c$, $16 \pm c$, $36 \pm c$, etc., ayant toujours soin de rejeter les multiples de $4c$. Les résultats provenus de ces deux suppositions composeront toutes les formes linéaires de A.

Si c est pair, il faudra nécessairement que y soit impair, mais z sera à volonté; si z est pair, on aura simplement $A = y^2 = 1, 9, 25$, etc.; si z est impair, on aura $A = y^2 \pm c$; de sorte qu'il faudra former la suite $1 \pm c$, $9 \pm c$, $25 \pm c$, etc. Les deux systèmes réunis donneront toutes les formes du diviseur A.

Si le nombre $c = ab$, parmi les diviseurs de $t^2 \pm cu^2$, on rencontrera nécessairement $ay^2 \pm bz^2$. Pour avoir les formes linéaires de ce diviseur, on donnera à y les valeurs successives $1, 2, 3 \ldots$ jusqu'à $b - 1$, et on donnera à z les valeurs $1, 2, 3 \ldots$ jusqu'à $a - 1$. Il est inutile d'aller plus loin, parce que si à la place de y on met $b + y$ et $b - y$, les deux résultats diffèrent d'un multiple de $4ab$ ou de $4c$, et par conséquent ne sont pas censés différents. Il en est de même, si on met $a + z$ et $a - z$ à la place de z. Il faudra donc combiner chacune des valeurs de ay^2 avec chacune des valeurs de $\pm bz^2$, et la seule condition que la somme soit un nombre impair, exclura beaucoup de combinaisons; il faudra ensuite supprimer les résultats qui sont identiques avec d'autres, ou qui ont un commun diviseur avec c.

A ces préceptes généraux nous n'ajouterons plus qu'une observation, c'est que dans le cas de $c = 4n + 3$, les diviseurs linéaires de la formule $t^2 + cu^2$ doivent être représentés simplement par $2cx + a$, au lieu de l'être par $4cx + a$, parce qu'alors une même forme quadratique contient les diviseurs $4n + 1$ et les diviseurs $4n + 3$. Le calcul d'ailleurs est toujours le même, avec cette seule différence, qu'au lieu de supprimer les multiples de $4c$, on supprime ceux de $2c$, ce qui rend l'opération encore plus prompte.

Exemple I.

(209) Soit proposé de trouver tous les diviseurs tant quadratiques que linéaires de la formule $t^2 + 41u^2$.

On cherchera d'abord les diviseurs quadratiques, au moyen de la formule $pr - q^2 = 41$, où l'on doit supposer $q < \sqrt{\frac{41}{3}} < 4$, et $2q < p$ et r. Voici le calcul :

1° Soit $q = 0$, on aura $pr = 41$, donc $p = 1, r = 41$.

2° Soit $q = 1$, on aura $pr = 42$, donc $\begin{cases} p = 3, r = 14 \\ p = 7, r = 6 \\ p = 21, r = 2. \end{cases}$

3° Soit $q = 2$, on aura $pr = 45 = 5.9$, donc $p = 5$, $r = 9$.

4° Soit $q = 3$, on aura $pr = 50$; mais 50 ne se décompose pas en deux facteurs plus grands que 6, ou dont le moindre soit égal à 6. Donc l'opération est terminée, et il n'y a que cinq formes possibles pour les diviseurs quadratiques de la formule proposée. De ces cinq formes, trois sont relatives aux diviseurs $4n + 1$, savoir :

$$y^2 + 41z^2$$
$$21y^2 + 2yz + 2z^2$$
$$5y^2 + 4yz + 9z^2.$$

Les deux autres se rapportent aux diviseurs $4n + 3$, et sont :

$$3y^2 + 2yz + 14z^2$$
$$7y^2 + 2yz + 6z^2.$$

Cherchons maintenant les formes linéaires qui répondent à ces formes quadratiques.

Prenons parmi les diviseurs $4n + 1$ la forme $A = 5y^2 + 4yz + 9z^2$, et comme le coefficient du dernier terme est impair, mettons $y - z$ à la place de y, puis changeons le signe de z, nous aurons... $A = 5y^2 + 6yz + 10z^2$. Après cette préparation, on peut considérer simplement la formule $A = 5 + 6\psi + 10\psi^2$. Voici les résultats que donne cette formule, en faisant successivement $\psi = 0, 1, 2, 3\ldots$, et rejetant à mesure les multiples de $4c = 164$.

Diff. 16 36 56 76 96 116 136 156 $176 = 12$
$A =$ 5, 21, 57, 113, $189 = 25$, 121, $237 = 73$, $209 = 45$, $201 = 37$,
Diff. 32 52 72 92
$A =$ 49, 81, 133, $205 = 41$, 133.

Arrivé au résultat $41 = c$, on voit que les précédents 133, 81, etc. doivent revenir dans l'ordre inverse, de sorte qu'on parviendra ainsi au terme 5; mais il reste à savoir si, passé le terme 5, il n'y aurait pas de nouveaux termes non compris dans ceux qu'on a déja trouvés. Pour cela, il faut prolonger la suite en arrière, comme on le voit ici.

Diff. -16 4 24 44 64 84 104 124 144 $164 = 0$
$A =$ 21, 5, 9, 33, 77, 141, $225 = 61$, $165 = 1$, 125, $269 = 105$.

Ici, à cause de la différence 0, nous n'irons pas plus loin, parce que nous sommes sûrs maintenant que les termes précédents reviendront, et qu'on n'aura aucun nouveau terme. Donc en rassemblant les résultats trouvés, et excluant $41 = c$, on aura les 20 formes suivantes qui répondent au diviseur proposé $5y^2 + 4yz + 9z^2$, ou $5y^2 + 6yz + 10z^2$; ces formes sont :

$$A = 164x + 1, 5, 9, 21, 25; 33, 37, 45, 49, 57; 61, 73, 77, 81, 105; 113, 121, 125, 133, 141.$$

Prenons maintenant la formule quadratique $A = y^2 + 41z^2$; en supposant d'abord z pair, il suffira de développer la valeur y^2 d'où résulteront les mêmes 20 formes qu'on vient de trouver. Soit ensuite y pair et z impair, on aura à développer la valeur $A = 4u^2 + 41$, de laquelle résulteront toujours les mêmes formes. Enfin la troisième forme quadratique $A = 21y^2 + 2yz + 2z^2$ des diviseurs $4n + 1$ donne encore les mêmes formes, et en effet les formes trouvées comprennent toutes celles qui ont été déterminées *a priori* pour les diviseurs $4n + 1$ de la formule $t^2 + cu^2$; le développement des différentes formules ne pouvait donc fournir d'autres formes que les 20 déja trouvées n° 198; mais on voit que chaque formule particulière les fournit toutes, et c'est une propriété que nous allons démontrer en général.

(210) « Si c est un nombre premier $4n+1$, les différents divi- « seurs quadratiques $4n+1$ de la formule t^2+cu^2, fourniront tous « les mêmes formes linéaires $4cz+a$, a ayant $\frac{c-1}{2}$ valeurs posi- « tives moindres que $4c$, et ces valeurs ne seront autre chose que « les solutions de l'équation $\left(\frac{x}{c}\right)=1$ réduites à la forme $4n+1$. « Pareillement tous les diviseurs quadratiques $4n+3$ de la même « formule fourniront les mêmes formes linéaires $4cz+a$, a ayant « $\frac{c-1}{2}$ valeurs qui sont les solutions de l'équation $\left(\frac{x}{c}\right)=-1$, ré- « duites à la forme $4n+3$. »

En effet soit $py^2+2qyz+2mz^2=A$ un diviseur $4n+1$ de la formule t^2+cu^2, p étant par conséquent de la forme $4n+1$; il faut prouver que les formes linéaires tirées de cette formule coïncideront avec celles qui seraient tirées du diviseur y^2+cz^2 qui appartient pareillement à la formule $4n+1$. Changeons les indéterminées y et z de cette dernière forme en φ et ψ, pour ne pas les confondre avec les autres; la question sera de faire voir que, quels que soient y et z, on peut toujours déterminer φ et ψ de manière que la quantité

$$\frac{\varphi^2+c\psi^2-(py^2+2qyz+2mz^2)}{4c}$$

soit un entier; et puisque p et $4c$ sont premiers entre eux, cette quantité sera un entier, si son produit par p en est un, ou si l'on a

$$\frac{p\varphi^2-(py+qz)^2+c(p\psi^2-z^2)}{4c}=e.$$

Or p est de la forme $4n+1$, donc pourvu qu'on prenne $\psi=z$, ou seulement $\psi-z$ pair, $p\psi^2-z^2$ sera divisible par 4, et ainsi il ne restera plus qu'à satisfaire à l'équation

$$\frac{p\varphi^2-(py+qz)^2}{4c}=e.$$

Mais (n° 198) le nombre p, comme diviseur $4n+1$ de t^2+cu^2, est tel que $\left(\frac{p}{c}\right)=1$; donc c est diviseur de x^2-p, et par conséquent on peut trouver un nombre α tel que α^2-p soit divisible par c. Si on prend de plus α impair, $\frac{\alpha^2-p}{4c}$ sera un entier ; donc l'équation à laquelle on veut satisfaire deviendra

$$\frac{\alpha^2\varphi^2-(py+qz)^2}{4c}=e.$$

Cette équation est toujours résoluble, puisque α et $2c$ étant premiers entre eux, on peut toujours trouver deux indéterminées φ et θ telles que

$$\alpha\varphi-(py+qz)=2c\theta.$$

Donc il n'est aucune forme linéaire contenue dans le diviseur quadratique $py^2+2qyz+2mz^2$ qui ne soit pareillement contenue dans le diviseur y^2+cz^2, et la proposition réciproque se prouverait par un raisonnement semblable. Or la forme y^2+cz^2 renferme toutes les formes linéaires possibles, puisqu'en faisant z pair, elle se réduit à y^2 qui les renferme toutes (n° 195) ; donc toutes ces formes sont pareillement contenues dans le diviseur quadratique $py^2+2qyz+2mz^2$.

On démontrera la même chose de deux diviseurs quadratiques $4n+3$, représentés par $py^2+2qyz+2mz^2$ et $p'y'^2+2q'y'z'+2m'z'^2$. D'où il suit que dans le cas où c est un nombre premier $4n+1$, tous les diviseurs quadratiques $4n+1$ donnent les mêmes formes linéaires, et il suffit par conséquent de développer le premier diviseur quadratique y^2+cz^2, ou simplement y^2 ; dans ce même cas, tous les diviseurs quadratiques $4n+3$ fournissent pareillement les mêmes formes linéaires, de sorte qu'il suffit de développer l'un de ces diviseurs.

(211) « Soit maintenant c un nombre premier $4n+3$, je dis que « tout diviseur quadratique $py^2+2qyz+rz^2$ de la formule t^2+cu^2, « contiendra les mêmes formes linéaires que donne le diviseur

« $y^2 + cz^2$, ces formes linéaires étant représentées par la formule « $2cx + a$. »

Il suffit, pour cela, de prouver que, quels que soient y et z, on peut toujours déterminer φ et ψ de manière que la quantité

$$\frac{\varphi^2 + c\psi^2 - (py^2 + 2qyz + rz^2)}{2c}$$

soit un entier. Or comme p et $2c$ sont premiers entre eux, si on multiplie cette quantité par p, on aura l'équation à résoudre

$$\frac{p\varphi^2 - (py + qz)^2 + c(p\psi^2 - z^2)}{2c} = e;$$

et d'abord en prenant $\psi - z$ pair, $p\psi^2 - z^2$ sera toujours divisible par 2; ainsi il suffira de satisfaire à l'équation

$$\frac{p\varphi^2 - (py + qz)^2}{2c} = e.$$

Mais p étant un diviseur de $t^2 + cu^2$, on a (n° 199) $\left(\frac{p}{c}\right) = 1$; donc c est diviseur de $t^2 - p$; ainsi on peut supposer $\frac{\alpha^2 - p}{2c} = e$, et l'équation à résoudre deviendra

$$\frac{\alpha^2\varphi^2 - (py + qz)^2}{2c} = e.$$

Or on satisfait à cette équation, en cherchant les indéterminées φ et θ telles que

$$\alpha\varphi - (py + qz) = 2c\theta;$$

équation toujours résoluble, puisque α et $2c$ sont premiers entre eux. Donc les formes linéaires contenues dans le diviseur quadratique $py^2 + 2qyz + rz^2$, sont également contenues dans le diviseur $y^2 + cz^2$; et comme la propriété réciproque se démontrerait de la même manière, il suit de toutes deux qu'un diviseur quadratique quelconque $py^2 + 2qyz + rz^2$ renferme absolument toutes les formes linéaires qui conviennent aux diviseurs de la formule $t^2 + cu^2$.

Donc lorsque c est un nombre premier $4n + 3$, les mêmes formes linéaires sont affectées à la totalité des diviseurs quadratiques et à chacun d'eux en particulier.

On verra qu'il n'en est pas de même, lorsque c est un nombre composé : alors les formes linéaires sont distinguées en plusieurs groupes qui répondent à différents systèmes de diviseurs quadratiques. L'existence de ces groupes est d'ailleurs une suite de ce qui a été démontré *a priori* sur la forme linéaire des diviseurs.

EXEMPLE II.

(212) On demande les diviseurs linéaires de la formule $t^2 - 39\,u^2$ avec les diviseurs quadratiques correspondants.

Pour cela, on commencera par chercher tous les diviseurs quadratiques, d'après la formule $pr + q^2 = 39$, où l'on peut donner à q toutes les valeurs moindres que $\sqrt{\frac{39}{5}}$ ou < 3 ; ces diviseurs sont :

$$
\begin{array}{ll}
y^2 - 39\,z^2 & 39\,y^2 - z^2 \\
3\,y^2 - 13\,z^2 & 13\,y^2 - 3\,z^2 \\
19\,y^2 + 2\,yz - 2\,z^2 & 2\,y^2 - 2\,yz - 19\,z^2 \\
5\,y^2 + 4\,yz - 7\,z^2 & 7\,y^2 - 4\,yz - 5\,z^2.
\end{array}
$$

Mais en suivant la méthode pour réduire ces diviseurs au moindre nombre possible, on trouve qu'il ne reste que les quatre suivants :

$$
\begin{array}{ll}
y^2 - 39\,z^2 & 39\,y^2 - z^2 \\
19\,y^2 + 2\,yz - 2\,z^2 & 2\,y^2 - 2\,yz - 19\,z^2.
\end{array}
$$

Il s'agit donc d'avoir les formes linéaires qui répondent à ces formes quadratiques.

1° Le diviseur $y^2 - 39\,z^2$, en supposant z pair et négligeant toujours les multiples de $4 . 39 = 156$, se réduit au seul terme y^2, dont voici les valeurs successives :

Différ. 8, 16, 24, 32, 40, 48, 56, 64, 72, 80, 88, 96.

y^2 1, 9, 25, 49, 81, 121, 13, 69, 133, 49, 129, 61.

Différ. 104, 112, 120, 128, 136, 144, 152, 4, 12,
y^2 1, 105, 61, 25, 153, 133, 121, 117, 121, etc.

Supprimant dans cette suite les termes divisibles par 3 et par 13, il ne restera que six termes différents, 1, 25, 49, 61, 121, 133; de sorte que le diviseur quadratique $y^2 - 39z^2$ comprend les formes linéaires

$$156x + 1, 25, 49, 61, 121, 133.$$

Il suffit de changer les signes des nombres déterminés, ou d'en prendre le complément à 156, et on aura les formes linéaires qui répondent au diviseur $39y^2 - z^2$; ces formes seront donc

$$156x + 23, 35, 95, 107, 131, 155.$$

Venons à l'une des deux autres formes $19y^2 + 2yz - 2z^2$, il suffira de développer la formule $19 + 2\psi - 2\psi^2$, d'où l'on déduira les résultats suivants :

Différ. $0 - 4 - 8 - 12 \qquad - 16 - 20 - 24 - 28 - 32 - 36$
Suite. $19,\ 19,\ 15,\ 7, -5 = 151,\ 135,\ 115,\ 91,\ 63,\ 31.$

Différ. $- 40 - 44 - 48 - 52 \qquad - 56 - 60 - 64 \qquad - 68$
Suite. $-5 = 151,\ 111,\ 67,\ 19, -33 = 123,\ 67,\ 7, -57 = 99.$

Différ. $- 72 \qquad - 76 - 80$
Suite. $31, -41 = 115,\ 39, -41$, etc.

Écartant les termes répétés et ceux qui sont divisibles par 3 ou par 13, il ne restera encore que six nombres, d'où l'on conclura que la forme quadratique $19y^2 + 2yz - 2z^2$ comprend les six formes linéaires

$$156x + 7, 19, 31, 67, 115, 151.$$

Le complément de celles-ci donnera les formes linéaires qui répondent à l'autre forme quadratique $2y^2 - 2yz - 19z^2$, et qui seront

$$156x + 5, 41, 89, 125, 137, 149.$$

Nous avons donc dans cet exemple quatre groupes de diviseurs linéaires, chacun composé de six formes, et chacun répondant à un diviseur quadratique de la même formule. C'est ce qui s'accorde avec la théorie générale donnée ci-dessus, en vertu de laquelle, si le nombre c est le produit de deux nombres premiers α, β, le système entier des diviseurs linéaires doit se décomposer en 2^2 groupes, chacun composé de $\frac{\alpha-1}{2}\cdot\frac{\beta-1}{2}$ termes; en effet, dans ce cas, $\alpha=3$, $\beta=13$, et $\frac{3-1}{2}\cdot\frac{13-1}{2}=6$: aussi chaque groupe est-il composé de six termes.

Exemple III.

(213) La formule t^2+105u^2 ayant pour l'un de ses diviseurs $5y^2+21z^2$, on demande les formes linéaires qui répondent à ce diviseur quadratique.

Prenons d'abord y impair et z pair, le terme $5y^2$ développé seul, en négligeant les multiples de $4c$ ou de 420, donne une suite qui se réduit aux sept termes 5, 45, 125, 185, 245, 285, 405; l'autre terme $21z^2$, où z doit être pair, ne donne que les deux termes 84, 336. Il faut donc aux sept termes précédents, ajouter 84 ou 336, ce qui donnera les quatorze termes

89, 129, 209, 269, 329, 369, 69,
341, 381, 41, 101, 161, 201, 321,

desquels retranchant ceux qui ont un commun diviseur avec 105, il ne restera que les six termes 41, 89, 101, 209, 269, 341.

On trouverait absolument les six mêmes termes, si dans le diviseur $5y^2+21z^2$, on supposait z impair et y pair; ainsi il n'y a que six formes linéaires qui répondent au diviseur $5y^2+21z^2$, savoir :

$$420x+41,\ 89,\ 101,\ 209,\ 269,\ 341.$$

Exemple IV.

(214) La même formule t^2+105u^2 a pour diviseur quadratique

$13y^2 + 10yz + 10z^2$; mais comme dans ce diviseur $q = 5$, et que 5 est diviseur de 105, on ne peut donner au diviseur quadratique la forme $13 + 10\psi + 10\psi^2$, parce que le résultat en serait incomplet, Il faut donc, par une substitution (n° 208), faire en sorte que le terme moyen de la formule n'ait plus de commun facteur avec 105; or on trouve bientôt qu'en mettant $y + 2z$ au lieu de y, on a la transformée $13y^2 + 62yz + 82z^2$, laquelle a la condition requise. Il reste donc maintenant à développer la formule $13 + 62\psi + 82\psi^2$; en voici le calcul :

Différ.	144	308	52	216	380	124	288	32	196	360
Suite.	13,	157,	45,	97,	313,	273,	397,	265,	297,	73;

et il est inutile de le prolonger plus loin, parce qu'il fournit six termes distincts; ainsi les formes linéaires qui répondent au diviseur quadratique $13y^2 + 10yz + 10z^2$ sont :

$$420x + 13,\ 73,\ 97,\ 157,\ 313,\ 397.$$

Voici, au reste, le système entier des diviseurs quadratiques de $t^2 + 105u^2$ avec les formes linéaires correspondantes.

Diviseurs quadratiques.	*Diviseurs linéaires correspondants.*
$y^2 + 105z^2$	$420x +$ 1, 109, 121, 169, 289, 361
$53y^2 + 2yz + 2z^2$	$420x +$ 53, 113, 137, 197, 233, 317
$5y^2 + 21z^2$	$420x +$ 41, 89, 101, 209, 269, 341
$13y^2 + 10yz + 10z^2$	$420x +$ 13, 73, 97, 157, 313, 397
$3y^2 + 35z^2$	$420x +$ 47, 83, 143, 167, 227, 383
$19y^2 + 6yz + 6z^2$	$420x +$ 19, 31, 139, 199, 271, 391
$7y^2 + 15z^2$	$420x +$ 43, 67, 127, 163, 247, 403
$11y^2 + 14yz + 14z^2$	$420x +$ 11, 71, 179, 191, 239, 359

Il y a donc en tout huit groupes de diviseurs linéaires composés chacun de six termes. En effet, suivant la théorie donnée ci-dessus (n° 204), le nombre 105 étant le produit des trois facteurs 3, 5, 7, il doit y avoir 2^3 groupes composés chacun du nombre de termes $\frac{3-1}{2}.\frac{5-1}{2}.\frac{7-1}{2}=6$. Nous voyons de plus, dans ce développement, que chaque groupe répond à un diviseur quadratique, et ne répond qu'à un seul.

§ XI. *Explication des Tables III, IV, V, VI et VII.*

TABLE III.

(215) La Table III contient tous les diviseurs quadratiques de la formule $t^2 - cu^2$, et les diviseurs linéaires correspondants; elle est calculée pour tous les nombres depuis $c=2$ jusqu'à $c=79$, excepté les nombres carrés ou divisibles par un carré. On a exclu ceux-ci, parce que les diviseurs de la formule $t^2 - c\theta^2 u^2$, en les supposant premiers à $c\theta^2$, sont les mêmes que ceux de la formule $t^2 - cu^2$.

Les diviseurs quadratiques représentés généralement par la formule $py^2 + 2qyz - rz^2$, où l'on a $pr + q^2 = c$, sont réduits au moindre nombre possible par le méthode du § XIII.

Tout diviseur quadratique $py^2 + 2qyz - rz^2$ doit être accompagné de son inverse $ry^2 + 2qyz - pz^2$. Mais ces deux formes sont quelquefois identiques l'une avec l'autre, et cela arrive lorsqu'on peut satisfaire à l'équation $m^2 - cn^2 = -1$ (voy. n° 93). Dans ce cas, on n'a mis dans la table que l'une des deux formes qui doivent être identiques.

A côté de chaque diviseur quadratique, on a mis les diviseurs linéaires qui en résultent, calculés suivant la méthode du § précédent. Ces diviseurs sont toujours supposés premiers au nombre c, et on ne considère que les diviseurs impairs, quoique les formules... $py^2 + 2qyz - rz^2$ renferment aussi des nombres pairs.

On observe constamment dans cette Table, que les diviseurs linéaires se partagent en plusieurs groupes dont le nombre, ainsi que la quantité de termes contenus dans chacun, sont conformes à la loi générale (n° 205). Cependant il arrive quelquefois que deux de ces groupes sont réunis pour répondre à une même forme quadratique. Ainsi, lorsque $c = 66 = 2.3.11$, la proposition générale dit qu'il y a 2^3 ou 8 groupes composés chacun de $\frac{3-1}{2}\cdot\frac{11-1}{2}$ ou 5 termes; mais on ne trouve dans la Table que quatre groupes composés de 10 termes, ce qui a lieu par la réunion de deux groupes en un seul. D'ailleurs le nombre total des formes linéaires est toujours 40, comme il doit être suivant la théorie.

TABLE IV.

(216) La Table IV contient les diviseurs tant quadratiques que linéaires de la formule t^2+au^2, pour tout nombre a de forme $4n+1$, non carré ni divisible par un carré, depuis 1 jusqu'à 105.

La première formule t^2+u^2 qui n'a qu'un seul diviseur quadratique y^2+z^2, n'a aussi que le seul diviseur linéaire $4x+1$. Toutes les autres formules t^2+5u^2, t^2+13u^2, etc. admettent à-la-fois des diviseurs $4n+1$ et des diviseurs $4n+3$; il est même à remarquer 1° que les diviseurs quadratiques qui contiennent les nombres $4n+1$ sont toujours distincts de ceux qui contiennent les nombres $4n+3$; 2° qu'il y a toujours autant de formes linéaires pour les diviseurs $4n+1$ qu'il y en a pour les diviseurs $4n+3$. Il n'en est pas toujours de même des formes quadratiques. On voit, par exemple, que la formule t^2+41u^2 a trois diviseurs quadratiques $4n+1$, et seulement deux $4n+3$. De même la formule t^2+65u^2 en a quatre de la première espèce, et deux seulement de la seconde.

(217) On a apporté dans cette Table une légère modification à la forme générale des diviseurs quadratiques $py^2+2qyz+rz^2$ elle consiste en ce qu'on a supposé constamment q impair. Par ce moyen, q^2+a ou pr étant un nombre pair, on peut mettre $2m$ à la place de r, et la forme des diviseurs quadratiques devient $py^2+2qyz+2mz^2$, dans laquelle les nombres p et m seront toujours impairs.

Cette forme a l'avantage d'en fournir immédiatement une autre $2py^2+2qyz+mz^2$; et ces deux formes, à cause de la liaison qu'elles ont entre elles, s'appelleront désormais *formes conjuguées*, ou *diviseurs conjugués*.

Nous avons dit que les nombres p et m sont toujours impairs; en effet, q^2 étant de la forme $8n+1$, et a de la forme $4n+1$, il est clair que q^2+a ou $2pm$ sera de la forme $4n+2$, donc pm sera nécessairement impair. Mais il faut distinguer deux cas selon que a est de la forme $8n+1$ ou $8n+5$.

1° Si a est de la forme $8n+1$, alors q^2+a sera de la forme $8n+2$ et pm de la forme $4n+1$, ce qui ne peut avoir lieu, à moins que les nombres p et m ne soient tous deux de la forme $4n+1$, ou tous deux de la forme $4n+3$; donc alors les formes conjuguées $py^2+2qyz+2mz^2$, $2py^2+2qyz+mz^2$ appartiennent toutes deux aux diviseurs $4n+1$, ou toutes deux aux diviseurs $4n+3$.

2° Si a est de la forme $8n+5$, pm sera de la forme $4n+3$, de sorte que les deux nombres p et m seront, l'un de forme $4n+1$, l'autre de forme $4n+3$. Donc alors les deux formes conjuguées appartiennent, l'une aux diviseurs $4n+1$, l'autre aux diviseurs $4n+3$. De là on voit que « a étant un nombre quelconque $8n+5$, « la formule t^2+au^2 aura toujours autant de diviseurs quadrati- « ques $4n+1$ que de diviseurs quadratiques $4n+3$. »

(218) Les diviseurs quadratiques de la formule t^2+au^2 étant trouvés par la méthode générale, il sera toujours facile de les réduire à la forme $py^2+2qyz+2mz^2$, où q est impair; car il n'y aura à transformer que ceux où q serait pair, et dans ceux-ci il suffira de mettre $y-z$ à la place de y.

On peut aussi trouver directement tous les diviseurs quadratiques d'une formule donnée t^2+au^2, réduits à la forme $py^2+2qyz+2mz^2$. Pour cela, il faut observer qu'en laissant q impair, on peut toujours faire en sorte que q n'excède ni p ni m. Car en substituant $y-2\alpha z$ à la place de y, si on a $q>p$, ou $z-\alpha y$ à la place de z, si on a $q>m$, on déterminera aisément le nombre α de manière qu'on ait dans la transformée $q<p$, ou $q<m$. Donc par une ou plusieurs substitutions de cette sorte, toute formule $py^2+2qyz+2mz^2$,

dans laquelle $2pm-q^2=a$ pourra être ramenée à une formule semblable, où q n'excédera ni p ni m, de sorte qu'on aura... $2pm-q^2>q^2$, et par conséquent $q<\sqrt{a}$.

Donc pour avoir toutes les formes quadratiques $py^2+2qyz+2mz^2$ qui conviennent aux diviseurs de la formule t^2+au^2, il faut donner à q les valeurs impaires successives 1, 3, 5... jusqu'à $\sqrt{a}$. Chaque valeur de q en donnera une pour $pm=\frac{q^2+a}{2}$; et si cette valeur peut se décomposer en deux facteurs p et m non moindres que q, il en résultera les deux diviseurs conjugués $py^2+2qyz+2mz^2$, $2py^2+2qyz+mz^2$.

Cette méthode donnera, comme la méthode générale, toutes les formes possibles des diviseurs quadratiques; elle est plus expéditive, en ce qu'on n'a à essayer que les valeurs de q impaires, et plus petites que $\sqrt{a}$, tandis que par la méthode générale on doit essayer toutes les valeurs de q paires ou impaires jusqu'à $\sqrt{\tfrac{1}{3}a}$; or on a $\tfrac{1}{2}\sqrt{a}<\sqrt{\tfrac{1}{3}a}$.

Suivant cette nouvelle méthode, le diviseur quadratique y^2+az^2 est représenté par la formule $y^2+2yz+(a+1)z^2$, et son conjugué est $2y^2+2yz+\left(\frac{a+1}{2}\right)z^2$. On a laissé dans la Table, pour plus d'uniformité, la forme $y^2+2yz+(a+1)z^2$, excepté dans la première case où l'on n'a pas voulu altérer la simplicité du diviseur y^2+z^2 en mettant à sa place $y^2+2yz+2z^2$.

Dans tous les cas, les formes linéaires ont été conclues des formes quadratiques par les méthodes du § précédent, et le nombre des groupes, ainsi que des termes contenus dans chacun, est toujours conforme à la loi générale.

TABLE V.

(219) La Table V contient les diviseurs tant quadratiques que linéaires de la formule t^2+au^2, a étant un nombre $4n+3$ non carré, ni divisible par un carré.

Les diviseurs quadratiques sont restés sous leur forme ordinaire, lorsque $a=8n+7$, mais ils ont subi une modification, lorsque $a=8n+3$. C'est ce que nous allons expliquer.

Si a est de la forme $8n+3$, et qu'on désigne par P un diviseur quelconque impair de la formule t^2+au^2, on pourra toujours supposer t et u impairs, et alors t^2+au^2 étant de la forme $8n+4$, le quotient de t^2+au^2 divisé par P sera nécessairement de la même forme $8n+4$, ou $4p$, p étant un nombre impair : on aura donc

$$t^2+au^2=4Pp.$$

Dans cette équation, les nombres u et $2p$ sont premiers entre eux; car s'ils avaient un commun diviseur, t et u en auraient un aussi, ce qui est contre la supposition; donc on peut faire $u=z$ et $t=2py+qz$, ce qui donnera

$$P=py^2+qyz+\frac{q^2+a}{4p}z^2.$$

Or cette équation ne peut subsister, à moins que $\frac{q^2+a}{4p}$ ne soit un entier; soit donc $q^2+a=4pr$, et on aura

$$P=py^2+qyz+rz^2.$$

Dans cette formule, il est aisé de voir que les trois coefficients p, q, r sont impairs; car d'abord puisque t est impair, et qu'on a $t=2py+qz$, il est clair que q est impair; ensuite q^2 étant de la forme $8n+1$ et a de la forme $8n+3$, q^2+a est de la forme $8n+4$; donc $\frac{q^2+a}{4}$ ou pr est impair; donc p et r sont impairs.

De là on voit que tout diviseur impair de la formule t^2+au^2 peut toujours être réduit à la forme $py^2+qyz+rz^2$ où l'on a p, q, r impairs et $4pr-q^2=a$. Je dis de plus, que dans cette formule on pourra supposer le coefficient moyen q plus petit, ou non plus grand que chacun des extrêmes p et r; en effet si on avait, par exemple, $q>p$, on mettrait $y-\alpha z$ à la place de y, et le coefficient moyen devenant $q-2\alpha p$, on pourrait, au moyen de l'indéterminée α, rendre ce coefficient plus petit ou au moins non plus grand que p.

Puis donc que p et r sont plus grands ou non moindres que q, il est clair que $4pr-q^2$ sera $>3q^2$, et qu'ainsi on aura $q<\sqrt{\frac{a}{3}}$. Donc pour avoir toutes les formes quadratiques qui conviennent aux diviseurs impairs de la formule t^2+au^2, il faudra donner à q les valeurs impaires successives 1, 3, 5 jusqu'à $\sqrt{\frac{a}{3}}$: chaque valeur de q en donnera une pour $pr=\frac{q^2+a}{4}$, et si cette valeur peut se décomposer en deux facteurs non moindres que q, il en résultera une des formes quadratiques demandées.

(220) Soit, par exemple, $a=91$, si l'on fait $q=1$, on a... $\frac{q^2+a}{4}=23=1.23$, d'où résulte le diviseur $y^2+yz+23z^2$.

Si l'on fait $q=3$, on a $\frac{q^2+a}{4}=25=5.5$, d'où résulte un second diviseur $5y^2+3yz+5z^2$.

La limite de q étant $\sqrt{\frac{91}{3}}$, on peut faire encore $q=5$, ce qui donnera $\frac{q^2+a}{4}=29$. Mais ce nombre étant premier, il n'en résulte aucun nouveau diviseur. Donc les deux formules trouvées sont les seuls diviseurs quadratiques de t^2+91u^2.

Soit encore $a=163$, la limite de q étant $\sqrt{\frac{163}{3}}<9$, on pourra faire successivement $q=1, 3, 5, 7$, d'où résultera $pr=41, 43, 47, 53$; mais ces nombres étant premiers, il s'ensuit que la formule t^2+163u^2 ne peut avoir que le seul diviseur quadratique $y^2+yz+41z^2$.

(221) La formule $py^2+qyz+rz^2$, dont les coefficients sont impairs, représente en général trois diviseurs quadratiques de forme ordinaire où le coefficient moyen est pair; car dans l'application de cette formule, il faudra prendre les nombres y et z tous deux impairs, ou l'un pair, l'autre impair; on ne pourra donc faire que les trois suppositions $z=2u$, $y=2u$, $y=2u-z$, lesquelles donneront les trois formes

$$py^2 + 2qyu + 4ru^2$$
$$4pu^2 + 2qzu + rz^2$$
$$4pu^2 + (2q - 4p)uz + (p - q + r)z^2.$$

Ces trois formes se réduisent à deux, lorsque deux des nombres p, q, r, sont égaux. Elles se réduisent à une seule, si les trois nombres p, q, r sont égaux entre eux; mais ce cas n'a lieu que lorsqu'ils sont égaux à l'unité, ou lorsque la formule proposée est $t^2 + 3u^2$, et alors le diviseur $y^2 + yz + z^2$ se réduit à la seule forme $y^2 + 3z^2$, comme nous l'avons déja trouvé (n° 143). Dans tout autre cas, les trois formules qu'on vient de développer ou au moins deux d'entre elles seront essentiellement différentes les unes des autres. Il suit de là qu'on diminue beaucoup le nombre des diviseurs quadratiques en les représentant par la formule à coefficients impairs $py^2 + qyz + rz^2$; il est d'ailleurs facile, ainsi qu'on vient de le voir, de développer ces diviseurs à coefficients impairs en diviseurs quadratiques de forme ordinaire, ce qui en donnera un nombre à peu près triple.

(222) Il est utile d'observer que les diviseurs quadratiques compris dans la Table V, tant pour les cas de $a = 8n + 3$, que pour celui de $a = 8n + 7$, peuvent toujours être ramenés à la forme $py^2 + 4\varphi yz + \pi z^2$, laquelle ne diffère de la forme générale... $py^2 + 2qyz + rz^2$, qu'en ce que q est pair. En effet, si on a trouvé d'abord, par la méthode générale, tous les diviseurs quadratiques $py^2 + 2qyz + rz^2$ de la formule $t^2 + au^2$, il ne restera à transformer que ceux dans lesquels q serait impair; et comme alors l'un des nombres p et r doit être pair et l'autre impair, si on prend p pour celui-ci, il suffira de mettre $y - z$ à la place de y, et le coefficient moyen $2q$ deviendra $2q - 2p$, c'est-à-dire sera de la forme requise 4φ.

Maintenant, puisque tous les diviseurs quadratiques sont réduits à la forme $py^2 + 4\varphi yz + \pi z^2$, et qu'on a $p\pi = 4\varphi^2 + a$, il s'ensuit que $p\pi$ est de la forme $4n + 3$, et qu'ainsi les deux coefficients p et π sont, l'un de la forme $4n + 1$, l'autre de la forme $4n + 3$. On voit par là que chaque forme quadratique $py^2 + 4\varphi yz + \pi z^2$ contient à-la-fois des diviseurs $4n+1$ et des diviseurs $4n+3$; mais il est facile de séparer ces deux formes l'une de l'autre, comme cela a lieu dans les Tables III et IV. En effet, si p est de la forme $4n+1$, et qu'on fasse $z=2u$, il est clair que la formule $py^2+8\varphi yu+4\pi u^2$ ne représentera que des diviseurs $4n+1$; au contraire, si l'on fait $y=2u$, la formule $4pu^2+8\varphi zu+\pi z^2$ ne représentera que des diviseurs $4n+3$.

(223) Quant aux formes linéaires qui répondent aux diviseurs quadratiques, elles peuvent de même se partager en deux sortes, les unes $4n+1$, les autres $4n+3$; c'est ce qu'il suffira de développer dans un exemple.

On voit dans la Table que la formule t^2+11u^2 n'a que le seul diviseur quadratique à coefficients impairs $y^2+yz+3z^2$. Ce diviseur en renferme deux autres de forme ordinaire, savoir :

$$y^2+11z^2$$
$$3y^2+2yz+4z^2.$$

De ces deux diviseurs qu'on aurait trouvés immédiatement par la méthode générale, l'un a le coefficient moyen zéro, et partant de la forme 4φ; pour réduire l'autre à la même forme, il faut mettre $y-z$ à la place de z, ce qui donnera pour transformée $3y^2+4yz+5z^2$. De là résultent deux diviseurs quadratiques $4n+1$, savoir :

$$y^2+44z^2$$
$$5y^2+8yz+12z^2,$$

et deux diviseurs quadratiques $4n+3$, savoir :

$$11y^2+4z^2$$
$$3y^2+8yz+20z^2.$$

Quant aux formes linéaires correspondantes, on les déduira facilement de celles qui sont données dans la Table, savoir, $22x+1$, $3, 5, 9, 15$. Ainsi, pour avoir les formes $4n+1$, on conservera les nombres déterminés $1, 5, 9$ qui sont de cette forme, et aux deux autres 3, 15 on ajoutera 22, ce qui fera en tout les cinq formes $44x+1, 5, 9, 25, 37$: on trouvera semblablement les formes $4n+3$ qui seront $44x+3, 15, 23, 27, 31$. Donc si l'on veut séparer dans la Table les formes $4n+1$ des formes $4n+3$, il faudra substituer l'article suivant à celui qu'on voit dans la Table concernant les diviseurs de t^2+11u^2.

Diviseurs quadratiques.	*Diviseurs linéaires.*
y^2+44z^2 $5y^2+8yz+12z^2$	$44x+1, 5, 9, 25, 37$
$11y^2+4z^2$ $3y^2+8yz+20z^2$	$44x+3, 15, 23, 27, 31.$

Il n'est pas nécessaire de faire observer que l'article tel qu'il est inséré dans la Table, est beaucoup plus court sans être moins général.

(224) Enfin, pour ne rien omettre de ce qui peut abréger la recherche des diviseurs quadratiques, nous ajouterons encore deux mots sur le cas de $a=8n+7$. Si donc on a $a=8n+7$, et qu'on suppose q impair dans le diviseur quadratique $py^2+2qyz+rz^2$, ce diviseur prendra la forme $py^2+2qyz+8mz^2$, où l'on aura $pm=\frac{q^2+a}{8}$. Dans cette forme, on peut supposer q plus petit que $4m$, et non plus grand que p; par conséquent q sera moindre que $\sqrt{a}$. On essaiera donc pour q tous les nombres impairs 1, 3, 5... jusqu'à $\sqrt{a}$; on calculera pour chaque valeur de q celle de... $pm=\frac{q^2+a}{8}$, et on verra si cette valeur peut se décomposer en deux facteurs, l'un p impair et non moindre que q, l'autre m pair ou impair, mais $>\frac{q}{4}$. Autant de fois cette condition pourra être remplie, autant on aura de diviseurs quadratiques de la formule t^2+au^2; diviseurs qui pourront ensuite être réduits soit à la forme ordinaire où $2q$ est $<p$ et r, soit même à la forme dont nous avons fait mention où q est pair. Cette méthode est très-prompte, puis-

qu'elle n'opére que sur des nombres pm toujours moindres que $\frac{a}{4}$, tandis que dans la méthode générale pr peut aller jusqu'à $\frac{4a}{3}$.

TABLE VI.

(225) La Table VI contient les diviseurs tant quadratiques que linéaires de la formule $t^2 + 2au^2$, a étant un nombre de la forme $4n + 1$, qui n'est ni carré, ni divisible par un carré.

Les diviseurs quadratiques sont réduits à la forme....... $py^2 + 4\varphi yz + 2mz^2$, où l'on a $pm = 2\varphi^2 + a$. Or il est aisé de voir que sans changer cette forme, on peut supposer 2φ moindre ou non plus grand que p et m, ce qui donnera $pm > 4\varphi^2$ et $\varphi < \sqrt{\frac{1}{2}a}$; donc si d'après ces conditions on satisfait de toutes les manières possibles à l'équation $pm = 2\varphi^2 + a$, on en déduira immédiatement tous les diviseurs quadratiques de la formule $t^2 + 2au^2$, réduits à la forme $py^2 + 4\varphi yz + 2mz^2$. Ce procédé est beaucoup plus court que la méthode générale, puisque $\sqrt{\frac{1}{2}a}$ est plus petit que $\sqrt{\frac{8}{3}a}$.

Chaque forme $py^2 + 4\varphi yz + 2mz^2$ et sa conjuguée $2py^2 + 4\varphi yz + mz^2$ résultent à-la-fois d'une même valeur de pm qui satisfait aux conditions requises.

Si le nombre p est de la forme $8n + 1$ ou $8n + 3$, le diviseur quadratique $py^2 + 4\varphi yz + 2mz^2$ ne comprendra que des nombres de ces mêmes formes $8n + 1$ et $8n + 3$; car comme y est toujours impair, si z est pair, le diviseur dont il s'agit sera toujours de la forme $p + 8k$, c'est-à-dire de la même forme que p. Si z est impair, le diviseur quadratique deviendra, en omettant les multiples de 8, $p + 4\varphi + 2m$. Soit d'abord $p = 8n + 1$, à cause de $pm = 2\varphi^2 + a$, on aura (toujours en omettant les multiples de 8) $m = 2\varphi^2 + a$, et par conséquent $p + 4\varphi + 2m = 1 + 4\varphi + 4\varphi^2 + 2a = 1 + 2a = 3$; donc le diviseur quadratique deviendra de la forme $8n + 3$. Soit en second lieu $p = 8n + 3$, on aura $3m = 2\varphi^2 + a$, $6m = 4\varphi^2 + 2a$, et $p + 4\varphi + 2m = 3 + 4\varphi - 4\varphi^2 - 2a = 3 - 2a = 1$; donc le diviseur est de la forme $8n + 1$.

On démontrera de même que si p est de l'une des formes $8n+5$, $8n+7$, le diviseur quadratique $py^2+4\varphi yz+2mz^2$ ne contiendra que des nombres de ces mêmes formes $8n+5$, $8n+7$.

Donc tous les diviseurs quadratiques de la formule t^2+2au^2, a étant de la forme $4n+1$, se divisent en deux espèces, l'une contenant tous les diviseurs $8n+1$, $8n+3$, l'autre contenant tous les diviseurs $8n+5$, $8n+7$.

(226) Chaque diviseur quadratique, tel qu'il est inséré dans la Table, contient deux formes à-la-fois; mais elles peuvent être facilement séparées, ainsi qu'il résulte de la démonstration précédente.

Soit la formule proposée t^2+42u^2, et considérons d'abord le diviseur quadratique y^2+42z^2, auquel répondent les formes linéaires $168x+1, 25, 43, 67, 121, 163$. Ce diviseur quadratique appartient, comme on voit, aux formes $8n+1$, $8n+3$; pour les séparer l'une de l'autre, j'observe que si z est pair, ou si à la place de z on met $2z$, le diviseur deviendra y^2+168z^2, et ne contiendra plus que les formes $8n+1$. Si au contraire on suppose y et z impairs à-la-fois; ou si, pour exprimer cette condition, on met $2y+z$ à la place de y, le diviseur deviendra $4y^2+4yz+43z^2$, et ne contiendra plus que des formes $8n+3$. Traitant donc semblablement les trois diviseurs quadratiques de la formule proposée t^2+42u^2, on aura les résultats suivants :

Diviseurs $8n+1$.

Quadratiques.	*Linéaires.*
y^2+168z^2	$168x+1, 25, 121$
$17y^2+12yz+12z^2$	$168x+17, 41, 89$

Diviseurs $8n+3$.

$43y^2+4yz+4z^2$	$168x+43, 67, 163$
$3y^2+56z^2$	$168x+59, 83, 131$

Diviseurs $8n+5$.

Quadratiques.	*Linéaires.*
$21y^2+8z^2$	$168x+29, 53, 149$
$13y^2+24yz+24z^2$	$168x+13, 61, 157$

Diviseurs $8n+7$.

$7y^2+24z^2$	$168x+31, 55, 103$
$23y^2+8yz+8z^2$	$168x+23, 71, 95$

Les diviseurs linéaires sont, comme on voit, divisés en huit groupes de trois termes chacun, ce qui est conforme à la loi générale (n° 205).

TABLE VII.

(227) La Table VII contient les diviseurs tant linéaires que quadratiques de la formule t^2+2au^2, dans laquelle a est un nombre de la forme $4n+3$, non divisible par un carré.

Les diviseurs quadratiques sont réduits, comme dans la Table précédente, à la forme $py^2+4\varphi yz+2mz^2$, dans laquelle on a $mp=2\varphi^2+a$; de sorte que la détermination de ces formes se fait toujours de la même manière.

Si le coefficient p est de la forme $8n+3$ ou $8n+5$, le diviseur quadratique $py^2+4\varphi yz+2mz^2$ ne comprendra que des nombres $8n+3$ et $8n+5$; si le coefficient p est de la forme $8n+1$, ou $8n+7$, le diviseur ne comprendra que des nombres de ces mêmes formes $8n+1$ et $8n+7$. C'est ce que l'on démontrera comme nous l'avons fait dans l'explication de la Table précédente.

Il s'ensuit par conséquent que tous les diviseurs quadratiques de la formule t^2+2au^2, a étant un nombre de la forme $4n+3$, se divisent en deux espèces; l'une contenant tous les nombres $8n+3$, $8n+5$; l'autre contenant tous les nombres $8n+1$, $8n+7$. Et indépendamment de ces nombres impairs, il est clair que chaque diviseur quadratique $py^2 + 4\varphi yz + 2mz^2$ contient aussi des nombres pairs, puisqu'on peut prendre y pair et z impair, pourvu qu'ils soient premiers entre eux.

On pourra de même séparer les diviseurs tant quadratiques que linéaires, en quatre espèces qui répondent aux quatre formes $8n+1$, $8n+3$, $8n+5$, $8n+7$.

Remarque générale.

Dans ces diverses Tables, il est à remarquer que chaque groupe de diviseurs linéaires répond toujours à un même nombre de diviseurs quadratiques, si toutefois on ne compte que pour $\frac{1}{2}$ chaque diviseur quadratique qui est de l'une des formes $py^2 + rz^2$, $py^2 + 2qyz + 2qz^2$, $py^2 + 2qyz + pz^2$. La raison de cette exception est que ces sortes de diviseurs donnent le même nombre dans deux suppositions différentes sur les valeurs des indéterminées y et z; de sorte qu'ils ne contiennent réellement que la moitié du nombre des diviseurs compris dans les autres formes.

§ XII. *Suite des Théorèmes contenus dans les Tables précitées.*

(228) THÉORÈME GÉNÉRAL. « SOIT $4cx + a$ l'une des formes linéai-
« res qui conviennent aux diviseurs de $t^2 \pm cu^2$, je dis que tout
« nombre premier compris dans la forme $4cx + a$ sera nécessaire-
« ment diviseur de la formule $t^2 \pm cu^2$, et sera par conséquent de
« l'une des formes quadratiques $py^2 + 2qyz \pm rz^2$ qui répondent
« à la forme linéaire $4cx + a$. »

Ainsi en prenant dans la Table VII l'exemple de la formule $t^2 + 30u^2$, et choisissant dans cet exemple les formes linéaires qui répondent au diviseur quadratique $15y^2 + 2z^2$, on peut affirmer que tout nombre premier de l'une des formes $120x + 17, 23, 47, 113$, est diviseur de $t^2 + 30u^2$, et conséquemment doit être de la forme $15y^2 + 2z^2$.

Par un autre exemple pris dans la même Table, on peut affirmer que tout nombre premier de l'une des formes $56x + 3, 5, 13, 19, 27, 45$ est diviseur de $t^2 + 14u^2$, et par conséquent doit être de la forme $3y^2 + 4yz + 6z^2$.

La démonstration de ce théorème a été donnée ci-dessus, lorsque c est un nombre premier ou double d'un nombre premier ; elle peut être aussi établie sans difficulté pour toute valeur de c, si le nombre premier A de la forme $4cx + a$ est en même temps de la forme $4n + 3$, car alors il est nécessaire que le nombre A divise la formule $t^2 + cu^2$, ou la formule $t^2 - cu^2$ (n° 173). Or si on cherche les formes linéaires des diviseurs de $t^2 - cu^2$, ces formes seront trouvées différentes de celles des diviseurs de $t^2 + cu^2$; donc le nombre A, s'il est de l'une de ces dernières formes, ne peut diviser $t^2 - cu^2$; donc il divisera nécessairement $t^2 + cu^2$, et sera par conséquent de l'une des formes quadratiques qui répondent à ces formes linéaires.

Le même raisonnement n'aurait plus lieu si A était de la forme $4n+1$; il est même incomplet dans le cas de $A=4n+3$, parce qu'il suppose le développement effectif des diviseurs linéaires tant de la formule t^2+cu^2 que de la formule t^2-cu^2; c'est pourquoi il convient de suivre une autre route pour parvenir à la démonstration générale de la proposition.

(229) Observons d'abord que la forme linéaire $4cx+a$, à laquelle se rapporte le nombre premier A, peut toujours être censée l'une de celles qui répondent à un diviseur quadratique. Soit ce diviseur $py^2+2qyz\pm rz^2$, et on pourra supposer $py^2+2qyz\pm rz^2=4cx+a$; ou, ce qui est la même chose,

$$py^2+2qyz\pm rz^2=4cx+A.$$

Cette équation multipliée par p, donnera

$$(py+qz)^2\pm cz^2=4pcx+Ap,$$

d'où l'on voit que $\frac{(py+qz)^2-Ap}{c}$ est un entier; donc, à plus forte raison, si θ est un nombre premier qui divise c, l'équation $\frac{x^2-pA}{\theta}=e$ sera résoluble, et par conséquent on aura $\left(\frac{pA}{\theta}\right)=1$, ou $\left(\frac{p}{\theta}\right).\left(\frac{A}{\theta}\right)=1$; mais en général on a $\left(\frac{p}{\theta}\right)=+1$ ou -1, donc $\left(\frac{p}{\theta}\right)\cdot\left(\frac{p}{\theta}\right)=1$, et par conséquent $\left(\frac{A}{\theta}\right)=\left(\frac{p}{\theta}\right)$.

Nous pourrions considérer le cas particulier de $p=1$, et celui de $p=$ à un carré, dans lesquels on conclut aisément que A doit être un diviseur de la formule proposée $t^2\pm cu^2$ (1); mais il vaut mieux suivre la démonstration dans toute sa généralité.

(230) Nous avons vu ci-dessus que les diviseurs $4n+1$ et $4n+3$ sont distingués par des formes quadratiques particulières, et même

(1) Le double signe indique seulement que la formule proposée peut être t^2+cu^2 ou t^2-cu^2; mais d'ailleurs il ne laisse aucune indétermination.

lorsque la formule proposée est $t^2 + 2au^2$, les diviseurs se subdivisent en quatre formes $8n+1$, $8n+3$, $8n+5$, $8n+7$, et ceux-ci sont contenus chacun dans des formes quadratiques distinctes. On pourra donc supposer que le diviseur quadratique $py^2 + 2qyz \pm 2mz^2$ qui répond à la forme linéaire $4cx + a$ ou $4cx + A$, ne contient que des nombres de la même espèce que A, c'est-à-dire tels que la différence de ces nombres avec A est divisible par 4 et même par 8, si la formule est $t^2 + 2au^2$, ou si l'on a $2pm - q^2 = 2a$. Par conséquent p qui est l'un de ces nombres, sera tel que $\frac{p-A}{4}$ est un entier, ou même que $\frac{p-A}{8}$ en est un, si $c = 2a$.

Nous supposerons de plus, que le coefficient p est un nombre premier; s'il ne l'était pas, on chercherait un nombre premier compris dans la formule $py^2 + 2qyz \pm 2mz^2$. Soit ce nombre.... $p' = p\mu^2 + 2q\mu\nu \pm 2m\nu^2$, si l'on détermine μ° et ν° d'après l'équation $\mu\nu^\circ - \mu^\circ\nu = 1$, et qu'on fasse $y = \mu y' + \mu^\circ z'$, $z = \nu y' + \nu^\circ z'$, on aura pour transformée le diviseur quadratique $p'y'y' + 2q'y'z' \pm 2m'z'z'$, dans lequel le coefficient du premier terme est un nombre premier. Ainsi, en regardant cette préparation comme déja faite, il est permis de supposer p un nombre premier.

Reprenons maintenant l'équation déja trouvée $\left(\frac{A}{\theta}\right) = \left(\frac{p}{\theta}\right)$, où θ désigne un diviseur premier quelconque de c, soient $\alpha, \alpha', \alpha''$, etc. les diviseurs premiers $4n+1$, et $6, 6', 6''$.... les diviseurs premiers $4n+3$, nous aurons, en mettant ces nombres au lieu de θ,

$$\left(\frac{A}{\alpha}\right) = \left(\frac{p}{\alpha}\right), \quad \left(\frac{A}{\alpha'}\right) = \left(\frac{p}{\alpha'}\right), \quad \left(\frac{A}{\alpha''}\right) = \left(\frac{p}{\alpha''}\right), \text{ etc.}$$
$$\left(\frac{A}{6}\right) = \left(\frac{p}{6}\right), \quad \left(\frac{A}{6'}\right) = \left(\frac{p}{6'}\right), \quad \left(\frac{A}{6''}\right) = \left(\frac{p}{6''}\right), \text{ etc.}$$

De là on déduit par la loi de réciprocité, et parce que A et p sont tous deux de la forme $4n+1$, ou tous deux de la forme $4n+3$,

$$\left(\frac{\alpha}{A}\right) = \left(\frac{\alpha}{p}\right), \quad \left(\frac{\alpha'}{A}\right) = \left(\frac{\alpha'}{p}\right), \quad \left(\frac{\alpha''}{A}\right) = \left(\frac{\alpha''}{p}\right), \text{ etc.}$$
$$\left(\frac{6}{A}\right) = \left(\frac{6}{p}\right), \quad \left(\frac{6'}{A}\right) = \left(\frac{6'}{p}\right), \quad \left(\frac{6''}{A}\right) = \left(\frac{6''}{p}\right), \text{ etc.}$$

Donc 1° si c est impair, il sera égal au produit de tous les nombres premiers $\alpha, \alpha', \alpha'' \ldots . \beta, \beta', \beta'', \ldots .$ et on aura

$$\left(\frac{c}{A}\right)=\left(\frac{\alpha}{A}\right)\cdot\left(\frac{\alpha'}{A}\right)\cdot\left(\frac{\alpha''}{A}\right)\cdots\left(\frac{\beta}{A}\right)\cdot\left(\frac{\beta'}{A}\right)\cdot\left(\frac{\beta''}{A}\right)\cdots$$

$$\left(\frac{c}{p}\right)=\left(\frac{\alpha}{p}\right)\cdot\left(\frac{\alpha'}{p}\right)\cdot\left(\frac{\alpha''}{p}\right)\cdots\left(\frac{\beta}{p}\right)\cdot\left(\frac{\beta'}{p}\right)\cdot\left(\frac{\beta''}{p}\right)\cdots$$

Et puisque les facteurs de ces expressions sont égaux chacun à chacun, on aura $\left(\frac{c}{A}\right)=\left(\frac{c}{p}\right)$.

2° Si c est pair, outre les facteurs précédents, c contiendra le facteur 2; mais puisque p et A sont de même forme par rapport aux multiples de 8, on a $\left(\frac{2}{A}\right)=\left(\frac{2}{p}\right)$, donc on aura encore $\left(\frac{c}{A}\right)=\left(\frac{c}{p}\right)$.

Mais p étant diviseur de $q^2 \pm c$, on a $\left(\frac{\mp c}{p}\right)=1$; donc on a aussi $\left(\frac{\mp c}{A}\right)=1$; donc le nombre premier A est toujours diviseur de la formule proposée $t^2 \pm cu^2$. Donc il doit être de l'une des formes quadratiques qui répondent à la forme linéaire $4cx + a$.

(231) La proposition que nous venons de démontrer, est sans contredit l'une des plus générales et des plus importantes de la théorie des nombres; la démonstration que nous en avons donnée suppose seulement qu'il existe un nombre premier compris dans le diviseur quadratique $py^2 + 2qyz + rz^2$. Or cette supposition n'a rien que de très-admissible, et elle se vérifie aisément à l'égard de toutes les formes quadratiques renfermées dans nos Tables; il n'y a même aucun doute que la formule $py^2 + 2qyz + rz^2$ ne contienne une infinité des nombres premiers, excepté seulement dans le cas où les trois nombres p, q, r, auraient un commun diviseur θ; mais ils ne peuvent en avoir, puisque c ou $pr - q^2$ est supposé n'avoir aucun facteur carré.

On pourrait néanmoins rendre la démonstration tout-à-fait indépendante de la supposition que p est un nombre premier; il faudrait pour cela examiner différents cas, selon le nombre des facteurs dont c est composé.

On a déja examiné les cas où c est un nombre premier ou le double d'un tel nombre : supposons donc maintenant $c=\alpha\beta$, α et β étant deux nombres premiers impairs à volonté; soit en même temps $py^2+2qyz+mz^2$ la forme quadratique qui répond à la forme linéaire $4cx+a$ ou $4cx+A$, de sorte que p et A seront tous deux de l'espèce $4n+1$, ou tous deux de l'espèce $4n+3$. On aura donc par hypothèse

$$py^2+2qyz+2mz^2=4cx+A,$$

et en multipliant par p,

$$(py+qz)^2+cz^2=4cpx+Ap.$$

(On ne considère ici que le cas de c positif, celui de c négatif pouvant être traité d'une manière semblable.)

Maintenant puisque $c=\alpha\beta$, on aura successivement, par rapport à α et β, les équations $\left(\frac{Ap}{\alpha}\right)=1$, $\left(\frac{Ap}{\beta}\right)=1$, lesquelles donnent

$$\left(\frac{A}{\alpha}\right)=\left(\frac{p}{\alpha}\right),\quad \left(\frac{A}{\beta}\right)=\left(\frac{p}{\beta}\right).$$

Soit $p=\pi\pi'\pi''\pi'''$, etc., $\pi, \pi'', \pi^{\text{IV}}$, etc. étant des nombres premiers $4n+1$, et π', π''', etc., des nombres premiers $4n+3$; si p était divisible par des carrés, on les omettrait entièrement, pour ne conserver que les facteurs inégaux. On aura donc

$$\left(\frac{A}{\alpha}\right)=\left(\frac{\pi}{\alpha}\right)\cdot\left(\frac{\pi'}{\alpha}\right)\cdot\left(\frac{\pi''}{\alpha}\right).\text{ etc.}$$

$$\left(\frac{A}{\beta}\right)=\left(\frac{\pi}{\beta}\right)\cdot\left(\frac{\pi'}{\beta}\right)\cdot\left(\frac{\pi''}{\beta}\right).\text{ etc.}$$

Mais l'équation $2pm-q^2=c=\alpha\beta$ donne

$$\left(\frac{-\alpha\beta}{\pi}\right)=1,\quad \left(\frac{-\alpha\beta}{\pi'}\right)=1,\quad \left(\frac{-\alpha\beta}{\pi''}\right)=1,\text{ etc.}$$

et ainsi, par rapport à tout facteur de p. On aura donc

$$\left(\frac{\alpha}{\pi}\right)=\left(\frac{\beta}{\pi}\right),\quad \left(\frac{\alpha}{\pi''}\right)=\left(\frac{\beta}{\pi''}\right),\quad \left(\frac{\alpha}{\pi^{\text{IV}}}\right)=\left(\frac{\beta}{\pi^{\text{IV}}}\right),\text{ etc.}$$

$$\left(\frac{\alpha}{\pi'}\right)=-\left(\frac{\beta}{\pi'}\right),\quad \left(\frac{\alpha}{\pi'''}\right)=-\left(\frac{\beta}{\pi'''}\right),\text{ etc.}$$

De là on déduit par la loi de réciprocité (n° 164)

$$\left(\frac{\pi}{\alpha}\right)=\left(\frac{\pi}{6}\right),\ \left(\frac{\pi''}{\alpha}\right)=\left(\frac{\pi''}{6}\right),\ \left(\frac{\pi^{\text{IV}}}{\alpha}\right)=\left(\frac{\pi^{\text{IV}}}{6}\right),\text{ etc.}$$

$$\left(\frac{\pi'}{\alpha}\right)=(-1)^{\frac{\alpha+6}{2}}\left(\frac{\pi'}{6}\right),\ \left(\frac{\pi'''}{\alpha}\right)=(-1)^{\frac{\alpha+6}{2}}\left(\frac{\pi'''}{6}\right),\text{ etc.}$$

Ces dernières seulement ont besoin de quelque explication : or la loi générale donne $\left(\frac{\pi'}{\alpha}\right)=(-1)^{\frac{\pi'-1}{2}\cdot\frac{\alpha-1}{2}}\cdot\left(\frac{\alpha}{\pi'}\right)$; et parce que $\frac{\pi'-1}{2}$ est impair, cette équation devient $\left(\frac{\pi'}{\alpha}\right)=(-1)^{\frac{\alpha+1}{2}}\left(\frac{\alpha}{\pi'}\right)$: on aura de même $\left(\frac{\pi'}{6}\right)=(-1)^{\frac{6-1}{2}}\left(\frac{6}{\pi'}\right)$; donc puisque $\left(\frac{\alpha}{\pi'}\right)=-\left(\frac{6}{\pi'}\right)$, il en résulte $\left(\frac{\pi'}{\alpha}\right)=(-1)^{\frac{\alpha+6}{2}}\left(\frac{\pi'}{6}\right)$, et ainsi des autres relatives à π''', π^{v}, etc.

Multipliant entre elles les deux suites d'équations qui précèdent, on aura $\left(\frac{p}{\alpha}\right)=(-1)^{\frac{\alpha+6}{2}\cdot k}\left(\frac{p}{6}\right)$, k étant le nombre des facteurs π', π''', etc. de la forme $4n+3$.

Soit d'abord A, et par conséquent p de la forme $4n+1$, il faudra que le nombre k soit pair, et ainsi on aura $\left(\frac{p}{\alpha}\right)=\left(\frac{p}{6}\right)$; donc aussi $\left(\frac{A}{\alpha}\right)=\left(\frac{A}{6}\right)$; il s'ensuit réciproquement $\left(\frac{\alpha}{A}\right)=\left(\frac{6}{A}\right)$, ou $\left(\frac{\alpha 6}{A}\right)=+1$; donc A est diviseur $t^2+\alpha 6 u^2$.

Soient en second lieu A et p de la forme $4n+3$, le nombre k sera impair, et on aura $\left(\frac{p}{\alpha}\right)=(-1)^{\frac{\alpha+6}{2}}\left(\frac{p}{6}\right)$; donc $\left(\frac{A}{\alpha}\right)=(-1)^{\frac{\alpha+6}{2}}\left(\frac{A}{6}\right)$. De là on déduit par la loi de réciprocité

$$(-1)^{\frac{\alpha-1}{2}}\left(\frac{\alpha}{A}\right)=(-1)^{\frac{\alpha+6}{2}+\frac{6-1}{2}}\left(\frac{6}{A}\right);$$

ce qui se réduit à $\left(\frac{\alpha}{A}\right)=(-1)^{6}\left(\frac{6}{A}\right)$, ou $\left(\frac{\alpha}{A}\right)=-\left(\frac{6}{A}\right)$. Donc $\left(\frac{-\alpha 6}{A}\right)=1$; donc A est encore diviseur de $t^2+\alpha 6 u^2$.

La conclusion que A est diviseur de t^2+cu^2 a donc lieu, quel que soit le coefficient p, et il n'y a pas de doute qu'elle ne se vérifiât également, si c était le produit de plus de deux nombres premiers.

(232) On voit maintenant que chaque article de nos Tables fournit plusieurs théorèmes qui donnent des rapports entre les formes linéaires des nombres premiers et leurs formes quadratiques. Voici les plus mémorables de ces théorèmes, ou ceux qui s'appliquent aux formules les plus simples.

D'après la Table III.

1. Tout nombre premier $8x+1$ ou $8x+7$ est de la forme y^2-2z^2.
2. Tout nombre premier $12x+1$ est de la forme y^2-3z^2, et tout nombre premier $12x+11$ est de la forme $3y^2-z^2$.
3. Tout nombre premier $20x+1, 9, 11, 19$ est de la forme y^2-5z^2.
4. Tout nombre premier $24x+11$ ou $24x+19$ est de la forme y^2-6z^2, et tout nombre premier $24x+5$ ou $24x+23$ est de la forme $6y^2-z^2$.
5. Tout nombre premier $28x+1, 9, 25$ est de la forme y^2-7z^2, et tout nombre premier $28x+3, 19, 27$ est de la forme $7y^2-z^2$.
6. Tout nombre premier $40x+1, 9, 31, 39$ est de la forme y^2-10z^2, et tout nombre premier $40x+3, 13, 27, 37$ est de la forme $2y^2-5z^2$.
7. etc.

D'après la Table IV.

1. Tout nombre premier $4x+1$ est de la forme y^2+z^2.
2. Tout nombre premier $20x+1$ ou $20x+9$ est de la forme y^2+5z^2, et tout nombre premier $20x+3$ ou $20x+7$, est de la forme $2y^2+2yz+3z^2$.
3. Tout nombre premier $52x+1, 9, 17, 25, 29, 49$ est de la forme y^2+13z^2, et tout nombre premier $52x+7, 11, 15, 19, 31, 47$ est de la forme $2y^2+2yz+7z^2$.
4. etc.

D'après la Table V.

1. Tout nombre premier $6x+1$ est de la forme y^2+yz+z^2, ou, ce qui revient au même, de la forme y^2+3z^2.
2. Tout nombre premier $14x+1, 9, 11$ est de la forme y^2+7z^2.
3. Tout nombre premier $22x+1, 3, 5, 9, 15$ est de la forme $y^2+yz+3z^2$.
4. Tout nombre premier $30x+1$ ou $30x+19$ est de la forme y^2+15z^2, et tout nombre premier $30x+17$ ou $30x+23$ est de la forme $3y^2+5z^2$.
5. etc.

D'après la Table VI.

1. Tout nombre premier $8x+1$ ou $8x+3$ est de la forme y^2+2z^2.
2. Tout nombre premier $40x+1, 9, 11, 19$ est de la forme y^2+10z^2, et tout nombre premier $40x+7, 13, 23, 37$ est de la forme $2y^2+5z^2$.
3. Tout nombre premier $104x+1, 3, 9, 17, 25, 27, 35, 43, 49, 51, 75, 81$ est de l'une des formes y^2+26z^2, $3y^2+2yz+9z^2$; et tout nombre premier $104x+5, 7, 15, 21, 31, 37, 45, 47, 63, 71, 85, 93$ est de l'une des formes $2y^2+13z^2$, $6y^2+4yz+5z^2$.
4. etc.

D'après la Table VII.

1. Tout nombre premier $24x+5$ ou $24x+11$ est de la forme $2y^2+3z^2$, et tout nombre premier $24x+1$ ou $24x+7$ est de la forme y^2+6z^2.
2. Tout nombre premier $56x+3, 5, 13, 19, 27, 45$ est de la forme $3y^2+2yz+5z^2$, et tout nombre premier $56x+1, 9, 15, 23, 25, 39$ est de l'une des formes y^2+14z^2, $2y^2+7z^2$.
3. Tout nombre premier $88x+13, 19, 21, 29, 35, 43, 51, 61, 83, 85$ est de la forme $2y^2+11z^2$, et tout nombre premier $88x+1, 9, 15, 23, 25, 31, 47, 49, 71, 81$ est de la forme y^2+22z^2.

4. Tout nombre premier $120x + 11, 29, 59, 101$ est de la forme $5y^2 + 6z^2$.

Tout nombre premier $120x + 13, 37, 43, 67$ est de la forme $10y^2 + 3z^2$.

Tout nombre premier $120x + 1, 31, 49, 79$ est de la forme $y^2 + 30z^2$.

Tout nombre premier $120x + 17, 23, 47, 113$ est de la forme $2y^2 + 15z^2$.

5. etc., etc.

Lagrange est le premier qui ait ouvert la voie pour la recherche de ces sortes de théorèmes. (Voyez Mémoires de Berlin, 1775.) Mais les méthodes dont ce grand géomètre s'est servi, ne sont applicables que dans très-peu de cas aux nombres premiers $4n + 1$; et la difficulté à cet égard ne pouvait être résolue complètement qu'à l'aide de la loi de réciprocité que j'ai donnée pour la première fois dans les Mémoires de l'Académie des Sciences de Paris, année 1785.

§ XIII. *Autres Théorèmes concernant les formes quadratiques des nombres.*

(233) Soit P un nombre quelconque diviseur de la formule $t^2 \pm cu^2$, et comme tel, renfermé dans le diviseur quadratique $py^2 + 2qyz \pm rz^2$, on pourra supposer $P = p\alpha^2 + 2q\alpha\beta \pm r\beta^2$. Si ensuite on détermine α° et β° d'après l'équation $\alpha\beta^\circ - \alpha^\circ\beta = 1$, et qu'on mette $\alpha y + \alpha^\circ z$ et $\beta y + \beta^\circ z$ à la place de y et z, le diviseur quadratique $py^2 + 2qyz \pm rz^2$ deviendra de la forme $Py^2 + 2Qyz + Rz^2$.

Soit P' un autre diviseur contenu dans la même formule... $py^2 + 2qyz \pm rz^2$, ou dans son équivalente $Py^2 + 2Qyz \pm Rz^2$, on pourra faire $P' = P\mu^2 + 2Q\mu\nu + R\nu^2$, ce qui donnera..... $PP' = (P\mu + Q\nu)^2 \pm c\nu^2$. Donc « si P et P' sont deux diviseurs de la « formule $t^2 \pm cu^2$, tous deux compris dans une même formule qua- « dratique $py^2 + 2qyz \pm rz^2$, leur produit PP' sera toujours de « la forme $t^2 \pm cu^2$. »

« Réciproquement si les deux nombres P et P' sont tels qu'on ait « $PP' = t^2 \pm cu^2$, t et u étant premiers entre eux, je dis que ces « deux nombres appartiendront à un même diviseur quadratique. »

En effet, puisque t et u sont premiers entre eux, il faut que u et P le soient aussi; on pourra donc faire $t = Py + Qu$, y et Q étant des indéterminées, ce qui donnera $P' = Py^2 + 2Qyu + \frac{Q^2 \pm c}{P} u^2$. Dans cette expression, u et P n'ayant pas de commun diviseur, on voit que $Q^2 \pm c$ doit être divisible par P; ainsi faisant $Q^2 \pm c = PR$, on aura $P' = Py^2 + 2Qyu + Ru^2$. Le second membre, en regardant y et u comme des indéterminées, représente l'un des diviseurs quadratiques de la formule $t^2 \pm cu^2$, et il est évident que ce diviseur contient à-la-fois P et P'. Donc si les deux nombres P et P', etc. »

(234) « Tout nombre premier A qui divise la formule $t^2 \pm cu^2$, ne « peut appartenir qu'à un seul diviseur quadratique de cette for- « mule. »

Car si le nombre premier A appartenait à deux diviseurs quadratiques différents, on pourrait transformer ceux-ci en deux autres, dans lesquels A serait coefficient du premier terme (n° 233). Soient ces deux diviseurs

$$Ay^2 + 2Byz + Cz^2$$
$$Ay^2 + 2B'yz + C'z^2,$$

on pourra supposer en même temps $A > 2B$ et $2B'$; car si on avait $2B > A$, il faudrait substituer $y - mz$ à la place de y, et déterminer m de manière que le coefficient de yz ne fût pas plus grand que A. Cela posé, on aurait toujours $B^2 - AC = B'^2 - AC' = \pm c$; donc $\frac{B^2 - B'^2}{A}$ serait un entier, et puisque A est premier, il faudrait que A divisât l'un des facteurs $B + B'$, $B - B'$. Mais B et B' étant l'un et l'autre plus petits que $\frac{1}{2}A$, ou l'un des deux seulement égal à $\frac{1}{2}A$, les nombres $B + B'$, $B - B'$ seront tous plus petits que A; donc ils ne seront ni l'un ni l'autre divisibles par A, à moins qu'on ne suppose $B' = B$. Mais alors les deux diviseurs quadratiques dont il s'agit seraient identiques; donc le nombre premier A qui divise la formule $t^2 \pm cu^2$, ne peut appartenir qu'à un seul diviseur quadratique de cette formule.

Remarque. Le même raisonnement aurait lieu, si A était le double d'un nombre premier, et en général, si A était une puissance quelconque d'un nombre premier, ou le double de cette puissance; car l'équation $\frac{x^2 \pm c}{A} = e$ n'admet qu'une seule solution, lorsque A est de la forme mentionnée, ou même plus généralement, lorsque $A = \alpha^n \theta$, ou $2\alpha^n\theta$, θ étant un diviseur de c, non-divisible par α, et α un nombre premier (Voyez n° 193). Donc dans tous ces cas, qui sont fort étendus, le nombre A ne pourra être compris que dans un seul diviseur quadratique de la formule $t^2 \pm cu^2$.

(235) « Au contraire, si A est un nombre composé, il pourra y « avoir plusieurs diviseurs quadratiques de la formule $t^2 \pm cu^2$ qui « contiennent le nombre A. »

En effet le diviseur quadratique qui contient A peut se représenter par la formule $Ay^2 + 2Byz + Cz^2$, où l'on a $2B < A$ et $B^2 - AC = \pm c$. Or A étant connu, on peut prendre pour B tout nombre qui satisfait à l'équation $\frac{x^2 \pm c}{A} = e$, pourvu que cette solution soit comprise entre zéro et $\frac{1}{2}$ A. D'ailleurs lorsque A a des facteurs premiers inégaux et non communs avec c, on a déja vu (nº 193) que cette équation admet un nombre 2^{i-1} de solutions, i étant le nombre de ces facteurs (2 excepté). Donc il y aura pareillement un nombre 2^{i-1} de diviseurs quadratiques $Ay^2 + 2Byz + Cz^2$, ou de formes de diviseurs quadratiques renfermant A. Il pourra arriver cependant que plusieurs de ces diviseurs, réduits à l'expression la plus simple, ne diffèrent point entre eux ; de sorte qu'en vertu de la limite assignée, le nombre des diviseurs quadratiques qui contiennent A ne peut excéder 2^{i-1}, mais il pourra être plus petit. Cela est d'autant plus manifeste, que le nombre des diviseurs quadratiques d'une même formule $t^2 \pm cu^2$ est souvent très-petit, et se réduit quelquefois à un ou deux, tandis que si l'on prend un nombre A composé de plusieurs facteurs, la quantité 2^{i-1} qui représente le nombre des valeurs de B peut devenir aussi grande qu'on voudra.

Remarque. Jusqu'ici nous avons considéré les diviseurs des deux formules $t^2 + cu^2$, $t^2 - cu^2$ indistinctement; dans le reste de ce paragraphe, nous ne nous occuperons que de la première formule $t^2 + cu^2$, et de ses diviseurs quadratiques.

(236) « Tout nombre premier A qui est de la forme $y^2 + az^2$, a « étant un nombre positif, ne peut être qu'une seule fois de cette « forme; en sorte qu'on ne pourrait avoir à-la-fois $A = f^2 + ag^2$ et « $A = f'^2 + ag'^2$, g' étant différent de g. »

Supposons, s'il est possible, que ces deux formes aient lieu à-la-fois, et qu'en conséquence on ait $f^2 + ag^2 = f'^2 + ag'^2$, ou

$f^2 - f'^2 = a(g'^2 - g^2)$, il faudra que $f + f'$ soit divisible par un facteur de a et $f - f'$ par l'autre facteur. Soit donc $a = mn$, m et n étant deux facteurs indéterminés; et on aura $f + f' = mh$, $f - f' = kn$, ce qui donnera $hk = g'^2 - g^2$. Soit φ le plus grand commun diviseur de h et de $g' + g$, on pourra faire $h = \mu\varphi$, $g + g' = \nu\varphi$, et il restera à satisfaire à l'équation $\mu k = (g' - g)\nu$. Or puisque μ et ν sont premiers entre eux, il faudra qu'on ait $k = \nu\psi$, $g' - g = \mu\psi$, ψ étant une nouvelle indéterminée. De là résulte

$$f = \tfrac{1}{2}(mh + nk) = \tfrac{1}{2}(m\mu\varphi + n\nu\psi)$$
$$g = \tfrac{1}{2}(\nu\varphi - \mu\psi).$$

Donc $f^2 + ag^2$ ou $A = \frac{1}{4}(\mu m^2 + \nu n^2)(m\varphi^2 + n\psi^2)$. Et puisque A est un nombre premier, il faudra que l'un des facteurs du second membre, par exemple $m\mu^2 + n\nu^2$, soit égal à 4 ou à 2.

Soit d'abord $m\mu^2 + n\nu^2 = 2$; on ne peut supposer $\mu = 0$ ni $\nu = 0$, parce que l'une ou l'autre supposition rendrait identiques les deux formes $f^2 + ag^2$, $f'^2 + ag'^2$; donc la seule manière de satisfaire à cette équation, est de supposer tous les nombres m, n, μ, ν égaux à l'unité. Mais alors on aurait $a = 1$, $f = \frac{1}{2}(\varphi + \psi)$, $g = \frac{1}{2}(\varphi - \psi)$, $f' = \frac{1}{2}(\varphi - \psi)$, $g' = \frac{1}{2}(\varphi + \psi)$, donc $f^2 + ag^2$ et $f'^2 + ag'^2$, ne seraient qu'une seule et même forme $\frac{1}{4}(\varphi + \psi)^2 + \frac{1}{4}(\varphi - \psi)^2$, contre la supposition.

En second lieu, soit $m\mu^2 + n\nu^2 = 4$; comme on ne peut faire encore $\mu = 0$ ni $\nu = 0$, il n'y aura que deux manières de satisfaire à cette équation, l'une en faisant $m = n = 2$, $\mu = \nu = 1$; l'autre en faisant $m = 1$, $n = 3$, $\mu = \nu = 1$. Le premier cas donnerait $A = 2\varphi^2 + 2\psi^2$, et ainsi A ne serait pas un nombre premier.

Dans le second cas, on aura $A = \varphi^2 + 3\psi^2$, $f = \frac{1}{2}(\varphi + 3\psi)$, $g = \frac{1}{2}(\varphi - \psi)$; mais ces dernières valeurs ne peuvent avoir lieu, à moins que φ et ψ ne soient tous deux pairs ou tous deux impairs, et dans les deux hypothèses $\varphi^2 + 3\psi^2$ ou A serait divisible par 4. Donc, dans aucun cas, le nombre premier A ne pourra être exprimé de deux manières différentes par la même formule $y^2 + az^2$.

Remarque. Si un nombre A peut être exprimé de deux manières par la formule $y^2 + az^2$, ce nombre sera nécessairement un nombre composé, et on pourra même, par l'analyse précédente, en déterminer les deux facteurs. Mais il est à observer que ce théorème ne serait plus vrai si a était un nombre négatif, car l'équation... $A = y^2 - az^2$ étant supposée avoir une solution, elle en a dès-lors une infinité.

(237) Nous avons déja eu occasion d'observer que le produit des deux formules semblables $x^2 + ay^2$, $p^2 + aq^2$ donne un produit semblable, lequel est susceptible des deux formes

$$(px - aqy)^2 + a(py + qx)^2$$
$$(px + aqy)^2 + a(py - qx)^2.$$

C'est ce dont on peut s'assurer par le simple développement de ces quantités. Mais on peut trouver directement la forme de ces produits, en considérant que les deux facteurs $x^2 + ay^2$, $p^2 + aq^2$ équivalent aux quatre suivants :

$$x + y\sqrt{-a},\ \ x - y\sqrt{-a},\ \ p + q\sqrt{-a},\ \ p - q\sqrt{-a}.$$

Or si on multiplie les deux facteurs $x + y\sqrt{-a}$, $p + q\sqrt{-a}$, l'un par l'autre, le produit sera $px - aqy + (py + qx)\sqrt{-a}$; les deux autres facteurs auront de même pour produit $px - aqy - (py + qx)\sqrt{-a}$; et le produit de ces deux produits sera $(px - aqy)^2 + a(py + qx)^2$. Le résultat serait le même, en changeant le signe de q; ainsi une autre forme du produit est $(px + aqy)^2 + a(py - qx)^2$. Ces formules ont lieu, quel que soit le signe de a; tout ce qui suit suppose que a est positif.

(238) Si la formule $x^2 + ay^2$ représente un nombre composé N, lequel soit m fois de la forme $x^2 + ay^2$, et que $p^2 + aq^2$ représente un nombre premier A, on voit, par le n° précédent, que le produit A N sera susceptible de $2m$ formes semblables à $x^2 + ay^2$, pourvu toutefois que N ne soit pas divisible par A : on verra tout-à-l'heure pourquoi nous mettons cette restriction.

Si le nombre premier A est de la forme $p^2 + aq^2$, le carré du nombre A sera une fois de la forme x^2, et une fois de la forme x^2+ay^2; car on a, suivant les formules précédentes,

$$A^2=(p^2+aq^2)^2 \text{ et } A^2=(pp-aqq)^2+a(2pq)^2.$$

Donc si le nombre composé N est m fois de la forme x^2+ay^2, et que le nombre premier A soit aussi de la forme p^2+aq^2, le produit N A² sera susceptible de $3m$ formes semblables X^2+aY^2, parmi lesquelles il y aura $2m$ formes où X et Y n'auront point de commun diviseur A, et m où ils en auront un. On suppose encore que A n'est point diviseur de N.

Le nombre premier A étant toujours de la forme p^2+aq^2, le cube de A sera deux fois de cette même forme; car A² est de la forme $(pp-aqq)^2+a(2pq)^2$; et cette quantité multipliée par p^2+aq^2 fournit les deux formes

$$(p^3-3apq^2)^2+a(3p^2q-aq^3)^2$$
$$(p^3+apq^2)^2+a(p^2q+aq^3)^2.$$

La dernière étant représentée par X^2+aY^2, on voit que X et Y ont pour commun diviseur A, et qu'elle se réduit à $(pA)^2+a(qA)^2$, la même que si on eût multiplié simplement p^2+aq^2 par A².

En général, A étant un nombre premier de la forme p^2+aq^2, on peut faire $A^n=P^2+aQ^2$; et on aura, pour déterminer P et Q, l'équation $(p+q\sqrt{-a})^n=P+Q\sqrt{-a}$, dans laquelle, après avoir développé le premier membre, il faut égaler la partie rationnelle à la partie rationnelle, et la partie imaginaire à la partie imaginaire.

On aura aussi $A^n=A^2.A^{n-2}$, de sorte que si on fait $A^{n-2}=P'P'+aQ'Q'$, on aura une nouvelle valeur de A qui sera $(AP')^2+a(AQ')^2$. On en tirera une semblable de $A^4.A^{n-4}$, etc. Donc autant il y aura d'unités dans $1+\frac{n}{2}$, autant on aura de formes diverses X^2+aY^2 pour la puissance A^n; mais parmi ces formes, il n'y en aura qu'une seule dans laquelle X et Y seront premiers entre eux; dans toutes les autres X et Y auront successivement pour commun diviseur A, A², A³, etc. Donc la valeur de A^n sera

lorsque $n=2$, une fois A^2 et une fois de la forme X^2+aY^2,
lorsque $n=3$, deux fois de la forme X^2+aY^2,
lorsque $n=4$, une fois A^4 et deux fois de la forme X^2+aY^2,
lorsque $n=5$, trois fois de la forme X^2+aY^2,
ainsi de suite.

Et comme chaque facteur X^2+aY^2 multiplié par un nombre de même forme, produit deux résultats de cette même forme, tandis que X^2 seul n'en donne qu'un, on peut conclure en général que le produit d'une formule f^2+ag^2 par A^n sera susceptible de $n+1$ formes semblables x^2+ay^2, lesquelles seront toutes différentes entre elles, pourvu que A ne divise point f^2+ag^2.

Donc si on a $N=\alpha^n\beta^{n'}\gamma^{n''}$, etc., α, β, γ, etc. étant des nombres premiers, tous de la forme p^2+aq^2, le nombre N sera autant de fois de la forme x^2+ay^2 qu'il y a d'unités dans le produit

$$\tfrac{1}{2}(n+1)(n'+1)(n''+1)(n'''+1), \text{ etc.}$$

Ce nombre coïncide avec la moitié de celui des diviseurs de N, ou avec celui qui indique en combien de manières on peut partager N en deux facteurs.

Dans le cas où $(n+1)(n'+1)$ etc. serait impair, le résultat serait toujours vrai, pourvu que la fraction restante $\frac{1}{2}$ fût comptée pour une unité.

Lorsque $a=1$, ou que la forme dont il s'agit est x^2+y^2, le facteur 2 ni ses puissances n'entrent point en considération, et ne changent pas le nombre des formes du produit. Car en multipliant x^2+y^2 par 2, on n'a qu'un produit de la même forme, qui est $(x+y)^2+(x-y)^2$.

(239) Pour appliquer la formule générale, considérons les trois nombres 5, 13, 17, qui tous sont de la forme p^2+q^2, on trouvera

1° Que le produit 5.13.17 est $\frac{1}{2}.2.2.2$, ou quatre fois de la forme p^2+q^2.

2° Que le produit $5^2.13$ est $\frac{1}{2}.3.2$, ou trois fois de la même forme.

3° Que le produit $5^2.13^2.17$ est $\frac{1}{2}.3.3.2$, ou neuf fois de cette forme.

4° Que le produit $5^4.13^4$ est $\frac{1}{2}.5.5$, ou treize fois la somme de deux carrés; toutes propositions qu'il est facile de vérifier.

Le problème inverse, qui au premier abord aurait pu paraître fort difficile, se résoudra très-simplement, en faisant attention au résultat trouvé dans la solution directe.

Par exemple, soit proposé de trouver un nombre qui soit trente fois de la forme p^2+2q^2. Les nombres les plus simples de cette forme sont les nombres premiers 3, 17, 19, 41, 43, etc., je les désigne par α, β, γ, et le nombre cherché par $\alpha^n \beta^{n'} \gamma^{n''}$, etc.; il faut donc faire en sorte qu'on ait $30=\frac{1}{2}(n+1)(n'+1)(n''+1)$, etc. Pour cela, décomposez 60 en facteurs, premiers ou non, tels que 3.4.5; diminuez chaque facteur d'une unité, vous aurez 2, 3, 4 pour les valeurs de n, n', n''. Donc $\alpha^2 \beta^3 \gamma^4$ sera l'un des nombres cherchés; ainsi $3^4.17^3.19^2$ doit satisfaire à la question.

Fermat a indiqué cette solution, sans en donner de démonstration, dans une de ses Notes sur Diophante, page 128.

Le théorème du n° 236 dont nous venons de donner diverses applications, renferme une propriété essentielle et très-remarquable des nombres premiers, mais il est susceptible d'être rendu beaucoup plus général, ainsi qu'on va le voir dans les propositions suivantes.

(240) « Tout nombre premier A compris dans la formule my^2+nz^2, « où m et n sont positifs (1), ne peut être exprimé de deux manières « différentes par cette formule, en sorte que si l'on a $A=mf^2+ng^2$, « on ne pourra avoir en même temps $A=mf'^2+ng'^2$, g' étant dif- « férent de g. »

Si on avait à-la-fois $A=mf^2+ng^2=mf'^2+ng'^2$, il en résulterait

(1) Les nombres m et n doivent être premiers entre eux, puisque mf^2+ng^2 est égal à un nombre premier; mais on peut supposer de plus que m et n n'ont aucun facteur carré : car si on avait $m=m'\alpha^2$, il est clair que la formule my^2+nz^2 serait comprise dans $m'y^2+nz^2$.

$\frac{f^2-f'^2}{n}=\frac{g'^2-g^2}{m}$; équation dont chaque membre doit être un nombre entier, parce que m et n n'ont point de commun diviseur. Soit donc $n=\alpha\beta$, $m=\gamma\delta$, on pourra faire en général

$$f+f'=\alpha\text{M}\,\text{N} \qquad g'+g=\gamma\text{M}\,\text{P}$$
$$f-f'=\beta\text{P}\,\text{Q} \qquad g'-g=\delta\text{N}\,\text{Q};$$

ce qui donnera $2f=\alpha\text{MN}+\beta\text{PQ}$, $2g=\gamma\text{MP}-\delta\text{NQ}$; donc $4mf^2+4ng^2$ ou $4\text{A}=(\alpha\gamma\text{M}^2+\beta\delta\text{Q}^2).(\alpha\delta\text{N}^2+\beta\gamma\text{P}^2)$.

Maintenant, puisque A est un nombre premier, cette équation ne peut subsister, à moins qu'un des facteurs du second membre ne soit égal à 4 ou à 2.

Soit 1° $\alpha\gamma\text{M}^2+\beta\delta\text{Q}^2=2$: j'observe qu'aucun des nombres M, N, P, Q ne peut être supposé égal à zéro, parce que cette supposition rendrait identiques les deux formes mf^2+ng^2, $mf'^2+ng'^2$; on ne pourra donc satisfaire à l'équation précédente qu'en faisant $\alpha\beta\gamma\delta=1$; $\text{M}=\text{Q}=1$. Mais alors le nombre A serait de la forme y^2+z^2, et par conséquent il ne pourrait être qu'une fois de cette forme (n° 236).

Soit 2° $\alpha\gamma\text{M}^2+\beta\delta\text{Q}^2=4$, cette équation ne pourra avoir lieu qu'en faisant $\alpha\beta\gamma\delta=3$, $\text{M}=\text{Q}=1$, alors le nombre A serait de la forme y^2+3z^2, ce qui rentre dans le cas déja examiné n° 236.

Donc dans tous les cas le nombre premier A ne pourra être exprimé que d'une manière par la formule my^2+nz^2.

(241) « Le double d'un nombre premier A ne peut être exprimé non « plus de deux manières différentes par la même formule my^2+nz^2, « en sorte que si l'on a $2\text{A}=mf^2+ng^2$, on ne pourra avoir en « même temps $2\text{A}=mf'^2+ng'^2$, g' étant différent de g. »

Car toutes choses restant comme dans la proposition précédente, on sera conduit de même à l'équation

$$8\text{A}=(\alpha\gamma\text{M}^2+\beta\delta\text{Q}^2)(\alpha\delta\text{N}^2+\beta\gamma\text{P}^2).$$

Or pour que cette équation subsiste, il faut que l'un des facteurs du second membre soit égal à 2, ou à 4, ou à 8, sans cependant qu'aucun des nombres M, N, P, Q soit zéro.

Soit 1° $\alpha\gamma M^2+\beta\delta Q^2=2$; cette équation ne pourra avoir lieu qu'autant qu'on aura $\alpha\beta\gamma\delta=1$, $M=Q=1$. Mais alors $2A$ serait de la forme y^2+z^2, et si on avait $2A=f^2+g^2=f'^2+g'^2$, il en résulterait

$$A=\left(\frac{f+g}{2}\right)^2+\left(\frac{f-g}{2}\right)^2=\left(\frac{f'+g'}{2}\right)^2+\left(\frac{f'-g'}{2}\right)^2.$$

Donc le nombre premier A serait deux fois de la forme y^2+z^2, ce qui est impossible (n° 236).

Soit 2° $\alpha\gamma M^2+\beta\delta Q^2=4$; la seule manière de satisfaire à cette équation (sans supposer M ou Q égal à zéro, ni $\alpha\beta\gamma\delta$ divisible par un carré), est de faire $\alpha\beta\gamma\delta=3$, $M=1$, $Q=1$; mais alors on aurait $2A=f^2+3g^2$, équation impossible, parce que le premier membre est de la forme $4n+2$, tandis que le second sera toujours, ou impair, ou multiple de 4.

Soit 3° $\alpha\gamma M^2+\beta\delta Q^2=8$; il est aisé de voir d'abord que $\alpha\beta\gamma\delta$ ou mn ne peut, dans ce cas, être un nombre pair; car, par exemple, si l'on fait $\alpha\gamma=2$, $\beta\delta=3$, on aura l'équation $2M^2+3N^2=8$, à laquelle on ne peut satisfaire qu'en faisant $N=0$. Les autres valeurs paires de mn ne pourraient être que 2 ou 10; mais on reconnaîtra de même qu'elles sont inadmissibles.

Il reste donc à examiner les valeurs impaires de mn ou de $\alpha\beta\gamma\delta$, au moins celles qui ne donnent pas plus de 8 pour la somme des deux facteurs $\alpha\gamma+\beta\delta$; car la quantité $\alpha\gamma M^2+\beta\delta Q^2$ est au moins égale à cette somme, puisqu'on ne peut faire ni M ni Q égal à zéro.

Le cas de $mn=1$ ayant été déja examiné, soit $mn=3$, on aura $M^2+3Q^2=8$, équation dont l'impossibilité est manifeste.

Soit $mn=5$, on aura $M^2+5Q^2=8$, équation pareillement impossible.

Soit $mn=7$, on aura $M^2+7Q^2=8$, équation possible; mais alors on aurait $2A=f^2+7g^2$, équation impossible, parce que le second membre est ou impair, ou multiple de 8.

On ne peut faire $mn=9$ à cause du facteur carré, ni $mn=11$, ou $mn=13$, parce que $1+11$ ou $1+13$ surpassent 8.

Soit enfin $mn=15$, $\alpha\gamma=3$, $\beta\delta=5$, l'équation $3M^2+5Q^2=8$

sera possible ; mais alors on aurait $2A = f^2 + 15g^2$ ou $2A = 3f^2 + 5g^2$, équations toutes deux impossibles, parce que le second membre est ou impair, ou multiple de 8.

Donc, dans aucun cas, le double d'un nombre premier ne peut être compris de deux manières dans la formule $my^2 + nz^2$.

(242) « Tout nombre P premier, ou double d'un premier, qui est « compris dans la formule quadratique $py^2 + 2qyz + 2\pi z^2$, ne peut « être exprimé que d'une manière par cette formule ; en sorte que si « on a $P = pf^2 + 2qfg + 2\pi g^2$, on ne pourra avoir en même temps « $P = pf'^2 + 2qf'g' + 2\pi g'^2$. » (On suppose toujours p impair et $2p\pi - q^2$ égal à un nombre positif c.)

J'observe d'abord que le cas où P est double d'un nombre premier se ramène aisément à celui où P est un nombre premier ; car si on a

$$2A = pf^2 + 2qfg + 2\pi g^2$$
$$2A = pf'^2 + 2qf'g' + 2\pi g'^2,$$

il faudra que f et f' soient pairs. Ainsi faisant $f = 2h$, $f' = 2h'$, on aura

$$A = 2ph^2 + 2qhg + \pi g^2$$
$$A = 2ph'^2 + 2qh'g' + \pi g'^2.$$

Donc s'il est impossible qu'un nombre premier A soit compris de deux manières dans une même formule quadratique, il sera pareillement impossible que son double 2 A soit exprimé de deux manières par la formule quadratique qui contient 2 A. Réciproquement si la proposition était démontrée pour le cas de $P = 2A$, elle le serait pour celui de $P = A$; c'est pourquoi il suffira de considérer l'un de ces cas.

Soit donc A un nombre premier compris dans la formule... $py^2 + 2qyz + 2\pi z^2$ qu'on pourra considérer comme l'un des diviseurs quadratiques de la formule $t^2 + cu^2$. Si l'on fait $A = pf^2 + 2qfg + 2\pi g^2$, et qu'après avoir déterminé $f°$ et $g°$ par l'équation $fg° - f°g = 1$, on substitue $fy + f°z$ et $gy + g°z$ à la place de y et z dans la formule

$py^2 + 2qyz + 2\pi z^2$, cette formule deviendra de la forme.... $Ay^2 + 2Byz + Cz^2$, où l'on aura $AC - B^2 = c$.

Donc si le nombre A est compris de deux manières différentes dans la formule proposée $py^2 + 2qyz + 2\pi z^2$, il faudra qu'on puisse satisfaire à l'équation $A = Ay^2 + 2Byz + Cz^2$, sans supposer $z = 0$. Cette équation étant multipliée par A donne $A^2 = (Ay + Bz)^2 + cz^2$, ou $A^2 - (Ay + Bz)^2 = cz^2$. Soit $c = mn$, m et n étant deux facteurs indéterminés, on pourra faire

$$A + Ay + Bz = mM$$
$$A - Ay - Bz = nN,$$

et l'équation à résoudre deviendra $MN = z^2$. Or on satisfait généralement à cette équation, en prenant $M = \lambda\mu^2$, $N = \lambda\nu^2$, $z = \lambda\mu\nu$, μ et ν étant premiers entre eux; on aura donc

$$A + Ay + B\lambda\mu\nu = m\lambda\mu^2$$
$$A - Ay - B\lambda\mu\nu = n\lambda\nu^2,$$

d'où l'on tire $2A = \lambda(m\mu^2 + n\nu^2)$.

Ce résultat, qui a lieu quel que soit A, prouve qui si un nombre quelconque A est compris de deux manières différentes dans une même formule quadratique $py^2 + 2qyz + 2\pi z^2$, son double $2A$ sera le produit de deux facteurs λ, ω, l'un ω de la forme $my^2 + nz^2$ (ou $mn = c$), l'autre λ moindre que $\frac{A}{\sqrt{c}}$.

Maintenant si A est un nombre premier, comme on peut faire abstraction du cas de $c = 1$, on ne pourra faire ni $\lambda = A$, ni $\lambda = 2A$; donc puisque λ est diviseur de $2A$, il faudra que λ soit 1 ou 2; ainsi on aura soit $A = m\mu^2 + n\nu^2$, soit $2A = m\mu^2 + n\nu^2$.

1° Si on a $A = m\mu^2 + n\nu^2$, le nombre premier A sera compris dans la formule $my^2 + nz^2$, qui est l'un des diviseurs quadratiques de la formule $t^2 + cu^2$. Mais comme un même nombre premier ne saurait appartenir à deux différents diviseurs quadratiques d'une même formule $t^2 + cu^2$, il s'ensuit que la formule $my^2 + nz^2$ doit coïncider avec la formule donnée $py^2 + 2qyz + 2\pi z^2$. Or on a prouvé (n° 240) que le nombre premier A ne peut être qu'une fois de la forme $my^2 + nz^2$, donc il ne peut être qu'une fois de la forme équivalente $py^2 + 2qyz + 2\pi z^2$.

2° Si on a $2A = my^2 + nz^2$, le nombre 2 A appartiendra au diviseur quadratique $my^2 + nz^2$. Mais de ce que le nombre A est compris dans le diviseur $py^2 + 2qyz + 2\pi z^2$, il s'ensuit que 2 A est compris dans le diviseur conjugué $2py^2 + 2qyz + \pi z^2$. Donc comme 2 A ne peut appartenir à deux diviseurs quadratiques différents, il faut que la formule $2py^2 + 2qyz + \pi z^2$ soit identique avec $my^2 + nz^2$. Mais s'il y avait deux solutions de l'équation.. $A = py^2 + 2qyz + 2\pi z^2$, il y en aurait deux de l'équation... $2A = 2py^2 + 2qyz + \pi z^2$, et partant deux de son identique $2A = my^2 + nz^2$, ce qui est impossible (n° 241).

Donc le nombre premier A ne peut être exprimé de deux manières différentes par la même formule $py^2 + 2qyz + 2\pi z^2$: « donc tout « nombre P, etc. »

243. *Remarque.* La proposition précédente et même les propositions des art. 240 et 241, sont sujettes à exception dans trois cas, savoir :

1° Si le diviseur quadratique est de la forme $py^2 + 2pyz + 2\pi z^2$, ou simplement $py^2 + rz^2$, ce qui suppose $q = 0$.

2° S'il est de la forme $py^2 + 2qyz + 2qz^2$, qui suppose $r = 2q$.

3° S'il est de la forme $py^2 + 2qyz + pz^2$, qui suppose $r = p$.

Car il est visible que dans ces différents cas, chaque manière de représenter un nombre donné P par l'un de ces diviseurs, en fournit immédiatement une seconde.

Ainsi 1° si l'on satisfait à l'équation $P = py^2 + rz^2$, en faisant $y = m$, $z = n$, on y satisfait aussi en faisant $y = m$, $z = -n$, ce qui, rigoureusement parlant, est une solution différente.

2° Si l'on satisfait à l'équation $P = py^2 + 2qyz + 2qz^2$, en faisant $y = m$, $z = n$, on y satisfait aussi en faisant $y = m$, $z = -m - n$.

3° Si l'on satisfait à l'équation $P = py^2 + 2qyz + pz^2$ en faisant $y = m$, $z = n$, on y satisfait aussi en faisant $y = n$, $z = m$.

Nous appellerons, pour abréger, *diviseurs quadratiques bifides*, ou simplement *diviseurs bifides*, ceux qui tombent dans l'un de ces trois cas; mais nous conviendrons en même temps de ne regarder que comme une solution les deux qui vont ainsi ensemble et qui se déduisent l'une de l'autre de la même manière. Alors les propositions précédentes seront absolument générales et il n'y aura lieu à aucune exception.

(244) « Tout nombre premier A compris dans la formule quadratique $py^2 + qyz + rz^2$ dont les coefficients sont impairs, n'y « peut être compris que d'une seule manière, excepté dans le cas évi- « dent où deux des nombres p, q, r sont égaux. » (On suppose toujours $4pr - q^2$ égal à un nombre positif c.)

On a déja vu, n° 221, que la formule $py^2 + qyz + rz^2$ renferme les trois suivantes :

$$py^2 + 2qyz + 4rz^2$$
$$4py^2 + 2qyz + rz^2$$
$$(p - q + r)y^2 + (4p - 2q)yz + 4pz^2.$$

donc il faudra que le nombre premier A appartienne à l'une de ces formules. Mais celles-ci étant réduites à la forme ordinaire, où deux coefficients sont pairs, il suit du théorème précédent, que le nombre A ne pourra être compris que d'une seule manière dans la formule à laquelle il appartient : donc il ne pourra être exprimé que d'une manière par la formule proposée $py^2 + qyz + rz^2$, excepté dans le cas des diviseurs bifides, dont nous faisons abstraction.

Nota. Les théorèmes précédents concernant les nombres $P = A$, $P = 2A$, premiers ou doubles de premiers, s'appliquent également aux nombres de la forme $P = A^k$, $P = 2A^k$, k étant un exposant quelconque; car dans ces formes, comme dans celles où $k = 1$, le nombre P ne pourra appartenir qu'à un seul diviseur quadratique de la formule $t^2 + cu^2$ (voyez n° 234).

(245) « **Soit P un nombre composé**, impair ou double d'un impair : « si l'on suppose que P soit diviseur de la formule $t^2 + cu^2$, et qu'en

« conséquence P soit compris dans un ou plusieurs diviseurs qua-
« dratiques de cette formule, je dis que P sera toujours exprimé
« par ces diviseurs quadratiques de 2^{i-1} manières différentes, i
« étant le nombre des facteurs premiers inégaux qui divisent P sans
« diviser c. »

En effet, puisque P est diviseur de la formule $t^2 + cu^2$, il le sera de la formule $x^2 + c$, et l'équation $\frac{x^2+c}{P} = e$ aura autant de solutions qu'il y a d'unités dans 2^{i-1} (voyez n° 193). Soient Q, Q', Q'', etc., ces différentes valeurs de x moindres que $\frac{1}{2}$P, et soient en même temps R, R', R'', etc. les valeurs correspondantes de la quantité $\frac{x^2+c}{P}$, on pourra avec ces nombres composer les formules

$$Py^2 + 2Qyz + Rz^2$$
$$Py^2 + 2Q'yz + R'z^2$$
$$Py^2 + 2Q''yz + R''z^2$$
etc.

dans lesquelles P est constamment le même, et qui seront toutes des diviseurs quadratiques de la formule $t^2 + cu^2$.

Soit $py^2 + 2qyz + rz^2$ un des diviseurs de la même formule, réduit à la forme la plus simple, et dans lequel le nombre P soit contenu, on pourra donc supposer $P = pf^2 + 2qfg + rg^2$. Si ensuite on détermine f° et g° d'après l'équation $fg^\circ - f^\circ g = 1$, et qu'on mette $fy + f^\circ z$ au lieu de y, et $gy + g^\circ z$ au lieu de z, la formule $py^2 + 2qyz + rz^2$ deviendra par cette substitution $Py^2 + 2Myz + Nz^2$ et on aura

$$M = pff^\circ + q(fg^\circ + f^\circ g) + rgg^\circ$$
$$N = pf^{\circ 2} + 2qf^\circ g^\circ + rg^{\circ 2}.$$

D'ailleurs on pourra toujours prendre f° et g° de manière que M soit moindre ou non plus grand que $\frac{1}{2}$P. De là on voit que pour que M puisse être successivement égal à chacun des nombres Q, Q', Q'', etc. (comme cela est nécessaire, puisque chaque diviseur quadratique $Py^2 + 2Qyz + Rz^2$, après avoir été réduit à la forme la plus simple, doit coïncider avec l'un des diviseurs représentés par $py^2 + 2qyz + rz^2$), il faut que les valeurs de f et g puissent être variées en autant de manières qu'il y a de nombres Q, Q′, Q″, etc., c'est-à-dire en un nombre de manières 2^{i-1}, i étant le nombre des facteurs premiers, inégaux et impairs, qui divisent P sans diviser c.

Donc le nombre P sera compris de 2^{i-1} manières différentes dans les diviseurs quadratiques de la formule $t^2 + cu^2$.

(24) Si le diviseur quadratique $py^2 + 2qyz + rz^2$ est le seul affecté à un même groupe de diviseurs linéaires, il faudra que les 2^{i-1} formes dont il vient d'être question soient comprises dans ce seul diviseur, et ainsi il y aura dans ce cas 2^{i-1} manières de satisfaire à l'équation $P = py^2 + 2qyz + rz^2$. Résultat remarquable, et qui mérite d'être confirmé par un exemple.

La formule $t^2 + 69u^2$ a pour diviseurs, d'après la Table IV, les nombres premiers 5, 7, 13, 17, 19, etc.; donc le produit 5.7.17, par exemple, ou 595, est un diviseur de la même formule. Ce diviseur étant de la forme $276x + 43$, la même Table fait voir qu'il doit être compris dans le diviseur quadratique $7y^2 + 2yz + 10z^2$, et parce que ce diviseur est seul de son espèce, et qu'en même temps le nombre compris 595 est composé de trois facteurs impairs, inégaux; il faudra, d'après le corollaire précédent, que 595 soit compris de 2^{3-1} ou 4 manières dans la formule $7y^2 + 2yz + 10z^2$. En effet, si on met l'équation $595 = 7y^2 + 2yz + 10z^2$ sous cette forme $(7y + z)^2 = 4165 - 69z^2$, et qu'on donne à z les valeurs successives 0, 1, 2, 3, etc., on trouvera les solutions suivantes :

$z = 1$	$y = 9$
6	5
7	$\begin{cases} 3 \\ -5 \end{cases}$

Donc il y a trois valeurs de z dont une répond à deux valeurs de y, et ainsi il a quatre solutions de l'équation proposée, conformément au théorème.

Remarque I. Les mêmes exceptions qui ont été observées n° 243, lorsque P est premier ou double d'un nombre premier, ont également lieu lorsque P est un nombre composé; mais elles se rapportent toutes aux diviseurs bifides, et on peut en faire abstraction.

Remarque II. Si un nombre impair P est diviseur de la formule t^2+cu^2, où c est de forme $8n+3$, et qu'en conséquence P soit compris dans le diviseur quadratique $py^2+qyz+rz^2$ dont les coefficients sont impairs; on prouvera, comme ci-dessus, que le nombre P sera compris, de 2^{i-1} manières différentes, dans les diviseurs quadratiques de la formule t^2+cu^2, i étant le nombre des facteurs premiers inégaux qui divisent P sans diviser c.

Et il n'y aura point exception, quand même on aurait $r=q$, pourvu qu'on regarde la solution $y=m$, $z=n$, de l'équation... $P=py^2+qyz+qz^2$ comme ne différant point de la solution $y=m$, $z=-m-n$.

(247) « Si c est premier ou double d'un premier, tout nombre N « compris dans un diviseur quadratique de la formule t^2+cu^2, n'y « pourra être compris que d'une manière, tant qu'on n'aura pas « $N>\frac{3}{2}c$. »

Pour le démontrer, nous allons chercher quelles sont les conditions pour que le nombre N soit contenu deux fois dans le diviseur quadratique $py^2+2qyz+rz^2$. Alors en faisant $py+qz=x$, on aurait les deux solutions

$$pN=x^2+cz^2=x'^2+cz'^2.$$

Soit 1° $z'=z$, on ne supposera pas en même temps $x'=x$, parce qu'alors on aurait $y'=y$, et les deux solutions n'en feraient qu'une; mais on peut supposer $x'=-x$, ce qui donnera..... $p(y+y')+2qz=0$.

Puisque le nombre $c=pr-q^2$ est premier ou double d'un premier, les nombres p et $2q$ seront premiers entre eux, ou n'auront que 2 pour commun diviseur.

Dans le premier cas, on ne peut satisfaire à l'équation.....

$p(y+y')+2qz=0$ qu'en faisant $y+y'=2mq$, $z=-mp$. On a donc alors $N=py^2-2qmpy+rm^2p^2=p[(y-mq)^2+cm^2]$; donc $N>pcm^2$, ou en général $N>pc$. Le cas de $p=1$ et $p=3$ ne donnant qu'une même solution, on aura au moins $p=5$; ainsi pour que N soit contenu deux fois dans le même diviseur quadratique, il faut qu'on ait $N>5c$.

Dans le second cas, p étant pair, si l'on fait $p=2\pi$, on aura l'équation $\pi(y+y')+qz=0$, à laquelle on satisfait en faisant $z=-\pi m$, $y+y'=qm$; d'où résulte $N=2\pi y^2-2q\pi ym+r\pi^2m^2$ $=\frac{\pi}{2}[(2y-qm)^2+cm^2]$. Donc $N>\frac{\pi}{2}cm^2$, ou en général $N>\frac{pc}{4}$. On ne peut supposer $p=2$, ni $p=4$, parce qu'il n'en résulte pas proprement deux solutions, ainsi la moindre valeur que puisse avoir p est 6, ce qui donnera $N>\frac{3}{2}c$.

Soit 2° $z'>z$, alors ayant $x^2-x'^2=c(z'^2-z^2)$, l'un des facteurs $x+x'$, $x-x'$ du premier membre devra être divisible par c; et comme le signe de x' est à volonté, on pourra faire $x+x'=cu$. De là résulte $x-x'=\frac{z'^2-z^2}{u}$, $x=\frac{1}{2}cu+\frac{z'^2-z^2}{2u}$, et $Np=\frac{1}{4}c^2u^2$ $+\frac{c}{2}(z'^2+z^2)+\left(\frac{z'^2-z^2}{2u}\right)^2$; donc on aura $Np>\frac{1}{4}c^2u^2$, ou en général $Np>\frac{1}{4}c^2$; et parce qu'on a $p<\sqrt{\frac{4}{3}c}$, il s'ensuit $N>\frac{3}{2}c\sqrt{\frac{c}{48}}$.

Cette limite est égale à $\frac{3}{2}c$, lorsque $c=48$, et elle est plus grande lorsque c surpasse 48. D'ailleurs en examinant successivement tous les cas où l'on a $c<48$, on ne rencontre aucune exception à la proposition que nous avons énoncée. Donc on peut dire en général que si on a $N<\frac{3}{2}c$, le nombre N ne pourra être contenu qu'une fois dans un même diviseur quadratique de la formule t^2+cu^2, c étant premier ou double d'un premier.

§ XIV. *Sur les moyens de trouver un nombre premier plus grand qu'un nombre donné.*

(248) Soit M un nombre contenu deux ou plusieurs fois dans la formule $py^2 + 2qyz + rz^2$, en sorte qu'on ait

$$M = p\alpha^2 + 2q\alpha\beta + r\beta^2 = p\gamma^2 + 2q\gamma\delta + r\delta^2;$$

multipliant tout par p, et faisant à l'ordinaire $pr - q^2 = c$, on aura

$$(p\alpha + q\beta)^2 + c\beta^2 = (p\gamma + q\delta)^2 + c\delta^2.$$

Supposons que c ou $\frac{1}{2}c$ soit un nombre premier, ou qu'au moins si l'un ou l'autre est le produit de deux facteurs, l'un de ces facteurs soit commun avec p et q; alors l'équation précédente ne peut avoir lieu, à moins que $p\alpha + q\beta \mp (p\gamma + q\delta)$ ne soit divisible par c. Soit donc $p\gamma + q\delta = \pm(p\alpha + q\beta - cx)$, on aura, après avoir substitué et divisé par c, l'équation

$$\beta^2 + 2(p\alpha + q\beta)x - cx^2 = \delta^2. \qquad \text{(a)}$$

Toutes les fois que cette équation sera possible, c'est-à-dire, toutes les fois qu'on pourra trouver une valeur de x autre que zéro, par laquelle le premier membre devienne un carré parfait, il s'ensuivra que le nombre M ou sa moitié n'est pas un nombre premier.

(249) Si l'équation (a) n'est possible qu'en faisant $x = 0$, il ne faudra pas encore en conclure que le nombre M ou sa moitié est un nombre premier. Cependant si dans ce même cas le diviseur quadratique $py^2 + 2qyz + rz^2$ relatif à la formule $t^2 + cu^2$, est seul de son espèce, en sorte qu'un nombre qui y est contenu ne puisse appartenir à aucun autre diviseur quadratique de la même for-

mule $t^2 + cu^2$; ou en d'autres termes, si le diviseur quadratique $py^2 + 2qyz + rz^2$ est seul affecté à un même groupe de diviseurs linéaires, comme on en voit des exemples multipliés dans les Tables IV, V, VI et VII, je dis qu'on pourra conclure que le nombre M ou sa moitié est un nombre premier, sauf une exception dont il sera fait mention.

En effet, 1° si le nombre M, compris dans la formule.... $py^2 + 2qyz + rz^2$, est divisible par deux nombres premiers différents non-diviseurs de c, on a déja vu (n° 246) que M sera compris de deux manières différentes dans la formule $py^2 + 2qyz + rz^2$, puisque celle-ci est seule de son espèce. Donc alors l'équation (a) aurait au moins deux solutions.

2° Si le nombre M est égal à une puissance paire du nombre premier α, ou si l'on a $M = \alpha^{2n}$, alors le nombre M appartiendra au diviseur quadratique $y^2 + cz^2$; car si dans ce diviseur on fait $y = \alpha^n$ et $z =$ à un nombre pair, on obtiendra la même forme linéaire $4cx + a$ qui convient au nombre M. Mais on suppose que les formes linéaires dans lesquelles M est compris ne répondent qu'à un seul diviseur quadratique $py^2 + 2qyz + rz^2$; donc ce diviseur, dans lequel M est contenu, n'est autre que $y^2 + cz^2$, ou son équivalent $y^2 + 2yz + (c + 1)z^2$. J'observe maintenant que le nombre M qui sera exprimé par $f^2 + cg^2$, f et g étant premiers entre eux, pourra l'être aussi par la simple formule γ^2, en faisant $y = \gamma = \alpha^n$, $z = 0$; et quoique cette dernière expression ne soit pas régulière, puisqu'on doit toujours supposer y et z premiers entre eux, cependant il n'en est pas moins vrai qu'on pourra faire $f^2 + cg^2 = \gamma^2$, et qu'ainsi l'équation (a), outre la solution $x = 0$, en aura une autre qui donne $\delta = 0$.

3° Si le nombre $M = \alpha^{2n+1}$, α étant un nombre premier, alors il est aisé de voir que α et M appartiendront au même diviseur quadratique. Car soit $\alpha y^2 + 2\beta yz + \gamma z^2$ le diviseur quadratique qui contient α, si l'on fait $y = \alpha^n$ et z égal à un multiple de $2c$, alors ce diviseur devient de la même forme linéaire $4cx + a$ dont est α^{2n+1} ou M. Mais il n'y a par supposition qu'un seul diviseur quadratique qui réponde au groupe de formes linéaires dans lequel M est compris. donc ce diviseur $py^2 + 2qyz + rz^2$ sera identique avec le diviseur $\alpha y^2 + 2\beta yz + \gamma z^2$. Or celui-ci offrira toujours deux manières de représenter M, l'une où y et z seraient premiers entre eux, l'autre où l'on ferait $y = \alpha^m$, $z = 0$. Donc, en vertu de ces deux expressions, l'équation (a) aurait encore deux solutions.

4° Si on a $M = 2\alpha^{2m}$, on prouvera, d'une manière semblable, que le nombre M appartiendra au diviseur quadratique $2y^2 + 2yz + \left(\frac{c+1}{2}\right)z^2$, si c est impair, ou au diviseur $2y^2 + \frac{c}{2}z^2$, si c est pair. Dans les deux cas, le nombre M pourra toujours être exprimé de deux manières par ce diviseur, ainsi l'équation (a) aura deux solutions.

5° Si le nombre $M = 2\alpha^{2m+1}$, on prouvera encore de la même manière, que le nombre M appartiendra au même diviseur quadratique que 2α, et qu'ainsi ce diviseur pourra être représenté par $2\alpha y^2 + 2\beta yz + \gamma z^2$. Il y aura donc au moins deux manières de satisfaire à l'équation $M = py^2 + 2qyz + rz^2$, et par conséquent au moins deux solutions de l'équation (a).

(250) Il paraît, par l'examen de tous ces cas, que si le premier membre de l'équation (a) ne peut devenir un carré que lorsque $x = 0$, on peut en conclure que le nombre M ou $\frac{1}{2}$M est un nombre premier. Il faut néanmoins excepter le cas où M aurait un facteur premier α non commun avec c, et plusieurs autres β, γ, etc. communs avec c, car alors l'équation $\frac{x^2 + c}{M} = e$ ne serait susceptible que d'une solution, et le nombre M ne pourrait être représenté que d'une manière par la formule $py^2 + 2qyz + rz^2$. Mais si d'une part le diviseur quadratique $py^2 + 2qyz + rz^2$ qui contient M, est seul de son espèce; si d'autre part M n'a aucun diviseur commun avec c, et que la quantité $\beta^2 + 2(p\alpha + q\beta)x - cx^2$, formée d'après la valeur $M = p\alpha^2 + 2q\alpha\beta + r\beta^2$, ne puisse être égale à un carré que dans le seul cas de $x = 0$, on pourra conclure avec certitude de ces conditions réunies, que le nombre M ou sa moitié, s'il est pair, est un nombre premier.

(251) Cela posé, si on prend pour α et β des nombres quelconques premiers entre eux, on pourra regarder comme autant de théorèmes les résultats suivants choisis entre plusieurs autres semblables qui sont contenus dans nos Tables. Ils indiquent diverses formules générales dans lesquelles tout nombre compris sera premier ou double d'un premier, si la formule conditionnelle ne peut être un carré que lorsque $x=0$, et si en même temps M et c sont premiers entre eux, ainsi que α et β.

Formule conditionnelle.	*Formule de nombres premiers.*
$\beta^2+2(\alpha+\beta)x-13x^2$	$\alpha^2+2\alpha\beta+14\beta^2$
$\beta^2+2(\alpha+\beta)x-37x^2$	$\alpha^2+2\alpha\beta+38\beta^2$
$\beta^2+6(\alpha+\beta)x-57x^2$	$3\alpha^2+6\alpha\beta+22\beta^2$
$\beta^2+6(\alpha+\beta)x-93x^2$	$3\alpha^2+6\alpha\beta+34\beta^2$
$\beta^2+6(5\alpha+\beta)x-141x^2$	$15\alpha^2+6\alpha\beta+10\beta^2$
$\beta^2+2(11\alpha+7\beta)x-193x^2$	$11\alpha^2+14\alpha\beta+22\beta^2$
$\beta^2+2(2\alpha+\beta)x-11x^2$	$\alpha^2+\alpha\beta+3\beta^2$
$\beta^2+2(2\alpha+\beta)x-19x^2$	$\alpha^2+\alpha\beta+5\beta^2$
$\beta^2+2(2\alpha+\beta)x-43x^2$	$\alpha^2+\alpha\beta+11\beta^2$
$\beta^2+2(2\alpha+\beta)x-67x^2$	$\alpha^2+\alpha\beta+17\beta^2$
$\beta^2+6(2\alpha+\beta)x-123x^2$	$3\alpha^2+3\alpha\beta+11\beta^2$
$\beta^2+2(2\alpha+\beta)x-163x^2$	$\alpha^2+\alpha\beta+41\beta^2$
$\beta^2+10(2\alpha+\beta)x-235x^2$	$5\alpha^2+5\alpha\beta+13\beta^2$
$\beta^2+2\alpha x-10x^2$	$\alpha^2+10\beta^2$
$\beta^2+2\alpha x-22x^2$	$\alpha^2+22\beta^2$
$\beta^2+2\alpha x-58x^2$	$\alpha^2+58\beta^2$
$\beta^2+10\alpha x-70x^2$	$5\alpha^2+14\beta^2$
$\beta^2+6\alpha x-102x^2$	$3\alpha^2+34\beta^2$
$\beta^2+10\alpha x-190x^2$	$5\alpha^2+38\beta^2$

(252) Pour s'assurer si la quantité $\beta^2+2(p\alpha+q\beta)x-cxx$ ne peut être un carré que lorsque $x=0$, il faudra essayer pour x toutes les valeurs en nombres entiers comprises entre les deux ra-

cines de l'équation $\beta^2 + 2(p\alpha + q\beta)x - cxx = 0$. Le nombre des essais est donc en général $\frac{2}{c}\sqrt{p}\,M$, M étant le nombre $p\alpha^2 + 2q\alpha\beta + r\beta^2$ dont on veut déterminer la nature. La formule la plus avantageuse, ou celle qui exige le moins d'essais, est donc celle où, toutes choses d'ailleurs égales, p sera le plus petit, et c le plus grand.

Par exemple, si on considère la formule $\alpha^2 + \alpha\beta + 41\beta^2$, ou plutôt $2\alpha^2 + 2\alpha\beta + 82\beta^2$, afin de l'assimiler à la formule générale $py^2 + 2qyz + rz^2$, le nombre des essais pour s'assurer si le nombre $N = \alpha^2 + \alpha\beta + 41\beta^2$ est un nombre premier, sera $\frac{4\sqrt{N}}{163}$, ou à peu près $\frac{1}{41}\sqrt{N}$.

La formule $5\alpha^2 + 38\beta^2$, qui répond au nombre $c = 190$, est encore plus avantageuse, au moins en prenant α impair; car si l'on fait $N = 5\alpha^2 + 38\beta^2$, le nombre des essais sera $\frac{2\sqrt{5N}}{190}$ ou $\frac{2}{85}\sqrt{N} < \frac{4}{163}\sqrt{N}$. Si l'on suppose de plus dans cette seconde formule, que le nombre β soit impair, ainsi que α, la quantité $\beta^2 + 10\alpha x - 190x^2$ ne pourra être de la forme $8n + 1$, ni par conséquent devenir un carré, à moins qu'on ne suppose x de la forme $4k$ ou $4k - \alpha$, et ainsi les formes $4k + 2$, $4k + \alpha$ étant exclues, le nombre des essais se réduit à $\frac{1}{85}\sqrt{N}$.

(253) Enfin on peut observer que plus α sera petit, plus la limite de x sera petite. D'après toutes ces considérations, voici la manière qui paraît la plus simple de trouver un nombre premier plus grand qu'une limite donnée L.

Ayant fait $\alpha = 1$, prenez pour β un nombre impair $> \sqrt{\frac{L}{38}}$ et non-divisible par 5, vous aurez le nombre impair $N = 5 + 38\beta^2$ plus grand que la limite donnée L; ce nombre n'a point de diviseur commun avec 190; donc pour savoir si N est un nombre premier, il restera à examiner s'il y a une valeur de x autre que zéro qui puisse rendre la quantité $\beta^2 + 10x - 190x^2$ égale à un carré. Les valeurs de x à essayer seront tous les nombres de forme $4k$ ou

$4k+3$, tant positifs que négatifs, moindres que $\frac{\beta}{\sqrt{190}}$: si aucun de ces nombres ne rend la quantité dont il s'agit égale à un carré, on en conclura que le nombre $5+38\beta^2$ est un nombre premier.

Soit proposé, par exemple, de trouver par cette méthode un nombre premier plus grand que 1000000; on prendra β impair et $>\sqrt{\frac{1000000}{38}}$. Soit $\beta=163$, il faudra voir si on peut satisfaire à l'équation

$$26569+10x-190x^2=y^2.$$

Les valeurs de x à essayer seront seulement $-1, 3, \pm 4, -5, 7, \pm 8, -9, 11$; et comme aucune d'elles ne rend le premier membre égal à un carré, il s'ensuit que le nombre $5+38\beta^2=1009627$ est un nombre premier.

(254) Dans des exemples plus compliqués, on parviendrait facilement à diminuer encore le nombre des tentatives, en observant quels sont les restes des carrés divisés par 3, par 7, ou par quelqu'autre nombre premier, et excluant les valeurs de x qui ne peuvent donner ces restes. Ainsi, en prenant $\beta=3h$, on trouverait que x ne peut avoir aucune des quatre formes $9k+3, 9k+4, 9k+6, 9k+7$, ce qui réduit le nombre des essais aux $\frac{5}{9}$ du nombre total. Si l'on avait $\beta=22h\pm 1$, les formes exclues seraient $x=11k+1, 6, 8, 9, 10$, et le nombre des essais serait réduit aux $\frac{6}{11}$. Donc par la combinaison de deux semblables suppositions, c'est-à-dire en prenant $\beta=66m\pm 21$, le nombre des valeurs de x à essayer se réduirait à $\frac{5}{9}\cdot\frac{6}{11}$ ou $\frac{10}{33}$ du nombre total, qui est environ $\frac{1}{85}\sqrt{L}$, et deviendrait seulement $\frac{1}{280}\sqrt{L}$.

Soit, par exemple, $\beta=681$; pour savoir si le nombre $5+38\beta^2=17\,622\,923$ est un nombre premier, il faut voir si on peut satisfaire à l'équation $463761+10x-190x^2=y^2$; et d'après ce que nous venons de trouver, les valeurs de x à essayer se réduisent aux suivantes :

$$11, 27, 35, 36, 44, 47, -4, -8, -9, -17, -28, -37, -40, -44.$$

Or la valeur 35 donne $y = 481$, donc le nombre dont il est question n'est pas un nombre premier.

Soit encore $6 = 747$, on aura la quantité $358009 + 10x - 190x^2$, dans laquelle il faudra substituer pour x chacun des nombres suivants :

$$11, 27, 35, 36, 44, 47, -4, -8, -9, -17, -28, -37, -40, -44, -52, -53.$$

Et comme on trouve qu'aucun de ces nombres ne rend la quantité dont il s'agit égale à un carré, il s'ensuit que le nombre.... $5 + 38\,6^2 = 21\,204\,347$ est un nombre premier.

(255) On peut, d'après ces principes, expliquer d'une manière satisfaisante, pourquoi certaines formules renferment une suite de nombres premiers assez étendue. (Voyez Introd., n° XX.)

Par exemple, on trouve dans la Table (n° 251) que la formule $\alpha^2 + \alpha + 41$ doit être égale à un nombre premier, toutes les fois que la quantité $1 + (4\alpha + 2)x - 163x^2$ ne pourra devenir un carré qu'en faisant $x = 0$. Or on voit au premier coup-d'œil, que cette quantité ne pourra être un carré, ni même un nombre positif, tant que $4\alpha + 2$ sera < 163, ou $\alpha < 40$. Donc si on fait successivement $\alpha = 0, 1, 2, 3\ldots$ jusqu'à 39, toutes les valeurs qui en résulteront pour $\alpha^2 + \alpha + 41$, doivent être des nombres premiers.

On trouve également, dans la Table du n° 251, que la formule $\alpha^2 + 58$ désigne un nombre premier ou son double, toutes les fois que $1 + 2\alpha x - 58x^2$ ne pourra être un carré (excepté en faisant $x = 0$). Or il est manifeste que cette quantité ne peut être un carré tant que α sera au-dessous de 29. On voit donc *a priori* que les 29 premiers nombres contenus dans la formule $\alpha^2 + 58$ doivent être premiers ou doubles de premiers.

Il en est de même des 19 premiers nombres contenus dans la formule $5z^2 + 38$, parce que la quantité $1 + 10\alpha x - 190x^2$ ne peut devenir un carré tant que α est au-dessous de 19.

Remarque. Le problème de déterminer un nombre premier plus grand qu'un nombre donné, n'est pas résolu complètement dans ce paragraphe. On a indiqué seulement diverses formules, dans lesquelles prenant au hasard un nombre plus grand que la limite assignée, il y a déja une probabilité assez grande que ce nombre sera premier. Mais pour s'en assurer entièrement, il faut faire des essais qui sont d'autant plus longs, que le nombre dont il s'agit doit être plus considérable; et si cette grandeur passe certaines limites, il pourra être plus avantageux de suivre les méthodes indiquées dans le paragraphe suivant.

§ XV. *Usage des Théorèmes précédents pour reconnaître si un nombre donné est premier ou s'il ne l'est pas.*

(256) Les Tables de nombres premiers qu'on a construites jusqu'à présent n'étant pas fort étendues, il serait à désirer, pour la perfection de la théorie des nombres, qu'on trouvât une méthode praticable au moyen de laquelle on pût décider assez promptement si un nombre donné qui excède les limites des Tables est premier ou s'il ne l'est pas. En attendant que cette méthode soit trouvée, nous allons faire voir quels secours on peut tirer des théorèmes exposés jusqu'à présent, pour la solution de ce problème particulier.

On a déja vu que si le nombre proposé A est de la forme $a^n \pm 1$, ou s'il est seulement diviseur de cette formule, tout nombre premier qui divise A doit être de la forme $nx + 1$ ou $2nx + 1$ lorsque n est impair; car s'il n'était pas de cette forme, il diviserait le nombre plus petit $a^\nu \pm 1$, ν étant un diviseur impair de n. Ayant donc examiné tous les nombres $a^\nu \pm 1$, qui remplissent cette condition, si aucun de leurs facteurs premiers ne divise A, on sera assuré que les diviseurs de A ne peuvent être que de la forme mentionnée $nx + 1$ ou $2nx + 1$; et si n est impair, il faudra non-seulement que les diviseurs de A soient de la forme $2nx + 1$, mais qu'ils soient aussi de l'une des formes linéaires qui conviennent aux diviseurs de $t^2 \pm au^2$. Ces formes étant connues par nos Tables (au moins lorsque a ne passe pas leurs limites), on pourra, par la combinaison de ces deux conditions, réduire beaucoup la multitude des nombres premiers moindres que $\sqrt{A}$ par lesquels il faut essayer de diviser A. Nous avons déja donné des exemples de cette méthode dans le § V; nous ajouterons encore les deux suivants.

(257) Considérons 1° le nombre $2^{25} - 1 = (2^5 - 1) \,.\, 1082401$, et pro-

posons-nous de trouver tous les diviseurs du facteur 1082401 = A : comme ce nombre n'est pas divisible par $2^5 - 1 = 31$, il ne peut avoir pour diviseurs que des nombres de la forme $50x + 1$. De plus, le nombre A étant diviseur de la formule $2^{26} - 2$ qui est de la forme $t^2 - 2u^2$, il faudra que les diviseurs de A soient de la forme $8n + 1$, ou de la forme $8n + 7$. Mais la forme $50x + 1$ renferme les quatre

$$200x + 1, \quad 51, \quad 101, \quad 151;$$

excluant donc la seconde et la troisième qui ne s'accordent pas avec les formes $8n + 1$ et $8n + 7$, il ne restera pour les diviseurs de A que les deux formes

$$200x + 1, \quad 200x + 151.$$

Les nombres moindres que $\sqrt{A}$ compris dans ces formes sont :

$$151, 201, 351, 401, 551, 601, 751, 801, 951, 1001;$$

d'où excluant ceux qui ne sont pas premiers, il reste les quatre seuls nombres 151, 401, 601, 751, par lesquels il faut essayer de diviser A.

La division ne réussit ni par 151, ni par 401, mais elle réussit par 601, et on a pour quotient 1801 ; donc le nombre A n'est pas un nombre premier. Et quant au quotient 1801, il est nécessairement premier, car s'il ne l'était pas, il admettrait la division par un nombre moindre que $\sqrt{1801}$, ce qui n'est pas possible, puisque le moindre nombre premier qui divise A est 601. Donc on a simplement $A = 601 . 1801$.

Considérons 2° le nombre $2^{27} - 1 = (2^9 - 1) . 262657$, et soit proposé de trouver les diviseurs du nombre $A = 262657$; il est facile de s'assurer que ce nombre n'est divisible par aucun de ceux qui divisent $2^3 - 1$ ou $2^9 - 1$; donc ses diviseurs, s'il en a, sont de la forme $54x + 1$. D'ailleurs A étant lui-même diviseur de $2^{28} - 2$, les diviseurs de A sont aussi de la forme $t^2 - 2u^2$, et par conséquent de l'une des formes $8n + 1$ et $8n + 7$. Si on combine donc ces deux formes avec la forme $54x + 1$, on aura les deux formes $216x + 1$,

$216x + 55$, lesquelles ne comprennent, au-dessous de $\sqrt{A} = 512$, que les cinq nombres 55, 217, 271, 433, 487. Retranchant de ceux-ci les nombres composés, il ne reste à essayer que les trois nombres premiers 271, 433, 487; et comme aucun de ces trois nombres ne divise 262657, on en conclura avec certitude que 262657 est un nombre premier.

(258) En général, étant proposé un nombre quelconque A, on tâchera de ramener ce nombre ou un de ses multiples, à la forme $t^2 + au^2$, a étant un nombre le moins grand possible, et qui ne passe pas les limites des Tables. Pour cela, il faut extraire la racine carrée tant de A que de quelques-uns de ses multiples 2 A, 3 A, 4 A, etc., et on fera en sorte que le reste, positif ou négatif, soit de la forme au^2, u^2 étant le plus grand carré par lequel ce reste est divisible.

Dès qu'on aura mis A, ou en général kA sous la forme $t^2 \pm au^2$, on sera sûr que les diviseurs de A sont compris parmi les formes linéaires des diviseurs de la formule $t^2 \pm au^2$; et comme ces formes linéaires excluent la moitié des nombres premiers, autant on aura trouvé de formes différentes $t^2 \pm au^2$ pour A ou kA, autant de fois on aura réduit à moitié le nombre de diviseurs à essayer pour le nombre A. Si donc il y a m nombres premiers compris depuis 1 jusqu'à $\sqrt{A}$, et que i soit le nombre des formes $t^2 \pm au^2$ dont il s'agit, on n'aura plus à essayer que $(\frac{1}{2})^i . m$ nombres premiers, pour s'assurer si A est premier, ou s'il ne l'est pas.

Si A était un diviseur de la formule $a^n \pm 1$, ou $a^n \pm b^n$, a et b étant premiers entre eux, on aurait de plus les conditions dont nous avons déja parlé, qu'on combinerait avec celles qui résultent de la forme $t^2 \pm au^2$.

(259) Enfin on peut encore indiquer un moyen qui le plus souvent aura du succès. Il consiste à convertir en fraction continue $\sqrt{A}$ ou $\sqrt{2A}$, $\sqrt{3A}$, etc. Car si en général $\frac{\sqrt{kA} + I}{D}$ est un quotient-complet provenant du développement de $\sqrt{kA}$, et que $\frac{p}{q}$ soit la fraction convergente qui répond à ce quotient, on aura (n° 30)...

$\pm D = p^2 - kAq^2$, ou $kAq^2 = p^2 \mp D$. Donc les diviseurs de A sont diviseurs de $p^2 \mp D$, ou en général de $t^2 \mp Du^2$, savoir de $t^2 + Du^2$ lorsque le quotient-complet est de rang pair, et de $t^2 - Du^2$ lorsqu'il est de rang impair.

Dans cette opération, le nombre D n'excède jamais $2\sqrt{kA}$, et le plus souvent il est beaucoup plus petit ; ainsi on pourra connaître, par ce moyen, des formules assez simples $t^2 \pm Du^2$ dont les facteurs de A doivent être diviseurs. Et s'il arrivait qu'on trouvât deux formules $t^2 + Du^2$, $t^2 - Du^2$ contenant la même valeur de D, il s'ensuivrait que A qui divise l'une et l'autre, divise $t^2 + t'^2$, et par conséquent, que ses propres diviseurs doivent être aussi de la forme $y^2 + z^2$, et de la forme linéaire $4x + 1$, ce qui abrégerait les calculs.

(260) Appliquons ces principes au nombre $333667 = A$. On trouvera d'abord, par l'extraction de la racine, $A = 577^2 + 82 \cdot 3^2$; donc A est de la forme $t^2 + 82u^2$, et ses diviseurs doivent être du nombre de ceux qui conviennent à cette formule. Pour trouver d'autres formes, j'essaie de décomposer des multiples de A, je trouve, par exemple, $3A = 1001001 = (1001)^2 - 10(10)^2$, quantité de la forme $t^2 - 10u^2$; donc les diviseurs de A doivent être de l'une des formes qui conviennent aux diviseurs de $t^2 - 10u^2$. Ces deux formes réduiraient déja au quart seulement les nombres premiers qui sont à essayer pour diviseurs de A, et qui doivent être moindres que $\sqrt{A}$ ou 577. Mais comme l'opération serait encore longue, nous chercherons de nouvelles formes par le développement de $\sqrt{A}$ en fraction continue. Ce développement donne les quotients-complets qui suivent :

$$\frac{\sqrt{A}+0}{1},\ \frac{\sqrt{A}+577}{738},\ \frac{\sqrt{A}+161}{417},\ \frac{\sqrt{A}+256}{643},\ \frac{\sqrt{A}+387}{286},$$

$$\frac{\sqrt{A}+471}{391},\ \frac{\sqrt{A}+311}{606},\ \frac{\sqrt{A}+295}{407},\ \frac{\sqrt{A}+519}{158},\ \frac{\sqrt{A}+429}{947},$$

$$\frac{\sqrt{A}+518}{69},\ \frac{\sqrt{A}+517}{962},\ \frac{\sqrt{A}+445}{141},\ \frac{\sqrt{A}+542}{288},\ \text{etc.}$$

De là on voit que les diviseurs de A doivent diviser les formules

$t^2 + 738u^2$ ou $t^2 + 82u^2$, $t^2 - 417u^2$, $t^2 + 643u^2$, etc.

Les plus simples sont $t^2 + 82u^2$, $t^2 - 69u^2$, et $t^2 + 2u^2$, car c'est à cette dernière que se réduit la formule $t^2 + 288u^2$ donnée immédiatement par le terme $D = 288$.

Si à ces formes on ajoute celle qui a été déja trouvée $t^2 - 10u^2$, on sera en état de diminuer beaucoup le nombre des essais qui restent à faire. Et d'abord les diviseurs de $t^2 + 2u^2$ étant de la forme $8n + 1$ ou $8n + 3$; et ceux de $t^2 - 10u^2$ étant $40x + 1, 3, 9, 13, 27, 31, 37, 39$; si on rejette parmi ceux-ci les formes qui ne sont pas $8n + 1$ ou $8n + 3$, il ne restera que les formes $40x + 1, 3, 9, 27$.

Maintenant si on développe tous les nombres premiers compris dans ces formes jusqu'à 577 qui est $\sqrt{A}$, on trouvera

1, 3, 41, 43, 67, 83, 89, 107, 163, 227, 241, 281, 283,

347, 401, 409, 443, 449, 467, 481, 521, 523, 547, 563, 569;

d'où éliminant ceux qui ne peuvent être diviseurs de $t^2 - 69u^2$, ce qu'on reconnaîtra facilement (Table III) par les formes $276x + a$ qui conviennent à ces diviseurs, il restera

1, 83, 89, 107, 163, 227, 281, 401, 409, 467, 521,

547, 563, 569.

Enfin rejetant de même parmi ces derniers ceux qui ne peuvent être diviseurs de la formule $t^2 + 82u^2$, ou qui ne sont pas de la forme $328x + a$ qui convient à ces diviseurs (Table VI), il ne restera à essayer que les sept nombres premiers :

83, 107, 163, 401, 409, 467, 569.

Or aucun de ces nombres ne divise 333667, ainsi on est assuré que 333667 est un nombre premier.

On aurait diminué de beaucoup le nombre des tentatives, si on eût observé que 3A étant $1001001 = 10^6 + 10^3 + 1 = \frac{10^9 - 1}{10^3 - 1}$, les diviseurs de A doivent diviser $10^9 - 1$, et par conséquent doivent avoir la forme $18x + 1$. Mais nous avons voulu faire voir comment on doit procéder lorsqu'on n'a aucune donnée sur la nature du nombre qu'on examine.

(261) Proposons-nous encore le nombre $10\,091\,401 = A$: il faudrait, suivant le principe général, essayer la division par tous les nombres premiers moindres que $\sqrt{A}$, c'est-à-dire moindres que 3176. Mais pour diminuer le nombre de ces tentatives, nous chercherons tout d'un coup, par le développement de $\sqrt{A}$ en fraction continue, les diverses formules $t^2 \pm Du^2$ dont A doit être diviseur. Soit $\frac{\sqrt{A} + I}{D}$ l'expression générale du quotient-complet, on trouvera que les valeurs de D fournies par cette opération sont successivement :

$$D = 1,\ 4425 = 177.5^2,\ 1928 = 482.2^2,\ 1709,\ 2189,\ 3033 = 337.3^2,$$
$$2872 = 718.2^2,\ 2511 = 31.9^2,\ 3755,\ 384 = 6.8^2,\ 5585,\ 437,$$
$$3648 = 57.8^2,\ 2619,\ 2495,\ 183,\ 2019,\ 720 = 5.12^2,\ 2963,$$
$$152 = 38.2^2,\ 2061 = 229.3^2,\ 365,\ 480 = 30.4^2,\ 1119,\ 3415,$$
$$2712 = 678.2^2,\ 2525 = 101.5^2,\ 3789 = 421.3^2,\ 184 = 46.2^2, \text{etc.}$$

De là on déduit déja plusieurs formules assez simples, desquelles A doit être diviseur. Ces formules sont :

$$t^2 + 31u^2,\ t^2 + 6u^2,\ t^2 - 57u^2,\ t^2 + 5u^2,\ t^2 + 38u^2,\ t^2 - 30u^2,\ t^2 - 46u^2,$$

Mais il est à observer que la formule $t^2 - 30u^2$ n'apprend rien de plus que les deux précédentes $t^2 + 6u^2$, $t^2 + 5u^2$; car si un nombre premier est diviseur de $t^2 + 6u^2$ et de $t^2 + 5u^2$, il sera diviseur de $t^2 - 30u^2$; de même la formule $t^2 + 38u^2$ est censée comprise dans les deux précédentes $t^2 + 6u^2$, $t^2 - 57u^2$. Il ne reste par conséquent des sept formules précédentes, que cinq qui soient distinctes les unes des autres, et qui pouvant chacune réduire le nombre des essais à moitié, pourront par leur combinaison réduire ce nombre à sa trente-deuxième partie. Par ce moyen, le nombre des essais, ou celui des nombres premiers moindres que $\sqrt{A}$, qui aurait été environ 454, se réduit à 14, et l'opération devient praticable. On aurait pu encore prolonger davantage le calcul des valeurs de D, et il en serait résulté les nouvelles formules t^2-55u^2, t^2-97u^2, t^2+3u^2, dont A doit être diviseur. Avec tous ces secours, voici comment on trouvera toutes les formes linéaires qui conviennent aux diviseurs de A.

1° Les diviseurs de t^2+3u^2 sont en général de la forme $6x+1$, laquelle contient les quatre formes $24x+1, 7, 13, 19$.

2° De ces quatre formes, il n'y en a que deux qui peuvent diviser t^2+6u^2, ce sont $24x+1$, $24x+7$.

3° Ces dernières, considérées par rapport aux multiples de 5, contiennent les huit formes $120x+1, 7, 31, 49, 73, 79, 97, 103$, parmi lesquelles écartant celles qui ne peuvent diviser t^2+5u^2, il restera les quatre formes

$$120x+1, 7, 49, 103.$$

Les nombres premiers contenus dans ces formes diviseront donc à-la-fois les trois formules t^2+3u^2, t^2+6u^2, t^2+5u^2.

4° Si les quatre formes précédentes sont développées par rapport aux multiples de 11; c'est-à-dire, si au lieu de x, on met successivement $11x$, $11x+1$, $11x+2$, etc., et qu'on rejette les multiples de 11, il en résulte les quarante formes suivantes :

$$\begin{aligned}1320x+1,\ 7,\ 49,\ 103,\ 127,\ 169,\ 223,\ 241,\ 247,\ 289,\ 343,\\ 361,\ 367,\ 409,\ 463,\ 481,\ 487,\ 529,\ 601,\ 607,\ 703,\ 721,\\ 727,\ 769,\ 823,\ 841,\ 889,\ 943,\ 961,\ 967,\ 1009,\ 1063,\\ 1081,\ 1087,\ 1129,\ 1183,\ 1201,\ 1207,\ 1249,\ 1303.\end{aligned}$$

Parmi ces formes, il ne faut conserver que celles qui peuvent diviser t^2-55u^2; pour cet effet, on prendra dans la Table III les formes $220x+a$ qui divisent t^2-55u^2; et la comparaison faite, on trouvera qu'il ne reste que les vingt formes :

$$1320x+1,\ 49,\ 103,\ 169,\ 223;\ 247,\ 289,\ 361,\ 367,\ 463;$$
$$487,\ 529,\ 727,\ 823,\ 841;\ 889,\ 961,\ 1081,\ 1087,\ 1303.$$

Maintenant si l'on prend les nombres moindres que 3176 compris dans cette formule, et qu'on en exclue les nombres composés, ils se réduiront aux suivants :

103, 223, 367, 487, 727, 823, 1087, 1321, 1423, 1489,
1543, 1609, 1783, 2143, 2161, 2281, 2689, 3001, 3169.

Excluant encore de ceux-ci les nombres qui ne peuvent diviser t^2+31u^2, il restera les onze suivants :

103, 727, 1087, 1321, 1423, 1489, 1609, 1783,
2143, 2281, 3169.

Enfin si on exclut de même ceux qui ne peuvent diviser t^2+38u^2, on n'aura plus que les six nombres

727, 1087, 1423, 1489, 1783, 2281;

et la condition qu'ils soient diviseurs de t^2-46u^2, les réduira de nouveau aux trois nombres

727, 1423, 2281.

Il est inutile d'aller plus loin dans la réduction de ces nombres, et on aurait même pu se dispenser d'aller aussi loin; or on trouve qu'aucun de ces nombres ne divise 10 091 401, on pourra donc conclure avec certitude que 10 091 401 est un nombre premier.

Euler est parvenu au même résultat, en s'assurant que 10091 401 ne peut se décomposer que d'une seule manière en deux carrés, ce qui est un caractère essentiel des nombres premiers $4n+1$. (Voyez le tom. IX des *Novi Comm. Petrop.* Voyez aussi les Mémoires de Berlin, année 1771.)

TROISIÈME PARTIE.

THÉORIE DES NOMBRES CONSIDÉRÉS COMME DÉCOMPOSABLES EN TROIS CARRÉS.

§ I. *Définition de la forme trinaire ; nombres et diviseurs quadratiques auxquels cette forme peut ou ne peut pas convenir.*

(262) Les nombres susceptibles d'être décomposés en trois carrés, forment diverses classes très-étendues qui jouissent d'un grand nombre de belles propriétés, et sous ce point de vue, ils méritent de fixer l'attention des analystes. Nous appellerons, pour abréger, *forme trinaire* d'un nombre, toute manière d'exprimer ce nombre par la somme de trois carrés; ainsi 59 pouvant se représenter par $25 + 25 + 9$, et par $49 + 9 + 1$, chacune de ces expressions sera une forme ou valeur trinaire de 59.

Une forme trinaire est composée en général de trois carrés, mais elle peut ne l'être que de deux ou même que d'un seul, parce que dans ces cas, zéro sera regardé comme carré complétif. Ainsi 26 a deux formes également trinaires $25 + 1$ et $16 + 9 + 1$.

(263) Lorsqu'un nombre est divisible par un carré, les formes trinaires particulières à ce nombre sont celles dont les trois termes ne sont pas divisibles par un même carré : celles dont les trois termes auraient un même diviseur, sont en quelque sorte étrangères à ce nombre, et doivent être regardées comme des *formes trinaires impropres*. Ainsi 189 a trois formes trinaires propres, savoir

$$13^2 + 4^2 + 2^2$$
$$10^2 + 8^2 + 5^2$$
$$11^2 + 8^2 + 2^2,$$

et une forme trinaire impropre, savoir $12^2 + 6^2 + 3^2$; car les trois termes de celle-ci étant divisibles par 3^2, cette valeur n'est autre chose qu'une forme trinaire de 21, savoir $4^2 + 2^2 + 1^2$, dont on a multiplié tous les termes par 3^2.

Les formes trinaires impropres d'un nombre $\alpha^2 c$ se déduisent des formes trinaires propres du nombre c, en multipliant les termes de celles-ci par α^2; et s'il y a plusieurs carrés différents qui divisent un nombre proposé, il y aura également plusieurs manières de trouver des formes trinaires impropres. C'est pourquoi, dans tout ce qui suit, nous ne considérerons jamais que les formes trinaires propres des nombres; nous les appellerons simplement *formes trinaires*, et nous ferons abstraction des formes trinaires impropres.

(264) Une forme trinaire propre peut être composée de deux carrés seulement, pourvu qu'ils n'aient pas de commun diviseur, car en y ajoutant le carré complétif 0^2, les trois termes ne sont pas divisibles par un même nombre. Ainsi $25 + 16$ est une forme trinaire de 41, aussi bien que $36 + 4 + 1$.

Mais un carré tout seul, excepté 1, ne peut être une forme trinaire, puisque $m^2 + 0^2 + 0^2$ a ses trois termes divisibles par m^2.

(265) « Aucun nombre $8n + 7$ ne peut être de forme trinaire. »

Car tout carré pair étant de la forme $4m$, et tout carré impair de la forme $8m + 1$, la somme de trois carrés, si elle est impaire, ne peut être que de l'une des formes

$$4m + 4m' + 8m'' + 1 = 4k + 1$$
$$8m + 1 + 8m' + 1 + 8m'' + 1 = 8k + 3,$$

lesquelles ne renferment pas $8n + 7$.

« Pareillement aucun nombre de la forme $4n$, ne peut avoir une « forme trinaire propre. »

Car comme les trois carrés ne peuvent être pairs, puisqu'on exclut le cas où ils auraient un diviseur commun, la somme qui en résulte ne peut être que de la forme

$$4n + 8n' + 1 + 8n'' + 1 = 4k + 2,$$

laquelle n'est point divisible par 4.

(266) Ayant ainsi exclu les formes $8n + 7$ et $4n$, il reste les trois formes générales $4n + 1$, $4n + 2$ et $8n + 3$, dans lesquelles doivent être compris tous les nombres susceptibles de la forme trinaire. Or la théorie que nous allons exposer, prouve que tout nombre compris dans ces formes est effectivement décomposable d'une ou de plusieurs manières, en trois carrés, non divisibles par un même facteur.

(267) Pareillement, si le nombre c appartient à l'une des formes $4n + 1$, $4n + 2$, $8n + 3$, la formule $t^2 + cu^2$ aura toujours au moins un diviseur quadratique dans les deux premiers cas, ou un double diviseur dans le troisième, tel qu'on pourra le décomposer indéfiniment en trois carrés, sans attribuer aucune valeur particulière aux indéterminées y et z qu'il renferme. C'est ainsi que le diviseur quadratique $9y^2 + 8yz + 9z^2$ appartenant à la formule $t^2 + 65u^2$, se décompose en trois carrés, savoir $(2y - z)^2 + (2y + 2z)^2 + (y + 2z)^2$.

Cette décomposition fournissant un caractère particulier de ce genre de diviseurs, nous appellerons *diviseurs quadratiques trinaires*, ou simplement *diviseurs trinaires* ceux qui en sont susceptibles. Mais ils doivent en outre satisfaire à une condition que nous indiquerons ci-après, sans quoi la forme trinaire serait impropre et du nombre de celles dont nous faisons abstraction.

(268) Observons qu'il est certaines classes de diviseurs quadratiques qui ne peuvent jamais être de forme trinaire.

1° Lorsque c est de la forme $4n + 1$, les diviseurs quadratiques de $t^2 + cu^2$ sont de deux sortes; les uns renferment les diviseurs $4n + 1$, les autres renferment les diviseurs $4n + 3$. Ceux-ci renferment à-la-fois les nombres $8n + 3$ et $8n + 7$; et comme aucun nombre $8n + 7$ ne peut être de forme trinaire, il s'ensuit qu'aucun diviseur quadratique $4n+3$ ne peut non plus être de forme trinaire.

2° Lorsque c est de la forme $8n+7$, il n'y a absolument aucun diviseur quadratique de la formule t^2+cu^2 qui soit de forme trinaire. La raison en est que chaque diviseur quadratique contient à-la-fois les nombres $4n+1$ et $4n+3$; il contient donc aussi les nombres $8n+7$, dont aucun n'est de forme trinaire.

3° Lorsque c est de la forme $8n+3$, il ne peut par la même raison y avoir aucun diviseur quadratique impair qui soit de la forme trinaire; cependant il peut arriver, et il arrivera réellement dans tous les cas, comme on l'a déja dit, que l'un au moins des diviseurs quadratiques impairs aura son double de forme trinaire. Par exemple, $y^2+yz+5z^2$ représente tout diviseur impair de la formule t^2+19u^2; ce diviseur quadratique n'est point de forme trinaire, mais son double $2y^2+2yz+10z^2$ est de cette forme, puisqu'il se résout en ces trois carrés $y^2+(3z)^2+(y+z)^2$.

§ II. *Correspondance entre les formes trinaires du nombre* c *et les diviseurs trinaires de la formule* $t^2 + cu^2$.

(269) « Si un diviseur quadratique de la formule t^2+cu^2 est décompo-
« sable en trois carrés tels que $(my+nz)^2+(m'y+n'z)^2+(m''y+n''z)^2$,
« je dis que de cette forme trinaire du diviseur résulte une forme
« trinaire correspondante du nombre c, laquelle est $c=(mn'-mn)^2$
« $+(m'n''-m''n')^2+(m''n-mn'')^2$.

Car en représentant le diviseur quadratique dont il s'agit par la formule ordinaire $py^2+2qyz+rz^2$, on aura

$$p=m^2+m'^2+m''^2,$$
$$q=mn+m'n'+m''n'',$$
$$r=n^2+n'^2+n''^2.$$

Or ces valeurs étant substituées dans l'équation $c=pr-q^2$, on en tire

$$c=(mn'-m'n)^2+(m'n''-m''n')^2+(m''n-mn'')^2.$$

Donc il y a toujours une forme trinaire déterminée de c qui répond à une forme trinaire déterminée du diviseur quadratique..... $py^2+2qyz+rz^2$.

(270) *Remarque I.* Lorsque c est de la forme $8k+3$, au lieu du diviseur quadratique à coefficients impairs, lequel ne peut jamais être de forme trinaire, on considérera son double $2py^2+2qyz+2rz^2$, où l'on a $4pr-q^2=c$. Si donc ce double est décomposable en trois carrés, il y aura toujours une valeur correspondante de c exprimée aussi par la somme de trois carrés déterminés; c'est-à-dire, en d'autres termes, que chaque forme trinaire d'un diviseur quadratique $4n+2$ en fournit une correspondante du nombre c. Et celle-

et est toujours composée de trois carrés impairs, car il n'y a aucune autre supposition qui puisse donner une somme $8k + 3$.

Remarque II. La décomposition d'un diviseur quadratique ou de son double en trois carrés, ne saurait avoir lieu lorsque $c = 8k + 7$; car si cette décomposition était possible, il résulterait du théorème précédent que c est la somme de trois carrés, ce qui est impossible à l'égard de tout nombre $8k + 7$.

Remarque III. Les trois carrés trouvés en général pour la valeur de c, se réduisent à deux ou même à un seul, dans des cas qu'il faut examiner.

1° Si l'on a $(m''n' - m'n'')^2 = 0$, ou $\frac{m''}{n''} = \frac{m'}{n'}$, il faudra que le carré $(m''y + n''z)^2$ ait un rapport constant avec le carré $(m'y + n'z)^2$, et alors le diviseur quadratique proposé Δ aura la forme

$$\Delta = (my + nz)^2 + \alpha^2(m'y + n'z)^2 + \beta^2(m'y + n'z)^2;$$

d'où l'on déduit la valeur trinaire correspondante

$$c = \alpha^2(m'n - mn')^2 + \beta^2(m'n - mn')^2,$$

laquelle n'est composée que de deux carrés. De plus, ces deux carrés sont affectés d'un commun diviseur, et la forme trinaire de c sera impropre, à moins qu'on n'ait $mn' - m'n = \pm 1$. Mais alors si l'on fait $my + nz = y'$ et $m'y + n'z = z'$, on ne nuit point à la généralité des valeurs de y et z (n° 53), et le diviseur Δ devient.... $y'^2 + (\alpha^2 + \beta^2)z'^2$, ou $y'^2 + cz'^2$. Donc lorsque c n'a point de facteur carré, et lorsqu'on n'a point $c = \alpha^2 + \beta^2$, le cas que nous venons de considérer ne saurait avoir lieu, et il faudra que tout diviseur trinaire de la formule $t^2 + cu^2$ donne une valeur trinaire de c composée de trois carrés dont aucun ne sera zéro.

2° Si les trois carrés qui composent la valeur de c déduite du diviseur Δ, se réduisent à un seul, c'est-à-dire si l'on a $m''n' - m'n'' = 0$ et $m''n - mn'' = 0$, il en résulte $m'' = 0$ et $n'' = 0$. Donc alors le diviseur quadratique dont il s'agit serait simplement $(my + nz)^2$

$+ (m'y + n'z)^2$, et la valeur de c correspondante $c = (mn' - m'n)^2$, laquelle ne sera du nombre des formes trinaires propres que dans le seul cas de $c = 1$.

(271) On ne regardera désormais comme *forme trinaire d'un diviseur quadratique* que celle d'où l'on déduit une forme trinaire propre du nombre c; de sorte que si les trois nombres $mn' - m'n$, $m'n'' - m''n'$, $m''n - mn''$, étaient divisibles par un même facteur, l'expression

$$\Delta = (my + nz)^2 + (m'y + n'z)^2 + (m''y + n''z)^2$$

serait une forme trinaire impropre, laquelle doit être exclue comme ne participant point aux propriétés que nous avons à démontrer sur les diviseurs trinaires. Cette condition imposée aux diviseurs trinaires, est celle que nous avons annoncée n° 267.

Ainsi quoique le diviseur $5y^2 + 2yz + 38z^2$ de la formule $t^2 + 189u^2$ soit susceptible de ces quatre formes trinaires

$$(2y + 3z)^2 + (y - 5z)^2 + 4z^2,$$
$$(2y + 2z)^2 + (y - 3z)^2 + 25z^2,$$
$$(2y + z)^2 + (y - z)^2 + 36z^2,$$
$$(2y - 2z)^2 + (y + 5z)^2 + 9z^2;$$

cependant comme les deux dernières répondent à la forme trinaire impropre $c = 12^2 + 6^2 + 3^2$, on ne regardera comme formes trinaires de Δ que les deux premières qui répondent à des formes trinaires propres de c, savoir :

$$c = 13^2 + 4^2 + 2^2,$$
$$c = 10^2 + 8^2 + 5^2.$$

De même, le diviseur $13y^2 + 8yz + 13z^2$ de la formule $t^2 + 153u^2$ ne pouvant se décomposer en trois carrés que de cette manière

$$(2y + 2z)^2 + 9y^2 + 9z^2,$$

laquelle répond à une valeur trinaire impropre de c, savoir :

$$c = 9^2 + 6^2 + 6^2,$$

ce diviseur ne doit point être compté parmi les diviseurs trinaires de la formule $t^2 + 153u^2$.

(272) Puisque par le moyen d'un diviseur trinaire de la formule $t^2 + cu^2$, on peut trouver une valeur trinaire correspondante de c; réciproquement, étant donnée une valeur trinaire de c, il est possible de trouver un diviseur trinaire qui corresponde à cette valeur. Nous allons nous occuper de cette question qui exige une discussion assez étendue.

Soit la forme trinaire donnée $c = F^2 + G^2 + H^2$; les trois nombres F, G, H, n'ayant pas de commun diviseur, peuvent cependant en avoir, pris deux à deux. Appelons λ le commun diviseur de G et H, μ celui de H et F, ν celui de F et G; alors on pourra donner à c la forme suivante :

$$c = f^2\mu^2\nu^2 + g^2\nu^2\lambda^2 + h^2\lambda^2\mu^2;$$

et on devra supposer de plus qu'il n'y a point de commun diviseur entre $f\mu$ et $g\lambda$, non plus qu'entre $g\nu$ et $h\mu$, ni entre $h\lambda$ et $f\nu$.

Soit Δ le diviseur trinaire correspondant à cette valeur de c, et supposons qu'on ait

$$\Delta = (my + nz)^2 + (m'y + n'z)^2 + (m''y + n''z)^2,$$

il faudra que la valeur donnée de c soit identique avec celle qu'on déduit de ce diviseur, laquelle est

$$c = (mn' - m'n)^2 + (m'n'' - m''n')^2 + (m''n - mn'')^2.$$

Comme les coefficients m, n, m', etc. sont encore indéterminés, la comparaison des deux valeurs peut se faire dans l'ordre qu'on voudra; d'ailleurs les signes de f, g, h, peuvent être changés arbitrairement, ainsi on pourra faire

$$\begin{aligned} mn' - m'n &= h\lambda\mu \\ m'n'' - m''n' &= f\mu\nu \\ m''n - mn'' &= g\nu\lambda. \end{aligned}$$

De ces trois équations on déduit les deux suivantes, qui sont linéaires.

$$f\mu\nu.m + g\nu\lambda.m' + h\lambda\mu.m'' = 0$$
$$f\mu\nu.n + g\nu\lambda.n' + h\lambda\mu.n'' = 0,$$

ou, ce qui revient au même,

$$f.\frac{m}{\lambda} + g.\frac{m'}{\mu} + h.\frac{m''}{\nu} = 0$$
$$f.\frac{n}{\lambda} + g.\frac{n'}{\mu} + h.\frac{n''}{\nu} = 0.$$

Mais suivant l'observation qu'on a déja faite, il n'y a point de commun diviseur entre f et λ, non plus qu'entre g et μ, ni entre h et ν. Donc les six quantités $\frac{m}{\lambda}$, $\frac{m'}{\mu}$, $\frac{m''}{\nu}$, $\frac{n}{\lambda}$, $\frac{n'}{\mu}$, $\frac{n''}{\nu}$, sont des entiers, et en appelant ces entiers a, a', a'', b, b', b'', respectivement, on aura les trois équations

$$ab' - a'b = h$$
$$fa + ga' + ha'' = 0 \qquad \text{(a)}$$
$$fb + gb' + hb'' = 0,$$

et le diviseur Δ deviendra

$$\Delta = \lambda^2(ay + bz)^2 + \mu^2(a'y + b'z)^2 + \nu^2(a''y + b''z)^2;$$

d'où l'on voit que les trois carrés composant Δ sont divisibles respectivement par les carrés λ^2, μ^2, ν^2, qui divisent deux à deux les termes de la valeur trinaire donnée $c = f^2\mu^2\nu^2 + g^2\nu^2\lambda^2 + h^2\lambda^2\mu^2$.

(273) Maintenant, sans entrer dans aucun détail sur la résolution des équations (a), on voit que si l'on fait $ay + bz = x$, $a'y + b'z = x'$, $a''y + b''z = x''$, on aura

$$\Delta = \lambda^2 x^2 + \mu^2 x'^2 + \nu^2 x''^2, \qquad \text{(a')}$$

et les trois indéterminées x, x', x'', devront satisfaire à l'équation

$$0 = fx + gx' + hx''. \qquad \text{(a'')}$$

Au moyen de cette dernière équation, on pourra toujours réduire les trois indéterminées x, x', x'', à deux seulement y et z, et alors le diviseur $\lambda^2 x^2 + \mu^2 x'^2 + \nu^2 x''^2$ prendra la forme ordinaire $py^2 + 2qyz + rz^2$, où l'on aura $pr - q^2 = c$. Ce diviseur sera celui auquel répond la valeur trinaire donnée de c.

Par exemple, si l'on cherche le diviseur trinaire de $t^2 + 1045u^2$, qui répond à la valeur trinaire $1045 = 30^2 + 9^2 + 8^2$, on comparera terme à terme cette valeur avec la formule $f^2\mu^2\nu^2 + g^2\nu^2\lambda^2 + h^2\lambda^2\mu^2$, ce qui donnera d'abord les diviseurs communs $\lambda = 1$, $\mu = 2$, $\nu = 3$, ensuite $f = 5$, $g = 3$, $h = 4$. On aura donc $\Delta = x^2 + 4x'^2 + 9x''^2$, et $5x + 3x' + 4x'' = 0$; cette dernière équation est satisfaite en prenant $x' = x - 4z$ et $x'' = 3z - 2x$, alors le diviseur Δ devient $x^2 + (2x - 8z)^2 + (9z - 6x)^2 = 41x^2 - 140zx + 145z^2$; puis faisant $x = y + 2z$, on a son expression la plus simple $\Delta = 41y^2 + 24yz + 29z^2 = (y + 2z)^2 + (2y - 4z)^2 + (6y + 3z)^2$, et la valeur correspondante de c est $c = 8^2 + 9^2 + 30^2$.

(274) La forme des équations (a'), (a''), fait voir qu'on peut permuter entre elles deux des quantités f, g, h, pourvu qu'on fasse une semblable permutation dans deux des quantités λ, μ, ν; et le diviseur quadratique Δ restera toujours le même. Il ne pourra donc y avoir qu'un seul diviseur quadratique de la formule $t^2 + cu^2$ qui réponde à la valeur trinaire donnée de c. Mais comme cette propriété est fort remarquable, il ne sera pas inutile de s'en assurer par une autre considération.

De quelque manière qu'on satisfasse à l'équation $0 = fx + gx' + hx''$, en réduisant les trois variables x, x', x'', à deux autres y et z, il faut que le diviseur transformé $\Delta = py^2 + 2qyz + rz^2$ contienne les mêmes nombres qui sont contenus dans le diviseur non transformé $\Delta = \lambda^2 x^2 + \mu^2 x'^2 + \nu^2 x''^2$, en ayant égard à la condition $fx + gx' + hx'' = 0$. Soient donc k et k' les deux plus petits nombres contenus dans le diviseur $\lambda^2 x^2 + \mu^2 x'^2 + \nu^2 x''^2$, il faudra que ces deux mêmes nombres se retrouvent dans le diviseur transformé $py^2 + 2qyz + rz^2$; or si ce diviseur est réduit à la forme la plus simple, comme on peut le supposer, p et r seront les deux plus petits nombres contenus (n° 56); donc il faut que p et r soient égaux à k et k', de sorte que le diviseur réduit sera $ky^2 + 2qyz + k'z^2$. D'ailleurs il faut toujours qu'on ait $kk' - q^2 = c$; donc q est déterminé; donc il ne peut y avoir qu'un diviseur quadratique qui résulte de la transformation de $\lambda^2 x^2 + \mu^2 x'^2 + \nu^2 x''^2$, en ayant égard à la condition $fx + gx' + hx'' = 0$.

Remarquons en même temps que si l'on fait $x'' = 0$, l'équation $fx + gx' = 0$ donnera $x' = f$, $x = -g$ et $\Delta = \lambda^2 g^2 + \mu^2 f^2$. De même la supposition de $x' = 0$ donnera $\Delta = \lambda^2 h^2 + \nu^2 f^2$, et celle de $x = 0$ donnera $\Delta = \mu^2 h^2 + \nu^2 g^2$; ces trois nombres devront donc être contenus dans le diviseur transformé $\Delta = py^2 + 2qyz + rz^2$.

(275) Une même valeur trinaire du nombre c ne peut répondre qu'à un seul diviseur quadratique, ainsi qu'on vient de le démontrer; mais il est possible qu'elle réponde à deux formes trinaires de ce diviseur. Par exemple, le diviseur $5y^2 + 4yz + 5z^2$, qui appartient à la formule $t^2 + 21u^2$ peut se mettre sous les deux formes trinaires

$$(2y + z)^2 + y^2 + 4z^2$$
$$(y + 2z)^2 + z^2 + 4y^2,$$

et ces deux formes répondent à une même valeur trinaire de c, savoir, $c = 16 + 4 + 1$. Il est donc nécessaire de chercher *a priori* quels sont les cas où différentes formes trinaires d'un diviseur quadratique donneront la même valeur trinaire de c.

Puisque deux quelconques des trois nombres f, g, h sont premiers entre eux, on pourra toujours en trouver deux autres ζ et θ qui satisfassent à l'équation

$$f = g\zeta + h\theta;$$

substituant cette valeur dans l'équation $0 = fx + gx' + hx''$ on aura

$$g(x' + \zeta x) + h(x'' + \theta x) = 0;$$

d'où l'on voit qu'en faisant $x' + \zeta x = -hu$, on aura $x'' + \theta x = gu$. Alors le diviseur Δ devient

$$\Delta = \lambda^2 x^2 + \mu^2 (hu + \zeta x)^2 + \nu^2 (gu - \theta x)^2,$$

et il se réduit à la forme ordinaire $Au^2 + 2Bux + Cx^2$, en prenant

$$A=\mu^2h^2+\nu^2g^2$$
$$B=\mu^2\zeta h-\nu^2\theta g$$
$$C=\lambda^2+\mu^2\zeta^2+\nu^2\theta^2.$$

(276) Soit maintenant $py^2+2qyz+rz^2$ l'expression la plus simple de ce même diviseur, et soit l'une des formes trinaires qui correspondent à la valeur donnée de c:

$$\Delta=\lambda^2(ay+bz)^2+\mu^2(a'y+b'z)^2+\nu^2(a''y+b''z)^2;$$

on devra avoir

$$p=\lambda^2a^2+\mu^2a'^2+\nu^2a''^2$$
$$q=\lambda^2ab+\mu^2a'b'+\nu^2a''b''$$
$$r=\lambda^2b^2+\mu^2b'^2+\nu^2b''^2,$$

et pour que la forme trinaire supposée corresponde à la valeur donnée de c, il faudra de plus satisfaire aux équations

$$ab'-a'b=h$$
$$fa+ga'+ha''=0$$
$$fb+gb'+hb''=0.$$

Soit comme ci-dessus $f=g\zeta+h\theta$, les deux dernières équations se résoudront, en introduisant deux indéterminées α, β, de cette manière :

$$a'=-\zeta a+h\alpha, \qquad b'=-\zeta b+h\beta$$
$$a''=-\theta a-g\alpha, \qquad b''=-\theta b-g\beta,$$

et l'équation $ab'-a'b=h$ deviendra

$$a\beta-\alpha b=1.$$

Maintenant si on substitue les valeurs de a', a'', etc. dans les expressions des coefficients p, q, r, on aura

$$p=A\alpha^2-2Ba\alpha+Ca^2$$
$$q=A\alpha\beta-B(a\beta+\alpha b)+Cab$$
$$r=A\beta^2-2Bb\beta+Cb^2.$$

Mais comme on a déja exprimé la condition $pr - q^2 = c$, on peut faire abstraction de la seconde équation et ne considérer que les deux autres

$$p = A\alpha^2 - 2B a\alpha + C a^2$$
$$r = A\beta^2 - 2B b\beta + C b^2.$$

Ces valeurs coïncident avec celles qu'on obtiendrait en réduisant à la forme la plus simple le diviseur $\Delta = Au^2 + 2Bux + Cx^2$; car en faisant

$$u = -\alpha y - \beta z$$
$$x = \quad ay + bz,$$

ce diviseur se réduira à la forme $py^2 + 2qyz + rz^2$, et les valeurs supposées de u et x sont telles qu'elles doivent être pour la transformation, puisqu'on a $a\beta - \alpha b = 1$.

(277) Il est clair maintenant que s'il y a différentes valeurs de a, b, a', b', etc., à raison des différentes formes trinaires de Δ qui répondent à une même valeur trinaire de c, il faudra que l'une au moins des deux équations

$$p = A\alpha^2 - 2B\alpha a + C a^2$$
$$r = A\beta^2 - 2B\beta b + C b^2$$

soit susceptible de deux solutions. Mais comme la quantité..... $Ay'^2 - 2By'z' + Cz'^2$ est en général équivalente à $py^2 - 2qyz + rz^2$, il faudra donc aussi que l'une au moins des deux équations

$$p = py^2 - 2qyz + rz^2$$
$$r = py^2 - 2qyz + rz^2$$

soit susceptible de deux solutions. Or le second membre étant réduit à l'expression la plus simple, p et r sont les moindres nombres que la formule $py^2 - 2qyz + rz^2$ contient, et il n'y a que très-peu de cas où l'un de ces nombres soit contenu de deux manières dans cette formule. Ces cas sont ceux des diviseurs quadratiques bifides, et il n'y en a que trois, savoir, 1° lorsqu'on a $p = r$; 2° lorsqu'on a $2q = p$ ou $= r$; 3° lorsqu'on a $q = 0$.

(278) Au reste, on peut voir immédiatement dans ces différents cas qu'il y a ou qu'il peut y avoir deux formes trinaires du diviseur Δ correspondantes à une même valeur trinaire de c.

En effet, 1° si l'on a $p=r$, les deux indéterminées y et z pourront être échangées entre elles, et le diviseur Δ aura à-la-fois les deux formes trinaires

$$\Delta=(my+nz)^2+(m'y+n'z)^2+(m''y+n''z)^2$$
$$\Delta=(ny+mz)^2+(n'y+m'z)^2+(n''y+m''z)^2.$$

Ces deux formes seront différentes l'une de l'autre, à moins qu'on n'ait

$$\Delta=(my+nz)^2+(ny+mz)^2+(m'y\pm m'z)^2;$$

car alors la permutation faite entre y et z ne change rien aux trois carrés composant Δ. Dans cette hypothèse, la valeur de c serait

$$c=(m^2-n^2)^2+(m'n\mp m'm)^2+(m'm\mp m'n)^2;$$

et comme ces trois termes sont divisibles par $(n\mp m)^2$, il faut faire $n\mp m=\pm 1$, ce qui donnera

$$c=(n\pm m)^2+m'^2+m'^2.$$

Soit en même temps $y\pm z=y'$, et la valeur de Δ deviendra

$$(my'+z)^2+(ny'\mp z)^2+m'^2y'^2=2z^2\mp 2zy'+\frac{c+1}{2}y'^2.$$

Or cette forme ne peut s'accorder avec la forme supposée..... $py^2+2qyz+pz^2$, qu'en supposant $p=2=\frac{1}{2}(c+1)$, ou $c=3$; cas dont on peut faire abstraction, puisqu'alors le diviseur $2y^2+2yz+2z^2$ n'est susceptible que de la seule forme trinaire $y^2+(y+z)^2+z^2$.

2° Si l'on a $r=2q$ ou $\Delta=py^2+2qyz+2qz^2$, la simple substitution de $y'-z$ à la place de y, donne

$$\Delta=py'^2-2(p-q)y'z+pz^2,$$

ce qui rentre dans le cas précédent; on obtiendra donc alors deux formes trinaires différentes, excepté lorsqu'on a $p=2$ ou $2q=2$. Lorsque $p=2$, comme $2q$ ne peut être plus grand que 2, on a aussi nécessairement $2q=2$, et on retombe sur le cas de $e=3$. Lorsque $2q=2$, le diviseur $\Delta=py^2+2yz+2z^2$ ne peut se partager en trois carrés que de cette manière

$$\Delta=(\overline{a+1}.y+z)^2+(ay-z)^2+b^2y^2,$$

laquelle ne change pas en mettant $-y-z$ à la place de z. Ainsi il n'y a alors qu'une forme trinaire de Δ qui réponde à la valeur trinaire donnée de c.

3° Enfin lorsqu'on a $q=0$, ou $\Delta=py^2+rz^2$, il est clair qu'on peut changer à volonté le signe de l'une des indéterminées; de sorte qu'on aura à la fois les deux formes :

$$\Delta=(my+nz)^2+(m'y+n'z)^2+(m''y+n''z)^2$$
$$\Delta=(my-nz)^2+(m'y-n'z)^2+(m''y-n''z)^2,$$

lesquelles répondront à une même valeur trinaire de c.

Les deux formes de Δ seront différentes entre elles, à moins qu'on n'ait

$$\Delta=(my+nz)^2+(my-nz)^2+(m'z)^2.$$

Alors la valeur correspondante de c serait

$$c=(2mn)^2+(m'n)^2+(m'm)^2,$$

et pour qu'elle n'ait pas de facteur commun à tous ses termes, il faudra faire $m=1$, ce qui donnera $\Delta=2y^2+rz^2$. Donc le seul cas de $p=2$ ou $r=2$ excepté, il y aura toujours deux formes trinaires du diviseur Δ qui correspondront à une même valeur trinaire donnée de c.

(279) Il résulte de cette analyse, qu'étant donnée la forme trinaire $c=f^2\mu^2\nu^2+g^2\nu^2\lambda^2+h^2\lambda^2\mu^2$, si l'on veut trouver le diviseur trinaire correspondant de la formule t^2+eu^2.

1° Ce diviseur sera donné par la formule $\Delta=\lambda^2x^2+\mu^2x'^2+\nu^2x''^2$, où les indéterminées x, x', x'', doivent être réduites à deux, d'après l'équation $fx+gx'+hx''=0$.

2° De quelque manière qu'on fasse cette réduction, en substituant deux variables quelconques y et z, au lieu des trois x, x', x'', le résultat, ramené à l'expression la plus simple, offrira toujours le même diviseur quadratique $py^2 + 2qyz + rz^2$.

3° Si ce diviseur réduit est du nombre des diviseurs bifides, c'est-à-dire, s'il tombe dans l'un des trois cas $p=r$, $2q=p$ ou r, $q=0$, et si en même temps le plus petit des deux nombres p et r n'est ni 1 ni 2, le diviseur quadratique Δ aura toujours deux formes trinaires correspondantes à la valeur donnée de c, et il n'en pourra avoir plus de deux.

4° Si le diviseur quadratique Δ n'est pas bifide, ou si, étant bifide, son plus petit coefficient est 1 ou 2, il n'y aura jamais qu'une forme trinaire du diviseur Δ qui répondra à une valeur trinaire donnée de c.

§ III. *Théorèmes concernant les diviseurs quadratiques trinaires.*

(280) THÉORÈME I. « Si c est premier ou double d'un premier, deux « formes trinaires différentes de c ne pourront répondre à un même « diviseur trinaire de la formule $t^2 + cu^2$. »

Car soit l'une des formes données $c = F^2 + (K^2 + L^2)\theta^2$, et l'autre $c = F'^2 + (K'^2 + L'^2)\theta'^2$, K et L étant premiers entre eux, ainsi que K' et L'; si le même diviseur quadratique Δ répondait à-la-fois aux deux formes trinaires données de c, il faudrait que les deux nombres $K^2 + L^2$ et $K'^2 + L'^2$ appartinssent à ce diviseur (n° 274). Ainsi faisant $K^2 + L^2 = \pi$, $K'^2 + L'^2 = \pi'$, on devrait avoir (n° 233)

$$\pi\pi' = y^2 + cz^2.$$

Multipliant cette équation par $\theta^2\theta'^2$, et substituant les valeurs.. $\pi\theta^2 = c - F^2$, $\pi'\theta'^2 = c - F'^2$, on aura

$$(c - F^2)(c - F'^2) = (y^2 + cz^2)\theta^2\theta'^2,$$

ou bien

$$c^2 - c(F^2 + F'^2) + F^2F'^2 = y^2\theta^2\theta'^2 + cz^2\theta^2\theta'^2;$$

d'où l'on voit que $F^2F'^2 - y^2\theta^2\theta'^2$ doit être divisible par c.

Soit 1° c un nombre premier, il faudra que l'un des facteurs.. $FF' - y\theta\theta'$, $FF' + y\theta\theta'$, soit divisible par c; et comme le signe de y est à volonté, on pourra faire $FF' - y\theta\theta' = cu$ ou $y\theta\theta' = FF' - cu$.

Soit 2° c double d'un premier, il faudra toujours que l'un de ces facteurs soit divisible par $\frac{1}{2}c$; mais leur différence $2y\theta\theta'$ étant un nombre pair, si leur produit est divisible par le nombre c, il faudra qu'ils soient tous deux pairs. Donc $FF' - y\theta\theta'$ sera encore divisible par c, et on pourra faire de même $y\theta\theta' = FF' - cu$.

Substituant cette valeur dans l'équation précédente, et divisant tout par c, on aura $c - F^2 - F'^2 = z^2\theta^2\theta'^2 + cu^2 - 2uFF'$, ou

$$c - F^2 = (F' - Fu)^2 + (c - F^2)u^2 + z^2\theta^2\theta'^2.$$

La quantité $c - F^2$ étant positive, cette équation ne peut subsister à moins qu'on n'ait $u = 0$, ce qui donne $y\theta\theta' = FF'$ et

$$c = F^2 + F'^2 + z^2\theta^2\theta'^2.$$

Maintenant il faut considérer les trois cas qui peuvent avoir lieu selon les diverses formes de c.

(281) Soit 1° c de la forme $4n + 1$, alors des trois carrés qui composent la valeur trinaire de c, il y en aura nécessairement deux pairs et un impair. Prenons pour F^2 et F'^2 les carrés impairs qui se trouvent dans les deux valeurs trinaires de c; alors l'équation.. $c = F^2 + F'^2 + z^2\theta^2\theta'^2$ serait impossible, puisque dans cette valeur trinaire il y a deux carrés impairs. Donc les deux valeurs trinaires données de c ne peuvent répondre à un même diviseur quadratique de la formule $t^2 + cu^2$.

2° Soit c de la forme $4n + 2$, alors des trois carrés composant chaque forme trinaire de c, il y en aura nécessairement deux impairs et un pair. Soient F^2 et F'^2 les deux pairs pris dans les deux valeurs trinaires de c, alors l'équation $c = F^2 + F'^2 + z^2\theta^2\theta'^2$ sera encore impossible. Donc la proposition générale a encore lieu pour le cas où c est de la forme $4n + 2$.

3° Enfin soit c de la forme $8n + 3$, les trois carrés composant chaque forme trinaire de c seront impairs, et à cet égard l'équation $c = F^2 + F'^2 + z^2\theta^2\theta'^2$ ne semble plus offrir aucun signe d'impossibilité. C'est pourquoi il faut recourir à une sous-division de ce troisième cas.

La forme $8n + 3$, à laquelle se rapporte c, se subdivise en trois autres $24k + 3$, $24k + 11$, $24k + 19$. La première $24k + 3$ étant divisible par 3, n'a pas lieu lorsque c est un nombre premier, et parce qu'on fait abstraction du cas où $c = 3$; ainsi il suffira de considérer les deux autres formes de c.

Et d'abord observons que tout nombre impair considéré par rapport aux multiples de 12, est de l'une des formes $12n+1$, $12n+3$, $12n+5$, $12n+7$, $12n+9$, $12n+11$. Le carré de tout nombre impair est donc de l'une des formes $24n+1$ et $24n+9$ (ou plutôt $72n+9$), celle-ci ayant lieu lorsque le nombre est divisible par 3, et l'autre lorsqu'il n'est pas divisible.

Cela posé, 1° si c est de la forme $24k+11$, des trois carrés qui composent c, deux seront nécessairement de la forme $24n+1$ et un de la forme $24n+9$, aucune autre combinaison ne pouvant donner $24k+11$ pour somme des trois carrés. Prenons dans les deux formes trinaires données pour F^2 et F'^2 les carrés de la forme $24n+9$, alors l'équation $c=F^2+F'^2+z^2\theta^2\theta'^2$ sera impossible, puisque des trois carrés du second membre deux sont de la forme $24n+9$.

2° Soit c de la forme $24k+19$, alors des trois carrés qui composent chaque forme trinaire de c, deux seront de la forme $24n+9$, et un de la forme $24n+1$. Si donc on prend pour F^2 et F'^2 les carrés qui dans les deux valeurs trinaires données de c sont de la forme $24n+1$, l'équation $c=F^2+F'^2+z^2\theta^2\theta'^2$, sera encore impossible.

Donc la proposition énoncée a lieu dans tous les cas.

(282) *Remarque.* Il est facile de démontrer que la même proposition aurait lieu si c ou $\frac{1}{2}c$ était une puissance quelconque d'un nombre premier α.

En effet, soit $c=\alpha^m$ ou $c=2\alpha^m$, puisque le produit des deux facteurs $FF'+y\theta\theta'$, $FF'-y\theta\theta'$ est divisible par α^m, il faudra qu'en faisant $m=\mu+\nu$, on ait

$$FF'+y\theta\theta'=\alpha^\nu t,$$
$$FF'-y\theta\theta'=\alpha^\mu u,$$

ce qui donnera $2FF'=\alpha^\nu t+\alpha^\mu u$. Donc si l'un des deux nombres μ et ν n'est pas zéro, il faudra que l'un au moins des deux nombres F et F' soit divisible par α.

Mais comme chaque forme trinaire donnée de c est une forme trinaire propre dont tous les termes ne sont pas divisibles par un même nombre, il est clair qu'il doit y avoir dans chaque forme au moins un terme non-divisible par α. Supposons que F^2 et F'^2 soient ces termes pris dans l'une et l'autre formes, alors FF' n'étant pas divisible par α, il faudra que l'un des exposants μ et ν soit zéro. Faisons $\nu = 0$, ou $\mu = m$, alors on aura $FF' - y\theta\theta' = \alpha^m u$; le second membre $= cu$ si c est impair, et si c est pair, le premier membre devant être pair, on pourra faire encore $FF' - y\theta\theta' = cu$. Le reste de la démonstration sera le même que ci-dessus; d'où l'on voit que la proposition générale a lieu lorsque c ou $\frac{1}{2}c$ est une puissance d'un nombre premier. Il faut en excepter seulement le cas de $c = 3^{2m+1}$, qui exigerait une démonstration particulière, parce qu'il est compris dans la forme $24k + 3$, dont nous avons fait abstraction.

(283) Théorème II. « Si le nombre c est premier ou double d'un « premier, la formule $t^2 + cu^2$ aura autant de diviseurs quadratiques « trinaires qu'il y a de formes trinaires du nombre c. »

Car chaque diviseur trinaire de la formule $t^2 + cu^2$ répond à une forme trinaire de c qui s'en déduit immédiatement, et réciproquement chaque forme trinaire du nombre c conduit à un diviseur trinaire correspondant de la formule $t^2 + cu^2$. S'il n'y avait donc pas un égal nombre des uns et des autres, il faudrait ou que deux formes trinaires de c répondissent au même diviseur quadratique de la formule $t^2 + cu^2$, ou que deux diviseurs quadratiques différents répondissent à la même forme trinaire de c. La seconde hypothèse n'a lieu pour aucune valeur de c (n° 274), et la première n'a pas lieu, en vertu du théorème précédent, puisque c est premier ou double d'un premier. Donc, etc.

(284) Théorème III. « Si le nombre c est premier ou double d'un « premier, chaque diviseur trinaire de la formule $t^2 + cu^2$ ne pourra « se décomposer que d'une seule manière en trois carrés, c'est-à-dire « ne pourra avoir qu'une seule forme trinaire. »

Car si un même diviseur quadratique de la formule $t^2 + cu^2$ avait plusieurs formes trinaires, il faudrait, d'après le théorème précédent, que ces diverses formes répondissent à une même valeur trinaire de c. Mais on a prouvé (n° 277) qu'une valeur trinaire donnée de c ne peut répondre à deux formes trinaires différentes d'un même diviseur quadratique, que lorsque celui-ci est de l'une des formes py^2+rz^2, $py^2+2qyz+2qz^2$, $py^2+2qyz+pz^2$, et qu'en même temps les coefficients extrêmes sont l'un et l'autre plus grands que 2. Or dans tous ces cas, il est facile de voir que le nombre c, représenté successivement par pr, $2pq-q^2$, p^2-q^2, ne peut être ni premier, ni double d'un premier. Donc, etc.

Remarque. Cette proposition aurait également lieu si c ou $\frac{1}{2}c$ était une puissance d'un nombre premier; elle contient ainsi une propriété qui convient exclusivement aux puissances des nombres premiers ou à leurs doubles, et qui peut servir à distinguer ces nombres de tous les autres.

(285) Théorème IV. « Si le nombre N est compris dans un diviseur trinaire de la formule t^2+cu^2, réciproquement le nombre c sera compris dans un diviseur trinaire de la formule $t^2+\mathrm{N}u^2$; de plus, les valeurs trinaires correspondantes de N et de c seront les mêmes, soit qu'on considère N comme diviseur de t^2+cu^2, ou c comme diviseur de $t^2+\mathrm{N}u^2$. »

En faisant comme ci-dessus $c=f^2\mu^2\nu^2+g^2\nu^2\lambda^2+h^2\lambda^2\mu^2$, le diviseur trinaire correspondant sera $\Delta=\lambda^2x^2+\mu^2x'^2+\nu^2x''^2$, pourvu qu'on satisfasse à la condition $0=fx+gx'+hx''$. Soit N un nombre quelconque compris dans le diviseur Δ, en sorte qu'on ait simultanément

$$\left.\begin{aligned}\mathrm{N}&=\lambda^2m^2+\mu^2m'^2+\nu^2m''^2\\ 0&=fm+gm'+hm''\end{aligned}\right\}$$

Si d'après cette valeur trinaire de N on cherche le diviseur trinaire correspondant de la formule $t^2+\mathrm{N}u^2$, il faudra considérer les diviseurs communs qu'il peut y avoir entre les quantités m, m', m'', prises deux à deux. Soit α le diviseur commun de m' et m'', β celui de m'' et m, γ celui de m et m', on pourra donc faire

$$\left.\begin{aligned}\mathrm{N}&=\lambda^2\beta^2\gamma^2n^2+\mu^2\alpha^2\gamma^2n'^2+\nu^2\alpha^2\beta^2n''^2\\ 0&=f\beta\gamma n+g\alpha\gamma n'+h\alpha\beta n''\end{aligned}\right\}$$

La seconde de ces équations étant mise sous la forme :

$$\frac{f}{\alpha}n+\frac{g}{6}n'+\frac{h}{\gamma}n''=0,$$

on voit que $\frac{f}{\alpha}$, $\frac{g}{6}$, $\frac{h}{\gamma}$, doivent être des entiers ; car si n et α avaient un commun diviseur, les trois nombres m, m', m'' en auraient un, ce qui est un cas toujours exclus. On prouvera pareillement que n' et 6 n'ont pas de commun diviseur, non plus que n'' et γ. Soit donc $f=\alpha f'$, $g=6g'$, $h=\gamma h'$, l'équation précédente deviendra

$$f'n+g'n'+h'n''=0.$$

Appelons Γ le diviseur trinaire de t^2+Nu^2, correspondant à la valeur $N=\lambda^2 6^2\gamma^2 n^2+\mu^2\alpha^2\gamma^2 n'^2+\nu^2\alpha^2 6^2 n''^2$, nous aurons les deux équations simultanées :

$$\left.\begin{array}{l}\Gamma=\alpha^2x^2+6^2x'^2+\gamma^2x''^2\\ 0=\lambda nx+\mu n'x'+\nu n''x''\end{array}\right\}$$

Mais en substituant les valeurs de f, g, h, dans l'expression de c, on a

$$c=\alpha^2\mu^2\nu^2f'^2+6^2\nu^2\lambda^2g'^2+\gamma^2\lambda^2\mu^2h'^2;$$

valeur qui sera comprise dans Γ, si on fait $x=\mu\nu f'$, $x'=\nu\lambda g'$, $x''=\lambda\mu h'$, et si en même temps la condition $0=\lambda nx+\mu n'x'+\nu n''x''$ est satisfaite ; or celle-ci se réduit à

$$0=f'n+g'n'+h'n''.$$

Elle a donc lieu en effet, et la proposition est vérifiée dans toute sa généralité.

(286) *Exemple.* La formule t^2+65u^2 a pour diviseur trinaire $9y^2+8yz+9z^2=(2y-z)^2+(2y+2z)^2+(y+2z)^2$, et la valeur correspondante de c est $c=6^2+2^2+5^2$. Soit $y=5$, $z=-2$, on aura le nombre compris $N=181=12^2+6^2+1^2$; si d'après cette valeur on cherche le diviseur trinaire correspondant de t^2+181u^2, on trouvera que ce diviseur est $5y^2+4yz+37z^2=y^2+(6z)^2+(2y+z)^2$;

or cette formule comprend 65, en faisant $y=2$ et $z=1$, et on a la forme trinaire $65=2^2+6^2+5^2$, tandis que la valeur trinaire de N qui résulte du même diviseur est $181=12^2+6^2+1^2$. De là on voit que 65 et 181 se reproduisent sous les mêmes formes trinaires, soit qu'on considère 65 comme diviseur de t^2+181u^2, ou 181 comme diviseur de t^2+65u^2, ce qui est conforme au théorème.

(287) THÉORÈME V. « Si le diviseur quadratique $\Delta=py^2+2qyz+rz^2$, « appartenant à la formule t^2+cu^2, est susceptible de plusieurs for- « mes trinaires, et que dans ces diverses formes on substitue pour « y et z les valeurs déterminées $y=f$, $z=g$, je dis que les formes « trinaires qui en résulteront pour le nombre $N=pf^2+2qfg+rg^2$, « seront toutes différentes entre elles, au moins tant que N surpas- « sera $\frac{2}{3}c$. »

En effet, si on cherche par une analyse directe quels sont les cas où deux formes trinaires du diviseur Δ donnent pour le nombre déterminé N une même valeur trinaire, on trouvera que N ne peut surpasser $\frac{2}{3}c$. C'est ce que nous allons développer.

Supposons que le diviseur $\Delta=py^2+2qyz+rz^2$ soit susceptible des deux formes trinaires :

$$\Delta=(my+nz)^2+(m'y+n'z)^2+(m''y+n''z)^2$$
$$\Delta=(\mu y+\nu z)^2+(\mu' y+\nu' z)^2+(\mu'' y+\nu'' z)^2,$$

en sorte qu'on ait simultanément :

$$p=m^2+m'^2+m''^2=\mu^2+\mu'^2+\mu''^2$$
$$q=mn+m'n'+m''n''=\mu\nu+\mu'\nu'+\mu''\nu''$$
$$r=n^2+n'^2+n''^2=\nu^2+\nu'^2+\nu''^2.$$

Si les valeurs particulières $y=f$, $z=g$, qui rendent le diviseur Δ égal à N, sont telles que les deux formes trinaires de Δ se réduisent à une seule de N, il faudra qu'on ait

$$mf+ng=\mu f+\nu g$$
$$m'f+n'g=\mu' f+\nu' g$$
$$m''f+n''g=\mu'' f+\nu'' g.$$

Car les deux formes trinaires qui doivent coïncider, peuvent être disposées de manière que les termes égaux soient de même rang et de même signe.

D'ailleurs puisque f et g sont premiers entre eux, on satisfera généralement aux trois équations précédentes, en prenant trois indéterminées a, a', a'', et faisant

$$\mu = m - ag, \qquad \mu' = m' - a'g, \qquad \mu'' = m'' - a''g$$
$$\nu = n + af, \qquad \nu' = n' + a'f, \qquad \nu'' = n'' + a''f;$$

substituant ces valeurs dans celles de p, q, r, on aura les trois équations

$$\left.\begin{array}{l} \frac{1}{2}g(a^2 + a'^2 + a''^2) - ma - m'a' - m''a'' = 0 \\ \frac{1}{2}f(a^2 + a'^2 + a''^2) + na + n'a' + n''a'' = 0 \end{array}\right\} \text{(A)}$$
$$\left.\begin{array}{l} fg(a^2 + a'^2 + a''^2) + g(na + n'a' + n''a'') \\ \qquad - f(ma + m'a' + m''a'') \end{array}\right\} = 0,$$

où l'on voit que la troisième est une suite des deux autres, et qu'ainsi il suffit d'avoir égard à celles-ci.

De quelque manière qu'on satisfasse aux équations (A), les valeurs de f et de g détermineront un nombre $N = pf^2 + 2qfg + rg^2$, tel qu'en y appliquant les deux formes trinaires de Δ, elles se réduiront à une seule valeur trinaire de N. Cherchons donc la plus grande valeur de N qui donne lieu à cette coïncidence.

Et d'abord observons que comme f et g ne peuvent être tous deux pairs, il résulte des équations (A) que le nombre $a^2 + a'^2 + a''^2$ doit être pair. Soit donc

$$a^2 + a'^2 + a''^2 = 2k,$$

on aura

$$f = -\left(\frac{na + n'a' + n''a''}{k}\right), \qquad g = \frac{ma + m'a' + m''a''}{k},$$

d'où l'on tire

$$\begin{array}{l} k(mf + ng) = (m'n - mn')a' - (mn'' - m''n)a'' \\ k(m'f + n'g) = (m''n' - m'n'')a'' - (m'n - mn')a \\ k(m''f + n''g) = (mn'' - m''n)a - (m''n' - m'n'')a'. \end{array}$$

La forme trinaire de c qui répond au diviseur trinaire $(my+nz)^2 + (m'y+n'z)^2 + (m''y+n''z)^2$, étant $c = (mn'-m'n)^2 + (m'n''-m''n')^2 + (m''n-mn'')^2$, faisons pour abréger,

$$mn'-m'n=\alpha, \quad m'n''-m''n'=\beta, \quad m''n-mn''=\gamma,$$

afin qu'on ait $c=\alpha^2+\beta^2+\gamma^2$, les équations précédentes donneront

$$\begin{aligned} k(mf+ng) &= \gamma a' - \beta a'' \\ k(m'f+n'g) &= \alpha a'' - \gamma a \\ k(m''f+n''g) &= \beta a - \alpha a'. \end{aligned}$$

Carrant ces équations et les ajoutant, on aura

$$k^2 N = (\gamma a' - \beta a'')^2 + (\alpha a'' - \gamma a)^2 + (\beta a - \alpha a')^2.$$

Mais puisqu'on a $c=\alpha^2+\beta^2+\gamma^2$ et $2k=a^2+a'^2+a''^2$, il est facile de voir que le second membre se réduit à $2ck-(\alpha a+\beta a'+\gamma a'')^2$, de sorte qu'on aura

$$k^2 N = 2ck - (\alpha a + \beta a' + \gamma a'')^2.$$

Ce résultat prouve que la limite de N est $\frac{2c}{k}$, et que N ne peut atteindre cette limite que lorsqu'on a $\alpha a + \beta a' + \gamma a'' = 0$.

(288) La limite de N sera d'autant plus grande que k sera plus petit; voyons donc quelle peut être la plus petite valeur de k.

Les valeurs que doivent avoir a, a', a'', pour que $a^2+a'^2+a''^2$ soit le plus petit possible et cependant pair, sont 0, 1, 1; mais alors on aurait $f=-n'-n''$, $g=m'+m''$, et la forme $(\mu y+\nu z)^2 + (\mu' y+\nu' z)^2$, $+ (\mu'' y+\nu'' z)^2$ ne différerait que par l'ordre des termes, de la forme $(my+nz)^2 + (m'y+n'z)^2 + (m''y+n''z)^2$, ce qui est contre la supposition.

On ne peut faire non plus $a=0$, $a'=0$, $a''=2$, parce qu'alors les deux formes trinaires de Δ se réduiraient encore à une même forme. La moindre valeur de k a donc lieu lorsqu'on fait $a=1$, $a'=1$, $a''=2$; alors on a $k=3$, et la limite cherchée est $N<\frac{2}{3}c$, conformément à l'énoncé du théorème.

(289) Pour que N atteigne cette limite, il faudra qu'on ait.. $\alpha+\beta+2\gamma=0$, ou $\alpha=-\beta-2\gamma$; de là $c=\alpha^2+\beta^2+\gamma^2=2(\beta+\gamma)^2+3\gamma^2$, et comme on a $N=\frac{2}{3}c$, il faudra que c soit divisible par 3. Faisant donc $\beta+\gamma=3\delta$, on aura $c=3\gamma^2+18\delta^2$, et γ devra être impair, sans quoi N serait divisible par 4, ce qui n'a pas lieu dans les nombres susceptibles de formes trinaires.

Ces résultats sont faciles à vérifier; car d'après la valeur trouvée de c, l'un des diviseurs quadratiques de t^2+cu^2, est

$$\Delta=(2\gamma^2+12\delta^2)y^2+(2\gamma^2+12\delta^2)yz+\left(\frac{\gamma^2+3}{2}+3\delta^2\right)z^2,$$

lequel se décompose en trois carrés, de ces deux manières :

$$(\overline{\gamma+2\delta}.y+\overline{\tfrac{1}{2}\gamma+\tfrac{1}{2}+\delta}.z)^2+(\overline{\gamma-2\delta}y+\overline{\tfrac{1}{2}\gamma-\tfrac{1}{2}-\delta}.z)^2+(2\delta y+\overline{\delta-1}.z)^2$$
$$(\overline{\gamma+2\delta}.y+\overline{\tfrac{1}{2}\gamma-\tfrac{1}{2}+\delta}.z)^2+(\overline{\gamma-2\delta}y+\overline{\tfrac{1}{2}\gamma+\tfrac{1}{2}-\delta}.z)^2+(2\delta y+\overline{\delta+1}.z)^2$$

et ces deux formes se réduisent à une seule lorsqu'on fait $y=1$. $z=0$, ce qui donne $N=2\gamma^2+12\delta^2=\frac{2}{3}c$.

(290) Théorème VI. « Si le nombre N est compris de m manières « différentes dans un ou plusieurs diviseurs quadratiques de la for- « mule t^2+cu^2; si en outre chacun de ces diviseurs est décomposable « en n formes trinaires, et qu'en conséquence le nombre N reçoive, « comme diviseur de la formule t^2+cu^2, mn valeurs trinaires; je « dis que toutes ces valeurs trinaires seront différentes les unes des « autres, excepté le cas de $N<\frac{2}{3}c$, et celui où on pourrait satisfaire « à l'équation $c^2=y^2+Nz^2$, sans supposer $z=0$. »

En effet, l'une des formes trinaires de N peut toujours être représentée par la formule $N=\lambda^2A^2+\mu^2B^2+\nu^2C^2$, en supposant que la valeur correspondante de c soit $f^2\mu^2\nu^2+g^2\nu^2\lambda^2+h^2\lambda^2\mu^2$, et qu'on ait entre les nombres A, B, C la relation $fA+gB+hC=0$.

Une seconde forme trinaire de N pourra de même être représentée par la formule $N=\lambda'^2A'^2+\mu'^2B'^2+\nu'^2C'^2$, en supposant semblablement $c=f'^2\mu'^2\nu'^2+g'^2\nu'^2\lambda'^2+h'^2\lambda'^2\mu'^2$ et $f'A'+g'B'+h'C'=0$.

Maintenant si l'on veut que ces deux valeurs trinaires de N soient identiques, il faudra faire $\lambda A = \lambda' A'$, $\mu B = \mu' B'$, $\nu C = \nu' C'$. Tirant de ces équations les valeurs de A', B', C', et les substituant dans l'équation $f' A' + g' B' + h' C' = 0$, on aura

$$f' \mu' \nu' . \lambda A + g' \nu' \lambda' . \mu B + h' \lambda' \mu' . \nu C = 0.$$

Celle-ci étant combinée avec l'équation $fA + gB + hC = 0$, il en résulte

$$\frac{\mu B}{\lambda A} = \frac{f' \mu' \nu' . h \lambda \mu - h' \lambda' \mu' . f \mu \nu}{h' \lambda' \mu' . g \nu \lambda - g' \nu' \lambda' . h \lambda \mu}$$
$$\frac{\nu C}{\lambda A} = \frac{g' \nu' \lambda' . f \mu \nu - f' \mu' \nu' . g \nu \lambda}{h' \lambda' \mu' . g \nu \lambda - g' \nu' \lambda' . h \lambda \mu}.$$

Soient, pour abréger, $f \mu \nu = \alpha$, $g \nu \lambda = \beta$, $h \lambda \mu = \gamma$, $f' \mu' \nu' = \alpha'$, $g' \nu' \lambda' = \beta'$, $h' \lambda' \mu' = \gamma'$, en sorte que les valeurs trinaires de c qui répondent aux valeurs identiques de N, soient $c = \alpha^2 + \beta^2 + \gamma^2$, $c = \alpha'^2 + \beta'^2 + \gamma'^2$, on aura

$$\frac{\mu B}{\lambda A} = \frac{\alpha' \gamma - \alpha \gamma'}{\gamma' \beta - \gamma \beta'}, \qquad \frac{\nu C}{\lambda A} = \frac{\beta' \alpha - \beta \alpha'}{\gamma' \beta - \gamma \beta'}.$$

Mais les trois nombres $\lambda A, \mu B, \nu C$ ne peuvent être divisibles par un même facteur; si donc on appelle φ le plus grand diviseur commun des trois quantités $\alpha' \gamma - \alpha \gamma'$, $\beta' \alpha - \beta \alpha'$, $\gamma' \beta - \gamma \beta'$, on aura

$$\varphi \lambda A = \gamma' \beta - \gamma \beta'$$
$$\varphi \mu B = \alpha' \gamma - \alpha \gamma'$$
$$\varphi \nu C = \beta' \alpha - \beta \alpha';$$

d'où l'on déduit $\varphi^2 (\lambda^2 A^2 + \mu^2 B^2 + \nu^2 C^2)$ ou $\varphi^2 N = (\gamma' \beta - \gamma \beta')^2 + (\alpha' \gamma - \alpha \gamma')^2 + (\beta' \alpha - \beta \alpha')^2$. Or par une réduction qui se présente fréquemment dans ce genre d'analyse, on sait que le second membre de cette équation est la même chose que

$$(\alpha^2 + \beta^2 + \gamma^2)(\alpha'^2 + \beta'^2 + \gamma'^2) - (\alpha \alpha' + \beta \beta' + \gamma \gamma')^2;$$

de sorte que si on fait pour abréger $\alpha \alpha' + \beta \beta' + \gamma \gamma' = \theta$, on aura $\varphi^2 N = c^2 - \theta^2$ ou $c^2 = \theta^2 + N \varphi^2$. Donc deux formes trinaires de N ne sauraient être identiques, à moins que le nombre N ne soit plus petit que c^2 et tel qu'on puisse satisfaire à l'équation $c^2 = y^2 + Nz^2$.

Ce résultat ne souffre d'exception que lorsque $\varphi = 0$; alors on a $\frac{\gamma'}{\gamma} = \frac{6'}{6} = \frac{\alpha'}{\alpha}$; de sorte que la forme $\alpha'^2 + 6'^2 + \gamma'^2$ coïncide entièrement avec la forme $\alpha^2 + 6^2 + \gamma^2$. Mais alors les deux valeurs trinaires de N, que l'on compare, sont tirées d'un même diviseur quadratique, puisqu'elles répondent à des valeurs trinaires identiques de c, donc ces deux valeurs doivent être différentes entre elles (287), à moins qu'on n'ait $N < \frac{4}{3}c$. Ainsi en ajoutant ce cas d'exception à celui qu'on a déja trouvé, il en résulte la proposition générale telle que nous l'avons énoncée.

(291) Pour donner une application de ce théorème, considérons la formule $t^2 + 21u^2$, et son diviseur quadratique $\Delta = 5y^2 + 4yz + 5z^2$, lequel est susceptible de ces deux formes trinaires :

$$\Delta = \begin{cases} (2y+z)^2 + y^2 + 4z^2 \\ (y+2z)^2 + z^2 + 4y^2. \end{cases}$$

Dans ce diviseur est compris le nombre $17765 = 5.11.17.19$, qui, étant de la forme $84x + 41$, ne peut (d'après la Table IV) appartenir à aucun autre diviseur quadratique de la formule $t^2 + 21u^2$. D'ailleurs ce nombre, à cause des quatre facteurs dont il est composé, doit être contenu 2^3 ou 8 fois, dans le diviseur $5y^2 + 4yz + 5z^2$; en effet, si on résout l'équation $17765 = 5y^2 + 4yz + 5z^2$, on trouve les huit solutions suivantes :

$$\begin{array}{l} y = 52, -64, 31, -63, -1, -47, -24, -28 \\ z = 15, \quad 15, 40, \quad 40, \quad 60, \quad 60, \quad 65, \quad 65. \end{array}$$

On en trouverait même huit autres, mais qui ne produiraient aucun nouveau résultat, parce que le diviseur quadratique $5y^2 + 4yz + 5z^2$ est du nombre des bifides. Cela posé, les huit solutions trouvées donneront chacune deux formes trinaires de 17765, lesquelles seront différentes entre elles, puisqu'il est visible que l'équation $c^2 = y^2 + Nz^2$

ne saurait avoir lieu; donc le nombre 17765, considéré comme diviseur de $t^2 + 21 u^2$, doit avoir seize formes trinaires différentes; et en effet on trouve que ces formes sont :

$119^2 + 60^2 + 2^2$	$119^2 + 52^2 + 30^2$	$102^2 + 65^2 + 56^2$	$86^2 + 63^2 + 80^2$
$58^2 + 120^2 + 1^2$	$82^2 + 104^2 + 15^2$	$9^2 + 130^2 + 28^2$	$17^2 + 126^2 + 40^2$
$113^2 + 64^2 + 30^2$	$106^2 + 65^2 + 48^2$	$111^2 + 40^2 + 62^2$	$73^2 + 60^2 + 94^2$
$34^2 + 128^2 + 15^2$	$17^2 + 130^2 + 24^2$	$102^2 + 80^2 + 31^2$	$34^2 + 120^2 + 47^2$

(292) *Remarque.* Si N est pair et $> \frac{1}{4}c^2$, l'équation $c^2 = y^2 + N z^2$ ne pourra avoir lieu, et la proposition générale ne sera sujette à aucune exception. Car la condition $N > \frac{2}{3} c$ est satisfaite d'elle-même, ensuite l'équation $c^2 = y^2 + N z^2$ exige qu'on ait $z = 1$ et $c^2 - y^2 = N$; mais N étant pair, le premier membre devra être pair, et alors il serait divisible par 4, tandis que N n'est divisible que par 2.

Dans la même supposition de $N > \frac{1}{4} c^2$, l'équation $N = c^2 - 6^2$ ne pourra encore avoir lieu si N est de la forme $4n + 1$ et c pair.

(293) THÉORÈME VII. « Soit $py^2 + 2qyz + rz^2$ un diviseur quadra- « tique de la formule $t^2 + cu^2$, et soient p et c premiers entre eux; si « le nombre c est diviseur de $t^2 + pu^2$, je dis que c sera diviseur de « $t^2 + N u^2$, N étant un nombre quelconque renfermé dans la formule « $py^2 + 2qyz + rz^2$. »

En effet, soit $N = p\alpha^2 + 2q\alpha6 + r6^2$, on aura $pN = (p\alpha + q6)^2 + c6^2$. Mais par hypothèse c est diviseur de $t^2 + pu^2$; dont il existe un entier k tel que $\frac{k^2 + p}{c}$ est un entier; donc $\frac{Nk^2 + Np}{c}$ sera aussi un entier. Mettant au lieu de pN sa valeur, on aura $\frac{(p\alpha + q6)^2 + Nk^2}{c} = e$; or c et k sont premiers entre eux, car s'ils avaient un commun diviseur θ, l'expression $\frac{k^2 + p}{c}$ étant un entier, il faudrait que p et c eussent le même commun diviseur θ, ce qui est contre la supposition. Donc on peut faire $p\alpha + q6 = kx + cu$, et on aura $\frac{x^2 + N}{c} = e$. Donc c est diviseur de $x^2 + N$, ou en général de la formule $t^2 + Nu^2$.

(294) *Remarque.* La même proposition aura lieu en supposant

seulement que le diviseur quadratique $py^2 + 2qyz + rz^2$ renferme un nombre p' premier à c, et tel que c soit diviseur de $t^2 + p'u^2$. Car on pourra toujours, par une transformation, faire en sorte que ce nombre p' tienne la place du premier coefficient p (n° 233).

Donc si le diviseur quadratique $py^2 + 2qyz + rz^2$ contient un seul nombre p' premier à c, et tel que c soit diviseur de $t^2 + p'u^2$, tout nombre N compris dans ce même diviseur quadratique jouira de la même propriété, de sorte que c sera toujours diviseur de la formule $t^2 + Nu^2$.

(295) Théorème VIII. « Au contraire si un seul nombre p' ren-« fermé dans le diviseur quadratique $py^2 + 2qyz + rz^2$, est tel que c « ne divise pas $t^2 + p'u^2$, je dis que tout nombre N renfermé dans le « même diviseur quadratique, est tel aussi que c ne peut diviser « $t^2 + Nu^2$, au moins en supposant N et c premiers entre eux. »

Car puisque c et N sont premiers entre eux, si c divisait $t^2 + Nu^2$, il faudrait, suivant le théorème précédent, que c divisât aussi $t^2 + p'u^2$, ce qui est contre la supposition.

(296) Nous appellerons, pour abréger, *diviseur réciproque* tout diviseur quadratique de la formule $t^2 + cu^2$, dont la propriété est telle que N étant un nombre quelconque compris dans ce diviseur, réciproquement c soit diviseur de $t^2 + Nu^2$.

Nous appellerons par opposition *diviseur non-réciproque* tout diviseur quadratique qui ne jouit pas de cette propriété, ou qui n'en jouit que par rapport à quelques nombres particuliers N qui ont un commun diviseur avec c.

Les conditions pour qu'un diviseur quadratique soit réciproque ou ne le soit pas, sont tellement précisées par les deux théorèmes précédents, qu'on pourra toujours décider promptement, et presqu'à la seule inspection, si un diviseur quadratique donné est réciproque ou non.

(297) Prenons pour exemple la formule $t^2 + 69u^2$, dont un diviseur quadratique est $5y^2 + 2yz + 14z^2$. Pour savoir si ce diviseur est réciproque, j'observe que le coefficient 5 est premier à 69; je

cherche donc si 69 est diviseur de t^2+5u^2. Or il est manifeste que 69 divise 8^2+5; donc le diviseur quadratique dont il s'agit est un diviseur réciproque; c'est-à-dire que si N est un nombre quelconque compris dans la formule $5y^2+2yz+14z^2$, on peut être assuré que 69 sera diviseur de $t^2+\mathrm{N}u^2$.

La même formule t^2+69u^2 ayant un autre diviseur quadratique $6y^2+6yz+13z^2$; pour savoir si celui-ci est réciproque, je prends le nombre compris 13 premier à 69, et je cherche si 69 est diviseur de t^2+13u^2. Or on voit immédiatement que 3, facteur de 69, n'est point diviseur de t^2+13u^2; donc 69 ne peut l'être, donc le diviseur quadratique $6y^2+6yz+13z^2$ est un diviseur non-réciproque.

Considérons encore la formule t^2+45u^2 et son diviseur quadratique y^2+45u^2. Pour déterminer la nature de ce diviseur, je prends le coefficient 1 du premier terme, et je cherche si 45 est diviseur de t^2+u^2. Mais on voit tout de suite que 3 ne divise pas t^2+u^2 (car on suppose toujours t et u premiers entre eux); donc 45 ne peut le diviser. Donc le diviseur quadratique dont il s'agit est un diviseur non-réciproque.

(298) On fera voir ci-après que les diviseurs quadratiques réciproques ne contiennent que les nombres susceptibles de prendre la forme trinaire, c'est-à-dire les nombres de l'une des formes $8n+1$, $8n+2$, $8n+3$, $8n+5$, $8n+6$. Or si l'on a égard à l'équation $pr-q^2=c$, on trouve aisément (comme au n° 225) que pour chacune des cinq formes principales de c, les diviseurs quadratiques de t^2+cu^2 se divisent en deux espèces, déterminées par rapport aux multiples de 4 et 8, comme on le voit dans le tableau suivant.

Nombre c.	Diviseurs de 1ere espèce.	Diviseurs de 2e espèce.
$8n+1$	$4n+1$, $8n+2$	$4n+3$, $8n+6$
$8n+5$	$4n+1$, $8n+6$	$4n+3$, $8n+2$
$8n+3$	$4n+2$	
$8n+2$	$8n+1$, $8n+3$ c, $c+4$	$8n+5$, $8n+7$ $c-4$, $c+8$
$8n+6$	$8n+3$, $8n+5$ $c-4$, $c+8$	$8n+1$, $8n+7$ c, $c+4$

Lorsque le nombre c est de la forme $8n+3$, on voit qu'il n'y a qu'une seule espèce de diviseurs quadratiques, savoir, les diviseurs $4n+2$. Si le nombre c se rapporte aux formes $8n+2$, $8n+6$, on pourra préciser davantage les diviseurs pairs correspondants ; pour cela il faudra subdiviser chacune de ces formes en deux autres, et alors au lieu des deux derniers articles du tableau, on aura les quatre suivants :

$16n+2$	$8n+1$, $8n+3$ $16n+2$, $16n+6$	$8n+5$, $8n+7$ $16n+10$, $16n+14$
$16n+10$	$8n+1$, $8n+3$ $16n+10$, $16n+14$	$8n+5$, $8n+7$ $16n+2$, $16n+6$
$16n+6$	$8n+3$, $8n+5$ $16n+2$, $16n+14$	$8n+1$, $8n+7$ $16n+6$, $16n+10$
$16n+14$	$8n+3$, $8n+5$ $16n+6$, $16n+10$	$8n+1$, $8n+7$ $16n+2$, $16n+14$

A l'aide de ce tableau, on reconnaît tout d'un coup si un nombre donné, diviseur de t^2+cu^2, appartient à la première ou à la seconde espèce; il suffit de considérer le reste que donne ce nombre divisé par 4, par 8 ou par 16.

En général, comme les diviseurs quadratiques de seconde espèce contiennent toujours des nombres de la forme $8n+7$, ces diviseurs ne peuvent jamais être trinaires. Ainsi les diviseurs réciproques doivent toujours se trouver parmi ceux de la première espèce.

(299) Théorème IX. « Si le nombre c est premier ou double d'un « premier, tout diviseur quadratique de première espèce de la for« mule t^2+cu^2, sera un diviseur réciproque. »

En effet, 1° si c est un nombre premier de la forme $4n+1$ qui comprend les deux $8n+1, 8n+5$, il a été déja démontré (n° 198), que N étant un diviseur quelconque $4n+1$ de la formule t^2+cu^2, on a $\left(\frac{N}{c}\right)=1$; de sorte que c doit être diviseur de t^2+Nu^2. Donc le diviseur quadratique qui renferme N est un diviseur réciproque. Donc tout diviseur quadratique de première espèce de la formule t^2+cu^2 est un diviseur réciproque.

2° Si c est un nombre premier $8n+3$, et P un diviseur quelconque impair de la formule t^2+cu^2, on aura (n° 199) $\left(\frac{P}{c}\right)=1$; mais par la nature du nombre c, on a (n° 150) $\left(\frac{2}{c}\right)=-1$; donc $\left(\frac{2P}{c}\right)=-1$. Donc e est diviseur de t^2+2Pu^2 ou de t^2+Nu^2, N étant un diviseur quelconque $4n+2$ de la formule t^2+cu^2. Donc tout diviseur quadratique $4n+2$ de cette formule, est un diviseur réciproque.

3° Si le nombre $c=2a$, a étant un nombre premier $4n+1$, il résulte du n° 200 qu'on a $\left(\frac{N}{a}\right)=1$, N étant un diviseur quelconque $8n+1$ ou $8n+3$ de la formule t^2+cu^2 ou t^2+2au^2. Donc le diviseur quadratique qui renferme N, c'est-à-dire, tout diviseur quadratique de première espèce de la formule t^2+cu^2, est un diviseur réciproque.

4° Enfin si le nombre $c=2a$, a étant un nombre premier $4n+3$, on a prouvé n° 200, que N étant un diviseur quelconque $8n+3$ ou

$8n+5$ de la formule t^2+2au^2, on a $\left(\frac{N}{a}\right)=-1$. Donc a est diviseur de la formule t^2+Nu^2; donc $2a$ ou c l'est aussi. Donc le diviseur quadratique qui renferme N est un diviseur réciproque.

(300) Théorème X. « Si le nombre c ou sa moitié est un nombre « composé, parmi les diviseurs quadratiques de première espèce de « la formule t^2+cu^2, il y en aura toujours au moins un réciproque. »

Cette proposition et la précédente supposent que le nombre c est de l'une des trois formes $4n+1$, $8n+3$, $4n+2$; mais nous nous contenterons de démontrer celle-ci pour les nombres de la forme $4n+1$, attendu que le raisonnement est le même à l'égard des autres formes.

Soit donc c un nombre composé $4n+1$; si l'on peut prouver qu'il existe un nombre premier N, également de forme $4n+1$, tel que c soit diviseur de t^2+Nu^2; il s'ensuivra (n° 198) que $\left(\frac{c}{N}\right)=1$, ou que N est diviseur de la formule t^2+cu^2, et qu'ainsi le diviseur quadratique de cette formule, qui contient N, est un diviseur réciproque.

Pour cet effet, décomposons c en ses facteurs premiers égaux ou inégaux : soient $\alpha, \alpha', \alpha''$, etc. les facteurs $4n+1$, et $\beta, \beta', \beta''\ldots$ les facteurs $4n+3$, ceux-ci étant en nombre pair, puisque c est de forme $4n+1$. On aura donc $c=\alpha\alpha'\alpha''\ldots\beta\beta'\beta''\beta'''\ldots$; et pour que c divise la formule t^2+Nu^2, il faut qu'on ait successivement :

$$\left(\frac{N}{\alpha}\right)=1,\quad \left(\frac{N}{\alpha'}\right)=1,\quad \left(\frac{N}{\alpha''}\right)=1\ldots\ldots$$
$$\left(\frac{N}{\beta}\right)=-1,\quad \left(\frac{N}{\beta'}\right)=-1,\quad \left(\frac{N}{\beta''}\right)=-1\ldots.$$

Or chacune de ces conditions rapportée à un dénominateur différent, fournit en général plusieurs valeurs linéaires de N (n° 195), et ces valeurs étant combinées entre elles pour satisfaire à toutes les équations, puis réduites à la forme $4n+1$, donneront un grand nombre de formules dont chacune contient une infinité de nombres premiers. On pourra donc trouver tant de nombres premiers qu'on voudra pour valeurs de N : or un seul de ces nombres suffit pour déterminer un diviseur quadratique de la formule $t^2 + cu^2$, lequel sera réciproque, puisque c divisant $t^2 + Nu^2$, il s'ensuit que N divise $t^2 + cu^2$.

(301) *Remarque.* Les diviseurs réciproques de la formule $t^2 + cu^2$ formeront l'un des groupes dans lesquels se partage le système entier des diviseurs quadratiques de cette formule. Soit i le nombre des facteurs premiers inégaux $\alpha, \alpha', \alpha'' \ldots \beta, \beta', \beta''$, etc.; alors 2^i sera le nombre total des groupes, et l'un d'eux, celui qui satisfait aux conditions $\left(\frac{N}{\alpha}\right) = 1$, $\left(\frac{N}{\alpha'}\right) = 1$, $\left(\frac{N}{\beta}\right) = -1$, etc., et qui d'ailleurs est de la première espèce, sera le groupe des diviseurs réciproques.

On trouvera de semblables résultats lorsque c est de la forme $8n+3$ et lorsqu'il est de la forme $4n + 2$.

(302) Théorème XI. « Tout diviseur quadratique trinaire est un « diviseur réciproque. »

Car soit Δ un diviseur quadratique trinaire de la formule $t^2 + cu^2$ et N un nombre quelconque contenu dans Δ; on a vu que c est diviseur de $t^2 + Nu^2$ (n° 285). Donc Δ est un diviseur réciproque (n° 296).

(303) La proposition inverse de la précédente est encore vraie, c'est-à-dire que *tout diviseur réciproque est trinaire*; en effet, la table VIII contient les diviseurs trinaires de la formule $t^2 + cu^2$, pour toutes les valeurs de c depuis $c = 1$ jusqu'à $c = 251$, et on peut s'assurer qu'il n'y a aucun diviseur réciproque de la formule $t^2 + cu^2$ qui n'y soit compris.

Cette proposition peut donc être censée établie par la vérification immédiate jusqu'à une limite donnée L, et il s'agit de faire voir que lorsque c passera cette limite, la proposition sera encore vraie.

C'est par une telle réciprocité que chaque formule $t^2 + cu^2$ est liée avec les inférieures où c est plus petit, de manière que les propriétés connues des unes servent à démontrer les propriétés des autres.

Voici donc la proposition générale que nous devons établir.

(304) Théorème XII. « Tout diviseur réciproque de la formule

« $t^2 + Nu^2$ est un diviseur trinaire, et ce diviseur a autant de formes « trinaires qu'il y a d'unités dans 2^{i-1}, i étant le nombre des facteurs « premiers, impairs et inégaux qui divisent N. »

Ce théorème doit être regardé comme l'un des plus remarquables de la théorie des nombres; c'est pourquoi nous en donnerons deux démonstrations, la première fondée sur la possibilité de trouver dans le diviseur réciproque donné, et entre des limites données, un nombre compris qui soit premier ou double d'un premier, l'autre indépendante de cette supposition.

Première démonstration.

(305) Supposons d'abord que N ou $\frac{1}{2}$ N soit un nombre premier; alors tout diviseur de première espèce de la formule $t^2 + Nu^2$ est un diviseur réciproque (n° 299). Soit ce diviseur $\Gamma = cy^2 + 2byz + az^2$; je dis que Γ est en même temps un diviseur trinaire.

En effet, par la propriété de ce diviseur, le nombre N est compris dans un diviseur quadratique de la formule $t^2 + cu^2$, lequel est réciproque et par conséquent trinaire, puisque c est plus petit que la limite L, jusqu'à laquelle la table est vérifiée. D'ailleurs le nombre N étant premier ou double de premier, il ne peut être compris que dans un seul des diviseurs quadratiques de $t^2 + cu^2$, et d'une manière seulement. Soit donc $\Delta = py^2 + 2qyz + rz^2$, le diviseur trinaire de $t^2 + cu^2$, dans lequel N est compris; si l'on désigne par k le nombre des facteurs premiers, impairs et inégaux qui divisent c, Δ aura 2^{k-1} formes trinaires, lesquelles seront différentes entre elles, puisque N est $> c$, et à plus forte raison $> \frac{2}{3}c$ (n° 287).

Cela posé, les 2^{k-1} formes trinaires de N détermineront autant de diviseurs quadratiques trinaires de la formule $t^2 + Nu^2$, dans chacun desquels c sera compris. Ces diviseurs trinaires seront tous différents entre eux, puisqu'ils correspondent à des valeurs trinaires de N différentes entre elles (n° 283); et comme c ne peut être contenu plus de 2^{k-1} fois parmi les diviseurs quadratiques de la formule $t^2 + Nu^2$ (n° 245), il s'ensuit que le diviseur proposé Γ sera l'un des 2^{k-1} diviseurs trinaires qui comprennent c. Donc Γ est un diviseur trinaire, et de plus ce diviseur n'a qu'une forme trinaire, ce qui s'accorde avec la proposition générale, puisqu'ayant dans ce cas $i=1$, il s'ensuit $2^{i-1}=1$.

(306) Au moyen de ce premier cas, on voit que la table ayant été vérifiée jusqu'à la limite L, les propriétés énoncées dans le théorème général auront lieu jusqu'à la limite $\frac{3}{4}L^2$, pour tous les nombres N premiers ou doubles de premiers qui entrent dans la formule t^2+Nu^2. En effet $cy^2+2byz+az^2$ étant un diviseur réciproque de la formule t^2+Nu^2, on pourra toujours supposer $c<2\sqrt{\frac{1}{3}N}$; ainsi c sera $<L$, si N est $<\frac{3}{4}L^2$.

(307) Soit maintenant N un nombre quelconque immédiatement au-dessus de la limite L, et soit $\Gamma=cy^2+2byz+az^2$ un diviseur réciproque donné de la formule t^2+Nu^2; je dis que ce diviseur aura 2^{i-1} formes trinaires, i étant le nombre des facteurs premiers, impairs et inégaux qui divisent N.

En effet, soit p un nombre premier ou double de premier, contenu dans le diviseur Γ et compris entre les limites $\frac{2}{3}N$ et $\frac{3}{4}L^2$, limites très-éloignées l'une de l'autre, puisque la table étant continuée seulement jusqu'à 251, on a $\frac{2}{3}L=167$ et $\frac{3}{4}L^2=106314$. Alors le nombre N sera diviseur de t^2+pu^2, et comme tel contenu dans un ou plusieurs diviseurs réciproques de t^2+pu^2, lesquels seront censés connus et assujétis à la loi générale, puisque p est premier ou double de premier et moindre que $\frac{3}{4}L^2$. De plus, puisque le nombre N est $<\frac{3}{2}p$, il ne pourra être contenu qu'une fois dans chacun des diviseurs quadratiques de la formule t^2+pu^2; et comme à raison du nombre de ses facteurs, il doit être contenu 2^{i-1} fois dans tous ces diviseurs, il devra y avoir un pareil nombre 2^{i-1} de diviseurs quadratiques de la formule t^2+pu^2, contenant chacun une fois le nombre N.

Ces diviseurs quadratiques étant différents entre eux, répondront chacun à une forme trinaire différente de p; donc il y aura 2^{i-1} valeurs trinaires de p, différentes entre elles, dont chacune répondra à une forme trinaire de N. Et quand même parmi ces dernières il y en aurait d'égales entre elles (ce qui supposerait $p^2 = y^2 + Nz^2$); comme ces formes trinaires égales de N répondent à des formes trinaires inégales de p, le système d'une forme trinaire de p et de la forme trinaire correspondante de N sera toujours différent de tout autre système semblable.

Ces mêmes systèmes, dont le nombre est 2^{i-1}, doivent se reproduire (n° 285), lorsque p à son tour est considéré comme diviseur de $t^2 + Nu^2$: or p étant premier ou double de premier, ne peut appartenir qu'à un seul diviseur quadratique qui est le diviseur réciproque proposé Γ, et il ne peut y être contenu que d'une manière; donc puisque p dans ce diviseur doit recevoir 2^{i-1} formes trinaires différentes, il s'ensuit que le diviseur Γ est décomposable en 2^{i-1} formes trinaires, conformément à la proposition qu'il s'agissait de démontrer.

(308) *Remarque.* Le diviseur réciproque Γ appartenant à la formule $t^2 + Nu^2$, où N est divisible par i nombres premiers, impairs et inégaux, ne peut avoir plus de 2^{i-1} formes trinaires. Car soit, s'il est possible, le nombre de ses formes trinaires $= k > 2^{i-1}$, et soit P un nombre premier plus grand que N^2 contenu dans le diviseur Γ; le nombre P, comme diviseur de $t^2 + Nu^2$, aura k formes trinaires, lesquelles répondront à un pareil nombre de formes trinaires de N. Les k valeurs trinaires de P seront inégales entre elles, puisqu'ayant $P > N^2$ on ne peut satisfaire à l'équation $N^2 = y^2 + Pz^2$. Cela posé, les k valeurs trinaires de P différentes entre elles, déterminent un pareil nombre k de diviseurs trinaires de la formule $t^2 + Pu^2$, dans chacun desquels N doit être compris. Donc N sera contenu k fois dans les diviseurs trinaires de $t^2 + Pu^2$; mais à raison de ses i facteurs inégaux, il ne peut être contenu que 2^{i-1} fois dans les diviseurs quadratiques de $t^2 + Pu^2$; donc k ne peut être plus grand que 2^{i-1}.

Ainsi le nombre 2^{i-1}, énoncé dans le théorème général, est le juste nombre des formes trinaires dont le diviseur Γ est susceptible et qu'il a effectivement. Cependant lorsque N a un facteur carré, il pourra y avoir d'autres formes trinaires du diviseur Γ; mais ces formes ne seraient qu'impropres, c'est-à-dire qu'elles répondraient à des valeurs trinaires de c dont tous les termes seraient divisibles par un même carré, et nous avons déja prévenu (n° 271) que ces formes doivent être rejetées.

Seconde démonstration.

(309) Pour mieux faire saisir la méthode sur laquelle cette seconde démonstration est fondée, nous l'appliquerons d'abord à quelques formules particulières, en faisant successivement $c = 1, 2, 3, 5$, etc., et déterminant les valeurs correspondantes de b par la condition $b < \frac{1}{2}c$ ou $b = \frac{1}{2}c$. Laissant ensuite a indéterminé, chaque formule $cy^2 + 2byz + az^2$ en comprendra une infinité d'autres dans lesquelles la proposition générale sera vérifiée.

Soit d'abord $c = 1$, on devra avoir $b = 0$, $N = a$, et le diviseur réciproque proposé sera $\Gamma = y^2 + az^2$. Le nombre 1 étant contenu dans ce diviseur, il faudra que N divise la formule $t^2 + 1u^2$ ou $t^2 + u^2$; d'où il suit que N ou $\frac{1}{2}$N ne pourra avoir pour facteurs premiers que des nombres de la forme $4n + 1$. Et comme le nombre de ces facteurs impairs et inégaux est i, on pourra satisfaire de 2^{i-1} manières différentes à l'équation $N = y^2 + z^2$.

Soit une de ces solutions $N = f^2 + g^2$, alors il est visible que Γ pourra être mis sous la forme trinaire

$$\Gamma = y^2 + f^2z^2 + g^2z^2,$$

à laquelle répond la valeur trinaire

$$N = f^2 + g^2.$$

Chaque décomposition de N en deux carrés premiers entre eux, fournissant un résultat semblable, il est clair que le diviseur réciproque Γ recevra 2^{i-1} formes trinaires, auxquelles répondront autant de valeurs trinaires de N, ce qui est conforme au théorème général.

(310) Soit $c=2$, $\Gamma=2y^2+2byz+az^2$, $N=2a-b^2$, la valeur de b ne pourra être que 0 ou 1.

Dans les deux cas, N devant être diviseur de t^2+2u^2, il est clair que les facteurs premiers de N seront de la même forme, et qu'ainsi on pourra satisfaire de 2^{i-1} manières différentes à l'équation... $N=y^2+2z^2$.

Représentons une de ces solutions par $N=f^2+2g^2$, nous aurons $a=\frac{b^2+f^2+2g^2}{2}=g^2+\left(\frac{b+f}{2}\right)^2+\left(\frac{b-f}{2}\right)^2$. De là on voit que le diviseur Γ peut être mis sous la forme trinaire

$$\Gamma=\left(y+\frac{b+f}{2}z\right)^2+\left(y+\frac{b-f}{2}z\right)^2+g^2z^2,$$

à laquelle répond la valeur trinaire $N=f^2+g^2+g^2$.

Puis donc que N est 2^{i-1} fois de la forme f^2+2g^2, il s'ensuit que Γ aura 2^{i-1} formes trinaires, conformément à la proposition générale.

(311) Soit $c=3$, $\Gamma=3y^2+2byz+az^2$, $N=3a-b^2$; la valeur de b ne pourra être encore que 0 ou 1.

Puisque Γ est un diviseur réciproque et que 3 est compris dans ce diviseur, il faudra que N soit diviseur de la formule t^2+3u^2, et comme tel compris dans le diviseur réciproque de cette formule, qui est $2y^2+2yz+2z^2$. Donc il devra y avoir 2^{i-1} solutions de l'équation $N=2y^2+2yz+2z^2$, si N n'est point divisible par 3, et 2^{i-2} seulement s'il est divisible.

Soit 1° $b=0$ et $N=3a$; représentons l'une des 2^{i-2} valeurs de N par $N=2f^2+2fg+2g^2$, nous aurons

$$a=\frac{2f^2+2fg+2g^2}{3}=\frac{(2f+g)^2+3g^2}{2.3}.$$

Par cette valeur, on voit que $2f+g$ doit être divisible par 3; soit donc $2f+g=3h$, et on aura

$$a=\frac{3h^2+g^2}{2}=h^2+\left(\frac{g+h}{2}\right)^2+\left(\frac{g-h}{2}\right)^2;$$

de là résulte cette forme trinaire de Γ :

$$\Gamma = \left(y + \frac{g+h}{2}z\right)^2 + \left(y + \frac{h-g}{2}z\right)^2 + (y - hz)^2.$$

Et comme le diviseur $\Gamma = 3y^2 + az^2$ est bifide, on aura une seconde forme trinaire de Γ, en changeant simplement le signe de z, ce qui donnera

$$\Gamma = \left(y - \frac{g+h}{2}z\right)^2 + \left(y + \frac{g-h}{2}z\right)^2 + (y + hz)^2,$$

et la valeur trinaire de N qui répond à ces deux formes est.... $N = f^2 + (f+g)^2 + g^2$.

Maintenant puisqu'il y a 2^{i-2} valeurs semblables de N, et que chacune produit deux formes trinaires de Γ, il est clair que le nombre total des formes trinaires de Γ sera 2^{i-1}, lesquelles correspondront à autant de formes trinaires de N égales deux à deux.

Soit 2° $b = 1$, $N = 3a - 1$; alors N aura 2^{i-1} valeurs de la forme $N = 2f^2 + 2fg + 2g^2$, chacune desquelles donnera

$$a = \frac{b^2 + 2f^2 + 2fg + 2g^2}{3} = \frac{2b^2 + (2f+g)^2 + 3g^2}{2.3}.$$

Cette valeur fait voir que $2b^2 + (2f+g)^2$ doit être divisible par 3, et alors le quotient ne pourra être que de la forme $m^2 + 2n^2$, de sorte qu'on pourra faire

$$(2f+g)^2 + 2b^2 = 3(m^2 + 2n^2),$$

ce qui donnera $2f + g = m + 2n$, $b = m - n$; d'où

$$a = \frac{m^2 + 2n^2 + g^2}{2} = \left(\frac{m+g}{2}\right)^2 + \left(\frac{m-g}{2}\right)^2 + n^2.$$

Comme on a d'ailleurs $b = 1 = m - n$, la décomposition du diviseur $\Gamma = 3y^2 + 2yz + az^2$ est indiquée assez clairement de cette manière :

$$\Gamma = \left(y + \frac{m+g}{2}z\right)^2 + \left(y + \frac{m-g}{2}z\right)^2 + (y - nz)^2,$$

et la valeur trinaire correspondante de N est

$$N = g^2 + \left(\frac{m+g}{2} + n\right)^2 + \left(\frac{m-g}{2} + n\right)^2,$$

ce qui revient à la valeur $N = g^2 + (f+g)^2 + f^2$.

Donc, comme on a 2^{i-1} valeurs semblables de N, il y a aussi 2^{i-1} formes trinaires du diviseur Γ, conformément à la proposition générale.

(312) Soit $c = 5$ et le diviseur proposé $\Gamma = 5y^2 + 2byz + az^2$, on aura $N = 5a - b^2$, et b ne pourra avoir que l'une des valeurs 0, 1, 2.

Quelle que soit cette valeur, comme le diviseur Γ est supposé réciproque et que 5 y est contenu, il faudra que N soit diviseur de $t^2 + 5u^2$, et comme tel compris dans les diviseurs réciproques de cette formule. Mais il y deux cas à considérer, selon que N est ou n'est pas divisible par 5.

Soit 1° $b = 0$ et $N = 5a$; comme la formule $t^2 + 5u^2$ n'a que le seul diviseur réciproque $y^2 + 5z^2$, il faudra que N soit 2^{i-2} fois de la forme $y^2 + 5z^2$. Désignons une de ces valeurs par $N = f^2 + 5g^2$, on aura $a = \frac{f^2 + 5g^2}{5}$; donc il faut que f soit divisible par 5. Faisant $f = 5h$, on aura $a = g^2 + 5h^2 = g^2 + h^2 + 4h^2$; cette forme trinaire indique celle du diviseur $\Gamma = 5y^2 + az^2$, laquelle est

$$\Gamma = (2y + hz)^2 + (y - 2hz)^2 + g^2z^2.$$

Si l'on observe, de plus, que le diviseur $5y^2 + az^2$ est bifide, on aura, en changeant le signe de z, cette seconde forme trinaire :

$$\Gamma = (2y - hz)^2 + (y + 2hz)^2 + g^2z^2,$$

et les deux répondront à la même valeur trinaire $N = 25h^2 + 4g^2 + g^2$.

Le nombre des solutions de l'équation $N = y^2 + 5z^2$ étant 2^{i-2}, et chacune fournissant deux formes trinaires de Γ, il est clair qu'on aura en tout 2^{i-1} formes trinaires de Γ, conformément à la proposition générale.

Soit 2° $b = 1$ ou 2, et $N = 5a - b^2$; alors N, comme diviseur de $t^2 + 5u^2$, sera contenu 2^{i-1} fois dans le diviseur quadratique $y^2 + 5z^2$.

Soit une de ces solutions $N=f^2+5g^2$, on aura

$$a=\frac{b^2+f^2+5g^2}{5};$$

d'où l'on voit que b^2+f^2 doit être divisible par 5. Faisant donc.. $b^2+f^2=5(m^2+n^2)$, on en déduira $b=m-2n, f=2m+n$, et

$$a=m^2+n^2+g^2.$$

Cette valeur de a et celle de b indiquent assez clairement la forme trinaire du diviseur Γ, savoir :

$$\Gamma=(y+mz)^2+(2y-nz)^2+g^2z^2,$$

et la valeur correspondante de N est $N=(2m+n)^2+g^2+4g^2$, ce qui revient à la forme donnée $f^2+g^2+4g^2$.

Puis donc qu'il y a 2^{i-1} de ces valeurs de N, il y aura aussi 2^{i-1} formes trinaires du diviseur Γ.

(313) Considérons maintenant le diviseur réciproque........ $\Gamma=cy^2+2byz+az^2$ dans toute sa généralité, et supposons seulement que le coefficient c est premier à N et plus petit que N, condition qu'il est toujours facile de remplir (1).

Cela posé, puisque Γ est un diviseur réciproque, il faudra que N soit diviseur de la formule t^2+cu^2, et comme tel compris dans les diviseurs réciproques de cette formule. De plus, comme on a désigné par i le nombre des facteurs premiers, impairs et inégaux de N, il faudra que N soit contenu 2^{i-1} fois dans les diviseurs réciproques de la formule t^2+cu^2, lesquels forment un des groupes dans lesquels se partagent les diviseurs de cette formule.

Soit donc $py^2+2qyz+rz^2$ l'un des diviseurs réciproques de la

---

(1) Voyez ci-après le § X, IVe partie. Cette condition, au reste, n'est pas rigoureusement nécessaire pour le succès de la démonstration, puisque dans les exemples précédents, on a vu des cas où les nombres c et N ont un commun diviseur (n°s 311 et 312).

formule t^2+cu^2, dans lesquels N est compris, on pourra supposer

$$N=pf^2+2qfg+rg^2=ac-b^2,$$

ce qui donnera

$$a=\frac{b^2+N}{c}=\frac{(pf+qg)^2+cg^2+pb^2}{cp}.$$

On voit par cette expression que $(pf+qg)^2+pb^2$ doit être divisible par c; pour effectuer la division, supposons qu'on a cherché tous les diviseurs quadratiques de t^2+pu^2 qui contiennent c; l'un quelconque de ces diviseurs sera de la forme $cy^2+2b'yz+a'z^2$, et les valeurs de b' seront tous les nombres non plus grands que $\frac{1}{2}c$ qui satisfont à l'équation $ca'-b'^2=p$, ou qui rendent b'^2+p divisible par c.

Soit donc $(pf+qg)^2+pb^2=cN'$, et on devra avoir

$$N'=c\gamma^2+2b'\gamma\delta+a'\delta^2;$$

d'où $cN'=(c\gamma+b'\delta)^2+p\delta^2$. Ces deux valeurs de cN' devant être identiques, on fera $\delta=b$ et $c\gamma+b'\delta=\pm(pf+qg)$, ce qui donnera

$$\gamma=\frac{\pm(pf+qg)-b'b}{c}.$$

Il faudra donc chercher parmi les diverses valeurs de b', celle qui donne γ égale à un entier, et on doit nécessairement en trouver une, puisque le diviseur proposé Γ est réciproque, et que c'est la seule supposition sur laquelle cette analyse est fondée. Il ne pourra y avoir qu'une des valeurs de b' qui rende γ entier; car s'il y en avait deux b', β', il faudrait que $\frac{b'b\pm\beta'b}{c}$ fût un entier, ou que $\frac{b'\pm\beta'}{c}$ en fût un, parce que c et b sont premiers entre eux. Or b' et β' sont tous deux plus petits que $\frac{1}{2}c$, ou si l'un des deux est égal à $\frac{1}{2}c$, il faut que l'autre soit plus petit que $\frac{1}{2}c$, puisqu'ils sont inégaux; donc la somme $b'+\beta'$ est plus petite que c, et ne saurait être divisible par c. Il faut observer aussi que les nombres γ et δ, ou γ et b seront tels que le calcul les donne, et pourront avoir accidentellement un commun diviseur ; car ici on ne cherche autre chose que la forme du nombre déterminé N' : or γ étant trouvé, on a $N' = c\gamma^2 + 2b'\gamma\delta + a'\delta^2$; mais comme le diviseur quadratique $cy^2 + 2b'yz + a'z^2$ de la formule $t^2 + pu^2$, peut se réduire à la forme $p'y^2 + 2q'yz + r'z^2$, où l'on aura $p' < 2\sqrt{\frac{1}{3}p}$, la valeur de N' prendra la forme

$$N' = p'f'^2 + 2q'f'g' + r'g'^2,$$

dans laquelle f' et g' pourront, suivant les différents cas, avoir ou n'avoir pas de commun diviseur.

Cela posé, la valeur de a deviendra

$$a = \frac{g^2 + N'}{p} = \frac{(p'f' + q'g')^2 + pg'^2 + p'g^2}{pp'},$$

et dans cette nouvelle expression, on voit que $(p'f' + q'g')^2 + p'g^2$ doit être divisible par p ; ainsi, en faisant

$$(p'f' + q'g')^2 + p'g^2 = pN'',$$

on trouvera par des opérations semblables aux précédentes,

$$N'' = p''f''^2 + 2q''f''g'' + r''g''^2,$$

expression où l'on peut supposer $p'' < 2\sqrt{\frac{1}{3}p'}$; on aura donc cette troisième valeur de a :

$$a = \frac{g'^2 + N''}{p'} = \frac{(p''f'' + q''g'')^2 + p'g''^2 + p''g'^2}{p'p''}.$$

Ces diverses opérations devront être continuées jusqu'à ce que les deux derniers termes de la suite décroissante p, p', p'', etc., soient 1 et 1, ou 2 et 1. S'ils sont tous deux égaux à l'unité, la dernière valeur de a sera de la forme $\lambda^2 + \mu^2 + \nu^2$; si le dernier terme est 1 et l'avant-dernier 2, alors a sera de la forme $\frac{\lambda^2 + \mu^2 + 2\nu^2}{2}$, laquelle se change encore en une somme de trois carrés, savoir, ... $\nu^2 + \left(\frac{\lambda + \mu}{2}\right)^2 + \left(\frac{\lambda - \mu}{2}\right)^2$.

En général donc le nombre a sera toujours réduit à une forme trinaire telle que $\lambda^2+\mu^2+\nu^2$; en même temps on trouvera, par la suite des opérations, que b peut être mis sous la forme

$$b=\lambda l+\mu m+\nu n;$$

d'où l'on conclura que le diviseur proposé Γ se décompose en trois carrés, de cette manière :

$$\Gamma=(ly+\lambda z)^2+(my+\mu z)^2+(ny+\nu z)^2.$$

Mais on peut parvenir à ce résultat d'une manière encore plus immédiate et sans le secours de la valeur précédente de b.

(314) En effet, les opérations nécessaires pour parvenir à la valeur trinaire de a, peuvent s'exécuter en laissant a et b indéterminés, puisque les nombres p, p', etc. sur lesquels ces opérations sont établies, se déduisent du seul nombre connu c, de sorte qu'ils restent toujours les mêmes, ou n'éprouvent de changement que par le choix qu'il peut y avoir dans les valeurs de p', s'il y a plusieurs diviseurs quadratiques de t^2+pu^2 qui contiennent c, ou dans les valeurs de p'', s'il y a plusieurs diviseurs quadratiques de $t^2+p'u^2$ qui contiennent p, et ainsi de suite. Dans tous les cas, la suite p, p', p'', etc., sera toujours telle, qu'on aura $p'<\sqrt{\frac{4}{3}p}$, $p''<\sqrt{\frac{4}{3}p'}$, etc., de sorte que cette suite décroîtra très-promptement jusqu'à son dernier terme 1. On peut donc arriver ainsi à des résultats généraux qui s'appliquent à une infinité de valeurs de N, ainsi qu'on en a vu des exemples, lorsque $c=1, 2, 3, 5$.

Si on laisse le nombre N déterminé, on pourra néanmoins introduire dans le diviseur proposé une indétermination qui facilitera beaucoup sa décomposition en trois carrés. Pour cet effet, il suffira de mettre $y+kz$ au lieu de y, et le diviseur Γ deviendra

$$\Gamma=cy^2+2(b+ck)yz+(a+2bk+ck^2)z^2.$$

La méthode précédente étant appliquée à ce diviseur, les nombres p, p', p'', etc. seront les mêmes sans aucun changement, que lorsqu'on a $k=0$. On obtiendra donc encore la valeur du dernier coefficient $a+2bk+ck^2$ exprimée par trois carrés, et ces carrés, où k reste indéterminé, ne pourront être que de la forme

$$(l+\lambda k)^2+(m+\mu k)^2+(n+\nu k)^2,$$

d'où l'on conclura immédiatement la forme trinaire de Γ,

$$\Gamma=(ly+\lambda z)^2+(my+\mu z)^2+(ny+\nu z)^2.$$

Tel est le moyen d'éviter tout tâtonnement dans la détermination de la forme trinaire de Γ, et en même temps d'y parvenir de la manière la plus simple et la plus directe. Et puisque le nombre N est contenu de 2^{i-1} manières différentes dans les diviseurs quadratiques de la formule t^2+cu^2, chacune de ces expressions donnera une forme trinaire du diviseur Γ; donc ce diviseur aura 2^{i-1} formes trinaires, conformément à la proposition générale.

Par cette analyse, la limite de la table VIII, qui est d'abord à volonté, peut être reculée indéfiniment, et le théorème énoncé aura lieu dans toute son étendue.

Exemple.

(315) Soit proposé le diviseur réciproque $\Gamma=189y^2+30yz+50z^2$, qui appartient à la formule t^2+Nu^2, où l'on a $N=9225=3^2.5^2.41$; il s'agit de faire voir que ce diviseur peut se décomposer de 2^{3-1} ou 4 manières en trois carrés.

Les coefficients extrêmes 50 et 189 ayant l'un et l'autre un diviseur commun avec N, il conviendra, pour se conformer à la méthode générale, de chercher dans Γ un nombre premier à N. Ce nombre se présente immédiatement en faisant $y=1$, $z=-1$, et on a le résultat $189-30+50=209=11.19$; nombre qui n'a point de diviseur commun avec N. Il faut donc préalablement faire en sorte que 209 soit le premier coefficient de Γ; pour cela, il suffit de mettre $z-y$ à la place de z, et de changer ensuite le signe de z, ce qui donnera

$$\Gamma=209y^2+70yz+50z^2.$$

Mettant enfin $y+kz$ à la place de y, afin d'introduire une indétermination dans le dernier coefficient, on aura

$$\Gamma=209y^2+2(35+209k)yz+(50+70k+209k^2)z^2.$$

Ainsi nous ferons

$$c=209, \quad b=35+209k, \quad a=50+70k+209k^2.$$

Le nombre N ayant trois facteurs premiers inégaux, doit être contenu 2^{3-1} ou 4 fois dans les diviseurs réciproques de t^2+209u^2. Or cette formule a trois diviseurs réciproques, savoir :

$$\begin{aligned} &2y^2+\ \ 2yz+105z^2\\ &10y^2+\ \ 2yz+\ \ 22z^2\\ &13y^2+10yz+\ \ 18z^2, \end{aligned}$$

et on trouve en effet que 9225 est contenu une fois dans le second de ces diviseurs, et trois fois dans le troisième, comme il suit :

$$N=10f^2+\ \ 2fg+21g^2\ \left\{\begin{array}{l} f=29\\ g=\ 5\end{array}\right.$$

$$N=13f^2+10fg+18g^2\ \left\{\begin{array}{lll} f=\ \ 27, & 27, & 19\\ g=-\ \ 1, & -14, & -22\end{array}\right.$$

Considérons d'abord la troisième forme qui doit fournir trois valeurs trinaires de Γ. On aura, d'après cette forme,

$$a=\frac{b^2+N}{c}=\frac{13b^2+(13f+5g)^2+209g^2}{209.13},$$

et la première opération est de trouver le quotient de $(13f+5g)^2+13b^2$ divisé par 209. Or 209, à raison de ses facteurs 11 et 19, doit être contenu deux fois dans les diviseurs quadratiques de t^2+13u^2; et en effet, si on représente le diviseur quadratique qui contient 209, par

$$209y^2+2b'yz+a'z^2,$$

la condition $209a'-b'^2=13$ sera remplie de deux manières, l'une en faisant $b'=14$, $a'=1$, l'autre en faisant $b'=52$, $a'=13$. On pourra donc supposer

$$\frac{(13f+5g)^2+13b^2}{209}=209y^2+2b'yz+a'z^2,$$

ce qui donnera $(13f+5g)^2+13b^2=(209y+b'z)^2+13z^2$; donc on aura $z=b$, et $209y+b'z=\pm(13f+5g)$; d'où

$$y=\frac{\pm(13f+5g)-b'b}{209}.$$

Prenons pour f et g la solution $f=19$, $g=-22$, nous aurons $13f+5g=137$, et

$$y=\frac{\pm 137-b'(35+209k)}{209}.$$

Dans cette expression, il faut choisir le signe de 137, et la valeur de b', de sorte que y soit un entier; c'est ce qu'on obtient en prenant le signe inférieur et faisant $b'=14$, on a ainsi

$$y=-3-14k.$$

Le quotient cherché devient $209y^2+28yz+z^2$, et sa forme la plus simple est $(z+14y)^2+13y^2$. En représentant celle-ci par $f'^2+13g'^2$, on aura donc

$$f'=-7+13k,$$
$$g'=-3-14k,$$

et la valeur de a deviendra

$$a=\frac{g^2+f'^2+13g'^2}{13}.$$

Il reste à diviser $g^2+f'^2$ par 13, pour cela, il faut considérer 13 comme diviseur de la formule t^2+u^2; or cette formule n'a qu'un diviseur quadratique y^2+z^2, et celui-ci étant préparé de manière que 13 soit son premier coefficient, il devient

$$13y^2+10yz+2z^2.$$

Soit donc

$$g^2 + f'^2 = 13(13y^2 + 10yz + 2z^2) = (13y + 5z)^2 + z^2;$$

on pourra faire $z = g$, et $13y + 5z = \pm f'$, ou $z = f'$ et $13y + 5z = \pm g$. Or il résulte également de ces deux solutions, que la quantité $\frac{g^2 + f'^2}{13}$ $= 13y^2 + 10yz + 2z^2 = (z + 2y)^2 + (z + 3y)^2$, se réduit à $(4 + 2k)^2$ $+ (5 - 3k)^2$; donc on aura

$$a = (14k + 3)^2 + (2k + 4)^2 + (3k - 5)^2;$$

et puisque telle est la valeur de $50 + 70k + 209k^2$, il s'ensuit que le diviseur $\Gamma = 209y^2 + 70yz + 50z^2$ aura la forme trinaire

$$(14y + 3z)^2 + (2y + 4z)^2 + (3y - 5z)^2.$$

Mettant $z - y$ à la place de z, et changeant le signe de z, le diviseur Γ reprendra la première forme proposée $189y^2 + 30yz + 50z^2$, et la forme trinaire qu'on vient de trouver deviendra

$$(11y - 3z)^2 + (2y + 4z)^2 + (8y + 5z)^2.$$

Cherchant de même les deux autres formes trinaires qui se déduisent de la forme $N = 13f^2 + 10fg + 18g^2$, ainsi que celle qui se déduit de la forme $N = 10f^2 + 2fg + 21g^2$, on aura les quatre formes trinaires du diviseur proposé $\Gamma = 189y^2 + 30yz + 50z^2$. Ces quatre formes et les valeurs trinaires correspondantes de N sont :

$\Gamma = (11y - 3z)^2 + (2y + 4z)^2 + (8y + 5z)^2$	$N = 79^2 + 50^2 + 22^2$
$\Gamma = (10y - 4z)^2 + (8y + 5z)^2 + (5y + 3z)^2$	$N = 82^2 + 50^2 + 1^2$
$\Gamma = (13y - z)^2 + (2y)^2 + (4y + 7z)^2$	$N = 95^2 + 14^2 + 2^2$
$\Gamma = (10y + 4z)^2 + (8y - 5z)^2 + (5y + 3z)^2$	$N = 82^2 + 49^2 + 10^2$

Corollaires généraux.

(316) Le résultat de cette théorie, contenu en grande partie dans la table VIII, offre les propriétés suivantes, qu'on doit regarder maintenant comme démontrées avec toute la généralité nécessaire.

I. Toute formule $t^2 + cu^2$, dans laquelle c n'est ni de la forme $4n$, ni de la forme $8n + 7$, contient toujours au moins un diviseur quadratique *réciproque*, c'est-à-dire un diviseur quadratique tel que N étant un nombre quelconque compris dans ce diviseur, le nombre c sera diviseur de la formule $t^2 + Nu^2$.

II. Tout diviseur quadratique réciproque est en même temps *trinaire*, c'est-à-dire qu'il peut se décomposer généralement en trois carrés, sans attribuer aucune valeur aux indéterminées qui le composent.

III. Dans le cas où c est de la forme $8n + 3$, le diviseur réciproque ne contient que des nombres $4n + 2$, et il est représenté par la formule $2py^2 + 2qyz + 2rz^2$, où l'on a $4pr - q^2 = c$.

IV. Lorsque c ou $\frac{1}{2}c$ est un nombre premier ou en général une puissance d'un nombre premier, chaque diviseur réciproque de la formule $t^2 + cu^2$ ne peut se décomposer en trois carrés que d'une seule manière, et n'a ainsi qu'une seule forme trinaire.

V. Lorsqu'au contraire c ou $\frac{1}{2}c$ est divisible par i nombres premiers différents, chaque diviseur réciproque de la formule $t^2 + cu^2$ aura 2^{i-1} formes trinaires.

VI. Tout diviseur qui est trinaire, est nécessairement réciproque; et tout diviseur qui est réciproque, est en même temps trinaire. Ces deux propriétés sont inséparables l'une de l'autre et appartiennent exclusivement à l'un des groupes dans lesquels se partagent les diviseurs quadratiques d'une même formule $t^2 + cu^2$ (n°s 204 et 205).

VII. Lorsque c est un nombre premier $4n + 1$, ou le double d'un nombre premier quelconque, tout diviseur quadratique $4n + 1$ de la formule $t^2 + cu^2$ est un diviseur réciproque.

VIII. Lorsque c est un nombre premier $8n + 3$, tout diviseur quadratique $4n + 2$ de la formule $t^2 + cu^2$ est un diviseur réciproque.

IX. Chaque forme trinaire d'un diviseur réciproque correspond toujours à une forme trinaire du nombre c; de sorte qu'il y a pour chaque diviseur réciproque autant de formes trinaires du nombre c qu'il y a de formes trinaires de ce diviseur.

X. Les valeurs trinaires du nombre c, déduites d'un même diviseur réciproque, sont égales deux à deux si ce diviseur est *bifide*. (Nous avons appelé ainsi le diviseur $py^2+2qyz+rz^2$, lorsqu'il tombe dans l'un des trois cas $q=0$, $2q=p$ ou r, $p=r$, et qu'en même temps le plus petit des coefficients p et r est plus grand que 2.)

XI. Dans tout autre cas, les valeurs trinaires de c, déduites d'un même diviseur trinaire ou réciproque, sont inégales entre elles; elles le sont toujours lorsqu'elles sont déduites de deux diviseurs réciproques différents.

XII. Les nombres compris dans tout diviseur trinaire ou réciproque, se rapportent toujours, comme les nombres c, à l'une des formes $4n+1$, $4n+2$, $8n+3$; il ne s'y rencontre aucun nombre des formes $4n$ et $8n+7$.

XIII. Lorsque N est compris dans un diviseur réciproque de la formule t^2+cu^2, et par suite c dans un diviseur réciproque de la formule $t^2+\mathrm{N}u^2$, les valeurs trinaires correspondantes de N et de c seront les mêmes dans les deux cas.

(317) Théorème XIII. « Tout nombre impair, excepté seulement « les nombres $8n+7$, est la somme de trois carrés. »

Cette proposition est un corollaire très-simple de la théorie précédente. Car tout nombre impair c qui n'est pas de la forme $8n+7$ sera, soit de la forme $4n+1$, soit de la forme $8n+3$; la formule t^2+cu^2 sera donc comprise parmi celles de la table VIII, qu'on doit regarder comme indéfinie. Mais il a été démontré par le théorème X, que toute formule de cette table a au moins un diviseur quadratique réciproque, et par le théorème XII, on a prouvé que ce diviseur est trinaire, et qu'ainsi il y a au moins une valeur trinaire correspondante de c. Donc tout nombre impair de l'une des formes $4n+1$, $8n+3$, est la somme de trois carrés.

(318) Il résulte en même temps de la théorie précédente que, quand même c aurait des facteurs carrés, on pourra toujours exprimer c par la somme de trois carrés qui n'auront pas de diviseur commun. Car nous ne regardons comme formes trinaires que celles qui satisfont à cette condition, et la table VIII n'en offre pas d'autres.

C'est ainsi qu'on a $81=8^2+4^2+1^2$, $225=14^2+5^2+2^2$, etc.; d'où l'on voit que tout nombre $4n+1$ ou $8n+3$, a au moins une valeur trinaire qui lui est propre et qui est indépendante de celles des nombres inférieurs.

La partie de ce théorème concernant les nombres $8n+3$, prouve que *tout nombre entier est la somme de trois triangulaires*, ce qui est le fameux théorème de Fermat, dont nous avons parlé (n° 155).

(319) Théorème XIV. « Tout nombre double d'un impair est la « somme de trois carrés. »

C'est encore une conséquence immédiate des théorèmes X et XII appliqués à la table VIII, et on voit de plus, par cette théorie, que le nombre dont il s'agit, de la forme $4n+2$, peut toujours se décomposer en trois carrés qui n'auront pas de diviseur commun.

(320) *Corollaire I.* Un nombre quelconque double d'un impair étant désigné par $4a+2$, on pourra toujours satisfaire à l'équation

$$4a+2=x^2+y^2+z^2;$$

or par la forme du premier membre, on voit que des trois carrés x^2, y^2, z^2, deux doivent être impairs et un pair. C'est pourquoi faisant $x=p+q$, $y=p-q$, $z=2r$, on aura

$$2a+1=p^2+q^2+2r^2.$$

Donc tout nombre impair est de la forme $p^2+q^2+2r^2$.

Cette proposition avait été avancée par Fermat, comme particulière aux nombres premiers $8n+7$; mais on voit qu'elle convient généralement à tous les nombres impairs, et on observera toujours que quand même le nombre dont il s'agit serait divisible par un carré, on pourra supposer que les trois carrés p^2, q^2, r^2 ne sont pas divisibles par un même nombre.

(321) *Corollaire II.* Un nombre entier quelconque peut toujours être représenté par l'une des formules $(2a+1)2^{2m}$, $(2a+1)2^{2m+1}$. S'il appartient à la première, il sera, suivant ce qu'on vient de démontrer, de la forme $2^{2m}(p^2+q^2+2r^2)$; s'il appartient à la seconde,

il sera de la forme $2^{2n}(p^2+q^2+r^2)$; donc *tout nombre entier, ou au moins son double, est la somme de trois carrés.*

(322) THÉORÈME XV. « Soit N un nombre quelconque de l'une des « formes $4n+1$, $4n+2$, $8n+3$, lesquelles comprennent tous les « nombres impairs et doubles d'un impair, excepté seulement les « nombres $8n+7$; si on désigne par i le nombre des facteurs pre- « miers, impairs et inégaux qui divisent N, je dis que le nombre « des formes trinaires de N est toujours multiple de 2^{i-2}, de sorte « qu'il ne peut être moindre que 2^{i-2}. »

En effet, soit $m+n$ le nombre des diviseurs réciproques de t^2+Nu^2, sur lesquels il y en ait m de bifides, et n de non-bifides. Chaque diviseur réciproque non-bifide se décompose en 2^{i-1} formes trinaires auxquelles répond un pareil nombre de valeurs trinaires de N, différentes entre elles. Chaque diviseur bifide se décompose de même en 2^{i-1} formes trinaires; mais comme elles répondent deux à deux à des valeurs trinaires égales de N, le nombre de celles-ci est seulement 2^{i-2}. Donc le nombre total des valeurs trinaires de N étant nommé x, on aura

$$x=2^{i-2}(2n+m).$$

Donc ce nombre ne peut être moindre que 2^{i-2}, et il sera en général un multiple de 2^{i-2}. Si on a $i=1$, comme alors il ne peut y avoir de diviseur bifide, la formule se réduit à $x=n$.

Appliquant ce théorème au nombre $9225=3^2.5^2.41$, et observant que la formule $t^2+9225u^2$ a cinq diviseurs réciproques, dont deux bifides, on aura $m=2$, $n=3$, $i=3$; donc le nombre des formes trinaires de N est $2.(6+2)=16$, comme on le voit dans le tableau suivant :

$95^2+14^2+2^2$	$85^2+44^2+8^2$	$80^2+53^2+4^2$	$70^2+58^2+31^2$
$94^2+17^2+10^2$	$83^2+44^2+20^2$	$80^2+52^2+11^2$	$70^2+47^2+46^2$
$92^2+20^2+19^2$	$82^2+50^2+1^2$	$79^2+50^2+22^2$	$67^2+56^2+40^2$
$88^2+35^2+16^2$	$82^2+49^2+10^2$	$76^2+43^2+40^2$	$65^2+62^2+34^2$

(323) On déduit de là un moyen assez facile de *trouver un nombre*

qui ait tant de formes trinaires qu'on voudra. Si on veut qu'il ait *au moins* un nombre donné de formes trinaires, il suffira de multiplier jusqu'à un certain degré le nombre de ses facteurs premiers inégaux. Ainsi, pour qu'un nombre ait 32 formes trinaires, on est sûr qu'en donnant sept facteurs à ce nombre, pourvu que le produit ne soit pas de la forme $8n+7$, il satisfera à la question. Tel sera par exemple le nombre $3.5.7.11.13.17.19$ qui est de la forme $8n+5$.

Mais si on veut que le nombre cherché ait exactement un nombre déterminé de formes trinaires, il faudra quelques essais pour y réussir. Par exemple si on veut que $x=20$, on pourra faire $i=4$ et $2n+m=5$, et il restera à trouver parmi les nombres les plus simples, composés de quatre facteurs premiers inégaux, dont le produit n'est pas $8n+7$, celui qui aura trois diviseurs réciproques dont un bifide, ou quatre diviseurs réciproques dont trois bifides; car dans ces deux cas on aurait également $2n+m=5$.